“十四五”江苏省高等学校重点教材(编号：2021－2－089)
高等学校人工智能教育丛书

人工智能及其应用

杨　忠　杨荣根　编著

西安电子科技大学出版社

内 容 简 介

人工智能方兴未艾，正在向人们生活的各个领域渗透。本书紧扣业界前沿，主要介绍了一些当前流行、具有广阔应用前景的人工智能新技术。此外，本书各个章节还就一些重点专题给出了Python语言的程序实现，使抽象的理论具体化，使生涩的算法容易理解。

本书共分12章，主要介绍人工智能的基本概念、知识表示方法、确定性推理、不确定性推理、搜索问题求解策略、智能计算、机器学习、人工神经网络与深度学习、多智能体技术、视觉感知与识别等人工智能最新理论与应用。附录中给出了本书用到的计算机程序语言——Python语言的相关基础，供没有接触过Python的读者参考学习。

本书可以作为高等院校相关专业本科生与研究生的教材，也可作为人工智能技术领域研究人员与工程技术人员的参考书。

图书在版编目(CIP)数据

人工智能及其应用 / 杨忠，杨荣根编著. —西安：西安电子科技大学出版社，2022.12(2023.3重印)
ISBN 978-7-5606-6719-5

Ⅰ. ①人… Ⅱ. ①杨… ②杨… Ⅲ. ①人工智能—研究 Ⅳ. ①TP18

中国版本图书馆CIP数据核字(2022)第239576号

策　　划　高　樱
责任编辑　高　樱
出版发行　西安电子科技大学出版社(西安市太白南路2号)
电　　话　(029)88202421　88201467　　邮　　编　710071
网　　址　www.xduph.com　　电子邮箱　xdupfxb001@163.com
经　　销　新华书店
印刷单位　陕西精工印务有限公司
版　　次　2022年12月第1版　2023年3月第2次印刷
开　　本　787毫米×1092毫米　1/16　印张　22
字　　数　523千字
印　　数　301～2300册
定　　价　55.00元
ISBN 978-7-5606-6719-5 / TP

XDUP 7021001-2

如有印装问题可调换

前　言

1997 年，“深蓝”打败了卡斯帕罗夫。在此之前人们曾乐观地预测：在体现古老东方智慧、象征着人类智慧的最后一块高地的围棋领域，计算机未必能够这么轻松地战胜人类。然而，仅过了 20 年，人们的预言就被打破。从阿兰·图灵破解了恩尼格玛密码机，为第二次世界大战的胜利作出巨大贡献，到达特茅斯研讨会发明了“人工智能”一词，再到今天，人工智能已经历了 70 余年的发展。在此期间，人工智能经历了三次浪潮、两次寒冬的洗礼。而如今，在深度学习算法的促进下，人工智能通过应用云计算、大数据、卷积神经网络等技术，突破了自然语言语音处理、图像识别的瓶颈，给人们的生活带来了翻天覆地的变化。“忽如一夜春风来，千树万树梨花开”，用这句诗来形容人工智能的发展一点不为过。人工智能已经开始在各个方面出现代替人类工作的可能：无人车间、无人驾驶、无人战场……人工智能可以帮助我们完成很多任务，辅助我们作出决策。在未来，科幻故事中的场景可能出现在日常生活中，而劳动可能只是一种保持健康的需要。

人工智能的快速发展对人工智能及相关专业的人才培养提出了迫切的需求，在此背景下，编者结合多年的人工智能课程的教学实践和科学研究经验，完成了本书的整理、编写工作，期望能为本科生和研究生人工智能课程的教学和人工智能相关专业的人才培养略尽绵薄之力。

全书共 12 章。第 1 章首先介绍了人工智能的基本概念、发展简史，并着重介绍了目前人工智能的主要研究内容与各种应用，以开阔读者的视野，引导读者进入人工智能的世界。第 2 章介绍了一阶谓词逻辑、产生式、语义网络等基本的知识表示方法，以及知识图谱表示法的基本内容。第 3 章介绍了基于谓词逻辑的确定性推理方法，简单介绍了自然演绎推理的基础知识，并详细介绍了在自动定理证明中具有重要地位的鲁宾孙归结原理，通过多个典型例题清楚地介绍了利用谓词公式将句子转化为子句集的步骤，详细讲述了利用归结原理证明定理和求解问题的方法。第 4 章介绍了不确定性推理方法，主要包括比较实用的可信度推理、主观贝叶斯推理、证据理论、模糊推理和概率推理。第 5 章介绍了搜索问题求解策略，主要以框架的知识表示为基础。第 6 章介绍了以进化算法、遗传算法、群智能算法为代表的适用于大规模优化的随机搜索算法，即智能计算问题。第 7 章介绍了机器学习的概念、工作原理、建立方法。第 8 章介绍了人工神经网络与深度学习的基本理论与方法，并着重介绍了前馈神经网络、卷积神经网络和循环神经网络算法的应用。第 9 章介绍了应用广泛的多智能体技术，并简要介绍了多智能体系统的通信和合作等。第 10 章介绍了视觉感知与识别技术，研究总结了人脸识别的最新技术。第 11 章介绍了人工智能在旅行商问题求解中的应用，提出了通过人机结合的方式求解中国旅行商问题，探讨了人机物融合的混合人工智能。第 12 章讲述了人工智能在自然语言处理方面的应用。附录中给出了本书用到的程序实现语言—— Python 语言相关基础，希望能对没有接触过 Python 程序语言的读者起到好的参考作用。

本书具有以下特色。

① 紧扣业界前沿。本书尽量选择一些当前流行的具有广阔应用前景的新技术，如机器学习和深度学习，详细给出了它们的基本原理和推导。被视为非主流的技术(如专家系统)被简略地编排进产生式知识表示部分。

② 应用性强。讲述基本原理时不是停留于抽象的自然语言描述，而是就一些重点的专题给出 Python 语言的程序实现，让抽象的理论具体化并得到应用，让生涩难懂的算法更加容易理解。

本书主要作为计算机类、自动化类、电气类、电子信息类、机械类以及其他理工农医类专业的本科生和研究生学习人工智能课程的教材，也可供人工智能技术领域的研究人员与工程技术人员参考。

本书可用于普通高等院校的人工智能以及相关的同类型课程的教学，建议课堂教学时数为 32～56 学时。由于书中几大部分内容相对独立，教师可以根据课程计划和专业需要灵活选择教学内容。本书内容比较广泛，着重介绍了人工智能的基本理论与实用方法，教师在教学过程中可以结合自己在研究与实践中的工程实例，适当增加拓深内容，起到丰富教学内容、提高学生兴趣和创新能力的作用。

本书为“十四五”江苏省高等学校重点教材(编号：2021-2-089)，感谢西安电子科技大学出版社为本书出版付出的辛勤劳动与建议！衷心感谢产教融合校企合作单位江苏省研究生工作站南京天创电子技术有限公司总经理刘爽高级工程师对本书的贡献。衷心感谢东南大学硕士研究生杨雯迪对本书的贡献。衷心感谢金陵科技学院智能科学与控制工程学院张朝龙教授、徐楠副教授、田小敏副教授、唐玉娟副教授、翟力欣副教授、陈丽换副教授、余振中副教授、赵国树副教授、陈维娜博士、周端博士、杨方宜博士、王莹莹博士、许蓓博士、王逸之博士、张艳博士、张曌博士、刘超博士、顾姗姗博士、葛珊珊博士、殷婷婷博士、郭洪涛博士、邓亚玲博士、许煜博士、满朝媛博士、周子恒博士、曲雅微博士、杨骐昌博士、乔雪博士等参与本书的讨论和贡献。本书得到了国家自然科学基金项目(编号：51505204、51607004、61803188、42101428、42105025)、教育部产学合作协同育人项目(编号：201602009006、202102355002)、江苏省自主移动机器人智能控制技术及应用工程研究中心(苏发改高技发〔2020〕1460 号文)等的资助，在此表示感谢。

由于作者水平有限，书中难免存在不足之处，欢迎使用本书的教师和读者提出宝贵意见。E-mail：yz@jit.edu.cn 杨忠，rg4592@jit.edu.cn 杨荣根。

编　者

2022.4

目　录

第1章　绪　论

人工智能是在计算机科学、控制论、信息论、神经医学、哲学、语言学等多学科的基础上发展起来的综合性很强的交叉学科，是一门不断提出新思想、新观念、新理论、新技术的新兴学科，也是正在迅速发展的前沿学科。自1956年人工智能这个术语被正式提出，并被命名为一门新兴学科以来，人工智能获得了迅速的发展，并取得了惊人的成就，引起了人们的高度重视。人工智能与空间技术、原子能技术一起被誉为20世纪三大科学技术成就。有人称它为继三次工业革命后的又一次革命，认为前三次工业革命主要是扩展了人四肢的功能，把人类从繁重的体力劳动中解放出来，而人工智能则是扩展了人脑的功能，实现脑力劳动的自动化。2016年，人工智能机器人阿尔法狗(AlphaGo)与围棋世界冠军、职业九段棋手李世石进行围棋人机大战，以4∶1的总比分获胜之后，人工智能再次受到热捧，兴起了人工智能研究和应用的浪潮。

本章将首先介绍人工智能的基本概念以及人工智能的发展简史，然后简要介绍当前人工智能的主要研究内容及主要研究领域，以期读者对人工智能的研究与应用领域有一个概括性的认识。

1.1　人工智能概述

1.1.1　人工

人工智能(Artificial Intelligence，AI)可以从字面上的人工和智能两个方面来理解。在日常生活中，人工一词有合成的(Synthetic)或者人造的(Artificial)意思。相对于天然河流(如亚马孙河、长江)，人类开凿了人造河流，如苏伊士运河、京杭大运河等；相对于天然卫星(如地球的卫星月亮)，人类制造并发射了人造卫星；相对于天然纤维(如蚕丝、棉花和羊毛)，人类发明了维呢绒和涤绒等人造纤维。

蜡烛、煤油灯或电灯泡产生的光是人造光，显然，人造光并不受太阳升起与落下的限制，从这一点来讲，人造光是优于自然光的。再如，人造交通装置(如汽车、火车、飞机和自行车)的行驶与跑步、步行和其他自然形式的运动(如骑马)相比，在速度和耐久性方面有很大优势。

我们要探讨的人工智能又称为机器智能或计算机智能，它所包含的“智能”都是人为制造的或由机器和计算机表现出来的一种智能，区别于自然智能，特别是人类智能。由此可见，人工智能本质上有别于自然智能，是一种由人工手段模仿的人造智能。

1.1.2　智能

与人工一词不同，智能二字很难通过非形式化的类比来理解。中国古代思想家一般把智与能看作是两个相对独立的概念，即智能是智慧和能力的总称。智慧是生命所具有的基于生理和心理器官的一种高级的创造性思维活动，包含对自然与人文的感知、记忆、理解、分析、判断、升华等。而能力总是与人完成的实践活动联系在一起，表现为掌握和运用智慧(包括知识)对外界作出相应的决策和行动来解决问题的智力水平。

美国心理学家斯滕伯格(R. Sternberg)就人类意识这个主题给出了这样的定义：智能是个人从经验中学习、理性思考、记忆重要信息以及应付日常生活需求的认知能力。

智能及智能的本质是古今中外许多哲学家、脑科学家一直在努力探索和研究的问题，但至今仍然没有得到完美的答案。智能的发生与物质的本质、宇宙的起源、生命的本质一起被列为自然界的四大奥秘。近年来，随着脑科学、神经医学等研究的进展，人们对人脑的结构和功能有了初步的认识，但对整个神经系统的内部结构和作用机制，特别是对脑的功能原理还没有认识清楚，这有待进一步探索。因此，很难给出智能的确切定义。

目前，根据对人脑已有的认识，结合智能的外在表现，通过从不同的角度、不同的侧面，用不同的方法对智能进行研究，人们提出了几种不同的观点。其中影响较大的观点有思维理论、知识阈值理论及进化理论等。

1）思维理论

思维理论认为智能的核心是思维，人的一切智能都来自大脑的思维活动，人类的一切知识都是人类思维的产物，因而通过对思维规律与方法的研究，人们有望揭示智能的本质。

2）知识阈值理论

知识阈值理论认为智能行为取决于知识的数量及其一般化的程度，一个系统之所以有智能是因为它具有可运用的知识。因此，知识阈值理论把智能定义为：智能就是在巨大的搜索空间中迅速找到一个满意解的能力。这一理论在人工智能的发展史中有着重要的影响，知识工程、专家系统等都是在这一理论的影响下发展起来的。

3）进化理论

进化理论认为人的本质能力是在动态环境中的行走能力、对外界事物的感知能力、维持生命和繁衍生息的能力。正是这些能力为智能的发展提供了基础，因此智能是某种复杂系统所展现的性质，是由许多部件的交互作用产生的。智能仅仅由系统总的行为以及行为与环境的联系所决定，它可以在没有明显的可操作的内部表达的情况下产生，也可以在没有明显的推理系统出现的情况下产生。该理论的核心是用控制取代表示，从而取消概念、模型及显式表示的知识，否定抽象对于智能及智能模拟的必要性，强调分层结构对于智能进化的可能性与必要性。1991年，美国麻省理工学院(MIT)的布鲁克(R. A. Brook)教授提出了“没有表达的智能”，1992年又提出了“没有推理的智能”，他根据对人造机器动物的研究和实践，提出了这些与众不同的观点。目前这些观点尚未形成完整的理论体系，有待进一步的研究，但由于它与人们的传统看法完全不同，因而引起了人工智能界的注意。

可以认为：智能是知识与智力的总和。其中，知识是一切智能行为的基础，而智力是获取知识并应用知识求解问题的能力。

1.1.3　人工智能

像许多新兴学科一样，人工智能至今尚无统一的定义，给人工智能下个准确的定义是困难的。人类的自然智能(人类智能)伴随着人类活动时时处处存在。人类的许多活动，如下棋、竞技、解算题、猜谜语、进行讨论、编制计划和编写计算机程序，甚至驾驶汽车和骑自行车等，都需要“智能”。如果机器能够执行这种任务，就可以认为机器已具有某种性质的“人工智能”。

关于“人工智能”的含义，早在它被正式讨论之前，就由英国数学家图灵(A. M. Turing)提出了。1950年他发表了题为“Computing Machinery and Intelligence”(《计算机与智能》)的论文，文章以“机器能思维吗?”开始，论述并提出了著名的“图灵测试”，形象地指出了什么是人工智能以及机器应该达到的智能标准。图灵在这篇论文中指出，不要问机器是否能进行思维活动，而是要看它能否通过如下测试：让人与机器分别待在两个房间里，二者之间可以通话，但彼此都看不到对方，如果通过对话，人这一方不能分辨对方是人还是机器，那么就可以认为机器达到了人类智能的水平。为了进行这个测试，图灵还设计了一个有趣且智能性很强的对话内容，称为“图灵的梦”。

现在许多人仍把图灵测试作为衡量机器智能的准则，但也有许多人认为图灵测试仅仅反映了结果，没有涉及思维过程。有观点认为，即使机器通过了图灵测试，也不能认为机器就有智能。针对图灵测试，哲学家约翰·塞尔勒(J. Searle)在1980年设计了“中文屋思想实验”以证明这一观点。在中文屋思想实验中：有一间密闭的屋子，里面有一本中文处理规则的书，一个完全不懂中文的人可以在不理解中文的情况下使用这些规则。屋外的测试者不断通过门缝给他写一些有中文语句的纸条。他在书中查找处理这些中文语句的规则，根据规则将一些中文字符抄在纸条上作为对相应语句的回答，并将纸条递出房间。这样，在屋外的测试者看来，屋里的人也许是一个能使用中文进行交流的人，但实际上，他并不理解他所处理的中文，也不会在此过程中提高自己对中文的理解。用计算机模拟这个系统，可以通过图灵测试，这说明一个按照规则执行的计算机程序不能真正理解其输入、输出的意义。许多人对塞尔勒的中文屋思想实验进行了反驳，但迄今为止，还没有人能彻底将其驳倒。

实际上，要使机器达到人类智能的水平，是非常困难的。但是，人工智能的研究正朝着这个方向前进，图灵的梦想总有一天会变成现实。特别是在专业领域，人工智能能够充分借助计算机应用的特点，具有显著的优越性。

人工智能是一门研究如何构造智能机器(智能计算机)或智能系统，使它能模拟、延伸、扩展人类智能的学科。通俗地说，人工智能就是要研究如何使机器具有能听、会说、能看、会写、能思维、会学习、能适应环境变化、会解决面临的各种实际问题等功能的一门学科。

1.2　人工智能的发展

1.2.1　孕育期(1956年之前)

人工智能的前世今生

自古以来，人们就一直试图用各种机器来代替人的部分脑力劳动，以提高人们征服自然的能力，其中有以下对人工智能的产生、发展有重大影响的研究成果。

早在公元前384—公元前322年，伟大的哲学家和思想家亚里士多德(Aristotle)就在他的名著《工具论》中提出了形式逻辑的一些主要定律，他提出的三段论至今仍是演绎推理的基本依据。

英国哲学家培根(F. Bacon)曾系统地提出了归纳法，还提出了“知识就是力量”的名言。这对人类的思维过程以及自 20 世纪 70 年代人工智能转向以知识为中心的研究都产生了重要影响。

德国数学家和哲学家莱布尼茨(G. W. Leibniz)提出了万能符号和推理计算的思想，他认为可以建立一种通用的符号语言以在此符号语言上进行推理的演算。这一思想不仅为数理逻辑的产生和发展奠定了基础，而且可被视为现代机器思维设计思想的萌芽。

英国逻辑学家布尔(G. Boole)致力于使思维规律形式化和实现机械化，并创立了布尔代数。他在《思维法则》一书中首次用符号语言描述了思维活动的基本推理法则。

英国数学家图灵(A. M. Turing)在 1936 年提出了一种理想计算机的数学模型，即图灵机，为后来电子数字计算机的问世奠定了理论基础。

美国神经生理学家麦克洛奇(W. S. McCulloch)与数理逻辑学家匹兹(W. Pitts)在 1943 年建成了第一个神经网络模型(M-P 模型)，开创了微观人工智能的研究领域，为后来人工神经网络的研究奠定了基础。

美国爱荷华州立大学(Iowa State University)的阿塔纳索夫(Atanasoff)教授和他的研究生贝瑞(Berry)在 1937 年至 1941 年间开发的世界上第一台电子计算机“阿塔纳索夫-贝瑞计算机(Atanasoff-Berry Computer，ABC)”为人工智能的研究奠定了物质基础。需要说明的是，世界上第一台计算机并非许多书上所说的由美国的莫克利和埃柯特在 1946 年发明的 ENIAC。这是美国历史上一桩著名的公案。

由上面的发展过程可以看出，人工智能的产生和发展绝不是偶然的，它是科学技术发展的必然产物。

1.2.2　形成期(1956—1969 年)

1956 年夏季，当时达特茅斯学院(Dartmouth College)的年轻数学助教麦卡锡(J. McCarthy)联合哈佛大学毕业的年轻数学和神经学家、麻省理工学院教授明斯基(M. L. Minsky)，IBM 公司信息研究中心负责人罗切斯特(N. Rochester)，贝尔实验室信息部数学研究员香农(C. E. Shannon)共同发起，邀请普林斯顿大学的莫尔(T. Moore)和 IBM 公司的塞缪尔(A. L. Samuel)，麻省理工学院的塞尔夫里奇(O. Selfridge)和索罗莫夫(R. Solomonff)，以及兰得(RAND)公司和卡内基梅隆大学的纽厄尔(A. Newell)、西蒙(H. A. Simon)等，在美国达特茅斯学院召开了一次为时两个月的学术研讨会，讨论关于机器智能的问题。会上经麦卡锡提议正式采用了“人工智能”这一术语，麦卡锡因此被称为“人工智能之父”。这是一次具有历史意义的重要会议，它标志着人工智能作为一门新兴学科正式诞生了。此后，美国形成了多个人工智能研究组织，如纽厄尔和西蒙的 Carnegie RAND 协作组、明斯基和麦卡锡的 MIT 研究组、塞缪尔的 IBM 工程研究组等。

自这次会议之后的十多年间，人工智能的研究在机器学习、定理证明、模式识别、问题求解、专家系统及人工智能语言等方面都取得了许多引人瞩目的成就。

在机器学习方面，1957 年罗森勃拉特(Rosenblatt)研制成功了感知机，这是一种将神经元原理用于识别的系统，它的学习功能引起了人工智能学者们的广泛兴趣，推动了连接机制的研究，但人们很快发现了感知机的局限性。

在定理证明方面，美籍华人数理逻辑学家王浩于1958年在IBM-704机器上用3～5 min证明了《数学原理》中有关命题演算的全部定理(220条)，并且还证明了谓词演算中150条定理的85%；1965年鲁宾孙(J. A. Robinson)提出了归结原理，为定理的机器证明作出了突破性的贡献。

在模式识别方面，1959年塞尔夫里奇推出了一个模式识别程序，1965年罗伯茨(Roberts)编制了可分辨积木构造的程序。

在问题求解方面，1960年纽厄尔等人通过心理学试验总结出了人们求解问题的思维规律，编制了通用问题求解程序GPS，可以用来求解11种不同类型的问题。

在专家系统方面，美国斯坦福大学的费根鲍姆(E. A. Feigenbaum)领导的研究小组自1965年开始专家系统DENDRAL的研究，1968年完成并投入使用。该专家系统能根据质谱仪的实验，通过分析推理决定化合物的分子结构，分析能力已接近甚至超过有关化学专家的水平，在美、英等国得到了实际的应用。该专家系统的研制成功不仅为人们提供了一个实用的专家系统，而且对知识表示、存储、获取、推理及利用等技术的系统化应用是一次非常有益的探索，为以后专家系统的建造树立了榜样，对人工智能的发展产生了深刻的影响，其意义远远超过了系统本身在实用性方面创造的价值。费根鲍姆被称为“专家系统之父”。

在人工智能语言方面，1960年麦卡锡研制出了人工智能语言LISP，成为建造专家系统的重要工具。

1969年成立的国际人工智能联合会议(International Joint Conferences on Artificial Intelligence，IJCAI)是人工智能发展史上一个重要的里程碑，它标志着人工智能这门新兴学科已经得到了世界的肯定和认可。1970年创刊的国际性人工智能杂志*Artificial Intelligence*对推动人工智能的发展、促进研究者们的交流起到了重要的作用。

1.2.3 知识应用期(1970—1985年)

知识应用期主要指1970年以后。进入20世纪70年代，许多国家都开展了人工智能的研究，涌现了大量的研究成果。例如，1972年法国马赛大学的科麦瑞尔(A. Comerauer)提出并实现了逻辑程序设计语言PROLOG；斯坦福大学的肖特利夫(E. H. Shortliffe)等人从1972年开始研制用于诊断和治疗传染性疾病的专家系统MYCIN。但是，和其他新兴学科的发展一样，人工智能的发展道路也是不平坦的。例如，机器翻译的研究没有像人们最初想象得那么容易。当时人们总以为只要有一部双向词典及一些词法知识，就可以实现两种语言文字间的互译。后来发现机器翻译远非这么简单。实际上，由机器翻译出来的文字有时会出现十分荒谬的错误。例如，当把“眼不见，心不烦”的英语句子“Out of sight, out of mind”翻译成俄语时就变成了“又瞎又疯”；当把“心有余而力不足”的英语句子“The spirit is willing but the flesh is weak”翻译成俄语，然后再翻译回来时竟变成了“The wine is good but the meat is spoiled”，即“酒是好的，但肉变质了”；当把“光阴似箭”的英语句子“Time flies like an arrow”翻译成日语，然后再翻译回来的时候，竟变成了“苍蝇喜欢箭”。鉴于机器翻译出现的这些问题，1960年美国政府顾问委员会的一份报告裁定：“还不存在通用的科学文本机器翻译，也没有很近的实现前景。”因此，英国、美国当时中断了对大部分机器翻译项目的资助。在其他方面，如问题求解、神经网络、机器学习等，也都遇到了困难，使人工智能的研究一时陷入了困境。

人工智能研究的先驱者们认真反思，总结之前研究的经验和教训。1977 年费根鲍姆在第五届国际人工智能联合会议上提出了“知识工程”的概念，对以知识为基础的智能系统的研究与建造起到了重要的作用。大多数人接受了费根鲍姆关于以知识为中心展开人工智能研究的观点。从此，人工智能的研究又迎来了以知识为中心的蓬勃发展的新时期。这个时期也称为知识应用时期。

这个时期，专家系统的研究在多个领域取得了重大突破，各种不同功能、不同类型的专家系统如雨后春笋般建立起来，产生了巨大的经济效益及社会效益。例如，地矿勘探专家系统 PROSPECTOR 拥有 15 种矿藏知识，能根据岩石标本及地质勘探数据对矿藏资源进行估计和预测，能对矿床分布、储藏量、品位及开采价值进行推断，制定合理的开采方案。应用该系统成功地找到了价值上亿美元的钼矿。专家系统 MYCIN 能识别 51 种病菌，正确地处理 23 种抗生素，可协助医生诊断、治疗血液感染性疾病，为患者提供最佳处方。该系统成功地处理了数百个病例，并通过了严格的测试，显示出了较高的医疗水平。美国 DEC 公司的专家系统 XCON 能根据用户要求设定计算机的配置，由专家做这项工作一般需要 3 h，而该系统只需要 0.5 min，速度提高了 360 倍。DEC 公司还建立了另外一些专家系统，这些系统每年产生的净收益超过 4000 万美元。信用卡认证辅助决策专家系统 American Express 能帮助银行规避风险，减少损失，据说每年可节省 2700 万美元左右。

专家系统的成功，使人们越来越清楚地认识到知识是智能的基础，对人工智能的研究必须以知识为中心进行。对知识的表示、利用及获取等的研究取得了较大的进展，特别是对不确定性知识的表示与推理取得了突破，建立了主观 Bayes 理论、确定性理论、证据理论等，对人工智能中模式识别、自然语言理解等领域的发展提供了支持，解决了许多理论及技术难题。

1.2.4　机器学习期(1986—2010 年)

机器学习是现阶段解决很多人工智能问题的主流方法，正处于高速发展之中。20 世纪 80 年代机器学习成为一个独立的方向，迄今为止已诞生了大量经典的机器学习方法，这些方法可分为监督学习、无监督学习、强化学习等。

1）监督学习

监督学习通过训练样本学习得到一个模型，然后用这个模型进行推理。例如，我们如果要识别各种水果的图像，则需要用人工标注(即标好了每张图像所属的类别，如苹果、梨、香蕉)的样本进行训练，得到一个模型，接下来，就可以用这个模型对未知类型的水果进行判断，这称为预测。如果只是预测一个类别值，则称为分类问题；如果要预测出一个实数，则称为回归问题。譬如，根据一个人的学历、工作年限、所在城市、行业等特征来预测这个人的收入，就是回归问题。

2）无监督学习

无监督学习则没有训练过程，给定一些样本数据，让机器学习算法直接对这些数据进行分析，得到数据的某些知识。其典型代表是聚类。例如，我们抓取了 1 万个网页，要完成对这些网页的归类。在这里，我们并没有事先定义好的类别，也没有已经训练好的分类模型。聚类算法要自己完成对这 1 万个网页的归类，保证将相同类型的网页归入同一个主题。

无监督学习的另一类典型算法是数据降维，它将一个高维向量变换到低维空间中，并且要保持数据的一些内在信息和结构。

3）强化学习

强化学习是一类特殊的机器学习算法，算法要根据当前的环境状态确定一个动作来执行，然后进入下一个状态，如此反复，目标是得到最大化的收益。围棋游戏就是典型的强化学习问题，在每个时刻，要根据当前的棋局决定在什么地方落棋，然后进行下一个状态，反复地放置棋子，直到比赛结束。这里的目标是尽可能地赢得比赛，以获得最大化的奖励。

1986年诞生了用于训练多层神经网络的真正意义上的反向传播算法，这是现在在深度学习中仍然被使用的训练算法，它奠定了神经网络走向完善和应用的基础。

1989年，LeCun设计出了第一个真正意义上的卷积神经网络，用于手写数字的识别，这是现在被广泛使用的深度卷积神经网络的鼻祖。

在1986到1993年之间，神经网络的理论得到了极大的丰富和完善，但当时的很多因素限制了它的大规模使用。

20世纪90年代是机器学习百花齐放的年代。在1995年诞生了两种经典的算法：SVM和AdaBoost，此后数十年深受追捧，神经网络也黯然失色。SVM代表了核技术的胜利，这是一种思想，即将输入向量隐式地映射到高维空间中，使得原本非线性的问题得到很好的处理。而AdaBoost则代表了集成学习算法的胜利，它通过将一些简单的弱分类器集成起来使用，居然能够达到惊人的精度。

对于人类的很多智能行为(比如语言理解、图像理解等)，我们很难知道其中的原理，也无法描述出这些智能行为背后的“知识”。因此，我们也很难通过知识和推理的方式来实现这些行为的智能系统。为了解决这类问题，研究者开始将研究重点转向让计算机从数据中自动学习。事实上，“学习”本身也是一种智能行为。从人工智能的萌芽时期开始，就有一些研究者尝试让机器自动学习。机器学习的主要目的是设计和分析一些学习算法，让计算机可以从数据(经验)中自动分析获得规律，并利用学习到的规律对未知数据进行预测，从而帮助人们完成一些特定任务，提高开发效率。机器学习的研究内容也十分广泛，涉及线性代数、概率论、统计学、数学优化、计算复杂性等相关知识。

1.2.5 深度学习期(2011年至今)

随着大数据、云计算、物联网等信息技术的发展以及深度学习的提出，人工智能在算法、算力和算料(数据)“三算”方面取得了重要突破，直接支撑了图像分类、语音识别、知识问答、人机对弈、无人驾驶等人工智能复杂应用，人工智能进入以深度学习为代表的大数据驱动发展期。

2006年，针对BP学习算法训练过程中存在的严重梯度扩散现象、局部最优和计算量大等问题，Hinton等依据生物学上的重要发现，提出了著名的深度学习方法。深度学习已取得重大进展，解决了人工智能界多年悬而未决的问题，能够被应用于科学、商业和公共管理等领域，目前已在博弈、主题分类、图像识别、人脸识别、机器翻译、语音识别、自动问答、情感分析等领域取得了突出的成果。

2011年发生了基于卷积神经网络(CNN)的计算机视觉革命——在瑞士Dan Ciresan等人组建的团队极大地促进了卷积神经网络的发展，创建了第一个屡获殊荣的CNN，通常称为"DanNet"。这是一个实质性的突破，它比早期GPU加速的CNN更深入、更快速，表明深度学习在图像目标识别方面比现有的最新技术具有更大优势。

深度学习理论本身也在不断取得重大进展，针对广泛应用的卷积神经网络训练数据需求大、环境适应能力弱、可解释性差、数据共享难等不足，2017年10月，Hinton等进一步提出了胶囊网络。胶囊网络的工作机理比卷积神经网络更接近人脑的工作方式，能够发现高维数据中的复杂结构。2019年，牛津大学博士生Adam Kosiorek提出了堆叠胶囊自动编码器(SCAE)。深度学习创始人、图灵奖得主Hinton称赞它是一种非常好的胶囊网络新版本。

人工智能大体可分为专用人工智能和通用人工智能。目前的人工智能主要是面向特定任务(比如下围棋)的专用人工智能，处理的任务需求明确，应用边界清晰，领域知识丰富，在局部智能水平的单项测试中往往能够超越人类智能。例如，AlphaGo在围棋比赛中战胜人类冠军，人工智能程序在大规模图像识别和人脸识别方面达到了超越人类的水平，人工智能系统识别医学图片等达到了专业医生水平。

相对于专用人工智能技术的发展，通用人工智能尚处于起步阶段。事实上，人的大脑是一个通用的智能系统，可处理视觉、听觉、判断、推理、学习、思考、规划、设计等各类问题。人工智能应该从专用智能向通用智能方向发展。目前，全球产业界已充分认识到人工智能技术引领新一轮产业变革的重大意义，因此将人工智能技术作为许多高新技术产品的引擎，以便更快地占领人工智能产业发展的战略高地，使大量的人工智能应用促进人工智能理论的深入研究。

1.3 人工智能研究的流派

目前我们对人类智能的机理依然知之甚少，还没有一个通用的理论来指导如何构建一个人工智能系统。不同的研究者有各自的理解，因此在人工智能的研究过程中产生了很多不同的流派。比如一些研究者认为人工智能应该通过研究人类智能的机理来构建一个仿生的模拟系统，而另外一些研究者则认为可以使用其他方法来实现人类的某种智能行为。用于佐证后一个观点的一个著名的例子是：让机器具有飞行能力并不需要模拟鸟的飞行方式，而是应该研究空气动力学。尽管人工智能的流派非常多，但主流的方法大体上可以归为三种，即符号主义、连接主义和行为主义。

1. 符号主义

符号主义(Symbolism)，又称逻辑主义、心理学派或计算机学派，它通过分析人类智能的功能，然后通过计算机来实现这些功能。符号主义有两个基本假设：① 信息可以用符号来表示；② 符号可以通过显式的规则(比如逻辑运算)来操作。人类的认知过程可以看作是符号操作过程。在人工智能的推理期和知识期，符号主义的方法比较盛行，并取得了大量的成果。

2. 连接主义

连接主义(Connectionism)，又称仿生学派或生理学派，是认知科学领域中的一类信息处理的方法和理论。在认知科学领域，人类的认知过程可以看作是一种信息处理过程。连接主义认为人类的认知过程是由大量简单神经元构成的神经网络进行的信息处理过程，而不是符号运算。因此，连接主义模型的主要结构是由大量简单的信息处理单元组成的互联网络，具有非线性、分布式、并行化、局部性计算以及适应性等特性。

3. 行为主义

行为主义(Actionism)，又称进化主义(Evolutionism)或控制论学派(Cyberneticsism)，其原理为控制论及感知-动作型控制系统。

行为主义认为人工智能源于控制论。控制论思想早在二十世纪四五十年代就成为时代思潮的重要部分，影响了早期的人工智能工作者。维纳和麦克洛(McCloe)等人提出的控制论和自组织系统以及钱学森等人提出的工程控制论和生物控制论，影响了许多领域。控制论把神经系统的工作原理与信息理论、控制理论、逻辑以及计算机联系起来。早期的研究工作重点是模拟人在控制过程中的智能行为和作用，如对自寻优、自适应、自校正、自镇定、自组织和自学习等控制论系统的研究，并进行“控制论动物”的研制。到二十世纪六七十年代，上述这些控制论系统的研究取得了一定进展，播下了研究智能控制和智能机器人的种子，并在20世纪80年代诞生了智能控制和智能机器人系统。行为主义在20世纪末才以人工智能新学派的面孔出现，一经出现，便引起许多人的兴趣。这一学派的代表作首推布鲁克斯(Brooks)的六足行走机器人，它被看作新一代的“控制论动物”，是一种基于感知-动作模式的、模拟昆虫行为的控制系统。

以上三个人工智能学派未来可能长期共存与合作，取长补短，走向融合和集成之路。

1.4　人工智能的研究目标和内容

1.4.1　人工智能的研究目标

人工智能的近期研究目标是：“研究用机器来模仿和执行人脑的某些智力功能，并开发相关理论和技术”，这些智力功能涉及学习、感知、思考、理解、识别、判断、推理、证明、通信、设计、规划、行动和问题求解等活动。下面进一步探讨人工智能的研究目标问题。人工智能的一般研究目标为：

(1) 更好地理解人类智能，通过编写程序来模仿和检验有关人类智能的理论。

(2) 创造有用的灵巧程序，该程序能够执行一般需要人类专家才能实现的任务。

一般情况下，人工智能的研究目标又可分为近期研究目标和远期研究目标两种。人工智能的近期研究目标是建造智能计算机以代替人类某些智力活动，通俗来说，就是使现有的计算机更聪明、更有用，使它不仅能够进行一般的数值计算和非数值信息的数据处理，而且能够使用知识和计算智能，模拟人类的部分智力功能，解决传统方法无法处理的问题。为了实现这个近期目标，就需要研究开发能够模仿人类智力活动的相关理论、技术和方法，建立相应的人工智能系统。

人工智能的远期目标是用自动机模仿人类的思维活动和智力功能，也就是说，是要建造能够实现人类思维活动和智力功能的智能系统。实现这一宏伟目标还任重道远，因为当前的人工智能技术远未达到应有的高度，人类对自身的思维活动过程和各种智力行为的机理还知之甚少，还不知道要模仿的问题的本质和机制。

人工智能研究的近期目标和远期目标有着不可分割的关系。一方面，近期目标的实现为远期目标研究作好了理论和技术准备，打下了必要的基础，并增强了人们实现远期目标的信心；另一方面，远期目标则为近期目标指明了方向，强化了近期目标的战略地位。

对于人工智能研究目标，除了上述认识外，还有一些比较具体的提法，例如李艾特(Leeait)和费根鲍姆提出人工智能研究的"9 个最终目标"，包括深入理解人类认知过程、实现有效的智能自动化、实现有效的智能扩展、建造超人程序、实现通用问题求解、实现自然语言理解、自主执行任务、实现自学习与自编程、存储和处理大规模文本数据。又如，索罗门(Soloman)给出人工智能的 3 个主要研究目标，即智能行为的有效理论分析、解释人类智能、构造智能的人工制品。

1.4.2　人工智能的研究内容

人工智能学科有广泛、丰富的研究内容。不同的人工智能研究者从不同的角度(如基于脑功能模拟、基于不同认知观、基于应用领域和应用系统、基于系统结构和支撑环境等)对人工智能的研究内容进行了分类。因此，要对人工智能研究内容进行全面和系统的介绍是比较困难的，而且可能也是没有必要的。下面综合介绍一些获得诸多学者认同并具有普遍意义的人工智能研究的基本内容。

1. 知识表示

世界上的每一个国家或民族几乎都有自己的语言和文字。它们是人们表达思想、交流信息的工具，促进了人类文明的发展以及社会的进步。人类语言和文字是进行人类知识表示的最优秀、最通用的方法，但人类语言和文字的知识表示方法并不适用于计算机处理。

人工智能研究的目的是要建立一个能模拟人类智能行为的系统，但知识是一切智能行为的基础，因此首先要研究知识表示方法，只有这样才能把知识存储到计算机中去，以供求解现实问题时使用。

对于知识表示方法的研究，离不开对知识的研究与认识。由于目前人们还没有完全搞清楚知识的结构及机制，因此关于知识表示的理论及规范尚未建立起来。尽管如此，人们在对智能系统的研究及建立过程中，结合具体研究提出了一些知识表示方法。知识表示方法可分为如下两大类：符号表示法和连接机制表示法。符号表示法是用各种包含具体含义的符号，以各种不同的方式和顺序组合起来表示知识的一类方法，它主要用来表示逻辑性知识，各种知识表示方法都属于这一类。连接机制表示法是用神经网络表示知识的一种方法。它把各种物理对象以不同的方式及顺序连接起来，并在其间互相传递及加工各种包含具体意义的信息，以此来表示相关的概念及知识。相对于符号表示法，连接机制表示法是一种隐式的知识表示方法，它将某个问题的若干知识表示在一个网络中，而不是像在产生式系统中那样表示为若干条规则。因此，该方法特别适用于表示各种形象性的知识。

目前用得较多的知识表示方法有一阶谓词逻辑表示法、产生式表示法、框架表示法、语义网络表示法、状态空间表示法、神经网络表示法、脚本表示法、过程表示法、Petri 网络表示法和面向对象表示法等。

2. 机器感知

机器感知就是指使机器(计算机)具有类似于人的感知能力，其中以机器视觉与机器听觉为主。机器视觉让机器能够识别并理解文字、图像、物景等；机器听觉让机器能识别并理解语言、声响等。

机器感知是机器获取外部信息的基本途径，是实现机器智能化不可缺少的组成部分。正如人的智能离不开感知一样，为了使机器具有感知能力，就需要为它配置上能“听”、会“看”的感觉器官。对此，人工智能已经形成了两个专门的研究领域，即模式识别与自然语言理解。

3. 机器思维

所谓机器思维，是指对通过感知得来的外部信息及机器内部的各种工作信息进行有目的的处理。正如人的智能来自大脑的思维活动一样，机器智能也主要通过机器思维来实现。因此，机器思维是人工智能研究中最重要和关键的部分。它使机器能模拟人类的思维活动，能像人那样既进行逻辑思维，又进行形象思维。

4. 机器学习

知识是智能的基础，要使计算机有智能，就必须使它有知识。人们可以把有关知识归纳、整理在一起，并用计算机可接受、处理的方式输入到计算机中，使计算机具有知识。显然，这种方法不能及时地更新知识，特别是计算机不能适应环境的变化。为了使计算机具有真正的智能，必须使计算机像人类那样，具有获得新知识、学习新技巧并在实践中不断完善、改进的能力。

机器学习的内容是研究如何使计算机具有类似于人的学习能力，也就是说，使它能通过学习自动地获取知识。计算机可以通过直接向书本学习、与人谈话学习、对环境的观察学习而获取知识，最终在实践中实现自我完善。机器学习是一个难度较大的研究领域，它与脑科学、神经心理学、计算机视觉、计算机听觉等都有密切联系，因此依赖于这些学科的共同发展。近些年来，机器学习研究虽然已取得了很大的进展，提出了很多学习方法，特别是深度学习的研究取得了长足的进步，但并未从根本上解决问题。

5. 机器行为

机器行为是人工智能中最有趣、最新兴的领域之一。与人的行为能力相对应，机器行为主要是指计算机的表达能力，即“说”“写”“画”等能力。对于智能机器人，它还应具有人的四肢功能，即能走路、能取物、能操作等。

机器行为更多地依赖于观察而不是工程知识。具体可以参考我们如何在自然环境中观察动物的行为，并从中得出结论。我们从观察中得到的大多数结论与我们的生物学知识无关，而与我们对社会互动的理解有关。行为科学可以补充传统的解释方法，开发新的方法来帮助我们理解和解释人工智能的行为。随着人类和人工智能之间的互动变得越来越复杂，机器行为有可能在实现下一个层次的混合智能方面发挥关键作用。

1.5　人工智能的应用领域

大多数学科可应用于多个不同的研究领域，每个领域都有其特有的研究课题、研究技术和术语。在人工智能中，这样的研究领域包括自然语言处理、自动定理证明、自动程序设计、智能检索、智能调度、机器学习、机器人学、专家系统、智能控制、模式识别、视觉系统、神经网络、智能体(Agent)、计算智能、问题求解、人工生命、人工智能方法和程序设计语言等。过去60多年间，人们已经建立了一些具有人工智能的计算机系统，例如能够求解微分方程的、下棋的、设计分析集成电路的、合成人类自然语言的、检索情报的、诊断疾病的以及控制太空飞行器(或地面移动机器人、水下机器人)的具有不同程度人工智能的计算机系统。

目前，随着智能科学与技术的发展以及计算机网络技术的广泛应用，人工智能技术应用到了越来越多的领域。下面简要介绍几个主要研究领域。

1. 问题求解与博弈

人工智能的第一个大成就是发展了能够求解难题的下棋(如国际象棋)程序。在下棋程序中应用的某些技术，如向前看几步，并把困难的问题分成一些比较容易的子问题，发展成为搜索和问题消解(归约)这样的人工智能基本技术。今天的计算机程序能够下锦标赛水平的各种方盘棋、十五子棋、中国象棋和国际象棋，并取得了前面提到的计算机棋手战胜国际和国家象棋冠军的成果。另一种问题求解程序把各种数学公式符号汇编在一起，作为一次性计算求解问题的方式，这种方式的性能达到很高的水平，并正在为许多科学家和工程师所应用。有些程序甚至还能够用经验来改善其性能。但下棋程序不具有洞察棋局的能力，这是人类棋手具有的但尚不能明确表达的能力；该程序的另一个未解决的问题涉及问题的原概念，在人工智能中叫作问题表示的选择，相对而言，人们常常能够找到某种思考问题的方法使求解变易从而解决该问题。到目前为止人工智能程序已经知道如何考虑它们要解决的问题，即搜索解答空间，寻找较优的解答。

拓展阅读

人工智能在博弈中的成功举世瞩目。早在1956年人工智能刚作为一门学科问世时，塞缪尔就研制出了跳棋程序，这个程序能从棋谱中学习，也能从下棋实践中提高棋艺。1959年该程序击败了塞缪尔本人，1962年又击败了美国一个州的冠军。1991年8月在悉尼举行的第12届国际人工智能联合会议上，IBM公司研制的“深思”(Deep Thought)计算机系统与澳大利亚象棋冠军约翰森(D. Johansen)举行了一场人机对抗赛，结果以1∶1战平。1957年西蒙曾预测10年内计算机可以击败人类世界冠军。虽然在10年内没有实现，但40年后，1996年2月10日至17日，美国IBM公司出巨资邀请国际象棋棋王卡斯帕罗夫与IBM公司的深蓝计算机系统进行了六局“人机大战”。深蓝最终以3.5∶2.5的总比分赢得了这场举世瞩目的“人机大战”，仅仅比预测迟了30年。

围棋一直是人类认为不会被计算机攻破的最后堡垒，但2016年3月，AlphaGo以4∶1战胜韩国棋手李世石，成为第一个击败人类职业棋手的软件。2016年12月底，AlphaGo的升级版AlphaGo Master，5天内横扫中日棋坛，创造了连胜60场的惊人纪录。2017年5月23至27日，在乌镇，AlphaGo Master以3∶0轻松击败围棋排名世界第一的柯洁。

2020年12月21日，清华大学朱文武教授带领的网络与媒体实验室发布了全球首个开源自动图学习工具包：AutoGL(Auto Graph Learning)。该工具支持在图数据上进行全自动机器学习，并且支持图机器学习中最常见的两个任务：节点分类任务与图分类任务。

2. 逻辑推理与定理证明

早期的逻辑演绎研究工作与问题和难题的求解相当密切。已经开发出的程序能够借助对事实数据库的操作来"证明"断定，其中的每个事实由分立的数据结构表示，就像数理逻辑中事实由分立公式表示一样。与人工智能的其他技术不同，这些方法能够将事实完整和一致地表示出来。也就是说，只要事实是正确的，那么程序就能够证明这些从事实得出的定理，而且仅证明这些定理。

逻辑推理是人工智能研究中最持久的子领域之一。研究中，只需要找到一些方法，把注意力集中在一个大型数据库中的有关事实上，留意可信的证明，并在出现新信息时适时修正这些证明，即可获得满意的研究成果。

对数学中臆测的定理寻找一个证明或反证，确实称得上是项智能任务。为此，不仅需要根据假设进行演绎的能力，而且需要某些直觉技巧。1976 年 7 月，美国的阿佩尔(K. Appel)等人合作解决了长达 124 年之久的难题——四色定理，轰动了计算机界。我国人工智能大师吴文俊院士提出并实现了几何定理机器证明的方法，在国际上被称为"吴氏方法"，是定理证明的又一标志性成果。

3. 计算智能

计算智能(Computational Intelligence)涉及神经计算、模糊计算、进化计算、粒子群计算、自然计算、免疫计算和人工生命等研究领域。

进化计算(Evolutionary Computation)是指一类以达尔文进化论为依据来设计、控制和优化人工系统的技术和方法的总称，它包括遗传算法(Genetic Algorithm)、进化策略(Evolutionary Strategy)和进化规划(Evolutionary Programming)。自然选择的原则是适者生存，即物竞天择、优胜劣汰。

自然进化的这些特征早在 20 世纪 60 年代就引起了美国的霍兰(Holland)的极大兴趣。受达尔文进化论思想的影响，他逐渐认识到，在机器学习中，若想获得一个好的学习算法，仅靠单个策略的建立和改进是不够的，还要依赖一个包含许多候选策略的群体的繁殖。他还认识到了生物的自然遗传现象与人工自适应系统行为的相似性，因此他提出在研究和设计人工自主系统时可以模仿生物自然遗传的基本方法。20 世纪 70 年代初，霍兰提出了"模式理论"，并于 1975 年出版了《自然系统与人工系统的自适应》专著，系统地阐述了遗传算法的基本原理，奠定了遗传算法研究的理论基础。

遗传算法、进化规划、进化策略具有共同的理论基础，即生物进化论，因此，把这三种方法统称为进化计算，而把相应的算法称为进化算法。

人工生命于 1987 年被提出，旨在用计算机和精密机械等人工媒介生成或构造出能够表现自然生命系统行为特征的仿真系统或模型系统，这涉及自然生命系统行为具有的自组织、自复制、自修复等特征以及形成这些特征的混沌动力学、进化和环境适应。

人工生命的理论和方法有别于传统人工智能和神经网络的理论和方法，人工生命把生命现象所体现的自适应机理通过计算机进行仿真，对相关非线性对象进行更真实的动态描述和动态特征研究。

人工生命学科的研究内容包括生命现象的仿生系统、人工建模与仿真、进化动力学、人工生命的计算理论、进化与学习综合系统以及人工生命的应用等。

4. 分布式人工智能与 Agent

分布式人工智能(Distributed AI，DAI)是分布式计算与人工智能结合的结果。DAI 系统以鲁棒性作为衡量控制系统质量的标准，并具有互操作性，即不同的异构系统在快速变化的环境中具有交换信息和协同工作的能力。

分布式人工智能的研究目标是要创建一种能够描述自然系统和社会系统的精确概念模型。DAI 中的智能并非独立存在的概念，它只能在团体协作中实现，因而其主要研究问题是各 Agent(智能体)间的合作与对话，包括分布式问题求解和多 Agent 系统(Multi-Agent System，MAS)两个领域。MAS 更能体现人类的社会智能，具有更高的灵活性和适应性，更适合开放和动态的世界环境，因而备受重视，已成为人工智能乃至计算机科学以及控制科学与工程的研究热点。

5. 自动程序设计

自动程序设计能够从各种目的描述的角度编写计算机程序。对自动程序设计的研究不仅可以促进半自动软件开发系统的发展，而且也可以促进通过修正自身进行学习的人工智能系统的发展。程序理论方面的相关研究工作对人工智能的所有研究工作都起着重要的作用。

自动编制一份程序来获得某种指定结果的任务与证明一份给定程序将获得某种指定结果的任务是紧密相关的，后者叫作程序验证。自动程序设计研究的重大贡献之一是作为问题求解策略的概念调整。对于程序设计或机器人控制问题，先产生一个不费事的有错误的解，然后再修改它，这种做法要比坚持要求第一个解答完全没有缺陷的做法有效得多。

6. 专家系统

一般地，专家系统是一个智能计算机程序系统，其内部具备大量专家水平的某个领域的知识与经验，能够利用人类专家的知识和解决问题的方法来解决该领域的问题。

发展专家系统的关键是表达和运用专家知识，即来自人类专家的并已被证明对解决有关领域典型问题有用的事实和过程。专家系统和传统的计算机程序的本质区别在于专家系统所要解决的问题一般没有算法解，并且经常要在不完全、不精确或不确定的信息基础上得出结论。

随着人工智能整体水平的提高，专家系统也获得了发展，正在开发的新一代专家系统包括分布式专家系统和协同式专家系统等，采用基于规则的方法、基于框架的技术和基于模型的原理。

7. 机器学习

学习是人类智能的主要标志和获得知识的基本手段。机器学习(自动获取新的事实及新的推理算法)是使计算机具有智能的根本途径。此外，机器学习还有助于发现人类学习的机理并揭示人脑的奥秘。

传统的机器学习倾向于使用符号表示而不是数值表示，使用启发式方法而不是算法。传统机器学习的另一种倾向是使用归纳(Induction)而不是演绎(Deduction)。前一种倾向使它有别于人工智能的模式识别等分支，后一种倾向使它有别于定理证明等分支。

按系统对导师的依赖程度可将学习方法分类为机械式学习、讲授式学习、类比学习、归纳学习、观察发现式学习等。

近20年来，人们也发展了下列各种学习方法：基于解释的学习、基于事例的学习、基于概念的学习、基于神经网络的学习、遗传学习、增强学习、深度学习、超限学习以及数据挖掘和知识发现等。

数据挖掘和知识发现是20世纪90年代初期新崛起的一个活跃的研究领域。在数据库基础上实现的知识发现系统，通过综合运用统计学、粗糙集、模糊数学、机器学习和专家系统等多种学习手段和方法，从大量的数据中提取出抽象的知识，从而揭示出蕴涵在这些数据背后的客观世界的内在联系和本质规律，实现知识的自动获取。

深度学习算法是一类基于生物学对人脑的进一步认识，将神经－中枢－大脑的工作原理设计成一个不断迭代、不断抽象的过程，以便得到最优数据特征表示的机器学习算法。该算法从原始信号开始，先做低级抽象，再逐渐向高级抽象迭代，由此组成深度学习算法的基本框架。深度学习源于2006年加拿大多伦多大学杰弗里·辛顿(Geoffrey Hinton)提出的2个观点：

(1) 多隐层的人工神经网络具有优异的特征学习能力，学习特征可对数据进行本质刻画，从而有利于可视化或分类。

(2) 深度神经网络在训练上的难度，可以通过逐层初始化来克服。这些思想开启了深度学习的研究与应用热潮。

超限学习作为一种新的机器学习方法，已经成为一个热门研究方向。超限学习主要有以下4个特点：

(1) 相对于大多数神经网络和学习算法，隐层节点神经元不需要迭代式的调整。

(2) 超限学习既属于通用单隐层前馈网络，又属于多隐层前馈网络。

(3) 超限学习的相同构架可用作特征学习、聚类、回归和分类问题。

(4) 每个超限学习层组成一个隐层，不需要调整隐层神经元的学习，整个网络构成一个大的单层超限学习机，且每层都可由一个超限学习机学习。

随着大规模数据库和互联网的快速发展，人们对数据库的应用提出了新的要求。数据库中包含大量无法被充分发掘与利用的知识，这会造成信息的浪费，并产生大量的数据垃圾。另一方面，知识获取仍是专家系统研究的瓶颈问题。从领域专家获取知识是非常复杂的人与人间的交互过程，具有很强的个别性和随机性，没有统一的办法。因此，人们开始考虑以数据库作为新的知识源。数据挖掘和知识发现能自动处理数据库中大量的原始数据，抽取出具有必然性、富有意义的模式，使其成为有助于人们实现目标的知识，帮助人们找出所需问题的解决方案。这些导致了大数据技术的出现和快速发展。

8. 自然语言处理

自然语言处理也是人工智能的早期研究领域之一，并不断引起人们的重视。能够从内部数据库回答问题的程序被编写出来，这些程序通过阅读文本材料和建立内部数据库，能够把句子从一种语言翻译为另一种语言，执行给出的指令和获取知识等。有些程序甚至能够在一定程度上翻译从话筒输入的口头指令。

当人们用语言互通信息时，只需要理解一点点信息便可以几乎不费力地进行极其复杂的沟通过程。语言已经发展成为智能动物之间的一种通信媒介，它在某些环境条件下把“思维结构”从一个头脑传输到另一个头脑，而每个头脑都拥有庞大的、高度相似的周围思维结构(作为公共文本)。这些相似的、前后有关的思维结构中的一部分允许每个参与者知道对方也拥有这种共同结构,并能够在通信“动作”中用它来执行某些处理。可以说,语言的生成和理解是一个极为复杂的编码和解码问题。

9. 机器人学

人工智能研究中日益受到重视的另一个分支是机器人学。一些并不复杂的动作控制问题,如移动式机器人的机械动作控制问题,表面上看并不需要很多智能,人类几乎下意识就能完成这些任务,但要是由机器人来实现,就要求机器人具备在求解需要较多智能的问题时所用到的能力。

机器人和机器人学的研究促进了许多人工智能思想的发展,该领域开发的一些技术可用来模拟世界的状态,用来描述从一种世界状态转变为另一种世界状态的过程。

智能机器人的研究和应用体现出广泛的学科交叉性,涉及众多的课题,如机器人体系结构、机构、控制、智能、视觉、触觉、力觉、听觉、机器人装配、恶劣环境下的机器人工作以及机器人语言等。机器人已在工业、农业、商业、旅游业、空中和海洋以及国防等领域获得越来越普遍的应用。近年来,智能机器人的研发与应用已在全世界出现一个热潮,极大地推动了智能制造和智能服务等领域的发展。

10. 模式识别

随着计算机硬件的迅速发展和计算机应用领域的不断拓展,要求计算机能更有效地感知诸如声音、文字、图像、温度、振动等人类赖以发展自身、改造环境所运用的信息资料。着眼于拓宽计算机的应用领域、提高其感知外部信息能力的学科——模式识别便得到迅速发展。人工智能所研究的模式识别是指用计算机代替人类或帮助人类感知模式,是对人类感知外界功能的模拟。研究的对象是计算机模式识别系统,也就是使一个计算机系统具有模拟人类通过感官接收外界信息、识别和理解周围环境的感知能力。

实验表明,人类接收的外界信息80%以上来自视觉,10%左右来自听觉。所以,早期的模式识别研究工作集中在对视觉图像和语音的识别上。模式识别是一个不断发展的新学科,它的理论基础和研究范围也在不断发展。随着生物医学对人类大脑的初步认识,模拟人脑构造的计算机实验方法(即人工神经网络方法)已经成功地用于手写字符的识别、汽车牌照的识别、指纹识别、语音识别、车辆导航、星球探测等方面。

11. 机器视觉

机器视觉或计算机视觉已从模式识别的一个研究领域发展为一门独立的学科。在视觉方面,已经给计算机系统装上视频输入装置以便让其能够“看见”周围的东西。计算机视觉通常可分为低层视觉与高层视觉两类。低层视觉主要执行预处理功能,如边缘检测、移动目标检测、纹理分析等,即通过阴影获得形状、立体造型、曲面色彩。高层视觉则主要指理解所观察的形象。

机器视觉的前沿研究领域包括实时并行处理、主动式定性视觉、动态和时变视觉、三维景物的建模与识别、实时图像压缩传输和复原、多光谱和彩色图像的处理与解释等。

12. 神经网络

研究结果已经证明,用神经网络处理直觉和形象思维信息具有比传统处理方式好得多的效果。神经网络的发展有着非常广阔的科学背景，是众多学科研究的综合成果。神经生理学家、心理学家与计算机科学家的共同研究得出的结论是：人脑是一个功能特别强大、结构异常复杂的信息处理系统，其基础是神经元及其互连关系。因此，对人脑神经元和人工神经网络的研究，可能有助于创造出新一代人工智能机——神经计算机。

对神经网络的研究始于 20 世纪 40 年代初期，其发展经历了一条十分曲折的道路，历经几起几落。自 20 世纪 80 年代初期以来，对神经网络的研究再次出现高潮。

对神经网络模型、算法、理论分析和硬件实现的大量研究，为神经计算机实现应用提供了物质基础。人们期望神经计算机将重建人脑的功能，大大提高信息处理能力，在更多方面取代传统的计算机。

13. 智能控制

人工智能的发展促进了自动控制向智能控制发展。智能控制是一类无需(或需要尽可能少的)人工干预就能够独立地驱动智能机器实现其目标的自动控制。或者说，智能控制是驱动智能机器自主地实现其目标的过程。人们对于许多复杂的系统，难以建立有效的数学模型，以及难以用常规控制理论进行定量计算与分析，而必须采用定量数学解析法与基于知识的定性方法的混合控制方式。随着人工智能和计算机技术的发展，把自动控制和人工智能以及系统科学的某些分支结合起来，建立一种适用于复杂系统的控制理论和技术已成为可能。智能控制正是在这种条件下产生的，它是自动控制的最新发展阶段，也是用计算机模拟人类智能的一个重要研究领域。

智能控制是指同时具有以知识表示的非数学广义世界模型和以数学公式模型表示的混合控制过程，也往往是指含有复杂性、不完全性、模糊性或不确定性以及不存在已知算法的非数学过程。智能控制以知识进行推理，以启发来引导求解过程。智能控制的核心在高层控制，即组织级控制，其任务是对实际环境或过程进行组织，即决策和规划，以实现广义问题求解。

14. 智能调度与指挥

确定最佳调度或组合的问题是人们感兴趣的又一类问题，代表问题就是推销员旅行问题(TSP)。这类问题在现实中的实例很多。

推销员旅行问题属于被理论计算机科学家称为 NP 完全性问题的一类，需根据理论上的最佳方法计算出所耗时间(或所走步数)的最坏情况来排列不同问题的难度。该时间或步数随着问题大小的某种量度而增长。

人工智能专家们曾经研究过若干组合问题的求解方法。有关问题域的知识再次成为比较有效的求解方法的关键。智能组合调度与指挥方法已被应用于汽车运输调度、列车的编组与指挥、空中交通管制以及军事指挥等系统中。

15. 智能检索

随着科学技术的迅速发展，出现了“知识爆炸”的情况。对国内外种类繁多和数量巨大的科技文献的检索远非人力和传统检索系统所能胜任。研究智能检索系统已成为科技持续快速发展的重要保证。

智能检索系统，即数据库系统是存储某学科大量事实的计算机软件系统，它们可以回答用户提出的有关该学科的各种问题。数据库系统设计也是计算机科学的一个活跃分支。为了有效地表示、存储和检索大量事实，已经发展出了许多技术。

不过，智能信息检索系统的设计者们也面临以下几个问题。首先，建立一个能够以理解自然语言陈述为基础的询问系统本身就存在不少问题。其次，即使能够通过规定某些机器能够理解的形式化询问语句来回避语言理解问题，仍然存在如何根据存储的事实演绎出答案的问题。最后，理解询问和演绎答案所需要的知识都可能超出该学科领域数据库存储的知识范围。

16. 系统与语言工具

除了直接瞄准实现智能的研究工作外，开发新的方法也往往是人工智能研究的一个重要方面。人工智能对计算机界的某些贡献已经以派生的形式表现出来。计算机系统的一些概念，如时分系统、编目处理系统和交互调试系统等，已经在人工智能的研究中得以发展。一些能够简化演绎过程、机器人操作和认识模型的专用程序设计和系统常常是新思想的丰富源泉。几种知识表达语言(把编码知识和推理方法作为数据结构和过程计算机语言)已在20世纪70年代后期被开发出来，以探索各种建立推理程序的思想。20世纪80年代以来，计算机系统，如分布式系统、并行处理系统、多机协作系统和各种计算机网络等，都有了长足发展。在人工智能程序设计语言方面，除了继续开发和改进通用和专用的编程语言新版本和新语种外，还研究出了一些面向目标的编程语言和专用开发工具。关系数据库研究所取得的进展，无疑为人工智能程序设计提供了新的有效工具。

1.6 小　结

人类智能是自然界四大奥秘之一，很难给出确切的定义，目前有思维理论、知识阈值理论、进化理论等学派。简单地说，智能是知识与智力的总和。知识是一切智能行为的基础，智力是获取知识并应用知识求解问题的能力。

智能具有感知能力、记忆与思维能力、学习能力、行为能力等显著特征。人工智能是用人工的方法在机器(计算机)上实现的智能。人工智能的发展历史，可归结为孕育期、形成期、知识应用期、机器学习期、深度学习期五个阶段。

人工智能的流派非常多，但主流的方法大体上可以归结为三种，即符号主义、连接主义和行为主义。

一般地，人工智能的研究目标又可分为近期研究目标和远期研究目标两种。人工智能的近期研究目标是建造智能计算机以代替人类的某些智力活动。通俗地说，就是使现有的计算机更聪明和更有用，使它不仅能够进行一般的数值计算和非数值信息的数据处理，而且能够使用知识和计算智能，模拟人类的部分智力功能，解决传统方法无法处理的问题。人工智能的远期目标是用自动机模仿人类的思维活动和智力功能。也就是说，是要建造能够实现人类思维活动和智力功能的智能系统。人工智能研究的基本内容为知识表示、机器感知、机器思维、机器学习、机器行为等几个方面。

本章除了讨论那些仍然有用和有效的人工智能的理论、方法和技术及其应用外，还着重阐述了一些新的和正在研究的人工智能方法与技术，特别是近期发展起来的方法和技术。

习　　题

1. 什么是人类智能？它有哪些特征或特点？
2. 人工智能是何时、何地、怎样诞生的？
3. 人工智能的研究目标是什么？
4. 人工智能的发展经历了哪几个阶段？
5. 人工智能研究的基本内容有哪些？
6. 人工智能有哪些主要研究领域？
7. 人工智能有哪几个主要学派？各自的特点是什么？
8. 人工智能的近期发展趋势有哪些？
9. 什么是以符号处理为核心的方法？它有什么特征？
10. 什么是以网络连接为主的连接机制方法？它有什么特征？

第2章　知识表示方法

人类的智能活动主要是指获得并运用知识。按照符号主义的观点，知识是智能的基础。为了使计算机具有智能，能模拟人类的智能行为，就必须使它具有知识。但知识需要用适当的模式表示出来后才能存储到计算机中并能够被运用，因此，知识的表示成为人工智能中一个十分重要的研究课题。本章将首先介绍知识与知识表示的概念，然后介绍一阶谓词逻辑、产生式、框架、语义网络等当前人工智能中应用比较广泛的知识表示方法，并简要介绍知识图谱的定义、表示架构与构建，为后续章节的学习奠定基础。

2.1　知识与知识表示的概念

2.1.1　知识的概念

知识是人们在长期的生活及社会实践中、在科学研究及实验中积累起来的对客观世界的认识与经验。人们把实践中获得的信息关联在一起，就形成了知识。知识是对信息进行智能化加工所形成的对客观世界规律性的认识。信息的加工过程实际上是一种把有关信息关联在一起，形成信息结构的过程。从这种意义上讲，“信息”和“关联”是构成知识的两个关键要素。到目前为止，还没有对知识下一个统一的定义，对其解释众说纷纭，其中最具代表性的解释有以下3种。

(1) 知识是指经过消减、塑造、解释、选择和转换的信息。

(2) 知识是由特定领域的描述、关系和过程组成的。

(3) 知识＝事实＋信念＋启发式。

实现信息之间关联的形式可以有很多种，其中最常用的一种形式是“如果……，则……”。在人工智能中，这种知识称为“规则”，它反映了信息间的某种因果关系。例如，在我国北方，人们经过多年的观察发现，每当冬天要来临的时候，就会看到一群群的大雁向南方飞去，于是把“大雁南飞”与“冬天就要来临了”这两个信息关联在一起，就得到了如下知识：“如果大雁南飞，则冬天就要来临了”。

2.1.2　知识的类型

知识的类型可以从不同的角度来划分，下面给出几种常见的划分方法。

(1) 按知识的适用范围来划分，知识可分为常识性知识和领域性知识。常识性知识是指通用的或通识的知识，即人们普遍知道的、适用于所有领域的知识。领域性知识是指面向某个具体领域的专业性知识，这类知识只有该领域的专业人员才能够掌握和运用，如领域专家的经验等。

(2) 按知识的作用效果来划分，知识可分为陈述性知识、过程性知识和控制性知识。陈述性知识是关于世界的事实性知识，主要回答“是什么”“为什么”等问题。过程性知识是描述问题求解过程中所需要的操作、算法或行为等规律性的知识，主要回答“怎么做”的问题。控制性知识是关于如何使用前两种知识去学习和解决问题的知识。

(3) 按知识的确定性来划分，知识可分为确定性知识和不确定性知识。确定性知识是可以给出其真值为“真”或“假”的知识，是可以精确表示的知识。不确定性知识是指具有“不确定”特性的知识，这种不确定特性包括不完备性、不精确性和模糊性等。其中，不完备性是指在解决问题时，不具备解决该问题所需要的全部知识；不精确性是指知识具有的既不能完全被确定为真，又不能完全被确定为假的特性；模糊性是指知识的“边界”不明确的特性。

2.1.3 知识表示的概念和方法

知识表示(Knowledge Representation)就是指将人类知识形式化或者模型化，即用一些约定的符号把知识编码成一组可以被计算机直接识别，并便于系统使用的数据结构。由此可知，知识表示不仅是为了把知识用某种机器可以直接识别的数据结构表示出来，更重要的是，要能够方便系统正确地运用和管理知识。事实上，合理的知识表示可以使问题求解变得容易、高效，反之则会使问题求解变得麻烦、低效。

近些年来，尽管人工智能得到了长足的发展，在某些任务上取得超越人脑的成绩，但一台机器的智能与一个两三岁小孩的智能相比，仍有不小的差距，这主要是由于机器缺少知识。

通常，对知识表示的要求可从以下四方面考虑：

(1) 表示能力。知识的表示能力是指能否正确、有效地将问题求解所需要的各种知识表示出来，可包括三方面：一是知识表示范围的广泛性，二是领域知识表示的高效性，三是对非确定性知识表示的支持程度。

(2) 可利用性。知识的可利用性是指通过使用知识进行推理，从而求得问题的解。这里的可利用性包括对推理的适应性和对高效算法的支持性。推理是指根据问题的已知事实，通过使用存储在计算机中的知识推出新的事实(或结论)或执行某个操作的过程。对高效算法的支持性是指知识表示要能够使计算机获得较高的处理效率。

(3) 可组织性和可维护性。知识的可组织性是指把有关知识按照某种组织方式组成一种知识结构。知识的可维护性是指在保证知识的一致性和完整性的前提下，对知识进行的增加、删除、修改等操作。

(4) 可理解性和可实现性。知识的可理解性是指所表示的知识应易读、易懂、易获取、易维护。知识的可实现性是指知识表示要便于在计算机上实现，便于直接由计算机对其进行处理。

若要求一种知识表示形式同时满足上述四方面的要求，可能比较困难，常用的方法是选择其中的最主要因素，或者是采用多种知识表示形式的组合。

知识表示方法又称为知识表示技术，其表示形式被称为知识表示模式。根据知识的不同存在方式，知识表示方法可以分为陈述性知识表示和过程性知识表示两大类。其中，陈述性知识表示是一种用特殊的数据结构描述知识的方法，知识本身与使用该知识的过程是分离的。过程性知识表示是一种把知识和使用该知识的过程结合在一起的方法。本书主要讨论陈述性知识表示方法。

陈述性知识表示方法又可分为非结构化方法和结构化方法两大类。其中，非结构化方法包括一阶谓词逻辑表示法、产生式表示法等。结构化方法包括语义网络表示法和知识图谱表示法等。此外，状态空间法也是一种知识表示方法，但由于它与搜索的联系更加紧密，因此将其放在搜索部分叙述。

2.2　一阶谓词逻辑表示法

人工智能中用到的逻辑可划分为两大类。一类是经典命题逻辑，其特点是任何一个命题的真值或者为“真”，或者为“假”，二者必居其一。因为它只有两个真值，所以又称为二值逻辑。另一类是泛指经典命题逻辑外的那些逻辑，主要包括三值逻辑、多值逻辑、模糊逻辑等，统称为非经典命题逻辑。

谓词逻辑是在命题逻辑的基础上发展起来的，命题逻辑可看作谓词逻辑的一种特殊形式。命题逻辑与谓词逻辑是最先应用于人工智能的两种逻辑，在知识的形式化表示方面，特别是定理的自动证明方面发挥了重要作用，在人工智能的发展史中占有重要地位。

2.2.1　命题逻辑

下面首先讨论命题的概念。

定义 2.1　命题(Proposition)是一个非真即假的陈述句。

判断一个句子是否为命题，首先应该判断它是否为陈述句，再判断它是否有唯一的真值。没有真假意义的语句(如感叹句、疑问句等)不是命题。

若命题的意义为真，称它的真值为真，记作 T(True)；若命题的意义为假，称它的真值为假，记作 F(False)。例如，“北京是中华人民共和国的首都”“3<5”都是真值为 T 的命题；“太阳从西边升起”“煤球是白色的”都是真值为 F 的命题。一个命题不能同时既为真又为假，但可以在一种条件下为真，在另一种条件下为假。例如，“1+1=10”在二进制情况下是真值为 T 的命题，但在十进制情况下是真值为 F 的命题。同样，对于命题“今天是晴天”，也要看当天的实际情况才能决定其真值。

在命题逻辑中，命题通常用大写的英文字母表示，例如，可用英文字母 P 表示“西安是个古老的城市”这个命题。

英文字母表示的命题既可以是一个特定的命题，称为命题常量；也可以是一个抽象的命题，称为命题变元。对于命题变元而言，只有把确定的命题代入后，它才可能有明确的真值。简单陈述句表达的命题称为简单命题或原子命题。引入否定、合取、析取、条件、双条件等连接词，可以将原子命题构成复合命题。可以定义命题的推理规则和蕴涵式，从而进行简单的逻辑证明。

命题逻辑表示法有较大的局限性，它既无法把其描述的事物的结构及逻辑特征反映出来，也无法把不同事物间的共同特征表述出来。例如，对于“老李是小李的父亲”这一命题，若用英文字母表示，例如，用字母 P，则无论如何也看不出老李与小李的父子关系。又如对于“李白是诗人”“杜甫也是诗人”这两个命题，用命题逻辑表示时，也无法把两者的共同特征(都是诗人)形式化地表示出来。由于这些原因，在命题逻辑的基础上发展出了谓词逻辑。

2.2.2 谓词逻辑

集合是一切数学的基石，谓词(Predicate)逻辑也是在集合论的基础上发展而来的。在谓词逻辑中将所讨论对象的全体构成的非空集合称为论域。例如，整数的个体域是由所有整数构成的集合，每个整数都是该个体域中的一个个体。

在谓词逻辑中，命题是用谓词来表示的。谓词可分为个体与谓词名两个部分。个体表示某个独立存在的事物或者某个抽象的概念；谓词名则用于刻画个体的性质、状态或个体间的关系。

谓词的形式化定义如下：

定义 2.2　设 D 为个体域，$P: D^n \to \{T, F\}$ 是一个映射，其中，$D^n = \{(x_1, x_2, \cdots, x_n) | x_1, x_2, \cdots, x_n \in D\}$，则称 P 是一个 n 元谓词($n=1, 2, \cdots$)，记为 $P(x_1, x_2, \cdots, x_n)$。其中，$x_1, x_2, \cdots, x_n$ 为个体变元。

在谓词中，个体可以是常量、变元或函数。例如，“$x>6$”可用谓词表示为 Greater(x, 6)，其中，x 是变元。再如，“王宏的父亲是教师”可用谓词表示为 Teacher(father(WangHong))，其中 father(WangHong)是一个函数。

函数的形式化定义如下：

定义 2.3　设 D 是个体域，$f: D^n \to D$ 是一个映射，则称 f 是 D 上的一个 n 元函数，记为 $f(x_1, x_2, \cdots, x_n)$。其中，$x_1, x_2, \cdots, x_n$ 是个体变元。

谓词和函数从形式上看很相似，容易混淆，但是它们是两个完全不同的概念。谓词的真值是真或假，而函数无真值可言，其值是个体域中的某个个体。谓词实现的是从个体域中的个体到 T 或 F 的映射，而函数实现的是同一个体域中从一个个体到另一个个体的映射。在谓词逻辑中，函数本身不能单独使用，它必须嵌入到谓词之中。

在谓词 $P(x_1, x_2, \cdots, x_n)$ 中，如果 $x_i (i=1, 2, \cdots, n)$ 都是个体常量、变元或函数，则称该谓词为一阶谓词；如果某个 x_i 本身又是一个一阶谓词，则称该谓词为二阶谓词。

谓词名是由使用者根据需要人为定义的，一般用具有相应意义的英文单词表示，或者用大写的英文字母表示，也可以用其他符号甚至中文表示。个体通常用小写的英文字母表示。例如对于谓词 $S(x)$，既可以定义它表示“x 是一个学生”，也可以定义它表示“x 是一只船”。在谓词中，个体可以是常量，可以是变元，也可以是一个函数，常量、变元、函数统称为“项”。

若个体是常量，则表示一个或者一组指定的个体。例如，“老张是一个教师”这个命题，可表示为一元谓词 Teacher(Zhang)，其中，Teacher 是谓词名，Zhang 是个体，Teacher 刻画了 Zhang 的职业是教师这一特征；“5>3”这个不等式命题，可表示为二元谓词 Greater(5, 3)，其中，Greater 是谓词名，5 和 3 是个体，Greater 刻画了 5 与 3 之间的“大于”关系；“Smith 作为一个工程师，为 IBM 工作”这个命题，可表示为三元谓词 Works(Smith, IBM, Engineer)。

若个体是变元，则表示未指定的一个或者一组个体。例如，“$x<5$”这个命题，可表示为 Less(x, 5)，其中，x 是变元。当变量用一个具体的个体的名字代替时，则变量被常量化。当谓词中的变元都用特定的个体取代时，谓词就具有一个确定的真值：T 或 F。个体变

元的取值范围称为个体域。个体域可以是有限的，也可以是无限的。例如，若用 $I(x)$ 表示“x 是整数”，则个体域是所有整数，它是无限的。

若个体是函数，则表示一个个体到另一个个体的映射。例如，“小李的父亲是教师”，可表示为一元谓词 Teacher(father(Li))；“小李的妹妹与小张的哥哥结婚”，可表示为二元谓词 Married(sister(Li)，brother(Zhang))，其中，sister(Li)、brother(Zhang)是函数。函数可以递归调用。例如，“小李的祖父可以表示为 father(father(Li))。

一个命题的谓词表示也不是唯一的。例如，“老张是一个教师”这个命题，也可表示为二元谓词 Is-a(Zhang，Teacher)。

2.2.3　谓词公式的相关概念

一阶谓词逻辑有 5 个连接词和 2 个量词，由于命题逻辑可以看成谓词逻辑的一种特殊形式，因此谓词逻辑中的 5 个连接词也适用于命题逻辑，但是 2 个量词仅适用于谓词逻辑。

1. 连接词

连接词(连词)用来连接简单命题，是由简单命题构成复合命题的逻辑运算符号。

(1) ¬：称为“否定”(Negation)或者“非”。它表示否定位于它后面的命题。当命题 P 为真时，¬P 为假；当命题 P 为假时，¬P 为真。例如，“机器人不在 2 号房间内”，表示为 ¬Inroom(Robot，R2)。

(2) ∨：称为“析取”(Disjunction)。它表示被其连接的两个命题具有“或”的关系。例如，“李明打篮球或踢足球”，表示为 Plays(LiMing，Basketball)∨Plays(LiMing，Football)。

(3) ∧：称为“合取”(Conjunction)。它表示被其连接的两个命题具有“与”的关系。例如，“我喜爱音乐和绘画”，表示为 Like(I，Music)∧Like(I，Painting)。某些较简单的句子也可以用“∧”构成复合形式，如“李住在一幢黄色的房子里”，表示为 Lives(Li，House-1)∧Color(House-1，Yellow)。

(4) →：称为“蕴涵”(Implication)或者“条件”(Condition)。$P \rightarrow Q$ 表示“P 蕴涵 Q”，即表示“如果 P，则 Q”。其中，P 称为条件的前件，Q 称为条件的后件。例如，“如果刘华跑得最快，那么他取得冠军”表示为 Runs(LiuHua，Fastest)→Wins(LiuHua，Champion)；“如果该书是李明的，那么它是蓝色的”表示为 Owns(LiMing，Book-1)→Color(Book-1，Blue)；“如果 Jones 制造了一个传感器，且这个传感器不能用，那么他或者在晚上进行修理，或者第二天把它交给工程师”表示为 Produces(Jones，Sensor)∧¬Works(Sensor)→Fixs(Jones，Sensor，Evening)∨Gives(Sensor，Engineer，Next-day)。

如果后项取值为 T(不管其前项的值如何)，或者前项取值为 F(不管后项的值如何)，则蕴涵取值为 T，否则蕴涵取值为 F。注意，只有前项为真，后项为假时，蕴涵才为假，其余均为真。

“蕴涵”与汉语中的“如果…则…”有区别，汉语中前后要有联系，而命题中可以毫无关系。例如，如果“太阳从西边出来”，则“雪是白的”，是一个真值为 T 的命题。

(5) ↔：称为“等价”(Equivalence)或“双条件(Bicondition)”。$P \leftrightarrow Q$ 表示“P 等价于 Q”。

以上连词的真值由表 2.1 给出。

表 2.1　谓词逻辑真值表

P	Q	$\neg P$	$P \vee Q$	$P \wedge Q$	$P \rightarrow Q$	$P \leftrightarrow Q$
T	T	F	T	T	T	T
T	F	F	T	F	F	F
F	T	T	T	F	T	F
F	F	T	F	F	T	T

2. 量词(Quantifier)

为刻画谓词与个体间的关系，在谓词逻辑中引入了两个量词：全称量词和存在量词。

全称量词(Universal Quantifier)($\forall x$)表示“对于个体域中的所有(或任一个)个体 x”。

例如，“所有的机器人都是灰色的”可表示为($\forall x$)[Robot(x)→Color(x，Gray)]；“所有的车工都操作车床”可表示为($\forall x$)[Turner(x)→Operates(x，Lathe)]。

存在量词(Existential Quantifier)($\exists x$)表示“在个体域中存在个体 x”。例如，“1号房间有个物体”可表示为($\exists x$)Inroom(x，R1)；“某个工程师操作车床”可表示为($\exists x$)[Engineer(x)→Operates(x，Lathe)]。

全称量词和存在量词可以出现在同一个命题中。例如，设谓词 $F(x, y)$表示 x 与 y 是朋友，则：($\forall x$)($\exists y$)Friend(x，y) 表示对于个体域中的任何个体 x 都存在个体 y，x 与 y 是朋友；($\exists x$)($\forall y$)Friend(x，y) 表示在个体域中存在个体 x，与个体域中的任何个体 y 都是朋友；($\exists x$)($\exists y$)Friend(x，y) 表示在个体域中存在个体 x 与个体 y，x 与 y 是朋友；($\forall x$)($\forall y$)Friend(x，y) 表示对于个体域中的任何两个个体 x 和 y，x 与 y 都是朋友。

当全称量词和存在量词出现在同一个命题中时，量词的次序将影响命题的意思。例如，($\forall x$)($\exists y$)(Employee(x)→Manager(y，x))表示“每个雇员都有一个经理”；而($\exists y$)($\forall x$)(Employee(x)→Manager(y，x))表示“有一个人是所有雇员的经理”。又如，($\forall x$)($\exists y$)Love(x，y)表示“每个人都有喜欢的人”；而($\exists y$)($\forall x$)Love(x，y)表示“有的人大家都喜欢他”。

3. 谓词公式

定义 2.4　由谓词符号、常量符号、变量符号、函数符号以及括号、逗号等按一定语法规则组成的字符串的表达式，称为谓词公式。

谓词公式可按下述规则得到：

(1) 单个谓词可以作为谓词公式，称为原子谓词公式。

(2) 若 A 是谓词公式，则$\neg A$ 也是谓词公式。

(3) 若 A、B 都是谓词公式，则 $A \wedge B$、$A \vee B$、$A \rightarrow B$、$A \leftrightarrow B$ 也都是谓词公式。

(4) 若 A 是谓词公式，则($\forall x$)A、($\exists x$)A 也都是谓词公式。

(5) 有限步应用(1)～(4)生成的公式也是谓词公式。

在谓词公式中，连接词的优先级别从高到低排列是：$\neg$，$\wedge$，$\vee$，$\rightarrow$，$\leftrightarrow$。

4. 量词的辖域

位于量词后面的单个谓词或者用括弧括起来的谓词公式称为量词的辖域，辖域内与量词中同名的变元称为约束变元，不受约束的变元称为自由变元。例如，$\exists x(P(x, y)\rightarrow Q(x, y))\vee R(x, y)$，其中，$P(x, y)\rightarrow Q(x, y)$是$\exists x$的辖域，辖域内的变元$x$是受$\exists x$约束的变元，而$R(x, y)$中的$x$是自由变元，式中的所有$y$都是自由变元。

在谓词公式中，变元的名字是无关紧要的，可以把一个名字换成另一个名字。但必须注意，当对量词辖域内的约束变元更名时，必须把同名的约束变元都统一改成相同的名字，且不能与辖域内的自由变元同名；当对辖域内的自由变元改名时，不能改成与约束变元相同的名字。例如，对于公式$(\forall x)P(x, y)$，可改名为$(\forall z)P(z, t)$，这里把约束变元x改成了z，把自由变元y改成了t。

2.2.4 谓词公式的性质

1. 谓词公式的解释

在命题逻辑中，对命题公式中各个命题变元的一次真值指派称为命题公式的一个解释。一旦命题确定后，根据各连接词的定义就可以求出命题公式的真值(T 或 F)。

在谓词逻辑中，由于公式中可能有个体变元以及函数，因此不能像命题公式那样直接通过真值指派给出解释，必须首先考虑个体变元和函数在个体域中的取值，然后才能针对变元与函数的具体取值为谓词分别指派真值。因为存在多种组合情况，所以一个谓词公式的解释可能有很多个。对于每一个解释，谓词公式都可求出一个真值(T 或 F)。

2. 谓词公式的永真性、可满足性、不可满足性

定义 2.5 如果谓词公式P对个体域D上的任何一个解释都取得真值 T，则称P在D上是永真的；如果P在每个非空个体域上均永真，则称P永真。

定义 2.6 如果谓词公式P对个体域D上的任何一个解释都取得真值 F，则称P在D上是永假的；如果P在每个非空个体域上均永假，则称P永假。

可见，为了判定某个公式永真，必须对每个个体域上的所有解释逐个判定。当解释的个数为无限时，公式的永真性就很难判定了。

定义 2.7 对于谓词公式P，如果至少存在一个解释使得公式P在此解释下的真值为 T，则称公式P是可满足的，否则，称公式P是不可满足的。

3. 谓词公式的等价性

定义 2.8 设P与Q是两个谓词公式，D是它们共同的个体域，若对D上的任何一个解释，P与Q都有相同的真值，则称公式P和Q在D上是等价的。如果D是任意个体域，则称P和Q是等价的，记作$P\Leftrightarrow Q$。

下面列出今后要用到的一些主要等价式。

(1) 交换律：

$$P\vee Q\Leftrightarrow Q\vee P$$

$$P\wedge Q\Leftrightarrow Q\wedge P$$

(2) 结合律：

$$(P\vee Q)\vee R\Leftrightarrow P\vee(Q\vee R)$$

$$(P\wedge Q)\wedge R\Leftrightarrow P\wedge(Q\wedge R)$$

(3) 分配律：

$$P \lor (Q \land R) \Leftrightarrow (P \lor Q) \land (P \lor R)$$

$$P \land (Q \lor R) \Leftrightarrow (P \land Q) \lor (P \land R)$$

(4) 德·摩根律(De Morgen)：

$$\neg(P \lor Q) \Leftrightarrow \neg P \land \neg Q$$

$$\neg(P \land Q) \Leftrightarrow \neg P \lor \neg Q$$

(5) 双重否定律(对合律)：

$$\neg\neg P \Leftrightarrow P$$

(6) 吸收律：

$$P \lor (P \land Q) \Leftrightarrow P$$

$$P \land (P \lor Q) \Leftrightarrow P$$

(7) 补余律(否定律)：

$$P \lor \neg P \Leftrightarrow \mathrm{T}$$

$$P \land \neg P \Leftrightarrow \mathrm{F}$$

(8) 连接词化归律：

$$P \rightarrow Q \Leftrightarrow \neg P \lor Q$$

(9) 逆否律：

$$P \rightarrow Q \Leftrightarrow \neg Q \rightarrow \neg P$$

(10) 量词转换律：

$$\neg(\exists x)P \Leftrightarrow (\forall x)(\neg P)$$

$$\neg(\forall x)P \Leftrightarrow (\exists x)(\neg P)$$

(11) 量词分配律：

$$(\forall x)(P \land Q) \Leftrightarrow (\forall x)P \land (\forall x)Q$$

$$(\exists x)(P \lor Q) \Leftrightarrow (\exists x)P \lor (\exists x)Q$$

4. 谓词公式的永真蕴涵

定义 2.9　对于谓词公式 P 与 Q，如果 $P \rightarrow Q$ 永真，则称公式 P 永真蕴涵 Q，记作 $P \Rightarrow Q$，且称 Q 为 P 的逻辑结论，P 为 Q 的前提。

下面列出今后要用到的一些主要永真蕴涵式。

(1) 假言推理：

$$P,\ P \rightarrow Q \Rightarrow Q$$

即，由 P 为真及 $P \rightarrow Q$ 为真，可推出 Q 为真。

(2) 拒取式推理：

$$\neg Q,\ P \rightarrow Q \Rightarrow \neg P$$

即，由 Q 为假及 $P \rightarrow Q$ 为真，可推出 P 为假。

(3) 假言三段论：

$$P \rightarrow Q,\ Q \rightarrow R \Rightarrow P \rightarrow R$$

即，由 $P \rightarrow Q$、$Q \rightarrow R$ 为真，可推出 $P \rightarrow R$ 为真。

(4) 全称固化：

$$(\forall x)P(x) \Rightarrow P(y)$$

其中，y 是个体域中的任一个体。利用此永真蕴涵式可消去公式中的全称量词。

(5) 存在固化：

$$(\exists x)P(x) \Rightarrow P(y)$$

其中，y 是个体域中某一个可使 $P(y)$ 为真的个体。利用此永真蕴涵式可消去公式中的存在量词。

(6) 反证法：

定理 2.1　Q 为 P_1，P_2，…，P_n 的逻辑结论，当且仅当 $(P_1 \wedge P_2 \wedge \cdots \wedge P_n) \wedge \neg Q$ 是不可满足的。

该定理是归结反演的理论依据。

上面列出的等价式及永真蕴涵式是进行演绎推理的重要依据，因此这些公式又称为推理规则。

2.2.5　一阶谓词逻辑表示示例

从前面介绍的谓词逻辑的例子可见，用谓词公式表示知识的一般步骤如下：

(1) 定义谓词及个体，确定每个谓词及个体的确切定义；

(2) 根据要表达的事物或概念，为谓词中的变元赋以特定的值；

(3) 根据语义用适当的连接符号将各个谓词连接起来，形成谓词公式。

例 2.1　用谓词逻辑表示知识“所有教师都有自己的学生”。

解　首先定义谓词：

Teacher(x)：表示 x 是教师；

Student(y)：表示 y 是学生；

Teach(x，y)：表示 x 是 y 的老师。

此时，该知识可用谓词表示为

$$(\forall x)(\exists y)(\mathrm{Teacher}(x) \rightarrow \mathrm{Teach}(x, y) \wedge \mathrm{Student}(y))$$

该谓词公式可读为：对所有 x，如果 x 是一个教师，那么一定存在一个个体 y，x 是 y 的老师，且 y 是一个学生。

例 2.2　用谓词逻辑表示知识“所有的整数不是偶数就是奇数”。

解　首先定义谓词：

$I(x)$：x 是整数；

$E(x)$：x 是偶数；

$O(x)$：x 是奇数。

此时，该知识可用谓词表示为

$$(\forall x)(I(x) \rightarrow E(x) \vee O(x))$$

例 2.3　用谓词逻辑表示如下知识：王宏是计算机系的一名学生；王宏和李明是同班同学；凡是计算机系的学生都喜欢编程序。

解　首先定义谓词：

CS(x)：表示 x 是计算机系的学生；

CM(x，y)：表示 x 和 y 是同班同学；

L(x，z)：表示 x 喜欢 z。

此时，可用谓词公式把上述知识表示为

CS(WangHong)

CM(WangHong, LiMing)

$(\forall x)(CS(x) \rightarrow L(x, programing))$

例 2.4　设在一房间里，c 处有一个机器人，a 和 b 处各有一张桌子，分别称为 a 桌和 b 桌，a 桌上有一盒子，如图 2.1 所示。要求机器人从 c 处出发把盒子从 a 桌上拿到 b 桌上，再回到 c 处。请用谓词逻辑来描述机器人的行动过程。

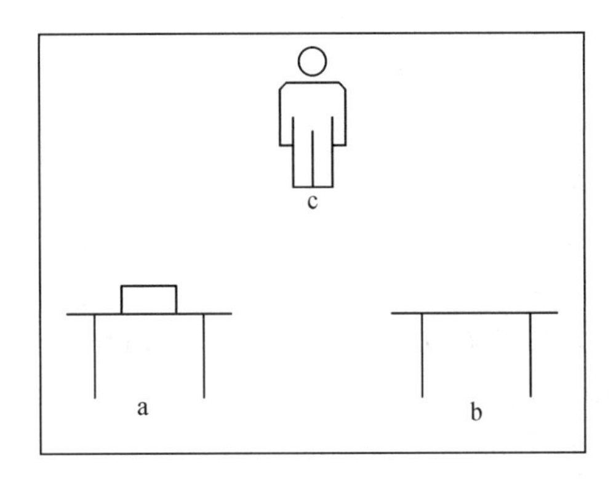

图 2.1　机器人移盒子图例

解　在这个例子中，不仅要用谓词公式来描述事物的状态、位置，还要用谓词公式表示动作。为此，需要定义如下谓词：

Table(x)：x 是桌子；

Empty(y)：y 手中是空的；

At(y, z)：y 在 z 处；

Holds(y, w)：y 拿着 w；

On(w, x)：w 在 x 桌面上。

其中，x 的个体域是{a, b}，y 的个体域是{Robot}，z 的个体域是{a, b, c}，w 的个体域是{Box}。

问题的初始状态是：

At(Robot, c)

Empty(Robot)

On(Box, a)

Table(a)

Table(b)

问题的目标状态是：

At(Robot, c)

Empty(Robot)

On(Box, b)

Table(a)

Table(b)

机器人行动的目标是把问题的初始状态转换为目标状态，需要完成一系列的操作。每个操作一般可分为条件和动作两部分。条件部分用来说明执行该操作必须具备的先决条件，动作部分给出了该操作对问题状态的改变情况。条件部分可用谓词公式来表示，动作部分则是通过在执行该操作前的问题状态中删去和增加相应的谓词来实现的。在本问题中，机器人需要执行以下三个操作：

Goto(x，y)：从 x 处走到 y 处；

Pickup(x)：在 x 处拿起盒子；

Setdown(x)：在 x 处放下盒子。

这三个操作对应的条件与动作如下：

Goto(x，y)

条件：At(Robot，x)

动作：删除表，At(Robot，x)

添加表，At(Robot，y)

Pickup(x)

条件：On(Box，x)，Table(x)，At(Robot，x)，Empty(Robot)

动作：删除表，Empty(Robot)，On(Box，x)

添加表，Holds(Robot，Box)

Setdown(x)

条件：At(Robot，x)，Table(x)，Holds(Robot，Box)

动作：删除表，Holds(Robot，Box)

添加表，Empty(Robot)，On(Box，x)

机器人在执行每个操作之前，都需要检查当前状态是否可以满足该操作的先决条件。如果满足，就执行相应的操作，否则检查下一个操作所要求的先决条件。而检查先决条件是否成立实际上是一种归结方法，即把当前状态看成已知条件，把将要验证的先决条件看成结论，然后进行归结。归结方法将在下一节专门讨论，这里讨论的重点是谓词逻辑知识表示方法。

作为谓词逻辑知识表示方法的应用，下面给出机器人移盒子问题的求解过程，它实际上是一个规划过程。需要指出的是，在实际求解过程中，检查先决条件是否满足是通过对操作谓词的变量的代换来实现的。

	状态 1(初始状态)		状态 2
开始	At(Robot，c)	Goto(c，a)	At(Robot，a)
	Empty(Robot)		Empty(Robot)
	On(Box，a)		On(Box，a)
	Table(a)		Table(a)
	Table(b)		Table(b)
	状态 3		状态 4
Pickup(a)	At(Robot，a)	Goto(a，b)	At(Robot，b)
	Holds(Robot，Box)		Holds(Robot，Box)
	Table(a)		Table(a)
	Table(b)		Table(b)

	状态 5		状态 6(目标状态)
Setdown(b)	At(Robot, b)	Goto(b, c)	At(Robot, c)
	Empty(Robot)		Empty(Robot)
	On(Box, b)		On(Box, b)
	Table(a)		Table(a)
	Table(b)		Table(b)

2.2.6　一阶谓词逻辑表示法的特点

1. 一阶谓词逻辑表示法的优点

(1) 自然性。谓词逻辑是一种接近自然语言的形式语言，用它表示的知识比较容易理解。

(2) 精确性。谓词逻辑是二值逻辑，其谓词公式的真值只有“真”与“假”，因此可用它表示精确的知识，并可保证演绎推理所得结论的精确性。

(3) 严密性。谓词逻辑具有严格的形式定义及推理规则，利用这些推理规则及有关定理证明步骤可从已知事实推出新的事实，或证明所作的假设。

(4) 容易实现。用谓词逻辑表示的知识可以比较容易地转换为计算机的内部形式，易于模块化，便于对知识进行增加、删除及修改。

2. 一阶谓词逻辑表示法的局限性

(1) 不能表示不确定的知识。谓词逻辑只能表示精确性的知识，不能表示不精确、模糊性的知识，但人类的知识不同程度地具有不确定性，这就使得它表示知识的范围受到了限制。

(2) 组合爆炸。在其推理过程中，随着事实数目的增大及盲目地使用推理规则，有可能形成组合爆炸。目前人们在这一方面做了大量的研究工作，展现了一些比较有效的方法，如定义一个过程或采用启发式控制策略来选取合适的规则等。

(3) 效率低。用谓词逻辑表示知识时，其推理是根据形式逻辑进行的，容易把推理与知识的语义割裂开来，这就使得推理过程冗长，降低了系统的效率。谓词表示越细、越清楚，则推理越慢、效率越低。

尽管谓词逻辑表示法有以上局限性，但它仍是一种重要的知识表示方法。许多专家系统的知识表达都采用谓词逻辑表示，如格林等人研制的用于求解化学方面问题的 QA3 系统、菲克斯等人研制的 STRIPS 机器人行动规划系统、菲尔曼等人研制的 FOL 机器证明系统等。

2.3　产生式表示法

第一个专家系统 DENDRAL

产生式(Production)表示法又称为产生式规则表示法。产生式这一术语是由美国数学家波斯特(E. Post)在 1943 年首先提出来的。他根据串替代规则提出了一种称为波斯特机的计算模型，模型中的每一条规则称为一个产生式。在此之后，几经修改与充实，如今已被应用到多个领域中。例如，用它来描述形式语言的语法，表示人类心理活动的认知过程等。1972

年，纽厄尔和西蒙在研究人类的认知模型中开发了基于规则的产生式系统。目前它已成为人工智能中应用得最多的一种知识表示模型，许多成功的专家系统都用它来表示知识，如费根鲍姆等人研制的化学分子结构专家系统 DENDRAL、肖特里菲等人研制的诊断传染性疾病的专家系统 MYCIN 等。

2.3.1 产生式表示的基本方法

产生式表示法可以容易地描述事实和规则，下面给出其表示方法。

1. 事实的产生式表示

事实可看成断言一个语言变量的值或断言多个语言变量之间关系的陈述句。其中，语言变量的值或语言变量之间的关系可以是数字，也可以是一个词等。例如，陈述句“雪是白的”，其中“雪”是语言变量，“白的”是语言变量的值。再如，陈述句“王峰热爱祖国”，其中，“王峰”和“祖国”是两个语言变量，“热爱”是语言变量之间的关系。在产生式表示法中，事实通常是用三元组或四元组来表示的。

对确定性知识，一个事实可用一个三元组

(对象，属性，值)　或　(关系，对象 1，对象 2)

来表示。其中，对象就是语言变量。这种表示方式在机器内部可用一个表来实现。

2. 规则的产生式表示

规则描述的是事物间的因果关系，其含义是“如果……，则……”。规则的产生式表示形式常称为产生式规则，简称为规则。一个规则由前件和后件两部分组成，其基本形式为

IF 〈前件〉 THEN 〈后件〉

或　〈前件〉→〈后件〉

其中，前件是该规则可否使用的先决条件，由单个事实或多个事实的逻辑组合构成；后件是一组结论或操作，指出当“前件”满足时，应该推出的“结论”或应该执行的“动作”。

严格来讲，用巴克斯-诺尔范式(Backus - Naur Form，BNF)给出的规则的形式化描述如下：

〈规则〉:=〈前提〉→〈结论〉
〈前提〉:=〈简单条件〉|〈复合条件〉
〈结论〉:=〈事实〉|〈动作〉
〈复合条件〉:=〈简单条件〉AND〈简单条件〉[(AND〈简单条件〉…)]|
　　　　　　〈简单条件〉OR〈简单条件〉[(OR〈简单条件〉…)]
〈动作〉:=〈动作名〉|[(〈变元〉，…)]

2.3.2 产生式表示示例

下面以一个动物识别系统为例，介绍用产生式表示法求解问题的过程。这个动物识别系统是识别老虎、美洲豹、斑马、长颈鹿、企鹅、鸵鸟、信天翁 7 种动物的产生式系统。

首先根据这些动物识别的专家知识，建立如下规则库。

r_1: IF 该动物有毛发　THEN　该动物是哺乳动物
r_2: IF 该动物有奶　THEN　该动物是哺乳动物

r_3：IF 该动物有羽毛 THEN 该动物是鸟
r_4：IF 该动物会飞 AND 会下蛋 THEN 该动物是鸟
r_5：IF 该动物吃肉 THEN 该动物是食肉动物
r_6：IF 该动物有犬齿 AND 有爪 AND 眼盯前方
THEN 该动物是食肉动物
r_7：IF 该动物是哺乳动物 AND 有蹄
THEN 该动物是有蹄类动物
r_8：IF 该动物是哺乳动物 AND 是反刍动物 THEN 该动物是有蹄类动物
r_9：IF 该动物是哺乳动物 AND 是食肉动物
AND 是黄褐色
AND 身上有暗斑点
THEN 该动物是金钱豹
r_{10}：IF 该动物是哺乳动物 AND 是食肉动物
AND 是黄褐色
AND 身上有黑色条纹
THEN 该动物是老虎
r_{11}：IF 该动物是有蹄类动物 AND 有长脖子
AND 有长腿
AND 身上有暗斑点
THEN 该动物是长颈鹿
r_{12}：IF 该动物是有蹄类动物 AND 身上有黑色条纹
THEN 该动物是斑马
r_{13}：IF 该动物是鸟 AND 有长脖子 AND 有长腿 AND 不会飞
AND 有黑白二色
THEN 该动物是鸵鸟
r_{14}：IF 该动物是鸟 AND 会游泳 AND 不会飞 AND 有黑白二色
THEN 该动物是企鹅
r_{15}：IF 该动物是鸟 AND 善飞 THEN 该动物是信天翁

由上述产生式规则可以看出，虽然系统是用来识别 7 种动物的，但它并不是简单地只设计 7 条规则，而是设计了 15 条。其基本思想是：首先根据一些比较简单的条件，如“有毛发”“有羽毛”“会飞”等对动物进行比较粗的分类，分为“哺乳动物”“鸟”等，然后随着条件的增加，逐步缩小分类范围，最后给出识别 7 种动物的规则。这样做至少有两个好处：一是当已知的事实不完全时，虽不能推出最终结论，但可以得到分类结果；二是当需要增加对其他动物（如牛、马等）的识别时，规则库中只需增加如 r_9 至 r_{15} 那样的关于这些动物个性方面的知识，而对 r_1 至 r_8 可直接利用，这样增加的规则就不会太多。r_1，r_2，…，r_{15} 分别是对各产生式规则所做的编号，以便于对它们的引用。

设在综合数据库中存放有下列已知事实：

该动物有暗斑点，长脖子，长腿，奶，蹄

并假设综合数据库中的已知事实与规则库中的知识从第一条（即 r_1）开始逐条进行匹

配，则当推理开始时，推理机的工作过程如下。

(1) 从规则库中取出第一条规则 r_1，检查其前提是否可与综合数据库中的已知事实匹配成功。由于综合数据库中没有“该动物有毛发”这一事实，所以匹配不成功，r_1 不能被用于推理。然后取第二条规则 r_2 进行同样的工作。显然，r_2 的前提“该动物有奶”可与综合数据库中的已知事实“该动物有奶”匹配。再检查 r_3 至 r_{15}，因为双前提不满足，该规则不可利用，结果均不能匹配。因为只有 r_2 一条规则被匹配，所以 r_2 被执行，并将其结论部分“该动物是哺乳动物”加入综合数据库中。并且将 r_2 标注为已经被选用过，避免下次再被匹配。

此时综合数据库的内容变为

该动物有暗斑点，长脖子，长腿，奶，蹄，哺乳动物

检查综合数据库中的内容，没有发现要识别的任何一种动物，所以要继续进行推理。

(2) 分别用 r_1、r_3、r_4、r_5、r_6 与综合数据库中的已知事实进行匹配，均不成功。但当用 r_7 与之匹配时，获得了成功。再检查 r_8 至 r_{15} 均不能匹配。因为只有 r_7 一条规则被匹配，所以执行 r_7 并将其结论部分“该动物是有蹄类动物”加入综合数据库中，并且将 r_7 标注为已经被选用过，避免下次再被匹配。

此时综合数据库的内容变为

该动物有暗斑点，长脖子，长腿，奶，蹄，哺乳动物，有蹄类动物

检查综合数据库中的内容，没有发现要识别的任何一种动物，所以还要继续进行推理。

(3) 在此之后，除已经匹配过的 r_2、r_7 外，只有 r_{11} 可与综合数据库中的已知事实匹配成功，所以将 r_{11} 的结论加入综合数据库，此时综合数据库的内容变为

该动物有暗斑点，长脖子，长腿，奶，蹄，哺乳动物，有蹄类动物，长颈鹿

检查综合数据库中的内容，发现要识别的动物长颈鹿包含在了综合数据库中，所以推出了“该动物是长颈鹿”这一最终结论。至此，问题的求解过程就结束了。

上述问题的求解过程是一个不断地从规则库中选择可用规则与综合数据库中的已知事实进行匹配的过程，规则的每一次成功匹配都使综合数据库增加了新的内容，并朝着问题的解决方向前进了一步。这一过程称为推理，推理是专家系统中的核心内容。当然，上述过程只是一个简单的推理过程，后面将对推理的有关问题展开全面的介绍。

2.3.3　产生式表示法的 Python 程序实现

可以使用程序设计语言(如 Python)中的 if 语句实现产生式规则，但当产生式规则较多时会产生新的问题。例如，检查哪条规则被匹配需要很长时间遍历所有规则，因此，一种专用的产生式系统已经被开发出来，这是一种采用快速算法(如 RETE)以匹配规则触发条件的产生式系统。这种系统内嵌了消解多个冲突的算法。近年来，开发了专门用于计算机游戏开发的 RC++，它是 C++语言的超集，其算法加入了控制角色行为的产生式规则，提供了反应式控制器的专用子集。下面的程序利用 Python 语言实现了动物识别。

```
1    #程序 2.1 识别动物长颈鹿
2    #动物种类
3    animals=['tiger', 'leopard', 'zebra', 'giraffe', 'penguin', 'ostrich', 'albatross']
4    def animalRecognition(**p):
5        #规则前件
```

```
6          haired=False
7          mammal=False
8          breastFeed=False
9          haveFeather=False
10         isBird=False
11         canFly=False
12         layEgg=False
13         canineTeeth=False
14         haveClaw=False
15         lookAhead=False
16         predator=False
17         haveHoof=False
18         hoofedAnimal=False
19         ruminant=False
20         tawny=False
21         blackStriple=False
22         darkSpot=False
23         longNeck=False
24         longLeg=False
25         blackAndWhite=False
26         canSwim=False
27         eatMeat=False
28         if 'haired' in p.keys():
29             haired=p['haired']
30         if 'mammal' in p.keys():
31             mammal=p['mammal']
32         if 'haveFeather' in p.keys():
33             haveFeather=p['haveFeather']
34         if 'isBird' in p.keys():
35             isBird=p['isBird']
36         if 'canFly' in p.keys():
37             canFly=p['canFly']
38         if 'layEgg' in p.keys():
39             layEgg=p['layEgg']
40         if 'haveClaw' in p.keys():
41             haveClaw=p['haveClaw']
42         if 'canineTeeth' in p.keys():
43             canineTeeth=p['canineTeeth']
44         if 'lookAhead' in p.keys():
45             lookAhead    =p['lookAhead']
46         if 'predator' in p.keys():
47             predator=p['predator']
48         if 'hoofedAnimal' in p.keys():
```

```
49            hoofedAnimal=p['hoofedAnimal']
50        if 'ruminant' in p.keys():
51            ruminant=p['ruminant']
52        if 'tawny' in p.keys():
53            tawny=p['tawny']
54        if 'blackStriple' in p.keys():
55            blackStriple=p['blackStriple']
56        if 'darkSpot' in p.keys():
57            darkSpot=p['darkSpot']
58        if 'longNeck'in p.keys():
59            longNeck=p['longNeck']
60        if 'breastFeed'in p.keys():
61            breastFeed=p['breastFeed']
62        if 'haveHoof'in p.keys():
63            haveHoof=p['haveHoof']
64        if 'longLeg'in p.keys():
65            longLeg=p['longLeg']
66        if 'blackAndWhite' in p.keys():
67            blackAndWhite=p['blackAndWhite']
68        if 'canSwim' in p.keys():
69            canSwim=p['canSwim']
70        if 'eatMeat' in p.keys():
71            eatMeat=p['eatMeat']
72        #规则
73        if haired: #r1
74            mammal=True
75        if breastFeed: #r2
76            mammal=True
77        if haveFeather: #r3
78            isBird=True
79        if canFly and layEgg: #r4
80            isBird=True
81        if eatMeat: #r5
82            predator=True
83        if canineTeeth and haveClaw and lookAhead: #r6
84            predator=True
85        if mammal and haveHoof: #r7
86            hoofedAnimal=True
87        if mammal and ruminant: #r8
88            hoofedAnimal=True
89        if mammal and predator and tawny and darkSpot: #r9
90            return animals[1]
91        if mammal and predator and tawny and blackStriple: #r10
```

```
92                return animals[0]
93            if hoofedAnimal and longNeck and longLeg and darkSpot: # r11
94                return animals[3]
95            if hoofedAnimal and blackStriple: # r12
96                return animals[2]
97            if isBird and longLeg and not canFly and blackAndWhite: # r13
98                return animals[5]
99            if isBird and canSwim and not canFly and blackAndWhite: # r14
100               return animals[4]
101           if isBird and canFly: # r15
102               return animals[6]
103   res=animalRecognition(darkSpot=True,
104                             longNeck=True,
105                             longLeg=True,
106                             breastFeed=True,
107                             haveHoof=True)
108   print('有暗斑点，长脖子，长腿，奶，蹄特征的动物是：\n'+res)
```

输出结果如下：

```
有暗斑点，长脖子，长腿，奶，蹄特征的动物是：
giraffe
```

程序 2.1 为一段利用产生式表示法识别动物(长颈鹿)的 Python 程序，该程序实现了将识别动物的 15 条规则翻译成可以执行的语句。其中，第 3 行以列表的形式存储了要识别的 7 种动物类型，分别为老虎、美洲豹、斑马、长颈鹿、企鹅、鸵鸟和信天翁。第 4 至 102 行是定义的产生式推理机，在 Python 语言中表现为一个函数，当输入适当的条件时，函数返回识别出的动物类型。第 6 至 27 行是一些规则的前件或条件，如 tawny=False，则为不是黄褐色。第 28 至 71 行是推理机接受的参数，函数的参数实际上是一个字典结构，所以，在传递参数时直接将条件和对应的值一起传递，如 breastFeed=True，则表明传递的条件为动物是否有奶，其值为真，则为该动物有奶。第 73 至 102 行是产生式规则。第 103 至 107 行是输入的条件。第 108 行输出返回的识别结果。

2.3.4　产生式表示法的特点

1. 产生式表示法的主要优点

(1) 自然性。产生式表示法用“如果……，则……”的形式表示知识，这是人们常用的一种表达因果关系的知识表示形式，既直观、自然，又便于进行推理。正是由于这一特点，才使得产生式表示法成为人工智能中最重要且应用最多的一种知识表示方法。

(2) 模块性。产生式规则是规则库中最基本的知识单元，它们同推理机构相对独立，而且每条规则都具有相同的形式。这就便于对其进行模块化处理，为知识的增、删、改带来了方便，为规则库的建立和扩展提供了可管理性。

(3) 有效性。产生式表示法既可表示确定性知识，又可表示不确定性知识；既有利于表示启发式知识，又可方便地表示过程性知识。目前已建造成功的专家系统大部分是用产生式表示法来表达其过程性知识的。

(4) 清晰性。产生式表示法有固定的格式。每一条产生式规则都由前提与结论(操作)两部分组成,而且每一部分所含的知识量都比较少。这既便于对规则进行设计,又易于对规则库中知识的一致性及完整性进行检测。

2. 产生式表示法的主要缺点

(1) 效率不高。在产生式系统求解问题的过程中,首先要用产生式的前提部分与综合数据库中的已知事实进行匹配,从规则库中选出可用的规则,此时选出的规则可能不止一个,这就需要按一定的策略进行"冲突消解",然后让选中的规则启动执行。因此,产生式系统求解问题的过程是一个反复进行"匹配、冲突消解、执行"的过程。鉴于规则库一般都比较庞大,而匹配又是一件十分费时的工作,因此其工作效率不高,而且大量的产生式规则容易引起组合爆炸。

(2) 不能用来表达具有结构性的知识。产生式表示法适合于表达具有因果关系的过程性知识,是一种非结构化的知识表示方法,所以对具有结构关系的知识表达无能为力,它不能把具有结构关系的事物间的区别与联系表示出来。后面介绍的框架表示法可以解决这方面的问题。因此,产生式表示法除了可以独立作为一种知识表示模式外,还经常与其他表示法结合起来表示特定领域的知识。例如,在专家系统 PROSPECTOR 中是用产生式表示法与语义网络表示法相结合,在 Alkins 中用产生式表示法与框架表示法相结合。

3. 产生式表示法适合表示的知识

由上述关于产生式表示法的特点,可以看出产生式表示法适用于表示具有下列特点的领域知识。

(1) 由许多相对独立的知识元组成的领域知识,这些知识彼此间的关系不密切,且不存在结构关系,如化学反应方面的知识。

(2) 具有经验性及不确定性的知识,而且相关领域中对这些知识没有严格、统一的理论,如医疗诊断、故障诊断等方面的知识。

(3) 领域问题的求解过程可被表示为一系列相对独立的操作,而且每个操作可被表示为一条或多条产生式规则。

2.4 语义网络表示法

语义网络是奎利恩(J. R. Quillian)于 1968 年提出的一种心理学模型,后来奎利恩又把它用于知识表示。1972 年,西蒙在他的自然语言理解系统中也采用了语义网络表示法。1975 年,亨德里克斯(G. G. Hendrix)又对全称量词的表示提出了语义网络分区技术。目前,语义网络表示法已成为人工智能中应用得较多的一种知识表示方法。

2.4.1 语义网络概述

1. 语义网络的概念

语义网络是一种用实体及其语义关系来表达知识的有向图。其中,节点代表实体,表示各种事物、概念、情况、属性、状态、事件、动作等；弧代表语义关系，表示它所连接的两个实体之间的语义联系。在语义网络中，每一个节点和弧都必须带有标志，这些标志用来说明它所代表的实体或语义。

在语义网络表示中，最基本的语义单元称为语义基元，语义基元对应的那部分网络结构称为基本网元。一个语义基元可用三元组(节点1，弧，节点2)来描述，其结构可用一个基本网元来表示。例如，若用A、B分别表示三元组中的节点1和节点2，用R表示A与B之间的语义联系，则它对应的基本网元的结构如图2.2所示。

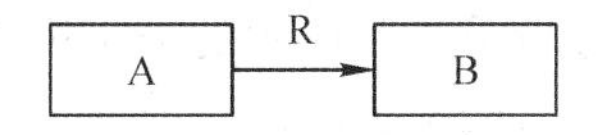

图2.2　一个基本网元的结构

例2.5　用语义基元描述“鸵鸟是一种鸟”这一事实。

解　由于“鸵鸟”与“鸟”之间的语义联系为“是一种”，因此在此语义网络中，弧被标志为“是一种”，如图2.3所示。

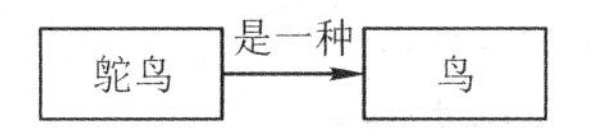

图2.3　一个具体的基本网元

当把多个语义基元用相应的语义联系关联在一起时，就形成了一个语义网络。在语义网络中，弧的方向是有意义的，不能随意调换。

语义网络表示法和产生式表示法之间有着对应的表示能力。例如，对事实“雪是白的”，可用语义网络表示，如图2.4所示。再如，对规则R，若其含义是“如果A则B”，则可表示为图2.2所示的形式。可见，事实与规则的语义网络的表示形式是相同的，区别仅是弧上的标志不同。

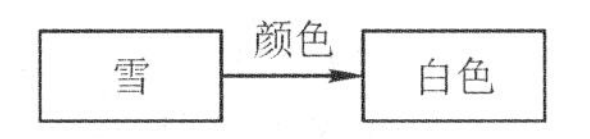

图2.4　一种事实的语义网络表示

语义网络表示和谓词逻辑表示之间也有着对应的表示能力。从逻辑表示来看，基本网元相当于二元谓词。因为三元组(节点1，弧，节点2)可写成P(个体1，个体2)，其中，节点1、节点2分别对应个体1、个体2，而弧及其上面的标志是由谓词P来体现的。

2. 基本的语义关系

从功能上讲，语义网络可以描述任何事物间的任意复杂关系。但是，这种描述是通过把许多基本的语义关系关联到一起实现的。基本语义关系是构成复杂语义关系的基石，也是语义网络知识表示的基础。由于基本语义关系的多样性和灵活性，因此不可能对其进行全面讨论。作为参考，下面给出的仅是一些最常用的基本语义关系。

1) 实例关系

实例关系体现的是“具体与抽象”的概念，用来描述“一个事物是另外一个事物的具体例子”。其语义标志为ISA，即IS-a的简写形式，含义为“是一个”。例如，实例关系“李刚是一个人”，可用图 2.5 所示的语义网络来表示。

图 2.5 实例关系的语义网络

2）分类关系

分类关系也称为泛化关系，它体现的是“子类与超类”的概念，用来描述“一个事物是另外一个事物的一种类别”。其语义标志为 AKO，即 A-Kind-Of 的缩写，其含义为“是一种”。例如，分类关系“鸟是一种动物”可用图 2.6 所示的语义网络来表示。

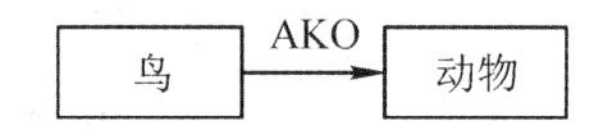

图 2.6 分类关系的语义网络

3）成员关系

成员关系体现的是“个体与集体”的概念，用来描述“一个事物是另外一个事物中的一个成员”。其语义标志为 AMO(A-Member-Of)，含义为“是一员”。例如，成员关系“张强是共青团员”可用图 2.7 所示的语义网络来表示。

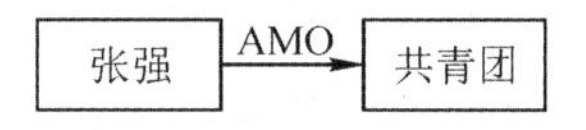

图 2.7 成员关系的语义网络

前面讨论的实例关系、分类关系和成员关系有时统称为类属关系，它们都具有属性的继承性，处在具体层、子类层和个体层的节点可以分别继承抽象层、父类层和集体层的属性。例如，李刚可以继承人的会说话、能走路、会思考等属性，鸟可以继承动物能吃、会叫等属性，张强可以继承共青团的先锋性等特性。

4）属性关系

属性关系是指事物与其行为、能力、状态、特征等属性之间的关系。由于不同事物的属性不同，因此属性关系可以有很多种。例如：

(1) Have，含义为“有”，表示一个节点具有另一个节点所描述的属性。

(2) Can，含义为“能”“会”，表示一个节点能做另一个节点所描述的事情。

(3) Age，含义为“年龄”，表示一个节点是另一个节点在年龄方面的属性。

例如，“鸟有翅膀”可用图 2.8 所示的语义网络来表示。又如，“张强 18 岁”可用图 2.9 所示的语义网络来表示。

图 2.8 属性关系的语义网络一　　图 2.9 属性关系的语义网络二

5）包含关系

包含关系也称为聚类关系，是指具有组织或结构特征的“部分与整体”之间的关系。包含关系与类属关系的最主要区别是，包含关系一般不具备属性的继承性。常用的包含关系为 Part-of，含义为“是一部分”，表示一个事物是另一个事物的一部分。例如，“大脑是人体的一部分”可用图 2.10 所示的语义网络来表示。又如，“黑板是墙壁的一部分”可用图 2.11 所示的语义网络来表示。从继承性的角度看，大脑不具有人体的各种属性，黑板也不具有墙壁的各种属性。

图 2.10　包含关系的语义网络一　　图 2.11　包含关系的语义网络二

6）时间关系

时间关系是指不同事件在其发生时间上的先后次序关系。常用的时间关系有：

(1) Before，含义为“在前”，表示一个事件在另一个事件之前发生。

(2) After，含义为“在后”，表示一个事件在另一个事件之后发生。

例如，“AlphaGo-Zero 在 AlphaGo 之后”可用图 2.12 所示的语义网络来表示。

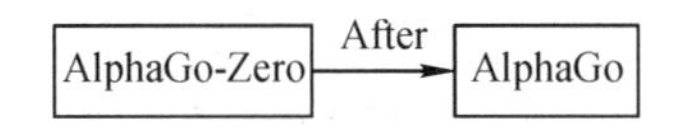

图 2.12　时间关系的语义网络

7）位置关系

位置关系是指不同事物在位置方面的关系。常用的位置关系有：

(1) Located-on，含义为“在上”，表示某一物体在另一物体之上。

(2) Located-at，含义为“在”，表示某一物体所在的位置。

(3) Located-under，含义为“在下”，表示某一物体在另一物体之下。

(4) Located-inside，含义为“在内”，表示某一物体在另一物体之内。

(5) Located-outside，含义为“在外”，表示某一物体在另一物体之外。

例如，“书在桌子上”可用图 2.13 所示的语义网络来表示。

8）相近关系

相近关系是指不同事物在形状、内容等方面相似或接近。常用的相近关系有：

(1) Similar-to，含义为“相似”，表示某一事物与另一事物相似。

(2) Near-to，含义为“接近”，表示某一事物与另一事物接近。

例如，“猫似虎”可用图 2.14 所示的语义网络来表示。

图 2.13　位置关系的语义网络　　图 2.14　相近关系的语义网络

2.4.2　事物和概念的表示

1. 用语义网络表示一元关系

一元关系是指可以用一元谓词 $P(x)$ 表示的关系。其中，个体 x 为实体，谓词 P 说明实体的性质、属性等。一元关系描述的是一些最简单、最直观的事物或概念，常用“是”“有”

“会”“能”等语义关系来说明。例如，“雪是白的”就是一个一元关系。

按道理讲，语义网络描述的是两个节点之间的二元关系。那么，如何用它来描述一元关系呢？通常的做法是用节点 1 表示实体，用节点 2 表示实体的性质或属性等，用弧表示节点 1 和节点 2 之间的语义关系。例如，“李刚是一个人”是一个一元关系，其语义网络见图 2.5。为了进一步说明一元关系的语义网络表示，下面再给出一个例子。

例 2.6　用语义网络表示“动物能运动、会吃”。

解　在这个例子中，能运动和会吃是动物的两个属性。其表示方法是在“动物”节点上增加它具有的属性“能运动”“会吃”，如图 2.15 所示。

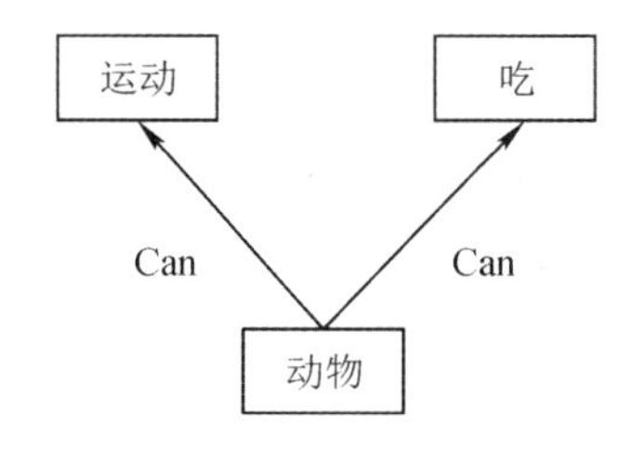

图 2.15　动物属性的语义网络

从这个例子可以看出，尽管语义网络描述的是两个节点之间的二元关系，但它同样可以方便地表示一元关系。

2. 用语义网络表示二元关系

二元关系是指可用三元谓词 $P(x, y)$ 表示的关系。其中，个体 x 和 y 为实体，谓词 P 说明两个实体之间的关系。二元关系可以方便地用语义网络来表示，前面介绍了一些常用的二元关系的表示方法，下面主要讨论较复杂的二元关系的表示方法。

有些关系看起来比较复杂，但可以较容易地分解成一些相对独立的二元关系或一元关系。对于这类问题，可先给出每个二元关系或一元关系的语义网络表示，再把它们关联到一起，得到问题的完整表示。

例 2.7　用语义网络表示：① 动物能运动、会吃；② 鸟是一种动物，鸟有翅膀、会飞；③ 鱼是一种动物，鱼生活在水中、会游泳。

解　对于这个问题，各种动物的属性按属性关系描述，动物之间的分类用分类关系描述。其语义网络如图 2.16 所示。

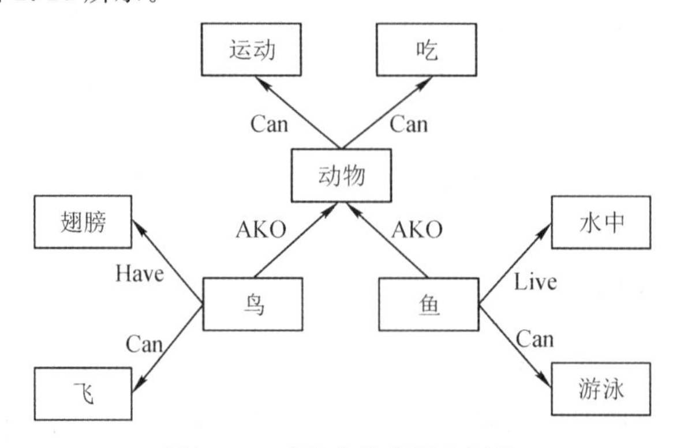

图 2.16　动物分类的语义网络

3. 用语义网络表示多元关系

多元关系是指可用多元谓词 $P(x_1, x_2, \cdots, x_n)$ 表示的关系。其中，个体 $x_1, x_2, \cdots, x_n$ 为实体，谓词 P 说明这些实体之间的关系。在现实世界中，往往需要通过某种关系把多种事物联系起来，这就构成了一种多元关系。当用语义网络表示多元关系时，需要先将其转化为多个一元或二元关系，再把这些一元关系、二元关系组合起来实现对多元关系的表示。

2.4.3　情况和动作的表示

为了描述那些复杂的情况和动作，西蒙在他提出的表示方法中增加了情况节点和动作节点，允许用一个节点来表示情况或动作。

1. 情况的表示

用语义网络表示情况时，需要设立一个情况节点。该节点有一组向外引出的弧，用于指出各种不同的情况。

2. 动作的表示

用语义网络表示动作时，也需要设立一个动作节点。动作节点也有一些向外引出的弧，用于指出动作的主体和客体。

2.4.4　语义网络的基本推理过程

采用语义网络表示知识的问题求解系统主要由两大部分组成，一部分是由语义网络构成的知识库，另一部分是用于问题求解的推理机构。语义网络的推理过程主要有两种：继承和匹配。

1. 继承

继承是指把对事物的描述从抽象节点传递到具体节点。通过继承可以得到所需节点的一些属性值，它通常是沿着 ISA、AKO 等继承弧进行的。继承的一般过程为：

(1) 建立一个节点表，用来存放待求解节点和所有以 ISA、AKO 等继承弧与此节点相连的那些节点。在初始情况下，表中只有待求解节点。

(2) 检查表中的第一个节点是否有继承弧。如果有，就把该弧所指的所有节点放入节点表的末尾，记录这些节点的所有属性，并从节点表中删除第一个节点。如果没有，仅从节点表中删除第一个节点。

(3) 重复(2)，直到节点表为空。此时记录下来的所有属性都是待求解节点继承来的属性。

例如，在如图 2.16 所示的语义网络中，通过继承关系可以得到“鸟”具有会吃、能运动的属性。

2. 匹配

匹配是指在知识库的语义网络中寻找与待求解问题相符的语义网络模式。其主要过程为：

(1) 根据待求解问题的要求构造一个网络片段，该网络片段中有些节点或弧的标志是空的，称为询问处，它反映的是待求解的问题。

(2) 根据该语义片段到知识库中去寻找需要的信息。

(3) 当待求解问题的网络片段与知识库中的某个语义网络片段相匹配时，则与询问处所对应的事实就是该问题的解。

2.4.5 语义网络表示法的特点

1. 语义网络表示法的主要优点

(1) 结构性。语义网络把事物的属性及事物间的各种语义联系显式地表示出来，是一种结构化的知识表示方法。在这种方法中，下层节点可以继承、新增和变异上层节点的属性，从而实现了信息的共享。

(2) 联想性。语义网络本来是作为人类联想记忆模型而提出来的，着重强调事物间的语义联系，体现了人类的联想思维过程。

(3) 自然性。语义网络实际上是一个带有标志的有向图，可以直观地把知识表示出来，符合人们表达事物间关系的习惯，并且自然语言与语义网络之间的转换比较容易实现。

2. 语义网络表示法的主要缺点

(1) 非严格性。语义网络没有像谓词那样的严格的形式表示体系，一个给定的语义网络的含义完全依赖于处理程序对它进行的解释，通过语义网络实现的推理不能保证其正确性。

(2) 复杂性。虽然语义网络表示知识的手段是多种多样的，具有灵活性，但由于表示形式的不一致，也使得对它的处理变得复杂。

2.5 知识图谱表示法

2.5.1 知识图谱的提出

由于互联网内容具有规模大、多元异质、组织结构松散等特点，给人们有效获取信息和知识提出了挑战。谷歌公司为了利用由网络多源数据构建的知识库来增强语义搜索，提升搜索引擎返回的答案质量和用户查询的效率，于 2012 年 5 月 16 日首先发布了知识图谱(Knowledge Graph)。知识图谱是一种互联网环境下的知识表示方法。

构建知识图谱的目的是提高搜索引擎的能力，改善用户的搜索质量以及搜索体验。随着人工智能技术的发展和应用，知识图谱作为关键技术之一，已被广泛应用于智能搜索、智能问答、个性化推荐、内容分发等领域。现在的知识图谱已被用来泛指各种大规模的知识库。百度和搜狗等搜索引擎公司构建的知识图谱分别称为知心和知立方。

2.5.2 知识图谱的定义

知识图谱，又称为科学知识图谱，是指用各种不同的图形等可视化技术来描述知识资源及其载体，用于挖掘、分析、构建、绘制和显示知识及它们之间的相互联系。

知识图谱以结构化的形式来描述客观世界中的概念、实体间的复杂关系，将互联网的信息表达成更接近人类认知世界的形式，提供了一种更好地组织、管理和理解互联网海量信息的方式。它把复杂的知识领域通过数据挖掘、信息处理、知识计量和图形绘制显示出来，揭示知识领域的动态发展规律。

目前，知识图谱还没有一个标准的定义。简单地说，知识图谱是由一些相互连接的实体及其属性构成的。知识图谱也可被看作是一张图，图中的节点表示实体或概念，而图中的边则由属性或关系构成。

知识图谱中涉及的一些相关概念如下。

(1) 实体：具有可区别性且独立存在的某种事物，如中国、美国、日本等，又如某个人、某个城市、某种植物、某种商品等。实体是知识图谱中最基本的元素，不同的实体间存在不同的关系。

(2) 概念(语义类)：具有同种特性的实体构成的集合，如国家、民族、书籍、电脑等。

(3) 内容：通常作为实体和语义类的名字、描述、解释等，可以由文本、图像、音视频等来表达。

(4) 属性(值)：属性描述资源之间的关系，即知识图谱中的关系。不同的属性类型对应于不同类型属性的边。属性值主要指对象指定属性的值，如城市的属性包括面积、人口、所在国家、地理位置等。

(5) 关系：把 k 个图节点(实体、语义类、属性值)映射到布尔值的函数。

2.5.3　知识图谱的表示

三元组是知识图谱的一种通用表示方式。三元组的基本形式主要分为两种：

(1) 实体1—关系—实体2。在思知网上关于机器人的知识图谱如图2.17所示，其中，“机器人[自动执行工作的机器装置]—驱动装置—微型计算机”是一个“实体1—关系—实体2”的三元组样例。

(2) 实体—属性—属性值。图2.17中，“机器人[自动执行工作的机器装置]”是一个实体，“外文名”是一种属性，“Robot”是属性值。“机器人[自动执行工作的机器装置]—外文名—Robot”构成一个“实体—属性—属性值”的三元组样例。

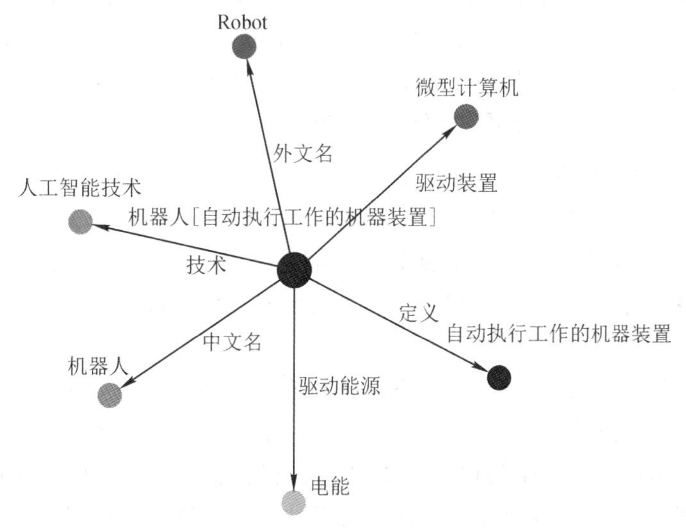

图2.17　思知网关于机器人的知识图谱

知识图谱是由一条条知识组成的，每条知识表示为一个主谓宾(Subject-Predicate-Object，SPO)三元组，如图 2.18 所示。

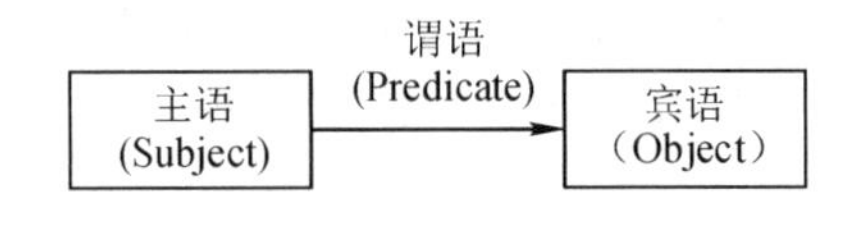

图 2.18　SPO 三元组

主语可以是国际化资源标识符(Internationalized Resource Identifiers，IRI)或空白节点(Blank Node)。主语表示资源时，谓语和宾语分别表示其属性和属性值。例如，“机器人的驱动能源是电能”就可以表示为“机器人的驱动能源—是—电能”这个三元组。

Blank Node 指没有国际化资源标识符和字面量的资源，或者指匿名资源。其中，字面量(Literal)可以看作是带有数据类型的纯文本。

在知识图谱中，可以用资源描述框架(Resource Description Framework，RDF)来表示这种三元关系。RDF 图中一共有三种类型：IRI，Blank Node 和 Literal。

如果将 RDF 的一个三元组中的主语和宾语表示成节点，它们之间的关系表达成一条从主语到宾语的有向边，那么，所有 RDF 三元组就将互联网的知识结构转化为图结构。合理地使用 RDF，能够将网络上各种繁杂的数据进行统一地表示。

知识图谱中的每个实体或概念用一个全局唯一确定的 ID 来标识，称为标识符(Identifier)。每个属性值对(Attribute Value Pair，AVP)用来刻画实体的内在特性，而关系用来连接两个实体，刻画它们之间的关联。

2.5.4　知识图谱的架构

知识图谱的架构包括其自身的逻辑结构以及构建知识图谱所采用的体系架构。

1. 知识图谱的逻辑结构

知识图谱在逻辑上可分为模式层与数据层。数据层主要是由一系列的事实组成的，而知识以事实为单位进行存储。如果用“实体 1—关系—实体 2”“实体—属性—属性值”这样的三元组来表达事实，那么，可选择图数据库作为存储介质。模式层构建在数据层之上，是知识图谱的核心。通常，采用本体库来管理知识图谱的模式层。本体是结构化知识库的概念模板，通过本体库而形成的知识库不仅层次结构较强，并且冗余程度较小。

2. 知识图谱的体系架构

知识图谱的体系架构是指知识图谱的构建模式结构，也包含知识图谱的更新过程。获取知识的资源对象大体可分为结构化数据、半结构化数据和非结构化数据三类。

结构化数据指知识定义和表示都比较完备的数据，如 DBpedia 和 Freebase 等已有知识图谱、特定领域内的数据库资源等。

半结构化数据指部分数据是结构化的，同时有大量结构化程度较低的数据存在其中。在半结构化数据中，虽然知识的表示和定义并不一定规范统一，其中部分数据(如信息框、列表和表格等)仍遵循特定表示且以较好的结构化程度呈现，但仍存在大量结构化程度较低的数据。半结构化数据的典型代表是百科类网站，一些领域的介绍和描述类页面往往也都归入此类，如计算机、手机等电子产品的参数性能分析和介绍。

非结构化数据则指没有定义和规范约束的“自由”数据。例如，最广泛存在的自然语言文本、音视频等。

2.5.5　知识图谱的构建

早期，知识图谱的构建借助人工和群体智慧积累实现。随着互联网技术的发展，知识图谱的构建是自动化的过程，即利用机器学习和信息抽取技术自动获取知识图谱。早期的知识资源通过人工添加和合作编辑获得，如英文 WordNet、CYC 和中文的 HowNet。而自动构建知识图谱的特点是面向互联网的大规模、开放、异构环境，利用机器学习和信息抽取技术自动获取互联网上的信息。例如，华盛顿大学图灵中心的 KnowItAll 和 TextRunner、卡内基·梅隆大学的“永不停歇的语言学习者”(Never Ending Language Learner，NELL)都是这种类型的知识库。目前，大多数通用的知识图谱均是通过对维基百科进行结构化而构建的。

知识图谱构建从最原始的数据(包括结构化数据、半结构化数据、非结构化数据)出发，采用一系列自动或者半自动的技术手段，从原始数据库和第三方数据库中提取知识事实，并将其存入知识库的数据层和模式层，这一过程包含知识提取、知识表示、知识融合、知识推理四个过程，每一次更新迭代均包含这四个阶段。

知识图谱主要有自上而下(Top-Down)与自下而上(Bottom-Up)两种构建方式。

(1) 自上而下指的是先为知识图谱定义好本体与数据模式，再将实体加入知识库。该构建方式需要利用一些现有的结构化知识库作为其基础知识库，例如，Freebase 项目就是采用这种方式构建的，它的绝大部分数据是从维基百科中得到的。

(2) 自下而上指的是从一些开放链接数据中提取出实体，选择其中置信度较高的加入知识库，再构建顶层的本体模式。目前，大多数知识图谱都采用自下而上的方式进行构建，其中最典型就是 Google 的 Knowledge Vault 和微软的 Satori 知识库，这也比较符合互联网数据内容知识产生的特点。

构建知识图谱需要大规模知识库，然而大规模知识库的构建与应用需要多种技术的支持。可以通过知识提取技术，从一些公开的半结构化、非结构化和第三方的结构化数据库的数据中提取出实体、关系、属性等知识要素，如图 2.19 所示。

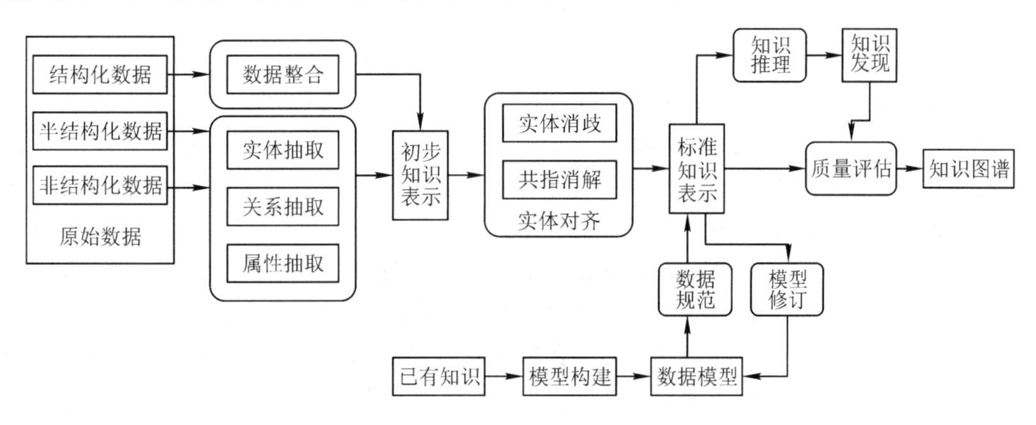

图 2.19　知识图谱的一般构建流程

知识表示首先通过一定的有效手段对知识要素进行表示，便于进一步处理使用，然后通过知识融合，消除实体、关系、属性等指称项与事实对象之间的歧义(即实体对齐)，形成高质量的知识库。知识推理则是在已有的知识库基础上进一步挖掘隐含的知识，从而丰富、扩展知识库。

2.6 小　　结

1. 知识的概念

把有关信息关联在一起所形成的信息结构称为知识。

知识主要具有相对正确性、不确定性、表示性与可利用性等特性。

造成知识具有不确定性的原因主要有：随机性、模糊性、经验性、不完全性。

2. 命题与一阶谓词公式

命题是一个非真即假的陈述句。

谓词的一般形式是：$P(x_1, x_2, \cdots, x_n)$，其中，P 是谓词名，x_1，x_2，…，x_n 是个体。个体可以是常量、变元、函数。

用否定、析取、合取、蕴涵、等价等连接词以及全称量词、存在量词可以把一些简单命题连接起来构成一个复合命题，以表示一个比较复杂的含义。位于量词后面的单个谓词或者用括弧括起来的谓词公式称为量词的辖域，辖域内与量词中同名的变元称为约束变元，不受约束的变元称为自由变元。

对于谓词公式 P，如果至少存在一个解释使得公式 P 在此解释下的真值为 T，则称公式 P 是可满足的，否则，称公式 P 是不可满足的。当且仅当$(P_1 \wedge P_2 \wedge \cdots \wedge P_n) \wedge \neg Q$ 是不可满足的，则 Q 为 P_1，P_2，…，P_n 的逻辑结论。

一阶谓词逻辑表示法具有自然性、精确性、严密性、容易实现等优点，但具有不能表示不确定的知识、组合爆炸、效率低等缺点。

3. 产生式表示法

产生式表示法是目前应用最多的一种知识表示模型，许多成功的专家系统都用它来表示知识。产生式通常用于表示事实、规则以及它们的不确定性度量。谓词逻辑中的蕴涵式只是产生式的一种特殊情况。

产生式表示法不仅可以表示确定性规则，还可以表示各种操作、变换、算子、函数等。此外，产生式表示法不仅可以表示确定性知识，而且可以表示不确定性知识。

产生式表示法具有自然性、模块性、有效性、清晰性等优点，但存在效率不高、不能表达具有结构性的知识等缺点，适合表示由许多相对独立的知识元组成的领域知识、具有经验性及不确定性的知识，也可以表示一系列相对独立的求解问题的操作。

一个产生式系统由规则库、综合数据库、控制系统(推理机)三部分组成。产生式系统求解问题的过程是一个不断地从规则库中选择可用规则与综合数据库中的已知事实进行匹配的过程，规则的每一次成功匹配都使综合数据库增加了新的内容，并朝着问题的解决方向前进了一步。这一过程称为推理，推理是专家系统中的核心内容。

4. 语义网络表示法

语义网络是一种用实体及其语义关系来表达知识的有向图。其中，节点代表实体，表示各种事物、概念、情况、属性、状态、事件、动作等；弧代表语义关系，表示它所连接的两个实体之间的语义联系。在语义网络中，每一个节点和弧都必须带有标志，这些标志用来说明它所代表的实体或语义。

用语义网络可以表示事物和概念，以及情况和动作。采用语义网络表示知识的问题求解系统主要由两大部分组成：一部分是由语义网络构成的知识库，另一部分是用于问题求解的推理机构。语义网络的推理过程主要有两种：继承和匹配。

5. 知识图谱表示法

知识图谱是一种互联网环境下的知识表示方法，是由一些相互连接的实体及其属性构成的。知识图谱三元组的基本形式主要分为两种：实体 1—关系—实体 2、实体—属性—属性值。

知识图谱在逻辑上可分为数据层与模式层。数据层主要是由一系列的事实组成的，而知识是以事实为单位进行存储的。模式层构建在数据层之上，是知识图谱的核心。

知识图谱主要有自上而下与自下而上两种构建方式。自上而下指的是先为知识图谱定义好本体与数据模式，再将实体加入知识库。自下而上指的是从一些开放链接数据中提取出实体，选择其中置信度较高的加入知识库，再构建顶层的本体模式。

习　题

1. 什么是知识？它有哪些特性？它有哪几种分类方法？

2. 什么是知识表示？如何选择知识表示方法？

3. 什么是命题？请写出三个真值为 T 及真值为 F 的命题。

4. 什么是谓词？什么是谓词个体及个体域？函数与谓词的区别是什么？

5. 请写出用一阶谓词逻辑表示法表示知识的步骤。

6. 设有下列语句，请用相应的谓词公式把它们表示出来：

(1) 有的人喜欢梅花，有的人喜欢菊花，有的人既喜欢梅花又喜欢菊花。

(2) 他每天下午都去玩足球。

(3) 所有人都有饭吃。

(4) 喜欢玩篮球的人必定喜欢玩排球。

(5) 要想出国留学，必须通过外语考试。

7. 猴子摘香蕉问题：设在一个房间，a 处有一只猴子，b 处有一个箱子，c 处有一串香蕉，猴子想吃香蕉，但是高度不够，如果猴子站到箱子就可以摸到天花板，如图 2.20 所示，请用谓词逻辑知识表示方法描述猴子摘香蕉问题。

8. 用语义网络表示下列知识：

(1) 所有的鸽子都是鸟；

(2) 所有的鸽子都有翅膀；

(3) 信鸽是一种鸽子，它有翅膀。

9. 请对下列命题分别写出它的语义网络：

(1) 每个学生都有多本书。

(2) 孙老师从 2 月至 7 月给计算机应用专业讲《网络技术》课程。

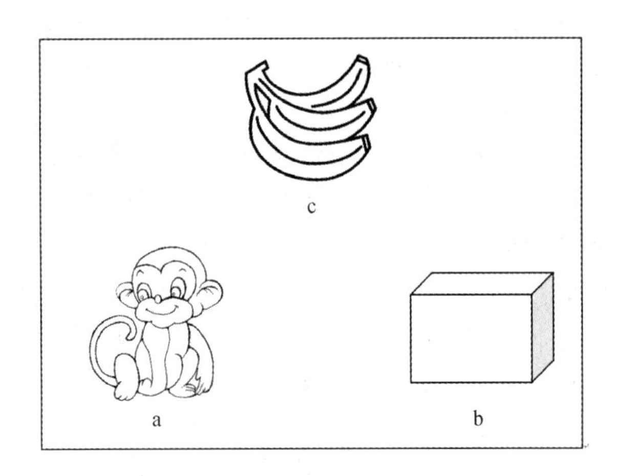

图 2.20　猴子摘香蕉问题

(3) 雪地上留下一串串脚印，有的大，有的小，有的深，有的浅。

(4) 王丽萍是天发电脑公司的经理，她 35 岁，住在珠江路 68 号。

10. 请把下列命题用一个语义网络表示出来：

(1) 猪和羊都是动物；

(2) 猪和羊都是偶蹄动物和哺乳动物；

(3) 野猪是猪，但生长在森林中；

(4) 山羊是羊，且头上长着角；

(5) 绵羊是一种羊，它能生产羊毛。

第 3 章　确定性推理

第 2 章已经讲述了知识表示的一些常用方法，也就是说利用这些方法就可以将知识有效地表示到计算机中，但是，这时知识只是静态的，要想让计算机具有智能，必须使它具有思维能力，即能运用知识求解问题。推理是求解问题的一种重要方法，可以简单地认为是从已知的知识得出另一个结论的过程。确定性推理又称为确定性知识推理，强调的是推理过程中使用的知识是确定的，得出的结论也是确定的。

本章主要讨论推理的基本概念，重点介绍几种确定性推理方法，如自然演绎推理和归结演绎推理。

3.1　推理的基本概念

3.1.1　推理的定义

专家系统 MYCIN

人们在对各种事物进行分析、综合并最终作出决策时，通常是从已知的事实出发，通过运用已掌握的知识，找出其中蕴涵的事实，归纳出新的事实。这一过程通常称为推理，即从初始证据出发，按某种策略不断运用知识库(Knowledge Base，KB)中的已知知识，逐步推出结论的过程称为推理。

在人工智能系统中，推理是由一组程序实现的，这组程序称为推理机。已知事实和知识是构成推理的两个基本要素。已知事实又称为证据，用以指出推理的出发点及推理时应该使用的知识，而知识是使推理得以向前推进，并逐步达到最终目标的依据。例如，在医疗诊断专家系统中，专家的经验及医学常识以某种表示形式存储于知识库中，为患者诊治疾病时，推理机就是从存储在综合数据库中的患者症状及化验结果等初始证据出发，按某种搜索策略在知识库中搜寻可与之匹配的知识，推出某些中间结论，然后再以这些中间结论为证据，在知识库中搜索与之匹配的知识，推出进一步的中间结论，如此反复进行，直到最终推出结论，即找到患者的病因与治疗方案。

3.1.2　推理的方式及其分类

人类的智能活动有多种思维方式。人工智能作为对人类智能的模拟，相应地也有多种推理方式。下面分别从不同的角度对它们进行分类。

1. 演绎推理、归纳推理和默认推理

若从推出结论的途径来划分，推理可分为演绎推理、归纳推理和默认推理。

1) 演绎推理

演绎推理(Deductive Reasoning)是从全称判断推导出单称判断的过程，即由一般性知识推出适用于某一具体情况的结论。这是一种从一般到个别的推理方式。

演绎推理是人工智能中一种重要的推理方式。许多智能系统中采用了演绎推理。演绎推理有多种形式，经常用的是三段论式，它包括以下几项。

（1）大前提：已知的一般性知识或假设。

（2）小前提：关于所研究的具体情况或个别事实的判断。

（3）结论：由大前提推出的适用于小前提所示情况的新判断。

下面是一个三段论推理的例子。

（1）大前提：足球运动员的身体都是强壮的。

（2）小前提：高波是一名足球运动员。

（3）结论：高波的身体是强壮的。

2）归纳推理

归纳推理(Inductive Reasoning)是从足够多的事例中归纳出一般性结论的推理过程，是一种从个别到一般的推理方式。若从归纳时所选的事例的广泛性来划分，归纳推理又可分为完全归纳推理和不完全归纳推理两种。

所谓完全归纳推理，是指在进行归纳时考察了相应事物的全部对象，并根据这些对象是否都具有某种属性，从而推出这个事物是否具有这个属性。例如，某厂进行产品质量检查，如果对每一件产品都进行了严格检查，并且都是合格的，则推导出结论“该厂生产的产品是合格的”。

所谓不完全归纳推理，是指仅考察相应事物的部分对象，就得出了结论。例如，检查产品质量时，只是随机地抽查了部分产品，只要它们都合格，就得出了“该厂生产的产品是合格的”结论。

不完全归纳推理推出的结论不具有必然性，属于非必然性推理，而完全归纳推理是必然性推理。但由于要考察事物的所有对象通常比较困难，因而大多数归纳推理是不完全归纳推理。归纳推理是人类思维活动中最基本、最常用的一种推理形式。人们在由个别到一般的思维过程中经常要用到它。

3）默认推理

默认推理又称为缺省推理(Default Reasoning)，是在知识不完全的情况下假设某些条件已经具备所进行的推理。例如，在条件 A 已成立的情况下，如果没有足够的证据能证明条件 B 不成立，则默认 B 是成立的，并在此默认的前提下进行推理，推导出某个结论。又如，要设计一种鸟笼，但不知道要放的鸟是否会飞，则默认这只鸟会飞，因此，推出这个鸟笼要有盖子的结论。因为这种推理允许默认某些条件是成立的，所以在知识不完全的情况下也能进行。在默认推理的过程中，如果到某一时刻发现原先所做的默认不正确，则要撤销所做的默认以及由此默认推出的所有结论，重新按新情况进行推理。

2. 确定性推理和不确定性推理

若按推理时所用知识的确定性来划分，推理可分为确定性推理与不确定性推理。

1）确定性推理

所谓确定性推理，是指推理时所用的知识与证据都是确定的，推出的结论也是确定的，其真值为真或者为假，没有第三种情况出现。

本章将讨论的经典逻辑推理就属于确定性推理。经典逻辑推理是最先提出的一类推理方法，是根据经典逻辑(命题逻辑及一阶谓词逻辑)的逻辑规则进行的一种推理，主要有自然演绎推理、归结演绎推理、与或型演绎推理等。由于这种推理是基于经典逻辑的，其真值只有“真”和“假”两种，因此它是一种确定性推理。

2）不确定性推理

所谓不确定性推理，是指推理时所用的知识与证据不都是确定的，推出的结论也是不确定的。现实世界中的事物和现象大都是不确定的或者模糊的，很难用精确的数学模型来表示与处理。不确定性推理又分为可信度推理、证据推理、概率推理以及模糊推理，前三者是基于概率论的推理，模糊推理是基于模糊逻辑的推理。人们经常在知识不完全、不精确的情况下进行推理，因此，要使计算机模拟人类的思维活动，就必须使它具有不确定性推理的能力。

3. 单调推理和非单调推理

若按推理过程中推出的结论是否越来越接近最终目标来划分，推理又分为单调推理与非单调推理。

1）单调推理

单调推理是在推理过程中随着推理向前推进及新知识的加入，推出的结论越来越接近最终目标。

单调推理的推理过程中不会出现反复的情况，即不会由于新知识的加入而否定前面推出的结论，不会使推理又退回到前面的某一步。本章将要介绍的基于经典逻辑的演绎推理就属于单调性推理。

2）非单调推理

非单调推理是在推理过程中由于新知识的加入，不仅没有加强已推出的结论，反而要否定它，使推理退回到前面的某一步，然后重新开始。

非单调推理一般是在知识不完全的情况下发生的。由于知识不完全，为使推理进行下去，就要先作某些假设，并在假设的基础上进行推理。当以后由于新知识的加入发现原先的假设不正确时，就需要推翻该假设以及由此假设推出的所有结论，再用新知识重新进行推理。显然，默认推理就是一种非单调推理。

在人们的日常生活及社会实践中，很多情况下进行的推理都是非单调推理。明斯基举了一个非单调推理的例子：当知道 X 是一只鸟时，一般认为 X 会飞，但之后又知道 X 是企鹅，而企鹅是不会飞的，则取消先前加入的 X 能飞的结论，而加入 X 不会飞的结论。

4. 启发式推理和非启发式推理

若按推理中是否运用与推理有关的启发性知识来划分，推理可分为启发式推理(Heuristic Reasoning)与非启发式推理。如果推理过程中运用与推理有关的启发性知识，则称为启发式推理，否则称为非启发式推理。

所谓启发性知识，是指与问题有关且能加快推理过程、求得问题最优解的知识。例如，推理的目标是要在脑膜炎、肺炎、流感这三种疾病中选择一个，又设有 r_1、r_2、r_3 这三条产生式规则可供使用，其中，r_1 推出的是脑膜炎，r_2 推出的是肺炎，r_3 推出的是流感。如果希望尽早排除脑膜炎这一危险疾病，应该先选用 r_1；如果本地区目前流感盛行，则应考虑首先选择 r_3。这里，“脑膜炎这一危险疾病”及“目前流感盛行”是与问题求解有关的启发性知识。

3.1.3　推理的方向

推理的过程是求解问题的过程。问题求解的质量与效率不仅依赖于所采用的求解方法(如匹配方法、不确定性的传递算法等)，而且还依赖于求解问题的策略，即推理的控制策略。推理的控制策略主要包括推理方向、搜索策略、冲突消解策略、求解策略及限制策略等。推理方向分为正向推理、逆向推理、混合推理及双向推理4种。

1. 正向推理

正向推理是以已知事实作为出发点的一种推理。

正向推理的基本思想是：从用户提供的初始已知事实出发，在知识库(KB)中找出当前可适用的知识，构成可适用的知识集(Knowledge Set，KS)，然后按某种冲突消解策略从KS中选出一条知识进行推理，并将推出的新事实加入数据库中作为下一步推理的已知事实，此后再在知识库中选取可适用的知识进行推理，如此重复这一过程，直到求出问题的解或者知识库中再无可适用的知识为止。

正向推理过程可用如下算法描述(见图3.1)。

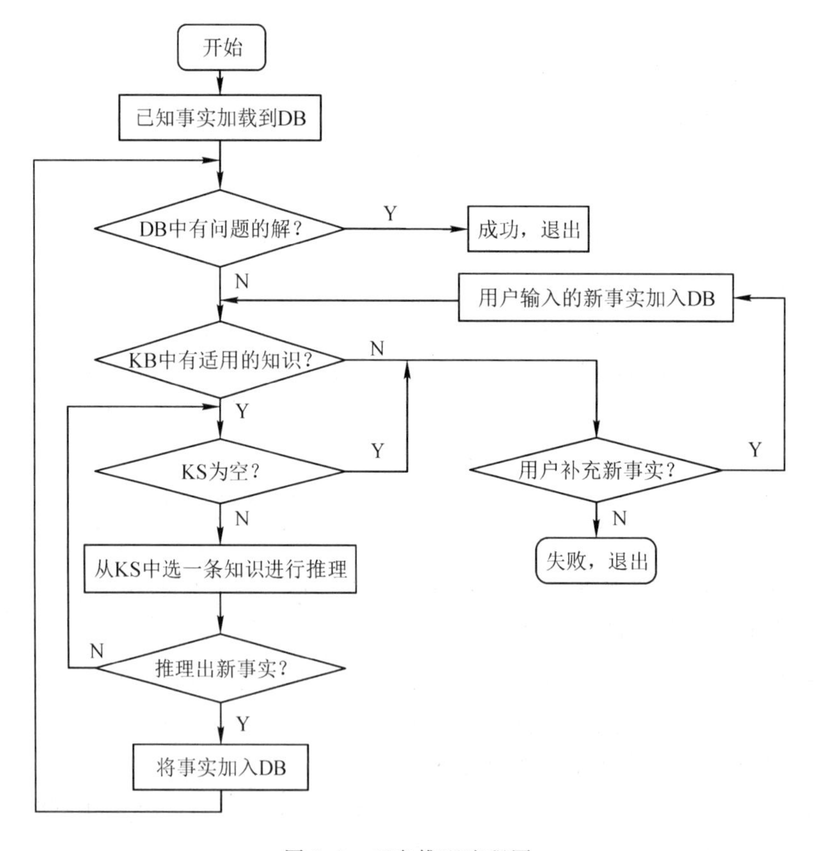

图3.1　正向推理流程图

(1) 将用户提供的初始已知事实送入数据库(DB)。

(2) 检查DB中是否已经包含了问题的解，若有，则求解结束，并成功退出；否则，执行下一步。

(3) 根据 DB 中的已知事实，扫描知识库(KB)，检查 KB 中是否有可适用(即可与 DB 中已知事实匹配)的知识，若有，则转向(4)，否则转向(6)。

(4) 把 KB 中所有的适用知识都选出来，构成可适用知识集(KS)。

(5) 若 KS 不为空，则按某种冲突消解策略从中选出一条知识进行推理，并将推出的新事实加入 DB 中，然后转向(2)；若 KS 为空，则转向(6)。

(6) 询问用户是否可进一步补充新的事实，若可补充，则将补充的新事实加入 DB 中，然后转向(3)；否则表示求不出解，失败退出。

为了实现正向推理，有许多具体问题需要解决。例如，要从知识库中选出可适用的知识，就要用知识库中的知识与数据库中的已知事实进行匹配，为此就需要确定匹配的方法。匹配通常难以做到完全一致，因此还需要解决怎样才算是匹配成功的问题。

2. 逆向推理

逆向推理是以某个假设目标为出发点的一种推理。

逆向推理的基本思想是：首先选定一个假设目标，然后寻找支持该假设的证据，若所需的证据都能找到，则说明原假设是成立的；若无论如何都找不到所需的证据，则说明原假设是不成立的，为此需要另作新的假设。

逆向推理过程可用如下算法描述。

(1) 提出要求证的目标(假设)。

(2) 检查该目标是否已在数据库中，若在，则该目标成立，退出推理或者对下一个假设目标进行验证；否则，转下一步。

(3) 判断该目标是否为证据，即它是否为应由用户证实的原始事实，若是，则询问用户；否则，转下一步。

(4) 在知识库中找出所有能导出该目标的知识，形成适用的知识集(KS)，然后转下一步。

(5) 从 KS 中选出一条知识，并将该知识的运用条件作为新的假设目标，然后转向(2)。

该算法的流程图如图 3.2 所示。

与正向推理相比，逆向推理更复杂一些，上述算法只是描述了它的大致过程，许多细节没有反映出来。例如，如何判断一个假设是否为证据？当能推导出假设的知识有多条时，如何确定先选哪一条？另外，一条知识的运用条件一般有多个，当其中的一个经过验证成立后，如何自动地换为对另一个的验证？其次，在验证一个运用条件时，需要把它当作新的假设，并查找可导出该假设的知识，这样就又会产生一组新的运用条件，形成一个树状结构，当到达叶节点(即数据库中有相应的事实或者用户可肯定相应事实存在等)时，又需逐层向上返回，返回过程中有可能又要下到下一层，这样上上下下重复多次，才会导出原假设是否成立的结论。这是一个比较复杂的推理过程。

逆向推理的主要优点是不必使用与目标无关的知识，目的性强，同时它还有利于向用户提供解释。其主要缺点是起始目标的选择具有盲目性，若不符合实际，就要多次提出假设，影响系统的效率。

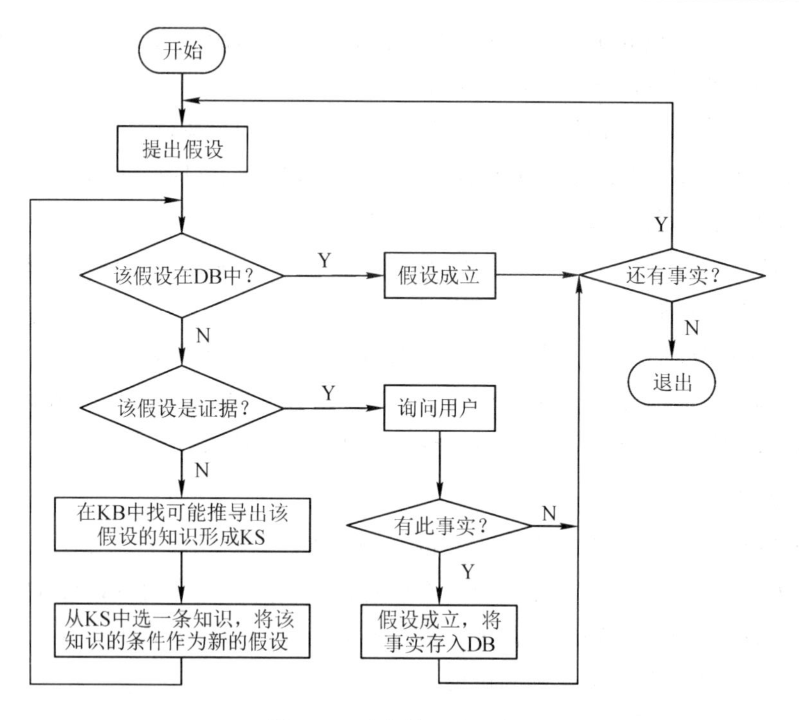

图 3.2 逆向推理流程图

3. 混合推理

正向推理具有盲目、效率低等缺点，推理过程中可能会推出许多与问题无关的子目标。逆向推理中，若提出的假设目标不符合实际，会降低系统的效率。为解决这些问题，可把正向推理与逆向推理结合起来，使各自发挥自身的优势，取长补短。这种既有正向又有逆向的推理称为混合推理。另外，在下述几种情况下，通常也需要进行混合推理。

(1) 已知的事实不充分。当数据库中的已知事实不够充分时，若根据这些事实与知识的运用条件是否匹配进行正向推理，可能连一条适用知识都选不出来，这就使推理无法进行下去。此时，可通过正向推理先把其运用条件不能完全匹配的知识都找出来，并把这些知识可导出的结论作为假设，然后分别对这些假设进行逆向推理。由于在逆向推理中可以向用户询问有关证据，这就有可能使推理进行下去。

(2) 正向推理推出的结论可信度不高。用正向推理进行推理时，虽然推出了结论，但可信度可能不高，达不到预期的要求。因此为了得到一个可信度符合要求的结论，可用这些结论作为假设，然后进行逆向推理，通过向用户询问进一步的信息，有可能得到一个可信度较高的结论。

(3) 希望得到更多的结论。在逆向推理过程中，由于要与用户进行对话(有针对性地向用户提出询问)，这就有可能获得一些原来没有掌握的有用信息。这些信息不仅可用于证实要证明的假设，同时还有助于推出一些其他结论。因此，在用逆向推理证实了某个假设之后，可以再用正向推理推出另外一些结论。例如，在医疗诊断系统中，先用逆向推理证实某患者患有某种病，然后再利用逆向推理过程中获得的信息进行正向推理，就有可能推出该患者还患有别的什么病。

由以上讨论可以看出，混合推理可分为两种情况：一种是先进行正向推理，帮助选择某个目标，即从已知事实演绎出部分结果，然后再用逆向推理证实该目标或提高其可信度；另一种情况是先假设一个目标进行逆向推理，然后再利用逆向推理中得到的信息进行正向推理，以推出更多的结论。

先正向后逆向的混合推理过程如图3.3所示，先逆向后正向的混合推理过程如图3.4所示。

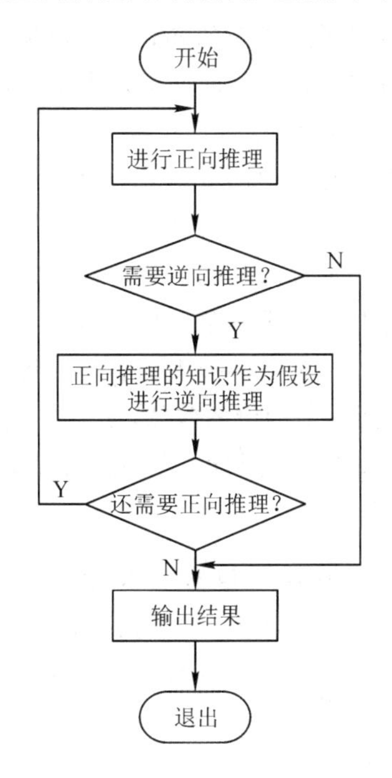

图3.3　先正向后逆向的混合推理流程图

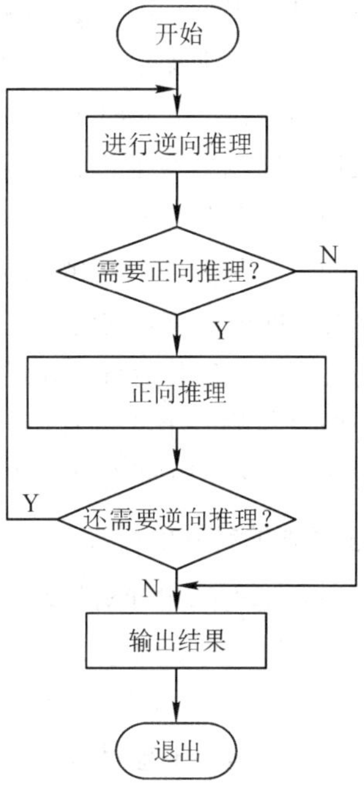

图3.4　先逆向后正向的混合推理流程图

4. 双向推理

在定理的机器证明等问题中，经常采用双向推理。所谓双向推理，是指正向推理与逆向推理同时进行，且在推理过程中的某一步骤上“碰头”的一种推理。其基本思想是：一方面根据已知事实进行正向推理，但并不推到最终目标；另一方面从某假设目标出发进行逆向推理，但并不推至原始事实；让正向推理和逆向推理在中途相遇，即由正向推理所得到的中间结论恰好是逆向推理此时所要求的证据，这时推理就可结束，逆向推理时所做的假设就是推理的最终结论。

双向推理的困难在于“碰头”的判断。另外，如何权衡正向推理与逆向推理的比重，即如何确定“碰头”的时机也是一个困难问题。

3.1.4　冲突消解策略

在推理过程中，系统要不断地用当前已知的事实与知识库中的知识进行匹配。此时，可能发生如下三种情况。

(1) 已知事实恰好只与知识库中的一个知识匹配成功。

(2) 已知事实不能与知识库中的任何知识匹配成功。

(3) 已知事实可与知识库中的多个知识匹配成功。例如，多个(组)已知事实都可与知识库中的某一个知识匹配成功，或者多个(组)已知事实可与知识库中的多个知识匹配成功。

这里已知事实与知识库中的知识匹配成功的含义，对正向推理而言，是指产生式规则的前件与已知事实匹配成功；对逆向推理而言，是指产生式规则的后件与假设匹配成功。

对于第一种情况，由于匹配成功的知识只有一个，因此它就是可应用的知识，可直接把它应用于当前的推理。

当第二种情况发生时，由于找不到可与当前已知事实匹配成功的知识，使得推理无法继续进行下去。这或者是由于知识库中缺少某些必要的知识，或者是由于要求解的问题超出了系统功能范围等，此时可根据当前的实际情况作相应的处理。

第三种情况刚好与第二种情况相反，推理过程中不仅有知识匹配成功，而且有多个知识匹配成功，称为发生了冲突。按一定的策略从匹配成功的多个知识中挑出一个知识用于当前推理的过程称为冲突消解(Conflict Resolution)。解决冲突时所用的策略称为冲突消解策略。对正向推理而言，它将决定选择哪一组已知事实来激活哪一条产生式规则，使它用于当前的推理，产生其后件指出的结论或执行相应的操作。对逆向推理而言，它将决定选择哪一个假设与哪一个产生式规则的后件进行匹配，从而推出相应的前件，作为新的假设。

目前已有多种消解冲突的策略，其基本思想都是对知识进行排序。常用的有以下几种。

1. 按规则的针对性排序

本策略是优先选用针对性较强的产生式规则。如果 r_2 中除了包括 r_1 要求的全部条件外，还包括其他条件，则称 r_2 比 r_1 有更大的针对性，r_1 比 r_2 有更大的通用性。因此，当 r_2 与 r_1 发生冲突时，优先选用 r_2。因为它要求的条件较多，其结论一般更接近于目标，一旦得到满足，可缩短推理过程。

2. 按已知事实的新鲜性排序

在产生式系统的推理过程中，每应用一条产生式规则，就会得到一个或多个结论或者执行某个操作，数据库就会增加新的事实。另外，在推理时还会向用户询问有关的信息，也使数据库的内容发生变化。一般把数据库中后生成的事实称为新鲜的事实，即后生成的事实比先生成的事实具有较大的新鲜性。若一条规则被应用后生成了多个结论，则既可以认为这些结论有相同的新鲜性，也可以根据情况决定，认为排在前面(或后面)的结论有较大的新鲜性。设规则 r_1 可与事实组 A 匹配成功，规则 r_2 可与事实组 B 匹配成功，则 A 与 B 中哪一组较新鲜，与它匹配的产生式规则就先被应用。

如何衡量 A 与 B 中哪一组事实更新鲜呢？常用的方法有以下 3 种。

(1) 把 A 与 B 中的事实逐个比较其新鲜性，A 中包含的更新鲜的事实比 B 多，就认为 A 比 B 新鲜。例如，设 A 与 B 中各有 5 个事实，而 A 中有 3 个事实比 B 中的事实更新鲜，则认为 A 比 B 新鲜。

(2) 以 A 中最新鲜的事实与 B 中最新鲜的事实相比较，哪一个更新鲜，就认为相应的事实组更新鲜。

(3) 以 A 中最不新鲜的事实与 B 中最不新鲜的事实相比较，哪一个更不新鲜，就认为相应的事实组有较小的新鲜性。

3. 按匹配度排序

在不确定性推理中，需要计算已知事实与知识的匹配度，当其匹配度达到某个预先规定的值时，就认为它们是可匹配的。若产生式规则 r_1 与 r_2 都可匹配成功，则优先选用匹配度较高的那个产生式规则。

4. 按条件个数排序

如果有多条产生式规则生成的结论相同，则优先应用条件少的产生式规则，这是因为条件少的规则匹配时花费的时间较少。

在具体应用时，可对上述几种策略进行组合以尽量减少冲突的发生，使推理有较快的速度和较高的效率。

3.2 自然演绎推理

从一组已知为真的事实出发，直接运用经典逻辑的推理规则推出结论的过程称为自然演绎推理。其中，基本的推理形式有假言推理、假言三段论、拒取式推理等。

假言推理的一般形式是

$$P, P \to Q \Rightarrow Q$$

它表示：由 $P \to Q$ 及 P 为真，可推出 Q 为真。例如，由“如果 x 是金属，则 x 能导电”及“铜是金属”可推出“铜能导电”的结论。

假言三段论的一般形式是

$$P \to Q, Q \to R \Rightarrow P \to R$$

拒取式推理的一般形式是

$$P \to Q, \neg Q \Rightarrow \neg P$$

它表示：由 $P \to Q$ 为真及 Q 为假，可推出 P 为假。例如，由“如果下雨，则地上就湿”及“地上不湿”可推出“没有下雨”的结论。

这里，应该注意避免如下两类错误：一种是肯定后件(Q)的错误，另一种是否定前件(P)的错误。

所谓肯定后件，是指当 $P \to Q$ 为真时，希望通过肯定后件 Q 为真来推出前件 P 为真，这是不允许的。例如，伽利略在论证哥白尼的日心说时，曾使用了如下推理。

(1) 如果行星系统是以太阳为中心的，则金星会显示出位相变化。

(2) 金星显示出位相变化(肯定后件)。

(3) 所以，行星系统是以太阳为中心的。

因为这里使用了肯定后件的推理，违反了经典逻辑规则，他为此遭到非难。

所谓否定前件，是指当 $P \to Q$ 为真时，希望通过否定前件 P 来推出后件 Q 为假，这也是不允许的。例如，下面的推理就是使用了否定前件的推理，从而违反了逻辑规则。

(1) 如果下雨，则地上是湿的。

(2) 没有下雨(否定前件)。

(3) 所以，地上不湿。

这显然是不正确的。因为当地上洒水时，地上也会湿。事实上，只要仔细分析蕴涵 $P \to Q$ 的定义，就会发现当 $P \to Q$ 为真时，肯定后件或否定前件所得的结论既可能为真，也可能为假，不能确定。

下面举例说明自然演绎推理方法。

例 3.1　设已知如下事实：

(1) 凡是容易的课程小王(Wang)都喜欢；

(2) C 班的课程都是容易的；

(3) ds 是 C 班的一门课程。

求证：小王喜欢 ds 这门课程。

证明　首先定义谓词：

Easy(x)：x 是容易的；

Like(x, y)：x 喜欢 y；

C(x)：x 是 C 班的一门课程。

把上述已知事实及待求证的问题用谓词公式表示出来：

$(\forall x)(\text{Easy}(x)\rightarrow\text{Likes}(\text{Wang}, x))$　　凡是容易的课程小王都是喜欢的；

$(\forall x)(\text{C}(x)\rightarrow\text{Easy}(x))$　　C 班的课程都是容易的；

C(ds)　　ds 是 C 班的课程；

Likes(Wang, ds)　　小王喜欢 ds 这门课程，这是待求证的问题。

下面应用推理规则进行推理，因为

$$(\forall x)(\text{Easy}(x)\rightarrow\text{Likes}(\text{Wang}, x))$$

所以由全称固化得

$$\text{Easy}(z)\rightarrow\text{Likes}(\text{Wang}, z)$$

因为

$$(\forall x)(\text{C}(x)\rightarrow\text{Easy}(x))$$

所以由全称固化得

$$\text{C}(y)\rightarrow\text{Easy}(y)$$

由假言推理得

$$\text{C}(\text{ds}), \text{C}(y)\rightarrow\text{Easy}(y) \Rightarrow \text{Easy}(\text{ds})$$

$$\text{Easy}(\text{ds}), \text{Easy}(z)\rightarrow\text{Likes}(\text{Wang}, z)$$

由假言推理得

$$\text{Likes}(\text{Wang}, \text{ds})$$

即小王喜欢 ds 这门课程。

一般来说，由已知事实推出的结论可能有多个，只要其中包括了待证明的结论，就认为问题得到了解决。

自然演绎推理的优点是其推理过程自然、灵活，容易理解，而且它拥有丰富的推理规则，这便于我们在它的推理规则中嵌入领域启发式知识。其缺点是容易产生组合爆炸，推理过程得到的中间结论一般呈指数形式递增，这对一个规模比较大的推理问题来说是十分不利的。

程序 3.1 演示了父子和爷孙关系推理，第 8 行给定了一些事实关系，关系的名字为 parent，如黄药师和黄蓉是父母和子女的关系；第 9 行定义了一个任意变量，用来保存下面语句的执行结果；第 10 行利用事实推理与郭靖有父母和子女关系的人有哪些；第 13 行开始定义了两种关系，即父子和母子关系；第 20 行开始定义了两种函数，分别返回参数的爷爷和奶奶，这两个函数分别用到了上述的父子和母子关系。

```
1   #程序3.1 父子和爷孙关系推理
2   import kanren
3   import sympy
4
5   from kanren import run, var
6   from kanren import Relation, facts
7   parent=Relation()
8   facts(parent, ('黄药师', '黄蓉'), ('郭啸天', '郭靖'), ('李萍', '郭靖'), ('杨铁心', '杨康'))
9   x=var()
10  res1=run(0, x, parent(x, '郭靖'))
11  print(res1)
12
13  father=Relation()
14  mather=Relation()
15  facts(father, ('f1', 'f2'), ('f2', 'f3'), ('f2', 'f31'), ('f3', 'f4'), ('f4', 'f5'))
16  facts(mather, ('m1', 'm2'), ('m2', 'm3'), ('m3', 'm4'))
17  someone=var()
18  someone_son=var()
19  #爷爷
20  def grandfather(grandson):
21      someone=var()
22      someone_son=var()
23      return run(0, someone, father(someone, someone_son), father(someone_son, grandson))
24  #奶奶
25  def grandmather(grandson):
26      someone=var()
27      someone_son=var()
28      return run(0, someone, mather(someone, someone_son), mather(someone_son, grandson))
29  grandfather1=grandfather('f3')
30  print('f3的爷爷是:', grandfather1)
31  #兄弟
32  def borther(one_person):
33      one_father=var()
34      one_mather=var()
35      one_brother=var()
36      return
37  run(0, (one_person, one_brother), father(one_father, one_person), father(one_father, one_brother), )
38
39  one_grandson=input('你要找谁的爷爷:\n')
40  grandfather1=grandfather(one_grandson)
41  print(grandfather1)
42
43  one_person=input('你要找谁的兄弟:\n')
```

```
44   borther1=borther(one_person)
45   print(borther1)
46
```

输出：

```
('李萍','郭啸天')
f3 的爷爷是：('f1',)
你要找谁的爷爷：
f4
('f2',)
你要找谁的兄弟：
f3
(('f3','f31'),('f3','f3'))
```

程序 3.1 输出了郭靖的父母是李萍和郭啸天，f3 的爷爷是 f1，也可以自定义地输入 f4，程序会推理 f4 的爷爷是 f2，f3 的兄弟是自身 f3 和 f31。

3.3 归结演绎推理

3.3.1 子句集的求取

在谓词逻辑中，有下述定义：原子(Atom)谓词公式是一个不能再分解的命题。

原子谓词公式及其否定，统称为文字(Literal)。例如，P 称为正文字，$\neg P$ 称为负文字。P 与 $\neg P$ 为互补文字。任何文字的析取式称为子句(Clause)。任何文字本身也是子句。

由子句构成的集合称为子句集。不包含任何文字的子句称为空子句，表示为 NIL。

由于空子句不含有文字，它不能被任何解释满足，因此，空子句是永假的、不可满足的。

在谓词逻辑中，任何一个谓词公式都可以通过应用等价关系及推理规则化成相应的子句集，从而能够比较容易地判定谓词公式的不可满足性。下面首先说明任一谓词演算公式可以化成一个子句集，其变换过程由下列步骤组成。

(1) 消去蕴涵符号。

只应用 $\vee$ 和 $\neg$ 符号，以 $\neg A \vee B$ 代替 $A \rightarrow B$。

(2) 减少否定符号的辖域。

每个否定符号 $\neg$ 最多只用到一个谓词符号上，并反复应用德·摩根定律。例如，以 $\neg A \vee \neg B$ 代替 $\neg(A \wedge B)$，以 $\neg A \wedge \neg B$ 代替 $\neg(A \vee B)$，以 A 代替 $\neg\neg A$，以 $(\exists x)(\neg A)$ 代替 $\neg(\forall x)A$，以 $(\forall x)(\neg A)$ 代替 $\neg(\exists x)A$。

(3) 对变量标准化。

在任一量词辖域内，受该量词约束的变量为一个哑元(虚构变量)，它可以在该辖域内统一地被另一个没有出现过的任意变量所代替，而不改变公式的真值。合式公式中变量的标准化意味着对哑元改名以保证每个量词有其唯一的哑元。例如，对 $(\forall x)(P(x) \wedge (\exists x)Q(x))$ 标准化而得到 $(\forall x)(P(x) \wedge (\exists y)Q(y))$。

(4) 消去存在量词。

在公式 $(\forall y)((\exists x)P(x, y))$ 中，存在量词在全称量词的辖域内，人们允许辖域内存

在的 x 可能依赖于 y 值。令这种依赖关系可明显地由函数 $g(y)$ 所定义，它把每个 y 值映射到存在的那个 x，这种函数叫作 Skolem 函数。如果用 Skolem 函数代替存在的 x，则可以消去全部存在量词，并写成：$(\forall y)P(g(y), y)$。

从一个公式中消去一个存在量词的一般规则是，以一个 Skolem 函数代替每个出现的存在量词，而这个 Skolem 函数的变量就是由那些全称量词所约束的全称量词量化变量，这些全称量词的辖域包括要被消去的存在量词的辖域。Skolem 函数所使用的函数符号必须是新的，即不允许是公式中已经出现过的函数符号。例如：$(\forall y)((\exists x)P(x, y))$ 可被 $(\forall y)P(g(y), y)$ 代替，其中 $g(y)$ 为一个 Skolem 函数。

如果要消去的存在量词不在任何一个全称量词的辖域内，那么就用不含变量的 Skolem 函数即常量来代替该存在量词。例如，$(\exists x)P(x)$ 化为 $P(A)$，其中常量符号 A 用来表示人们知道的存在实体。A 必须是个新的常量符号，它未曾在公式中其他地方使用过。

(5) 化为前束形。

到这一步，已不留下任何存在量词，而且每个全称量词都有自己的变量。把所有全称量词移到公式的左边，并使每个量词的辖域包括这个量词后面公式的整个部分，这样所得的公式称为前束形(Prenex Form)公式。前束形公式由前缀和母式组成，前缀由全称量词串组成，母式由没有量词的公式组成，即

前束形＝(前缀)(母式)

其中，前缀为全称量词串，母式为无量词公式。

(6) 把母式化为合取范式。

任何母式都可写成由一些谓词公式和(或)谓词公式的否定析取的有限集组成的合取，这种母式叫作合取范式。可以反复应用分配律，把任一母式化成合取范式。例如，可把 $A \vee (B \wedge C)$ 化为 $(A \vee B) \wedge (A \vee C)$。

(7) 消去全称量词。

到了这一步，所有余下的量词均被全称量词量化了。此时，全称量词的次序也不重要了。因此，可以消去前缀，即消去明显出现的全称量词。

(8) 消去连词符号 $\wedge$。

用 $\{A, B\}$ 代替 $(A \wedge B)$，以消去明显的符号 $\wedge$。通过反复代替，最后得到一个有限集，其中每个公式是文字的析取。任一个只由文字的析取构成的合式公式叫作一个子句。

(9) 更换变量名称。

可以更换变量符号的名称，使一个变量符号不出现在一个以上的子句中。

下面举个例子来说明把谓词演算公式化为一个子句集的过程。这个化为子句集的过程遵照上述 9 个步骤。这个例子如下：

$$(\forall x)(P(x) \rightarrow ((\forall y)(P(y) \rightarrow P(f(x, y))) \wedge \neg(\forall y)(Q(x, y) \rightarrow P(y))))$$

(1) $(\forall x)(\neg P(x) \vee ((\forall y)(\neg P(y) \vee P(f(x, y))) \wedge \neg(\forall y)(\neg Q(x, y) \vee P(y))))$

(2) $(\forall x)(\neg P(x) \vee ((\forall y)(\neg P(y) \vee P(f(x, y))) \wedge (\exists y)(\neg(\neg Q(x, y)$
$\vee P(y)))))$

$(\forall x)(\neg P(x) \vee ((\forall y)(\neg P(y) \vee P(f(x, y))) \wedge (\exists y)(Q(x, y) \wedge \neg P(y))))$

(3) $(\forall x)(\neg P(x) \vee ((\forall y)(\neg P(y) \vee P(f(x, y))) \wedge (\exists w)(Q(x, w)$
$\wedge \neg P(w))))$

(4) $(\forall x)(\neg P(x) \vee ((\forall y)(\neg P(y) \vee P(f(x, y))) \wedge (Q(x, g(x))$
$\wedge \neg P(g(x)))))$

式中，$w=g(x)$为一个 Skolem 函数。

(5) $\underbrace{(\forall x)(\forall y)}_{\text{前缀}}\underbrace{(\neg P(x) \vee (\neg P(y) \vee P(f(x, y)) \wedge (Q(x, g(x)) \wedge \neg P(g(x))))}_{\text{母式}}$

(6) $(\forall x)(\forall y)((\neg P(x) \vee \neg P(y) \vee P(f(x, y)))$
$\wedge (\neg P(x) \vee Q(x, g(x))) \wedge (\neg P(x) \vee \neg P(g(x)))$

(7) $(\neg P(x) \vee \neg P(y) \vee P(f(x, y)) \wedge (\neg P(x) \vee Q(x, g(x)) \wedge (\neg P(x) \vee \neg P(g(x)))$

(8) $\neg P(x) \vee \neg P(y) \vee P(f(x, y))$
$\neg P(x) \vee Q(x, g(x))$
$\neg P(x) \vee \neg P(g(x))$

(9) 更改变量名称，在上述第(8)步的 3 个子句中，分别以 x_1、x_2 和 x_3 代替变量 x。这种更改变量名称的过程，有时称为变量分离标准化。于是，可以得到下列子句集：

$$\neg P(x_1) \vee \neg P(y) \vee P(f(x_1, y))$$
$$\neg P(x_2) \vee Q(x_2, g(x_2))$$
$$\neg P(x_3) \vee \neg P(g(x_3))$$

必须指出，一个句子内的文字可含有变量，但这些变量总是被理解为全称量词量化了的变量。如果一个表达式中的变量被不含变量的项所置换，则得到称为文字基例的结果。例如，$Q(A, f(g(B)))$就是 $Q(x, y)$的一个基例。在定理证明系统中，消解作为推理规则使用时，希望从公式集来证明某个定理，首先就要把公式集化为子句集。可以证明，如果公式 X 在逻辑上遵循公式集 S，那么 X 在逻辑上也遵循由 S 的公式变换成的子句集。因此，子句是表示公式的一个完善的一般形式。

并不是所有问题的谓词公式化为子句集都需要经过上述 9 个步骤。对于某些问题，可能不需要其中的一些步骤。上面介绍了如何将谓词公式化成相应的子句集，下面的定理介绍，谓词公式和子句集的不可满足性是等价的。

定理 3.1 谓词公式不可满足的充要条件是其子句集不可满足。

由此定理可知，要证明一个谓词公式是不可满足的，只要证明相应的子句集是不可满足的就可以了。如何证明一个子句集是不可满足的呢？下面介绍一下归结原理。

3.3.2 归结原理

从前面的分析可以看出，谓词公式的不可满足性分析可以转化为子句集的不可满足性分析。为了判定子句集的不可满足性，就需要对子句集中的子句进行判定。而为了判定一个子句的不可满足性，就需要对个体域上的一切解释逐个地进行判定，只有当子句对任何非空个体域上的任何一个解释都不可满足时，才能判定该子句是不可满足的。这是一件非常困难的工作，要在计算机上实现其证明过程是很困难的。1965 年鲁宾孙提出了归结原理，使机器定理证明进入应用阶段。

鲁宾孙归结原理(Robinson Resolution Principle)又称为消解原理，是鲁宾孙提出的一种通过证明子句集的不可满足性，从而实现定理证明的一种理论及方法，它是机器定理证明的基础。

由谓词公式转化为子句集的过程可以看出，子句集中子句之间是合取关系，只要其中有一个子句不可满足，则子句集就不可满足。由于空子句是不可满足的，因此，若一个子句集中包含空子句，则这个子句集一定是不可满足的。鲁宾孙归结原理就是基于这个思想提出来的。其基本方法是：检查子句集 S 中是否包含空子句，若包含，则 S 不可满足；若不包含，就在子句集中选择合适的子句进行归结，一旦通过归结得到空子句，就说明子句集 S 是不可满足的。

下面对命题逻辑及谓词逻辑分别给出归结的定义。

1. 命题逻辑中的归结原理

定义 3.1　设 C_1 与 C_2 是子句集中的任意两个子句，如果 C_1 中的文字 L_1 与 C_2 中的文字 L_2 互补，那么从 C_1 和 C_2 中分别消去 L_1 和 L_2，并将两个子句中余下的部分析取，构成一个新子句 C_{12}，这一过程称为归结。C_{12} 称为 C_1 和 C_2 的归结式，C_1 和 C_2 称为 C_{12} 的亲本子句。

下面举例说明具体的归结方法。

(1) 在子句集中取两个子句 $C_1=P$，$C_2=\neg P$，可见，C_1 与 C_2 是互补文字，则通过归结可得归结式 $C_{12}=\text{NIL}$。这里 NIL 代表空子句。

(2) 设 $C_1=\neg P\vee Q\vee R$，$C_2=\neg Q\vee S$，可见，这里 $L_1=Q$，$L_2=\neg Q$，通过归结可得归结式 $C_{12}=\neg P\vee R\vee S$。

(3) 设 $C_1=\neg P\vee Q$，$C_2=\neg Q\vee R$，$C_3=P$，首先对 C_1 和 C_2 进行归结，得到

$$C_{12}=\neg P\vee R$$

然后再用 C_{12} 与 C_3 进行归结，得到

$$C_{123}=R$$

该归结过程可用树形图直观地表示出来，如图 3.5 所示。如果首先对 C_1 和 C_3 进行归结，然后再把其归结式与 C_2 进行归结，将得到相同的结果。

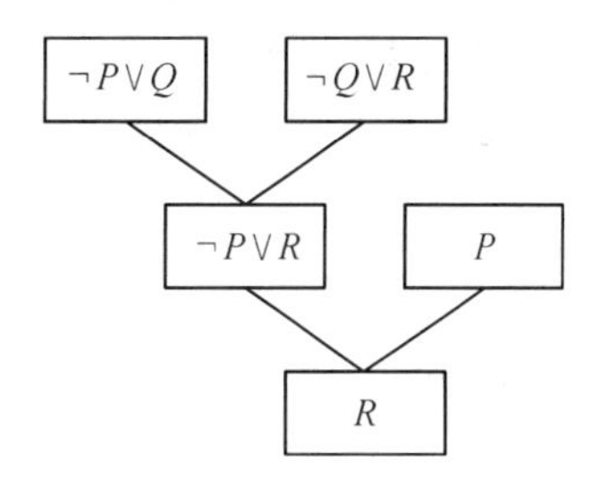

图 3.5　归结过程的树形表示

定理 3.2　归结式 C_{12} 是其亲本子句 C_1 与 C_2 的逻辑结论。即，如果 C_1 与 C_2 为真，则 C_{12} 为真。

这个定理是归结原理中一个很重要的定理，由它可得到如下两个重要的推论。

推论 1　设 C_1 与 C_2 是子句集 S 中的两个子句，C_{12} 是它们的归结式，若用 C_{12} 代替 C_1 和 C_2 后得到新子句集 S_1，则由 S_1 的不可满足性可推出原子句集 S 的不可满足性，即

$$S_1\text{ 的不可满足性}\Rightarrow S\text{ 的不可满足性}$$

推论 2　设 C_1 与 C_2 是子句集 S 中的两个子句，C_{12} 是它们的归结式，若把 C_{12} 加入原子句集 S 中得到新子句集 S_2，则 S 与 S_2 在不可满足的意义上是等价的，即

$$S_2\text{ 的不可满足性}\Leftrightarrow S\text{ 的不可满足性}$$

这两个推论说明：为证明子句集 S 的不可满足性，只要对其中可进行归结的子句进行归结，并把归结式加入子句集 S，或者用归结式替换它的亲本子句，然后对新子句集(S_1 或 S_2)证明不可满足性就可以了。注意到空子句是不可满足的，因此，如果经过归结能得到空子句，则立即可得到原子句集 S 是不可满足的结论。这就是用归结原理证明子句集不可满足性的基本思想。

2. 谓词逻辑中的归结原理

在谓词逻辑中，由于子句中含有变元，因此不像命题逻辑那样可直接消去互补文字，而需要先用最一般合一对变元进行代换，然后才能进行归结。

例如，设有如下两个子句：

$$C_1 = P(x) \vee Q(x)$$
$$C_2 = \neg P(a) \vee R(y)$$

由于 $P(x)$与 $P(a)$不同，因此 C_1 与 C_2 不能直接进行归结，但若用最一般合一

$$\sigma = \{a/x\}$$

对两个子句分别进行如下代换：

$$C_1\sigma = P(a) \vee Q(a)$$
$$C_2\sigma = \neg P(a) \vee R(y)$$

就可对它们进行直接归结，消去 $P(a)$与$\neg P(a)$，得到如下归结式：

$$Q(a) \vee R(y)$$

下面给出谓词逻辑中关于归结的定义。

定义 3.2 设 C_1 与 C_2 是两个没有相同变元的子句，L_1 和 L_2 分别是 C_1 和 C_2 中的文字，若 σ 是 L_1 和$\neg L_2$ 的最一般合一，则称

$$C_{12} = (C_1\sigma - \{L_1\sigma\}) \vee (C_2\sigma - \{L_2\sigma\})$$

为 C_1 和 C_2 的二元归结式。

例 3.2 设 $C_1 = P(a) \vee \neg Q(x) \vee R(x)$，$C_2 = \neg P(y) \vee Q(b)$，求其二元归结式。

解 若选 $L_1 = P(a)$，$L_2 = \neg P(y)$，则 $\sigma = \{a/y\}$是 L_1 与 L_2 的最一般合一。因此，

$$C_1\sigma = P(a) \vee \neg Q(x) \vee R(x)$$
$$C_2\sigma = \neg P(a) \vee Q(b)$$

根据定义可得

$$\begin{aligned} C_{12} &= (C_1\sigma - \{L_1\sigma\}) \vee (C_2\sigma - \{L_2\sigma\}) \\ &= (\{P(a), \neg Q(x), R(x)\} - \{P(a)\}) \vee (\{\neg P(a), Q(b)\} - \{\neg P(a)\}) \\ &= (\{\neg Q(x), R(x)\}) \vee (\{Q(b)\}) \\ &= \{\neg Q(x), R(x), Q(b)\} \\ &= \neg Q(x) \vee R(x) \vee Q(b) \end{aligned}$$

若选 $L_1 = \neg Q(x)$，$L_2 = Q(b)$，$\sigma = \{b/x\}$，则可得

$$\begin{aligned} C_{12} &= (\{P(a), \neg Q(b), R(b)\} - \{\neg Q(b)\}) \vee (\{\neg P(y), Q(b)\} - \{Q(b)\}) \\ &= (\{P(a), R(b)\}) \vee (\{\neg P(y)\}) \\ &= \{P(a), R(b), \neg P(y)\} = P(a) \vee R(b) \vee \neg P(y) \end{aligned}$$

例 3.3 设 $C_1 = P(x) \vee Q(a)$，$C_2 = \neg P(b) \vee R(x)$，求其二元归结式。

解 由于 C_1 与 C_2 有相同的变元，不符合定义的要求。为了进行归结，需修改 C_2 中的变元的名字，令 $C_2 = \neg P(b) \vee R(y)$。此时，$L_1 = P(x)$，$L_2 = \neg P(b)$。

L_1 与$\neg L_2$ 的最一般合一 $\sigma = \{b/x\}$，则

$$\begin{aligned} C_{12} &= (\{P(b), Q(a)\} - \{P(b)\}) \vee (\{\neg P(b), R(y)\} - \{\neg P(b)\}) \\ &= \{Q(a), R(y)\} = Q(a) \vee R(y) \end{aligned}$$

如果在参加归结的子句内部含有可合一的文字，则在归结之前应对这些文字先进行合一。

例 3.4 设有如下两个子句，$C_1=P(x)\vee P(f(a))\vee Q(x)$，$C_2=\neg P(y)\vee R(b)$，求其二元归结式。

解 在 C_1 中有可合一的文字 $P(x)$ 与 $P(f(a))$，若用它们的最一般合一 $\theta=\{f(a)/x\}$ 进行代换，得到 $C_1\theta=P(f(a))\vee Q(f(a))$。此时可对 $C_1\theta$ 和 C_2 进行归结，从而得到 C_1 与 C_2 的二元归结式。

对 $C_1\theta$ 和 C_2 分别选 $L_1=P(f(a))$，$L_2=P(y)$。L_1 和 $\neg L_2$ 的最一般合一是 $\sigma=\{f(a)/y\}$，则 $C_{12}=R(b)\vee Q(f(a))$。

在例 3.4 中，把 $C_1\theta$ 称为 C_1 的因子。一般来说，若子句 C 中有两个或两个以上的文字具有最一般合一 σ，则称 $C\sigma$ 为子句 C 的因子。如果 $C\sigma$ 是一个单文字，则称它为 C 的单元因子。

应用因子的概念，可对谓词逻辑中的归结原理给出如下定义。

定义 3.3 子句 C_1 和 C_2 的归结式是下列二元归结式之一：

(1) C_1 与 C_2 的二元归结式；

(2) C_1 的因子 $C_1\sigma_1$ 与 C_2 的二元归结式；

(3) C_1 与 C_2 的因子 $C_2\sigma_2$ 的二元归结式；

(4) C_1 的因子 $C_1\sigma_1$ 与 C_2 的因子 $C_2\sigma_2$ 的二元归结式。

与命题逻辑中的归结原理相同，对于谓词逻辑，归结式是其亲本子句的逻辑结论。用归结式取代它在子句集 S 中的亲本子句所得到的新子句集仍然保持着原子句集 S 的不可满足性。另外，对于一阶谓词逻辑，从不可满足的意义上说，归结原理也是完备的。即若子句集是不可满足的，则必存在一个从该子句集到空子句的归结演绎；若从子句集存在一个到空子句的演绎，则该子句集是不可满足的。关于归结原理的完备性可用海伯伦的有关理论进行证明，这里不再讨论。

需要指出的是，如果没有归结出空子句，则既不能说 S 不可满足，也不能说 S 是可满足的。因为，有可能 S 是可满足的，而归结不出空子句；也可能是没有找到合适的归结演绎步骤，而归结不出空子句。但是，如果确定任何方法都归结不出空子句，则可以确定 S 是可满足的。

归结原理的能力是有限的，例如，用归结原理证明“两个连续函数之和仍然是连续函数”时，推导 10 万步也没能证明出结果。

3.3.3 归结反演

归结原理给出了证明子句集不可满足性的方法。欲证明 Q 为 P_1，P_2，…，P_n 的逻辑结论，只需证明

$$(P_1\wedge P_2\wedge\cdots\wedge P_n)\wedge\neg Q$$

是不可满足的。再根据定理 3.1 可知，在不可满足的意义上，谓词公式的不可满足性与其子句集的不可满足性是等价的。因此，可用归结原理进行定理的自动证明。应用归结原理证明定理的过程称为归结反演。

归结反演的一般步骤是：

(1) 将已知前提表示为谓词公式 F；

(2) 将待证明的结论表示为谓词公式 Q，并否定得到 $\neg Q$；

(3) 把谓词公式集 $\{F, \neg Q\}$ 化为子句集 S；

(4) 应用归结原理对子句集 S 中的子句进行归结，并把每次归结得到的归结式都并入到 S 中。如此反复进行，若出现了空子句，则停止归结，此时就证明了 Q 为真。

例 3.5 某公司招聘工作人员，A、B、C 三人应试，经面试后公司表示了如下想法：

(1) 三人中至少录取一人；

(2) 如果录取 A 而不录取 B，则一定录取 C；

(3) 如果录取 B，则一定录取 C。

求证：公司一定录取 C。

证明 设用谓词 $P(x)$ 表示录取 x，则把公司的想法用谓词公式表示如下：

$$P(A) \lor P(B) \lor P(C)$$

$$P(A) \land \neg P(B) \rightarrow P(C)$$

$$P(B) \rightarrow P(C)$$

把要求证的结论用谓词公式表示出来并否定，得

$$\neg P(C)$$

把上述谓词公式化成子句集，可得

(1) $P(A) \lor P(B) \lor P(C)$

(2) $\neg P(A) \lor P(B) \lor P(C)$

(3) $\neg P(B) \lor P(C)$

(4) $\neg P(C)$

应用归结原理进行归结，可得

(5) $P(B) \lor P(C)$　　(1)与(2)归结

(6) $P(C)$　　(3)与(5)归结

(7) NIL　　(4)与(6)归结

所以公司一定录取 C。

上述归结过程可用图 3.6 所示的归结树表示。

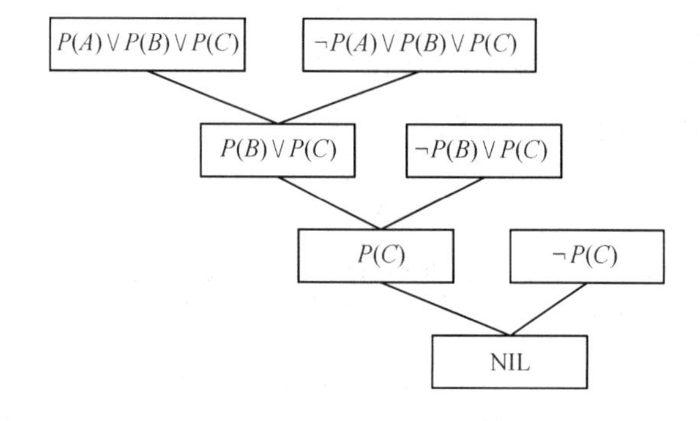

图 3.6　例 3.5 的归结树

例 3.6 已知如下信息：

规则 1：任何人的兄弟不是女性；

规则 2：任何人的姐妹必是女性；

事实：Mary 是 Bill 的姐妹。

求证：Mary 不是 Tom 的兄弟。

解　定义谓词：

Brother(x, y)：x 是 y 的兄弟；

Sister(x, y)：x 是 y 的姐妹；

Woman(x)：x 是女性。

把已知规则与事实表示成谓词公式，得

规则 1：$\forall x \forall y(\text{Brother}(x, y) \rightarrow \neg \text{Woman}(x))$；

规则 2：$\forall x \forall y(\text{Sister}(x, y) \rightarrow \text{Woman}(x))$；

事实：Sister(Mary，Bill)。

把要求证的结论表示成谓词公式，得

$$\neg \text{Brother}(\text{Mary}, \text{Tom})$$

化规则 1 为子句：

$$\forall x \forall y(\neg \text{Brother}(x, y) \vee \neg \text{Woman}(x))$$

$$C_1 = \neg \text{Brother}(x, y) \vee \neg \text{Woman}(x)$$

化规则 2 为子句：

$$\forall x \forall y(\neg \text{Sister}(x, y) \vee \text{Woman}(x))$$

$$C_2 = \neg \text{Sister}(x, y) \vee \text{Woman}(x)$$

事实原本就是子句形式：

$$C_3 = \text{Sister}(\text{Mary}, \text{Bill})$$

C_2 与 C_3 归结为

$$C_{23} = \text{Woman}(\text{Mary})$$

C_{23} 与 C_1 归结为

$$C_{123} = \neg \text{Brother}(\text{Mary}, y)$$

设 $C_4 = \text{Brother}(\text{Mary}, \text{Tom})$，则

$$C_{1234} = \text{NIL}$$

所以，得证。

3.3.4 应用归结原理求解问题

归结原理除了可用于定理证明外，还可用来求取问题的答案，其思想与定理证明类似。下面给出应用归结原理求解问题的步骤：

(1) 把已知前提用谓词公式表示出来，并且化为相应的子句集，设该子句集为 S；

(2) 把待求解的问题也用谓词公式表示出来，然后把它否定并与答案谓词 Answer 构成析取式，Answer 是一个为了求解问题而专设的谓词，其变元必须与问题公式的变元完全一致；

(3) 把(2)中得到的析取式化为子句集，并把该子句集并入到子句集 S 中，得到子句集 S'；

(4) 对 S' 应用归结原理进行归结；

(5) 若得到归结式 Answer，则答案就在 Answer 中。

例 3.7 已知如下信息：

F_1：王(Wang)先生是小李(Li)的老师；

F_2：小李与小张(Zhang)是同班同学；

F_3：如果 x 与 y 是同班同学，则 x 的老师也是 y 的老师。

问：小张的老师是谁？

解 定义谓词：

$T(x, y)$：x 是 y 的老师；

$C(x, y)$：x 与 y 是同班同学。

把已知前提及待求解的问题表示成谓词公式，得

F_1：$T(\text{Wang}, \text{Li})$

F_2：$C(\text{Li}, \text{Zhang})$

F_3：$(\forall x)(\forall y)(\forall z)(C(x, y) \land T(z, x) \rightarrow T(z, y))$

把待求解的问题表示成谓词公式，并把它否定后与谓词 Answer(x)析取，得

G：$\neg(\exists x)T(x, \text{Zhang}) \lor \text{Answer}(x)$

把上述谓词公式化为子句集，可得

(1) $T(\text{Wang}, \text{Li})$

(2) $C(\text{Li}, \text{Zhang})$

(3) $\neg C(x, y) \lor \neg T(z, x) \lor T(z, y)$

(4) $\neg T(u, \text{Zhang}) \lor \text{Answer}(u)$

应用归结原理进行归结，可得

(5) $\neg C(\text{Li}, y) \lor T(\text{Wang}, y)$　　(1) 与(3) 归结

(6) $\neg C(\text{Li}, \text{Zhang}) \lor \text{Answer}(\text{Wang})$　　(4) 与(5) 归结

(7) $\text{Answer}(\text{Wang})$　　(2) 与(6) 归结

由 Answer(Wang)得知小张的老师是王先生。

上述归结过程可用图 3.7 所示的归结树表示。

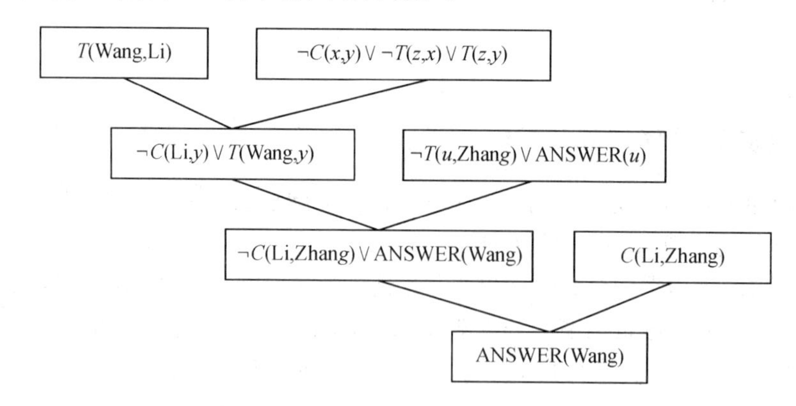

图 3.7　例 3.7 的归结树

由上面的例子可以看出，在归结过程中，一个子句可以多次被用来进行归结，也可以不被用来归结。在归结时并不一定要把子句集的全部子句都用到，只要在定理证明时能归结出空子句，在求取问题答案时能归结出 Answer 就可以了。

对子句集进行归结时，关键的一步是从子句集中找出可以进行归结的一对子句。由于事先不知道哪两个子句可以进行归结，更不知道通过对哪些子句对的归结可以尽快得到空子句，因而必须对子句集中的所有子句逐对地进行比较，对任何一对可归结的子句对都进行归结。这样不仅要耗费许多时间，而且还会因为归结出了许多无用的归结式而多占用许多存储空间，造成时空的浪费，降低效率。为解决这些问题，人们研究出了多种归结策略。这些归结策略大致可分为两大类：一类是删除策略，另一类是限制策略。删除策略是通过删除某些无用的子句来缩小归结的范围，限制策略是通过对参加归结的子句进行种种限制，尽可能减少归结的盲目性，使其尽快归结出空子句。

3.4 小　结

1. 推理的概念

从初始证据出发，按某种策略不断运用知识库中的已知知识，逐步推出结论的过程称为推理。

演绎推理是从一般性知识推出适用于某一具体情况的结论。这是一个从一般到个别的推理过程。归纳推理是从足够多的事例中归纳出一般性结论的推理，是一个从个别到一般的推理过程。默认推理是在知识不完全的情况下假设某些条件已经具备所进行的推理。

所谓确定性推理，是指推理时所用的知识与证据都是确定的，推出的结论也是确定的。所谓不确定性推理，是指推理时所用的知识与证据不都是确定的，推出的结论是不确定的。

单调推理是在推理过程中随着推理向前推进及新知识的加入，推出的结论越来越接近最终目标。非单调推理是在推理过程中由于新知识的加入，不仅没有加强已推出的结论，反而要否定它，使推理退回到前面的某一步，然后重新开始。

若按推理中是否运用与推理有关的启发性知识来划分，推理可分为启发式推理与非启发式推理。

正向推理是以已知事实作为出发点的一种推理。逆向推理是以某个假设目标作为出发点的一种推理。既有正向又有逆向的推理称为混合推理。

2. 推理的方法

从一组已知为真的事实出发，直接运用经典逻辑的推理规则推出结论的过程称为自然演绎推理。

原子谓词公式及其否定，称为文字。任何文字的析取式称为子句。可以把谓词公式化成子句集。谓词公式不可满足的充要条件是其子句集不可满足。鲁宾孙归结原理是机器定理证明的基础，是一种证明子句集不可满足性，从而实现定理证明的一种理论及方法。它的基本方法是：将要证明的定理表示为谓词公式，并化为子句集，然后进行归结，一旦归结出空子句，则定理得证。

应用归结原理求解问题的方法：把已知前提用谓词公式表示出来，并且化为相应的子句集，把待求解的问题也用谓词公式表示出来，然后把它否定并与谓词 Answer 构成析取式，化为子句集；对子句集进行归结，若得到归结式 Answer，则答案就在 Answer 中。

习　题

1. 什么是推理、正向推理、逆向推理、混合推理？试列出常用的几种推理方式并列出每种推理方式的特点。

2. 什么是冲突？在产生式系统中解决冲突的策略有哪些？

3. 什么是子句？什么是子句集？请写出求谓词公式子句集的步骤。

4. 谓词公式与它的子句集等价吗？在什么情况下它们才会等价？

5. 引入鲁宾孙归结原理有何意义？什么是归结原理？什么是归结式？

6. 请写出利用归结原理求解问题答案的步骤。

7. 什么是论域？什么是谓词？

8. 什么是自由变元？什么是约束变元？

9. 设有如下语句，请用相应的谓词公式分别把它们表示出来：

(1) 有的人喜欢梅花，有的人喜欢菊花，有的人既喜欢梅花又喜欢菊花；

(2) 有的人每天下午都去打篮球；

(3) 新型计算机速度又快，存储容量又大；

(4) 不是每个计算机系的学生都喜欢在计算机上编程序；

(5) 凡是喜欢编程序的人都喜欢计算机。

10. 用谓词表示法表示农夫、狼、山羊、白菜问题。

设农夫、狼、山羊、白菜全部在一条河的左岸，现在要把它们全部送到河的右岸去，农夫有一条船，过河时，除农夫外，船上至多能载狼、山羊、白菜中的一种。狼要吃山羊，山羊要吃白菜，除非农夫在那里。试规划出一个确保全部安全过河的计划。请写出所用谓词的定义，并给出每个谓词的功能及变量的个体域。

11. 用谓词表示法表示修道士和野人问题。

在河的左岸有三个修道士、三个野人和一条船，修道士们想用这条船将所有的人都运到河对岸，但要受到以下条件限制：

(1) 修道士和野人都会划船，但船一次只能装运两个人；

(2) 在任何岸边，野人数不能超过修道士，否则修道士会被野人吃掉。

假定野人愿意服从任何一种过河安排，请规划出一种确保修道士安全的过河方案。要求写出所用谓词的定义、功能及变量的个体域。

12. 判断下列公式是否为可合一，若可合一，则求出其相应的置换。

(1) $P(a, b)$，$P(x, y)$；

(2) $P((x), b)$，$P(y, z)$；

(3) $P(f(x), y)$，$P(y, f(b))$；

(4) $P(f(y), y, x)$，$P(x, f(a), f(b))$；

(5) $P(x, y)$，$P(y, x)$。

13. 什么是自然演绎推理？它依据的推理规则是什么？

14. 什么是谓词公式的可满足性？什么是谓词公式的不可满足性？

15. 什么是谓词公式的前束范式？什么是谓词公式的 Skolem 范式？

16. 什么是子句集？如何将谓词公式化为子句集？

17. 把下列谓词公式化成子句集：

(1) $(\forall x)(\forall y)(P(x, y) \land Q(x, y))$

(2) $(\forall x)(\forall y)(P(x, y) \to Q(x, y))$

(3) $(\forall x)(\exists y)(P(x, y) \lor (Q(x, y) \to R(x, y)$

(4) $(\forall x)(\forall y)(\exists z)(P(x, y) \to Q(x, y) \lor R(x, z))$

18. 鲁宾孙归结原理的基本思想是什么？

19. 判断下列子句集中哪些是不可满足的。

(1) $\{\neg P \lor Q, \neg Q, P, \neg P\}$

(2) $\{P \lor Q, \neg P \lor Q, P \lor \neg Q, \neg P \lor \neg Q\}$

(3) $\{P(y) \lor Q(y), \neg P(f(x)) \lor R(a)\}$

(4) $\{\neg P(x) \lor Q(x), \neg P(y) \lor R(y), P(a), S(a), \neg S(z) \lor \neg R(z)\}$

(5) $\{\neg P(x) \lor Q(f(x), a), \neg P(h(y) \lor Q(f(h(y)), a) \lor \neg P(z)\}$

(6) $\{P(x) \lor Q(x) \lor R(x), \neg P(y) \lor R(y), \neg Q(a), \neg R(b)\}$

20. 对下列各题分别证明 G 是否为 $F_1, F_2, \cdots, F_n$ 的逻辑结论。

(1) F：$(\exists x)(\exists y)P(x, y)$

　G：$(\forall y)(\exists x)P(x, y)$

(2) F：$(\forall x)(P(x) \land (Q(a) \lor Q(b)))$

　G：$(\exists x)(P(x) \land Q(x))$

(3) F：$(\exists x)(\exists y)(P(f(x) \land Q(f(y)))$

　G：$P(f(a)) \land P(y) \land Q(y)$

(4) F_1：$(\forall x)(P(x) \to (\forall y)(Q(y) \to \neg L(x, y)))$

　F_2：$(\exists x)(P(x) \land (\forall y)(R(y) \to L(x, y))$

　G：$(\forall x)(R(x) \to \neg Q(x)$

(5) F_1：$(\forall x)(P(x) \to (Q(x) \land R(x)))$

　F_2：$(\exists x)(P(x) \land S(x))$

　G：$(\exists x)(S(x) \land R(x))$

21. 设已知：

(1) 如果 x 是 y 的父亲，y 是 z 的父亲，则 x 是 z 的祖父；

(2) 每个人都有一个父亲。

试用归结演绎推理证明：对于某人 u，一定存在一个人 v，v 是 u 的祖父。

22. 设已知：

(1) 能阅读的人是识字的；

(2) 海豚不识字；

(3) 有些海豚是很聪明的。

请用归结演绎推理证明：有些很聪明的人并不识字。

第4章　不确定性推理

第3章讨论的推理方法都是确定性推理，它们建立在经典逻辑基础上，运用确定性知识进行精确推理，也是一种单调性推理。现实世界中遇到的问题和事物间的关系，往往比较复杂，客观事物存在的随机性、模糊性、不完全性和不精确性，往往导致人们认识上的一定程度的不确定性。这时，若仍然采用经典的精确推理方法进行处理，必然无法反映事物的真实性。为此，需要在不完全和不确定的情况下运用不确定性知识进行推理，即进行不确定性推理。

本章将介绍一些不确定性推理技术，包括可信度推理、主观贝叶斯推理、证据理论、模糊推理和概率推理，它们已在专家系统、机器人规划和机器学习等领域获得了广泛应用。

4.1　不确定性推理概述

不确定性推理(Reasoning with Uncertainty)也称不精确推理，是一种建立在非经典逻辑基础上的基于不确定性知识的推理，它从不确定性的初始证据出发，通过运用不确定性知识，推出具有一定程度的不确定性，但合理的(或近乎合理的)结论。

不确定性推理中所用的知识和证据都具有某种程度的不确定性，这就给推理机的设计与实现增加了复杂性和难度。除了必须解决推理方向、推理方法、控制策略等基本问题以外，一般还需要解决不确定性的表示与量度、不确定性匹配、不确定性的传递算法以及不确定性的合成等重要问题。不确定性是智能问题的一个本质特征，研究不确定性推理是人工智能的一项基本内容。为加深对不确定性推理的理解和认识，在讨论各种不确定性推理方法前，首先对不确定性推理的含义、不确定性推理的基本问题及不确定性推理的基本类型(具体指可信度推理模型)进行简单讨论。

4.1.1　不确定性推理的含义

不确定性推理是指建立在不确定性知识和证据基础上的推理，如不完备、不精确知识的推理，模糊知识的推理等。不确定性推理实际上是一种从不确定的初始证据出发，通过运用不确定性知识，最终推出具有一定程度的不确定性但又合理或基本合理的结论的思维过程。

采用不确定性推理是解决客观问题的需要，其原因包括以下方面：

(1) 所需知识不完备、不精确。

在很多情况下，解决问题需要的知识往往是不完备、不精确的。知识不完备是指在解决某一问题时，不具备解决该问题所需要的全部知识。例如，医生在看病时，一般是从病人的部分症状开始诊断的。知识不精确是指既不能完全确定知识为真，又不能完全确定知识为假。例如，专家系统中的知识多为专家经验，专家经验又多为不确定性知识。

(2) 所需知识描述模糊。

知识描述模糊是指知识的边界不明确。例如，平常人们所说的“很好”“好”“比较好”“不很好”“不好”“很不好”等概念，其边界都是比较模糊的。那么，当用这类概念来描述知识时，所描述的知识也是模糊的。例如，“如果李清人品比较好，那么我就把他当成好朋友”所描述的就是比较模糊的知识。

(3) 多种原因导致同一结论。

在现实世界中，由多种原因导出同一结论的情况有很多。例如，引起人体低烧的原因至少有几十种，医生在看病时只能根据病人的症状、低烧的持续时间和方式，以及病人的体质、病史等，作出猜测性的推断。

(4) 解决方案不唯一。

现实生活中的问题一般存在着多种解决方案，又很难绝对地判断这些方案之间的优劣。对于这些情况，人们往往优先选择主观上认为相对较优的方案，这也是一种不确定性推理。

总之，在人类的认知和思维行为中，确定性只能是相对的，而不确定性才是绝对的。人工智能要解决这些不确定性问题，必须采用不确定性的知识表示和推理方法。

4.1.2　不确定性推理的基本问题

在不确定性推理中，除了需要解决在确定性推理中所提到的推理方向、推理方法、控制策略等基本问题，一般还需要解决不确定性的表示、不确定性的匹配、不确定性的计算、不确定性的更新和不确定性结论的合成等问题。

1. 不确定性的表示

不确定性的表示包括知识不确定性的表示和证据不确定性的表示。

1) 知识不确定性的表示

知识不确定性的表示(方式)与不确定性推理方法是密切相关的问题。在选择知识不确定性的表示方式时，通常需要考虑两方面的因素：能够比较准确地描述问题本身的不确定性，便于推理过程中对不确定性的计算。对于这两方面的因素，一般是将它们结合起来综合考虑的，只有这样才会得到较好的表示效果。

知识的不确定性通常是用一个数值来描述的，该数值表示相应知识的确定性程度，也称为知识的静态强度。知识的静态强度可以是该知识在应用中成功的概率，也可以是该知识的可信程度等。如果用概率来表示静态强度，则其取值范围为[0, 1]，该值越接近于1，说明该知识越接近“真”；其值越接近于0，说明该知识越接近“假”。如果用可信度来表示静态强度，则其取值范围一般为[-1, 1]。当该值大于0时，值越大，说明知识越接近“真”；当其值小于0时，值越小，说明知识越接近“假”。在实际应用中，知识的不确定性是由领域专家给出的。

2) 证据不确定性的表示

推理中的证据有两种来源：一种是用户在求解问题时提供的初始证据，如病人的症状、检查结果等；另一种是在推理中得出的中间结论，即把当前推理中得到的中间结论放入综合数据库，并作为以后推理的证据来使用。通常，证据不确定性的表示应该与知识的不确定性的表示保持一致，以便推理过程能对不确定性进行统一处理。

2. 不确定性的匹配

推理过程实际上是一个不断匹配和运用可用知识的过程。可用知识是指其前提条件可与综合数据库中的已知事实匹配，只有匹配成功的知识才可以被使用。

在不确定性推理中，知识和证据都是不确定的，而且知识要求的不确定性程度与证据实际具有的不确定性程度不一定相同，那么，怎样才算匹配成功呢？这是一个需要解决的问题。目前，常用的解决方法是，设计一个用来计算匹配双方相似程度的算法，并给出一个相似的限度，如果匹配双方的相似程度落在规定的限度内，则称匹配双方是可匹配的，否则称匹配双方是不可匹配的。

3. 不确定性的计算(前提条件为组合条件时)

在不确定性的系统中，知识的前提条件既可以是简单的单个条件，也可以是复杂的组合条件。当进行匹配时，一个简单条件只对应一个单一的证据，一个复合条件将对应一组证据。又因为结论的不确定性是通过对证据和知识的不确定性进行某种运算得到的，所以当知识的前提条件为组合条件时，需要有合适的算法来计算复合证据的不确定性。目前，计算复合证据的不确定性的主要方法有最大/最小方法、概率方法和有界方法等。

4. 不确定性的更新

在不确定性推理中，由于证据和知识均是不确定的，就存在两个问题：一是在推理的每步如何利用证据和知识的不确定性去更新结论(在产生式规则表示中也称为假设)的不确定性；二是在整个推理过程中如何把初始证据的不确定性传递给最终结论。

对于第一个问题，一般做法是按照某种算法，由证据和知识的不确定性计算出结论的不确定性。至于如何计算，不同的不确定性推理方法的处理方式各有不同。

对于第二个问题，不同的不确定性推理方法的处理方式基本相同，都是把当前推出的结论及其不确定性作为新的证据放入综合数据库，供后续推理使用。由于推理第一步得出的结论是由初始证据推出的，该结论的不确定性当然要受初始证据的不确定性的影响，而把它放入综合数据库作为新的证据进行进一步推理时，该不确定性又会传递给后面的结论，如此进行下去，就会把初始证据的不确定性逐步传递到最终结论。

5. 不确定性结论的合成

在不确定性推理过程中，很可能出现由多个不同知识推出同一结论，并且推出的结论的不确定性程度各不相同的情况。对此，需要采用某种算法对这些不同的不确定性进行合成，求出该结论的综合不确定性。

以上问题是不确定性推理中需要考虑的一些基本问题，但并非每种不确定性推理方法都必须全部包括这些内容。实际上，不同的不确定性推理方法包括的内容可以不同，并且对这些问题的处理方法也可以不同。

目前，关于不确定性推理可以分为两种类型：一是基于概率论的有关理论发展起来的方法，如可信度推理、主观贝叶斯推理、证据理论和概率推理等；二是基于模糊逻辑理论发展起来的方法，如模糊推理。

4.2 可信度推理

可信度推理是一种基于确定性理论(Confirmation Theory)的不确定性推理方法。确定性理论是由美国斯坦福大学的肖特里菲(E. H. Shortliffe)等人于 1975 年提出的一种不确定性推理模型，并于 1976 年首次在血液病诊断专家系统 MYCIN 中得到了成功应用。可信度推理是不确定性推理中使用最早且十分有效的一种推理方法。本节主要讨论可信度的概念和可信度推理模型，并给出一个使用可信度进行不确定性推理的例子。

4.2.1 可信度的概念

可信度是指人们根据以往经验对某个事物或现象为真的程度作出的一个判断，或者是人们对某个事物或现象为真的相信程度。

例如，沈强昨天没来上课，他的理由是头疼。就此理由而言，只有以下两种可能：一种是沈强真的头疼了，即理由为真；另一种是沈强根本没有头疼，只是找个借口，即理由为假。但就听取该理由的人来说，对沈强的理由可能完全相信，也可能完全不信，还可能在某种程度上相信，这与沈强过去的表现和人们对他积累起来的看法有关。这里的相信程度就是我们所说的可信度。

显然，可信度具有较大的主观性和经验性，其准确性是难以把握的。但是，对某一具体领域而言，由于该领域专家具有丰富的专业知识及实践经验，要给出该领域知识的可信度还是完全有可能的，因此可信度方法不失为一种实用的不确定性推理方法。

4.2.2 可信度推理模型

可信度推理模型也称为可信度因子(Certainty Factor，CF)模型，是由肖特里菲等人在确定性理论的基础上，结合概率论和模糊集合论等方法，提出的一种基本的不确定性推理方法。

1. 可信度的定义与性质

1) 可信度的定义

在 CF 模型中，把 $\mathrm{CF}(H, E)$定义为

$$\mathrm{CF}(H, E)=\mathrm{MB}(H, E)-\mathrm{MD}(H, E)$$

式中，MB(Measure Belief)称为信任增长度，表示因证据 E 的出现，使结论 H 为真的信任增长度。$\mathrm{MB}(H, E)$定义为

$$\mathrm{MB}(H, E)=\begin{cases}1 & P(H)=1 \\ \dfrac{\max\{P(H|E), P(H)\}-P(H)}{1-P(H)} & \text{其他}\end{cases}$$

MD(Measure Disbelief)称为不信任增长度，表示因证据 E 的出现，对结论 H 为真的不信任增长度，或称为对结论 H 为假的信任增长度。$\mathrm{MD}(H, E)$定义为

$$\mathrm{MD}(H, E)=\begin{cases}1 & P(H)=0 \\ \dfrac{\min\{P(H|E), P(H)\}-P(H)}{-P(H)} & \text{其他}\end{cases}$$

在以上两个式子中，$P(H)$表示 H 的先验概率；$P(H|E)$表示在证据 E 下，结论 H 的条件概率。

由 MB 与 MD 的定义可以看出：

当 $\text{MB}(H, E)>0$ 时，有 $P(H|E)>P(H)$，说明证据 E 的出现增加了 H 的信任程度。

当 $\text{MD}(H, E)>0$ 时，有 $P(H|E)<P(H)$，说明证据 E 的出现增加了 H 的不信任程度。

根据前面对 $\text{CF}(H, E)$、$\text{MB}(H, B)$、$\text{MD}(H, E)$的定义，可得到 $\text{CF}(H, E)$的计算公式

$$\text{CF}(H, E)=\begin{cases}\text{MB}(H, E)-1=\dfrac{P(H|E)-P(H)}{1-P(H)} & P(H|E)>P(H)\\ 0 & P(H|E)=P(H)\\ 0-\text{MD}(H, E)=-\dfrac{P(H)-P(H|E)}{P(H)} & P(H|E)<P(H)\end{cases}$$

由此公式可以看出：

若 $\text{CF}(H, E)>0$，则 $P(H|E)>P(H)$，说明证据 E 的出现增加了 H 为真的概率，即增加了 H 为真的可信度。$\text{CF}(H, E)$的值越大，增加的 H 为真的可信度就越大。

若 $\text{CF}(H, E)=0$，则 $P(H|E)=P(H)$，即 H 的后验概率等于其先验概率。说明证据 E 与 H 无关。

若 $\text{CF}(H, E)<0$，则 $P(H|E)<P(H)$，说明证据 E 的出现减少了 H 为真的概率，即增加了 H 为假的可信度。$\text{CF}(H, E)$的值越小，增加的 H 为假的可信度就越大。

2）可信度的性质

根据以上对 CF、MB、MD 的定义，可得到它们的如下性质：

① 互斥性。

对同一证据，它不可能既增加对 H 的信任程度，同时又增加对 H 的不信任程度，这说明 MB 与 MD 是互斥的，即有如下互斥性：

当 $\text{MB}(H,E)>0$ 时，$\text{MD}(H, E)=0$；当 $\text{MD}(H, E)>0$ 时，$\text{MB}(H, E)=0$。

② 值域。

$$0\leqslant\text{MB}(H, E)\leqslant 1$$
$$0\leqslant\text{MD}(H, E)\leqslant 1$$
$$-1\leqslant\text{CF}(H, E)<1$$

③ 典型值。

当 $\text{CF}(H, E)=1$ 时，有 $P(H|E)=1$，说明由于证据 E 的出现，使 H 为真。此时，$\text{MB}(H, E)=1$，$\text{MD}(H, E)=0$。

当 $\text{CF}(H, E)=-1$ 时，有 $P(H|E)=0$，说明由于证据 E 的出现，使 H 为假。此时，$\text{MB}(H, E)=0$，$\text{MD}(H, E)=1$。

当 $\text{CF}(H, E)=0$ 时，有 $\text{MB}(H, E)=0$，$\text{MD}(H, E)=0$。前者说明证据 E 的出现不证实 H，后者说明证据 E 的出现不否认 H。

④ 对 H 的信任增长度等于对非 H 的不信任增长度。

根据 MB、MD 的定义及概率的性质有

$$\begin{aligned}\mathrm{MD}(\neg H, E) &= \frac{P(\neg H, E)-P(\neg H)}{-P(\neg H)} = \frac{(1-P(H \mid E))-(1-P(H))}{-(1-P(H))} \\ &= \frac{-P(H \mid E)+P(H)}{-(1-P(H))} = \frac{-(P(H \mid E)-P(H))}{-(1-P(H))} \\ &= \frac{P(H \mid E)-P(H)}{(1-P(H))} \\ &= \mathrm{MB}(H, E)\end{aligned}$$

再根据 CF 的定义及 MB、MD 的互斥性，有

$$\begin{aligned}\mathrm{CF}(H, E)+\mathrm{CF}(\neg H, E) &= (\mathrm{MB}(H, E)-\mathrm{MD}(H, E))+(\mathrm{MB}(\neg H, E)-\mathrm{MD}(\neg H, E)) \\ &= (\mathrm{MB}(H, E)-0)+(0-\mathrm{MD}(\neg H, E)) \\ &= \mathrm{MB}(H, E)-\mathrm{MD}(\neg H, E) \\ &= 0\end{aligned}$$

该公式说明了以下三个问题：

第一，对 H 的信任增长度等于对非 H 的不信任增长度。

第二，对 H 的可信度与对非 H 的可信度之和等于 0。

第三，可信度不是概率。对于概率，有 $P(H)+P(\neg H)=1$ 且 $0 \leqslant P(H) \leqslant 1$，$0 \leqslant P(\neg H) \leqslant 1$，而可信度不满足此条件。

⑤ 对同一证据 E，若支持若干个不同的结论 $H_i(i=1, 2, \cdots, n)$，则

$$\sum_{i=1}^{n} \mathrm{CF}(H_i, E) \leqslant 1$$

因此，如果发现专家给出的知识有如下情况

$$\mathrm{CF}(H_1, E)=0.7, \mathrm{CF}(H_2, E)=0.4$$

则因 $0.7+0.4=1.1>1$ 为非法，应进行调整或规范化。

最后需要指出，在实际应用中 $P(H)$ 和 $P(H|E)$ 的值是很难获得的，因此 $\mathrm{CF}(H, E)$ 的值应由领域专家直接给出，其原则是：若相应证据的出现会增加 H 为真的可信度，则 $\mathrm{CF}(H, E)>0$。若证据的出现对 H 为真的支持程度越高，则 $\mathrm{CF}(H, E)$ 的值越大；反之，若证据的出现减少 H 为真的可信度，则 $\mathrm{CF}(H, E)<0$。若证据的出现对 H 为假的支持程度越高，则使 $\mathrm{CF}(H, E)$ 的值越小；若相应证据的出现与 H 无关，则使 $\mathrm{CF}(H, E)=0$。

2. 知识不确定性的表示

在 CF 模型中，知识是用产生式规则表示的，其一般形式为

$$\text{IF } E \text{ THEN } H(\mathrm{CF}(H, E))$$

其中，E 是知识的前提证据；H 是知识的结论；$\mathrm{CF}(H, E)$ 是知识的可信度。对该表示形式简单说明如下：

① 前提证据 E 可以是一个简单条件，也可以是由合取和析取构成的复合条件。例如：

$$E=(E_1 \text{ OR } E_2) \text{ AND } E_3 \text{ AND } E_4$$

就是一个复合条件。

② 结论 H 可以是一个单一的结论，也可以是多个结论。

③ 可信度因子(CF)通常简称为可信度，或称为规则强度，实际上是知识的静态强度。

CF(H, E)的取值范围是[−1, 1]，其值表示当证据 E 为真时，该证据对结论 H 为真的支持程度。CF(H, E)的值越大，说明 E 对结论 H 为真的支持程度越大。例如：

IF 发烧 AND 流鼻涕 THEN 感冒(0.8)

表示当某人确实有“发烧”及“流鼻涕”症状时，则有 80%的可能是患了感冒。可见 CF(H, E)反映的是前提证据与结论之间的规则强度，即相应知识的静态强度。

3. 证据不确定性的表示

在 CF 模型中，证据不确定性也是用可信度来表示的，其取值范围同样是[−1, 1]。证据可信度的来源有以下两种情况：

① 如果是初始证据，其可信度是由提供证据的用户给出的。

② 如果是先前推出的中间结论又作为当前推理的证据，则其可信度是由不确定性的更新算法计算得到的。

对证据 E，其可信度 CF(E)的值的含义如下：

① $CF(E)=1$，证据 E 肯定为真。

② $CF(E)=-1$，证据 E 肯定为假。

③ $CF(E)=0$，对证据 E 一无所知。

④ $0<CF(E)<1$，证据 E 以 CF(E)程度为真。

⑤ $-1<CF(E)<0$，证据 E 以 CF(E)程度为假。

4. 不确定性的计算

(1) 否定证据不确定性的计算。

设 E 为证据，则该证据的否定记为 $\neg E$。若已知 E 的可信度为 CF(E)，则 $CF(\neg E)=-CF(E)$。

(2) 组合证据不确定性的计算。

对证据的组合形式可分为“合取”和“析取”两种基本情况。当组合证据是多个单一证据的合取，即

$$E=E_1 \text{ AND } E_2 \text{ AND } \cdots \text{ AND } E_n$$

时，若已知 $CF(E_1)$, $CF(E_2)$, …, $CF(E_n)$，则

$$CF(E)=\min\{CF(E_1), CF(E_2), \cdots, CF(E_n)\}$$

当组合证据是多个单一证据的析取，即

$$E=E_1 \text{ OR } E_2 \text{ OR } \cdots \text{ OR } E_n$$

时，若已知 $CF(E_1)$, $CF(E_2)$, …, $CF(E_n)$，则

$$CF(E)=\max\{CF(E_1), CF(E_2), \cdots, CF(E_n)\}$$

5. 不确定性的更新

CF 模型中的不确定性推理实际上是从不确定性的初始证据出发，不断运用相关的不确定性知识，逐步推出最终结论和该结论的可信度的过程。每次运用不确定性知识，都需要由证据的不确定性和知识的不确定性去计算结论的不确定性。其计算公式如下：

$$CF(H)=CE(H, E)\times\max\{0, CF(E)\}$$

由上式可以看出，若 $CF(E)<0$，即相应证据以某种程度为假，则 $CF(H)=0$。

这说明，在该模型中没有考虑证据为假对结论所产生的影响。另外，当证据为真，即

$CF(E)=1$ 时，由上式可推出 $CF(H)=CF(H, E)$。这说明，知识中的规则强度 $CF(H, E)$ 实际上是在前提条件对应的证据为真时结论 H 的可信度。

6. 不确定性的合成(针对结论)

如果可由多条知识推出一个相同结论，并且这些知识的前提证据相互独立，结论的可信度又不相同，则可用不确定性的合成算法求出该结论的综合可信度。其合成过程是先把第一条知识与第二条知识合成，再用合成后的结论与第三条知识合成，以此类推，直到全部合成完成为止。由于多条知识的合成是通过两两合成实现的，因此下面仅考虑对两条知识进行合成的情况。

设有如下知识：

$$\text{IF } E_1 \text{ THEN } H(CF(H, E_1))$$

$$\text{IF } E_2 \text{ THEN } H(CF(H, E_2))$$

则结论 H 的综合可信度可分以下两步计算：

① 分别对每条知识求出其 $CF(H)$，即

$$CF_1(H)=CF(H, E_1)\max\{0, CF(E_1)\}$$

$$CF_2(H)=CF(H, E_2)\max\{0, CF(E_2)\}$$

② 用如下公式求 E_1 与 E_2 对 H 的综合可信度：

$$CF(H)=\begin{cases} CF_1(H)+CF_2(H)-CF_1(H)CF_2(H) & CF_1(H)\geqslant 0 \text{ and } CF_2(H)\geqslant 0 \\ CF_1(H)+CF_2(H)+CF_1(H)CF_2(H) & CF_1(H)<0 \text{ and } CF_2(H)<0 \\ \dfrac{CF_1(H)+CF_2(H)}{1-\min\{|CF_1(H)|, |CF_2(H)|\}} & CF_1(H)\times CF_2(H)<0 \end{cases}$$

4.2.3 可信度推理示例

例 4.1 设有如下一组知识：

r_1: IF E_1 THEN H (0.9)

r_2: IF E_2 THEN H (0.6)

r_3: IF E_3 THEN H (−0.5)

r_4: IF E_4 AND (E_5 OR E_6) THEN E_1 (0.8)

已知：$CF(E_2)=0.8$，$CF(E_3)=0.6$，$CF(E_4)=0.5$，$CF(E_5)=0.6$，$CF(E_6)=0.8$。

求：$CF(H)$的值。

解 由 r_4 得

$$\begin{aligned} CF(E_1) &= 0.8\times\max\{0, CF(E_4 \text{ AND } (E_5 \text{ OR } E_6))\} \\ &= 0.8\times\max\{0, \min\{CF(E_4), CF(E_5 \text{ OR } E_6)\}\} \\ &= 0.8\times\max\{0, \min\{CF(E_4), \max\{CF(E_5), CF(E_6)\}\}\} \\ &= 0.8\times\max\{0, \min\{CF(E_4), \max\{0.6, 0.8\}\}\} \\ &= 0.8\times\max\{0, \min\{0.5, 0.8\}\} \\ &= 0.8\times\max\{0, 0.5\} \\ &= 0.4 \end{aligned}$$

由 r_1 得

$$CF_1(H)=CF(H, E_1)\times\max\{0, CF(E_1)\}=0.9\times\max\{0, 0.4\}=0.36$$

由 r_2 得

$$CF_2(H)=CF(H, E_2)\times\max\{0, CF(E_2)\}=0.6\times\max\{0, 0.8\}=0.48$$

由 r_3 得

$$CF_3(H)=CF(H, E_3)\times\max\{0, CF(E_3)\}=-0.5\times\max\{0, 0.6\}=-0.3$$

根据结论不确定性的合成算法得

$$\begin{aligned}CF_{1,2}(H)&=CF_1(H)+CF_2(H)-CF_1(H)CF_2(H)\\&=0.36+0.48-0.36\times0.48\\&=0.84-0.17=0.67\end{aligned}$$

$$\begin{aligned}CF_{1,2,3}(H)&=\frac{CF_{1,2}(H)+CF_3(H)}{1-\min\{|CF_{1,2}(H)|, |CF_3(H)|\}}\\&=\frac{0.67-0.3}{1-\min\{0.67, 0.3\}}=\frac{0.37}{0.7}=0.53\end{aligned}$$

这就是所求的综合可信度，即 $CF(H)=0.53$。

4.3 主观贝叶斯推理

概率论的两大学派

主观贝叶斯(Bayes)方法是由杜达(R. O. Duda)等人于1976年提出的一种不确定性推理模型，是为了解决标准贝叶斯公式存在的需要由逆概率去求原概率的问题而提出的。杜达等人对贝叶斯公式进行了适当改进，提出了主观贝叶斯方法，并将其成功地应用在他自己开发的地矿勘探专家系统PROSPECTOR中。

4.3.1 主观贝叶斯方法的概率论基础

1. 全概率公式

定理4.1 设事件 $A_1, A_2, \cdots, A_n$ 满足：

(1) 任意两个事件都互不相容，即当 $i\neq j$ 时，有 $A_i\cap A_j=\varnothing(i=1, 2, \cdots, n; j=1, 2, \cdots, n)$；

(2) $P(A_i)>0(i=1, 2, \cdots, n)$；

(3) $D=\bigcup_{i=1}^{n}A_i$，

则对任何事件 B 的概率有 $P(B)=\sum_{i=1}^{n}P(A_i)\times P(B|A_i)$ 成立。该公式称为全概率公式，它提供了一种计算 $P(B)$ 的方法。

2. 贝叶斯公式

定理4.2 设事件 $A_1, A_2, \cdots, A_n$ 满足定理4.1规定的条件，则对任何事件 B 有下式成立：

$$P(A_i|B)=\frac{P(A_i)\times P(B|A_i)}{\sum_{j=1}^{n}P(A_j)\times P(B|A_j)}\quad(i=1, 2, \cdots, n)$$

该定理称为贝叶斯定理，上式称为贝叶斯公式。

在贝叶斯公式中，$P(A)$是事件 A 的先验概率，$P(B|A_i)$是在事件 A_i 发生条件下事件 B 的条件概率，$P(A_i|B)$是在事件 B 发生条件下事件 A_i 的条件概率。

如果把全概率公式代入贝叶斯公式中，就可得到

$$P(A_i \mid B)=\frac{P(A_i)\cdot P(B \mid A_i)}{P(B)} \quad (i=1, 2, \cdots, n)$$

即

$$P(A_i \mid B)\cdot P(B)=P(B \mid A_i)\cdot P(A_i) \quad (i=1, 2, \cdots, n)$$

这是贝叶斯公式的另一种形式。

贝叶斯公式实际上是一种用逆概率 $P(B|A_i)$求原概率 $P(A_i|B)$的方法。假设用 B 代表咳嗽，A 代表肺炎，若要求得咳嗽的人中有多少是患肺炎的，相当于求 $P(A|B)$。由于咳嗽的人较多，因此需要大量的统计工作。但是，如果要求患肺炎的人中有多少人是咳嗽的，则要容易得多，原因是在所有咳嗽的人中只有一小部分是患肺炎的，即患肺炎的人要比咳嗽的人少得多。贝叶斯定理非常有用，后面将讨论的主观贝叶斯方法就是在其基础上提出来的。

4.3.2　主观贝叶斯方法的推理模型

主观贝叶斯方法的推理模型同样包括知识不确定性的表示、证据不确定性的表示、不确定性的更新和结论不确定性的合成等方法。

1. 知识不确定性的表示

在主观贝叶斯方法中，其知识不确定性的表示主要涉及知识的表示形式，LS 和 LN 的含义、性质、关系等。

1）知识的表示形式

主观贝叶斯方法中的知识是用产生式表示的，其形式为

$$\text{IF } E \text{ THEN (LS, LN)} H$$

其中，(LS，LN)用来表示知识的强度，LS 和 LN 的表示形式分别为

$$\text{LS}=\frac{P(E \mid H)}{P(E \mid \neg H)}$$

$$\text{LN}=\frac{P(\neg E \mid H)}{P(\neg E \mid \neg H)}=\frac{1-P(E \mid H)}{1-P(E \mid \neg H)}$$

LS 和 LN 的取值范围均为$[0, +\infty)$。

2）LS 和 LN 的含义

下面进一步讨论 LS 和 LN 的含义。由本节前面给出的贝叶斯公式可知

$$P(H \mid E)=\frac{P(E \mid H)P(H)}{P(E)}$$

$$P(\neg H \mid E)=\frac{P(E \mid \neg H)P(\neg H)}{P(E)}$$

将两式相除，得

$$\frac{P(H \mid E)}{P(\neg H \mid E)}=\frac{P(E \mid H)}{P(E \mid \neg H)}\times\frac{P(H)}{P(\neg H)} \tag{4.1}$$

为讨论方便，下面引入几率函数：

$$O(X)=\frac{P(X)}{1-P(X)}$$

或

$$O(X)=\frac{P(X)}{P(\neg X)} \tag{4.2}$$

可见，X 的几率等于 X 出现的概率与 X 不出现的概率之比。显然，随着 $P(X)$的增大，$O(X)$也在增大，并且 $P(X)=0$ 时，有 $O(X)=0$；$P(X)=1$ 时，有 $O(X)=+\infty$。这样，就可以把取值为$[0, 1]$的 $P(X)$放大为取值为$[0, +\infty)$的 $O(X)$。

把式(4.2)中几率和概率的关系代入式(4.1)，有

$$O(H \mid E)=\frac{P(E \mid H)}{P(E \mid \neg H)} O(H)$$

再把 LS 代入上式，可得

$$O(H \mid E)=\mathrm{LS} \times O(H) \tag{4.3}$$

同理，可得到关于 LN 的公式

$$O(H \mid \neg E)=\mathrm{LN} \times O(H) \tag{4.4}$$

式(4.3)和式(4.4)就是修改后的贝叶斯公式。从这两个公式可以看出：当 E 为真时，可以利用 LS 将 H 的先验几率$O(H)$更新为其后验几率 $O(H|E)$；当 E 为假时，可以利用 LN 将 H 的先验几率 $O(H)$更新为其后验几率 $O(H|\neg E)$。

3) LS 的性质

当 LS>1 时，$O(H|E)>O(H)$，说明 E 支持 H。并且，LS 越大，$O(H|E)$比 $O(H)$大得越多，即 LS 越大，E 对 H 的支持越充分。当 LS→∞时，$O(H|E)\to\infty$，即 $P(H|E)\to 1$，表示由于 E 的存在，将导致 H 为真。

当 LS=1 时，$O(H|E)=O(H)$，说明 E 对 H 没有影响。

当 LS<1 时，$O(H|E)<O(H)$，说明 E 不支持 H。

当 LS=0 时，$O(H|E)=0$，说明 E 的存在使 H 为假。

由上述分析可以看出，LS 反映的是 E 的出现对 H 为真的影响程度。因此称 LS 为知识充分性的度量。

4) LN 的性质

当 LN>1 时，$O(H|\neg E)>O(H)$，说明¬E 支持 H，即由于 E 的不出现，增大了 H 为真的概率。并且，LN 越大，$P(H|\neg E)$就越大，即¬E 对 H 为真的支持就越强。当 LN→∞时，$O(H|\neg E)\to\infty$，即 $P(H|\neg E)\to 1$，表示由于¬E 的存在，将导致 H 为真。

当 LN=1 时，$O(H|\neg E)=O(H)$，说明¬E 对 H 没有影响。

当 LN<1 时，$O(H|\neg E)<O(H)$，说明¬E 不支持 H，即由于 E 的不存在，将使 H 为真的可能性下降，或者说由于 E 的不存在，将反对 H 为真。当 LN→0 时，$O(H|\neg E)\to 0$，即 LN 越小，E 的不出现就越反对 H 为真，这说明 H 越想为真，越需要 E 的出现。

当 LN=0 时，$O(H|\neg E)=0$，说明¬E 的存在(即 E 不存在)将导致 H 为假。

由上述分析可以看出，LN 反映的是 E 不存在对 H 为真的影响。因此称 LN 为知识必要性的度量。

5) LS 与 LN 的关系

由于 E 和¬E 不会同时支持或同时排斥 H，因此只有下述 3 种情况存在：

① LS>1 且 LN<1；

② LS<1 且 LN>1；

③ LS=LN=1。

事实上，如果 LS>1，即

$$
\begin{aligned}
\text{LS} > 1 &\Leftrightarrow \frac{P(E \mid H)}{P(E \mid \neg H)} > 1 \\
&\Leftrightarrow P(E \mid H) > P(E \mid \neg H) \\
&\Leftrightarrow 1 - P(E \mid H) < 1 - P(E \mid \neg H) \\
&\Leftrightarrow P(\neg E \mid H) < P(\neg E \mid \neg H) \\
&\Leftrightarrow \frac{P(\neg E \mid H)}{P(\neg E \mid \neg H)} < 1 \\
&\Leftrightarrow \text{LN} < 1
\end{aligned}
$$

同理，可以证明“LS<1 且 LN>1”和“LS=LN=1”。

LS 和 LN 的计算公式除在推理过程中被使用外，还可以作为领域专家为 LS 和 LN 赋值的依据。在实际系统中，LS 和 LN 的值均是由领域专家根据经验给出的，而不是计算出来的。当证据 E 越支持 H 为真时，则 LS 的值应该越大；当证据 E 对 H 越重要时，则相应地，LN 的值应该越小。

2. 证据不确定性的表示

主观贝叶斯方法中的证据同样包括基本证据和组合证据两种类型。

1) 基本证据不确定性的表示

在主观贝叶斯方法中，证据 E 的不确定性是用其概率或几率来表示的。概率与几率之间的关系为

$$
O(E) = \frac{P(E)}{1 - P(E)} = \begin{cases} 0 & E \text{ 为假} \\ \infty & E \text{ 为真} \\ (0, +\infty) & E \text{ 非真也非假} \end{cases}
$$

上式给出的仅是证据 E 的先验概率与其先验几率之间的关系，但在有些情况下，除需要考虑证据 E 的先验概率与先验几率外，往往还需要考虑在当前观察下证据 E 的后验概率或后验几率。以概率情况为例，对初始证据 E，用户可以根据当前观察 S 将其先验概率 $P(E)$ 更改为后验概率 $P(E|S)$，相当于给出证据 E 的动态强度。

2) 组合证据不确定性的计算

无论组合证据有多么复杂，其基本组合形式只有合取和析取两种。

若组合证据是多个单一证据的合取，即

$$E = E_1 \text{ AND } E_2 \text{ AND } \cdots \text{ AND } E_n$$

如果已知在当前观察 S 下，每个单一证据 E_i 有概率 $P(E_1|S)$，$P(E_2|S)$，…，$P(E_n|S)$，则

$$P(E \mid S) = \min\{P(E_1 \mid S), P(E_2 \mid S), \cdots, P(E_n \mid S)\}$$

若组合证据是多个单一证据的析取，即

$$E = E_1 \text{ OR } E_2 \text{ OR } \cdots \text{ OR } E_n$$

如果已知在当前观察 S 下，每个单一证据 E_i 有概率 $P(E_1|S)$，$P(E_2|S)$，…，$P(E_n|S)$，则

$$P(E|S)=\max\{P(E_1|S), P(E_2|S), \cdots, P(E_n|S)\}$$

3. 不确定性的更新

主观贝叶斯方法推理的任务是，根据证据 E 的概率 $P(E)$ 及 LS 和 LN 的值，把 H 的先验概率 $P(H)$ 或先验几率 $O(H)$ 更新为当前观察 S 下的后验概率 $P(H|S)$ 或后验几率 $O(H|S)$。由于一条知识对应的证据可能肯定为真，也可能肯定为假，还可能既非真又非假，因此在把先验概率或先验几率更新为后验概率或后验几率时，需要根据证据的不同情况去计算其后验概率或后验几率。下面分别讨论这些情况。

1) 证据在当前观察下肯定为真

当证据 E 肯定为真时，$P(E)=P(E|S)=1$。将 H 的先验几率更新为后验几率的公式为式(4.3)，即

$$O(H|E)=\mathrm{LS}\times O(H)$$

如果是把 H 的先验概率更新为其后验概率，则可将式(4.2)关于几率和概率的对应关系代入式(4.3)，得

$$P(H \mid E)=\frac{\mathrm{LS}\times P(H)}{(\mathrm{LS}-1)\times P(H)+1} \tag{4.5}$$

2) 证据在当前观察下肯定为假

当证据 E 肯定为假时，$P(E)=P(E|S)=0$，$P(\neg E)=1$。将 H 的先验几率更新为后验几率的公式为式(4.4)，即 $O(H|\neg E)=\mathrm{LN}\times O(H)$。如果把 H 的先验概率更新为其后验概率，则可将式(4.2)关于几率和概率的对应关系代入式(4.4)，得

$$P(H \mid \neg E)=\frac{\mathrm{LN}\times P(H)}{(\mathrm{LN}-1)\times P(H)+1} \tag{4.6}$$

3) 证据在当前观察下既非真又非假

当证据既非真又非假时，不能再用上面的方法计算后验概率，而需要使用杜达等人在1976年给出的公式

$$P(H \mid S)=P(H \mid E)P(E \mid S)+P(H \mid \neg E)P(\neg E \mid S) \tag{4.7}$$

下面分4种情况来讨论这个公式。

(1) $P(E|S)=1$：

当 $P(E|S)=1$ 时，$P(\neg E|S)=0$。由式(4.7)和式(4.5)可得

$$P(H|S)=P(H|E)=\frac{\mathrm{LS}\times P(H)}{(\mathrm{LS}-1)\times P(H)+1}$$

这实际上就是证据肯定存在的情况。

(2) $P(E|S)=0$：

当 $P(E|S)=0$ 时，$P(\neg E|S)=1$。由式(4.7)和式(4.6)可得

$$P(H|S)=P(H|\neg E)=\frac{\mathrm{LN}\times P(H)}{(\mathrm{LN}-1)\times P(H)+1}$$

这实际上是证据肯定不存在的情况。

(3) $P(E|S)=P(E)$：

当 $P(E|S)=P(E)$ 时，表示 E 与 S 无关。由式(4.7)和全概率公式可得

$$
\begin{aligned}
P(H \mid S) &= P(H \mid E)P(E \mid S) + P(H \mid \neg E)P(\neg E \mid S) \\
&= P(H \mid E)P(E) + P(H \mid \neg E)P(\neg E) \\
&= P(H)
\end{aligned}
$$

通过上述分析，得到了 $P(E|S)$上的 3 个特殊值：0、$P(E)$及 1，并分别取得了对应值 $P(H|\neg E)$、$P(H)$及 $P(H|E)$。这样就构成了 3 个特殊点。

(4) $P(E|S)$为其他值：

当 $P(E|S)$为其他值时，$P(H|S)$的值可通过上述 3 个特殊点的分段线性插值函数求得。该分段线性插值函数 $P(H|S)$如图 4.1 所示，函数的解析表达式为

$$
P(H \mid S) = \begin{cases} P(H \mid \neg E) + \dfrac{P(H) - P(H \mid \neg E)}{P(E)} \times P(E \mid S) & 0 \leqslant P(E \mid S) < P(S) \\ P(H) + \dfrac{P(H \mid E) - P(H)}{1 - P(E)} \times [P(E \mid S) - P(E)] & P(E) \leqslant P(E \mid S) \leqslant 1 \end{cases} \tag{4.8}
$$

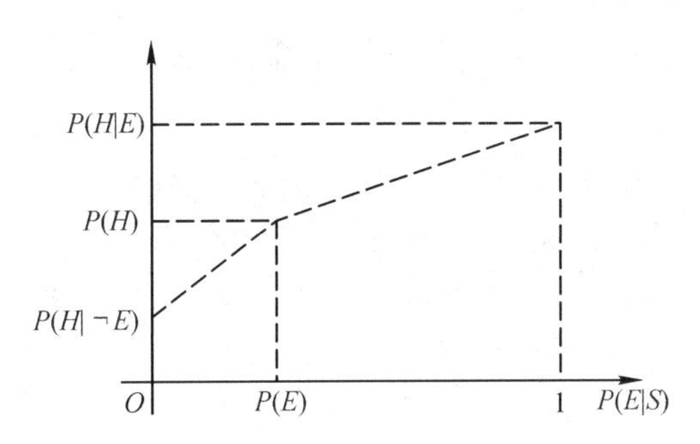

图 4.1　分段线性插值函数

4. 结论不确定性的合成

假设有 n 条知识都支持同一结论 H，并且这些知识的前提条件分别是 n 个相互独立的证据 E_1，E_2，…，E_n，而每个证据所对应的观察又分别是 S_1，S_2，…，S_n。在这些观察下，求 H 的后验概率的方法是：首先对每条知识分别求出 H 的后验几率 $O(H|S_i)$，然后利用这些后验几率以及下述公式求出所有观察下 H 的后验几率：

$$
O(H \mid S_1, S_2, \cdots, S_n) = \frac{O(H \mid S_1)}{O(H)} \times \frac{O(H \mid S_2)}{O(H)} \times \cdots \times \frac{O(H \mid S_n)}{O(H)} \times O(H) \tag{4.9}
$$

4.3.3　主观贝叶斯推理示例

为了进一步说明主观贝叶斯方法的推理过程，下面给出一个例子。

例 4.2　设有规则：

r_1：IF　E_1　THEN　$(2, 0.001)H_1$

r_2：IF　E_1　AND　E_2　THEN　$(100, 0.001)H_1$

r_3：IF　H_1　THEN　$(200, 0.01)H_2$

已知：$P(E_1)=P(E_2)=0.6$，$P(H_1)=0.091$，$P(H_2)=0.01$。

用户回答：$P(E_1|S_1)=0.76$，$P(E_2|S_2)=0.68$。

求：$P(H_2|S_1, S_2)$的值。

解 由已知知识得到的推理网络如图 4.2 所示。

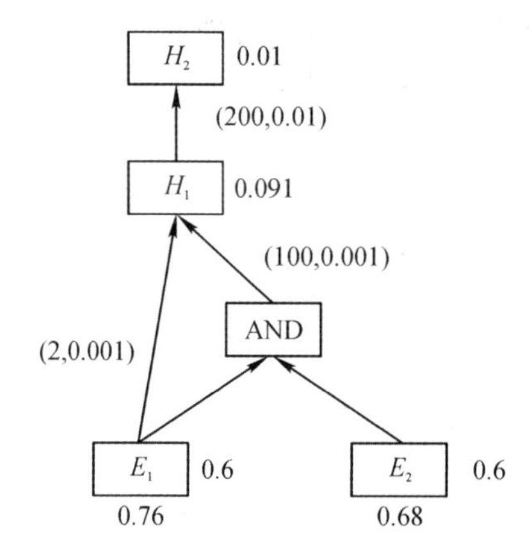

图 4.2 例 4.2 的推理网络

(1) 计算 $O(H_1|S_1)$：

先把 H_1 的先验概率 $P(H)$更新为在 E_1 下的后验概率：

$$P(H_1|E_1)=\frac{LS_1\times P(H_1)}{(LS_1-1)\times P(H_1)+1}=\frac{2\times 0.091}{(2-1)\times 0.091+1}=0.167$$

由于 $P(E_1|S_1)=0.76>P(E_1)$，使用式(4.8)的后半部分，得到在当前观察 S_1 下 H_1 的后验概率：

$$\begin{aligned}P(H_1 \mid S_1)&=P(H_1)+\frac{P(H_1 \mid E_1)-P(H_1)}{1-P(E_1)}(P(E_1 \mid S_1)-P(E_1))\\&=0.091+\frac{(0.167-0.091)}{1-0.6}\times(0.76-0.6)=0.121\end{aligned}$$

$$O(H_1 \mid S_1)=\frac{P(H_1 \mid S_1)}{1-P(H_1 \mid S_1)}=\frac{0.121}{1-0.121}=0.138$$

(2) 计算 $O(H_1|S_2)$：

由于 r_2 的前件是 E_1、E_2 的合取关系，且 $P(E_1|S_1)=0.76$，$P(E_2|S_2)=0.68$，即有 $P(E_2|S_2)<P(E_1|S_1)$。按合取取最小的原则，这里仅考虑 E_2 对 H_1 的影响，即把计算 $P(H_1|(S_1 \text{ AND } S_2)$的问题转化为计算 $O(H_1|S_2)$的问题。

把 H_1 的先验概率 $P(H_1)$更新为在 E_2 下的后验概率：

$$P(H_1 \mid E_2)=\frac{LS_2\times P(H_1)}{(LS_2-1)\times P(H_1)+1}=\frac{100\times 0.091}{(100-1)\times 0.091+1}=0.909$$

又由于 $P(E_2|S_2)>P(E_2)$，还是使用式(4.8)的后半部分，得到在当前观察 S_2 下 H_1 的后验概率：

$$\begin{aligned}P(H_1 \mid S_2)&=P(H_1)+\frac{P(H_1 \mid E_2)-P(H_1)}{1-P(E_2)}\times(P(E_2 \mid S_2)-P(E_2))\\&=0.091+\frac{(0.909-0.091)}{1-0.6}\times(0.68-0.6)=0.255\end{aligned}$$

$$O(H_1 \mid S_2)=\frac{P(H_1 \mid S_2)}{1-P(H_1 \mid S_2)}=\frac{0.255}{1-0.255}=0.342$$

(3) 计算 $O(H_1|S_1, S_2)$：

先将 H_1 的先验概率转换为先验几率：

$$O(H_1)=\frac{P(H_1)}{1-P(H_1)}=\frac{0.091}{1-0.091}=0.100$$

再根据合成公式(4.9)计算 H_1 的后验几率：

$$O(H_1 \mid S_1, S_2)=\frac{O(H_1 \mid S_1)}{O(H_1)}\times\frac{O(H_1 \mid S_2)}{O(H_1)}\times O(H_1)$$

$$=\frac{0.138}{0.1}\times\frac{0.342}{0.1}\times 0.1=0.472$$

然后将后验几率转换为后验概率：

$$P(H_1|S_1, S_2)=\frac{O(H_1|S_1, S_2)}{1+O(H_1|S_1, S_2)}=\frac{0.472}{1+0.472}=0.321$$

(4) 计算 $P(H_2|S_1, S_2)$：

对于 r_3，H_1 相当于已知事实，H_2 为结论。将 H_2 的先验概率 $P(H_2)$更新为在 H_1 下的后验概率：

$$P(H_2 \mid H_1)=\frac{\mathrm{LS}_3\times P(H_2)}{(\mathrm{LS}_3-1)\times P(H_2)+1}=\frac{200\times 0.01}{(200-1)\times 0.01+1}=0.669$$

由于 $P(H_1|S_1, S_2)=0.321>P(H_1)$，仍使用式(4.8)的后半部分，得到在当前观察 S_1 和 S_2 下 H_2 的后验概率：

$$P(H_2 \mid S_1, S_2)=P(H_2)+\frac{P(H_2 \mid H_1)-P(H_2)}{1-P(H_1)}\times(P(H_1 \mid S_1, S_2)-P(H_1))$$

$$=0.01+\frac{0.669-0.01}{1-0.091}\times(0.321-0.091)=0.177$$

从例 4.2 可以看出，H_2 先验概率是 0.01，通过运用知识 r_1、r_2、r_3 及初始证据的概率进行推理，最后推出的 H_2 的后验概率为 0.177，相当于概率增加了 16 倍多。

主观贝叶斯方法的主要优点是理论模型精确、灵敏度高，不仅考虑了证据间的关系，还考虑了证据存在与否对假设的影响，因此该方法是一种较好的方法。其主要缺点是需要的主观概率太多，专家不易给出。

4.4　证据理论

证据理论是由德普斯特(A. P. Dempster)首先提出，并由沙佛(G. Shafer)进一步发展起来的用于处理不确定性的一种理论。证据理论(Dempster/Shafer Theory of Evidence)也称为 DS 理论，它将概率论中的单点赋值扩展为集合赋值，弱化了相应的公理系统，即满足比概率更弱的要求，可看成一种广义概率论。DS 理论可以处理由“不知道”引起的不确定性，并且不必事先给出知识的先验概率。与主观 Bayes 方法相比，DS 理论具有较大的灵活性，因此得到了广泛的应用。

4.4.1 证据理论的形式化描述

证据理论的基本思想是：先定义一个概率分配函数；再利用该概率分配函数建立相应的信任函数、似然函数及类概率函数，分别用于描述知识的精确信任度、不可驳斥信任度和估计信任度；最后利用这些不确定性度量，按照证据理论的推理模型，去完成其推理工作。

1. 概率分配函数

概率分配函数是一种把一个有限集合的幂集映射到[0，1]区间的函数，其作用是把命题的不确定性转化为集合的不确定性。由于概率分配函数的定义需要用到幂集的概念，因此我们在讨论概率分配函数之前，先讨论幂集的概念。

1）幂集

设 Ω 为变量 x 的所有可能取值的有限集合(亦称为样本空间)，且 Ω 中的每个元素都相互独立，则由 Ω 的所有子集构成的幂集记为 2^Ω。当 Ω 中的元素个数为 N 时，则其幂集 2^Ω 的元素个数为 2^N，且其中的每个元素都对应一个关于 x 取值情况的命题。

例 4.3 设 Ω＝{红，黄，白}，求 2 的幂集 2^Ω。

解 Ω 的幂集包括如下子集：

$A_0=\varnothing$，A_1＝{红}，A_2＝{黄}，A_3＝{白}，A_4＝{红，黄}，A_5＝{红，白}，A_6＝{黄，白}，A_7＝{红，黄，白}

其中，$\varnothing$表示空集，空集也可表示为{ }。上述子集的个数正好是 $2^3=8$。

2）一般的概率分配函数

定义 4.1 设函数 m：$2^\Omega\rightarrow[0, 1]$，且满足

$$m(\varnothing)=0, \quad \sum_{A\subseteq\Omega} m(A)=1$$

则称 m 是 2^Ω 上的概率分配函数，$m(A)$称为 A 的基本概率数。

例 4.4 对例 4.3 所给出的有限集 Ω，若给定 2^Ω 上的一个基本函数 m：

m({ }，{红}，{黄}，{白}，{红，黄}，{红，白}，{黄，白}，{红，黄，白})

＝(0，0.3，0，0.1，0.2，0.2，0，0.2)

请说明该函数满足概率分配函数的定义。

解 (0，0.3，0，0.1，0.2，0.2，0，0.2)分别是幂集 2^Ω 中各子集的基本概率数。显然 m 满足概率分配函数的定义。

对一般的概率分配函数，须说明以下两点：

① 概率分配函数的作用是把 Ω 的任意一个子集都映射为[0，1]上的一个数 $m(A)$。当 $A\subset\Omega$ 且 A 由单个元素组成时，$m(A)$表示对 A 的精确信任度；当 $A\subset\Omega$，$A\neq\Omega$ 且 A 由多个元素组成时，$m(A)$也表示对 A 的精确信任度，但不知道这部分信任度该分给 A 中哪些元素；当 $A=\Omega$ 时，则 $m(A)$也表示不知道该如何分配。

例如，对例 4.4 给出的有限集 Ω 及基本函数 m：

当 A＝{红}时，有 $m(A)=0.3$，表示对命题“x 是红色”的精确信任度为 0.3。

当 B＝{红，黄}时，有 $m(B)=0.2$，表示对命题“x 或者是红色，或者是黄色”的精确

信任度为 0.2，却不知道该把这 0.2 分给{红}还是分给{黄}。

当 $C=\Omega=\{红，黄，白\}$时，有 $m(\Omega)=0.2$，表示不知道该对这 0.2 如何分配，但它不属于{红}，就一定属于{黄}或{白}，只是在现有认识下，还不知道该如何分配而已。

② 概率分配函数不是概率。

例如，在例 4.3 中，m 符合概率分配函数的定义，但是

$$m(\{红\})+m(\{黄\})+m(\{白\})=0.3+0+0.1=0.4<1$$

因此 m 不是概率，而概率 P 要求

$$P(红)+P(黄)+P(白)=1$$

3）一个特殊的概率分配函数

设 $\Omega=\{s_1, s_2, \cdots, s_n\}$，$m$ 为定义在 2^{Ω} 上的概率分配函数，且 m 满足：

① $m(\{s_i\})\geqslant 0$，对任何 $s_i\in\Omega$；

② $\sum\limits_{i=1}^{n}m(\{s_i\})\leqslant 1$；

③ $m(\Omega)=1-\sum\limits_{i=1}^{n}m(\{s_i\})$；

④ 当 $A\subset\Omega$ 且 $|A|>1$ 或 $|A|=0$ 时，$m(A)=0$，其中$|A|$表示命题A 对应的集合中元素的个数。

可以看出，对这个特殊的概率分配函数，只有当子集中的元素个数为 1 时，该概率分配函数才有可能大于 0；当子集中有多个或 0 个元素(即空集)，且不等于全集时，该概率分配函数均为 0；全集 Ω 的概率分配函数按第③式计算。

例 4.5　设 $\Omega=\{红，黄，白\}$，有如下概率分配函数：

$$m(\{\ \ \},\{红\},\{黄\},\{白\},\{红，黄，白\})=(0, 0.6, 0.2, 0.1, 0.1)$$

式中，$m_1(\{红，黄\})=m_2(\{红，白\})=m_3(\{黄，白\})=0$ 符合上述概率分配函数的定义。

4）概率分配函数的合成

在实际问题中，由于证据的来源不同，对同一个幂集，可能得到不同的概率分配函数。在这种情况下，需要对它们进行合成。概率分配函数的合成方法是求两个概率分配函数的正交和。对前面定义的特殊概率分配函数，其正交和可用如下定义描述。

定义 4.2　设 m_1 和 m_2 是 2^{Ω} 上的基本概率分配函数，它们的正交和 $m=m_1\oplus m_2$ 定义为

$$m(\{s_i\})=K^{-1}[m_1(s_i)m_2(s_i)+m_1(s_i)m_2(\Omega)+m_1(\Omega)m_2(s_i)]$$

式中

$$K=m_1(\Omega)m_2(\Omega)+\sum_{i=1}^{n}[m_1(s_i)m_2(s_i)+m_1(s_i)m_2(\Omega)+m_1(\Omega)m_2(s_i)]$$

2. 信任函数和似然函数

根据上述特殊概率分配函数，我们可以定义相应的信任函数和似然函数。

定义 4.3　对任何命题 $A\subseteq\Omega$，其信任函数为

$$\begin{cases}\mathrm{Bel}(A)=\sum\limits_{s_i\in A}m(\{s_i\})\\ \mathrm{Bel}(\Omega)=\sum\limits_{B\subseteq\Omega}m(B)=\sum\limits_{i=1}^{n}m(\{s_i\})+m(\Omega)=1\end{cases}$$

信任函数也称为下限函数，Bel(A)表示对 A 的总体信任度。

定义 4.4　对任何命题 $A\subseteq\Omega$，其似然函数为

$$\begin{aligned}\mathrm{Pl}(A)&=1-\mathrm{Bel}(\neg A)=1-\sum_{s_i\in\neg A}m(\{s_i\})\\&=1-\left[\sum_{i=1}^{n}m(\{s_i\})-\sum_{s_i\in A}m(\{s_i\})\right]\\&=1-[1-m(\Omega)-\mathrm{Bel}(A)]=m(\Omega)+\mathrm{Bel}(A)\end{aligned}$$

$$\mathrm{Pl}(\Omega)=1-\mathrm{Bel}(\neg\Omega)=1-\mathrm{Bel}(\varnothing)=1$$

似然函数也称为不可驳斥函数或上限函数，Pl(A)表示对 A 非假的信任度。

从上面的定义可以看出，对任何命题 $A\subseteq\Omega$ 和 $B\subseteq\Omega$ 均有

$$\mathrm{Pl}(A)-\mathrm{Bel}(A)=\mathrm{Pl}(B)-\mathrm{Bel}(B)=m(\Omega)$$

它表示对 A(或者 B)不知道的程度。

例 4.6　设 Ω 和 m 与例 4.5 相同，$A=${红，黄}，求 $m(\Omega)$、Bel(A)和 Pl(A)的值。

解　$m(\Omega)=1-[m(\{红\})+m(\{黄\})+m(\{白\})]=1-(0.6+0.2+0.1)=0.1$

$\mathrm{Bel}(\{红，黄\})=m(\{红\})+m(\{黄\})=0.6+0.2=0.8$

$\mathrm{Pl}(\{红，黄\})=m(\Omega)+\mathrm{Bel}(\{红，黄\})=0.1+0.8=0.9$

或 $\mathrm{Pl}(\{红，黄\})=1-\mathrm{Bel}(\neg\{红，黄\})=1-\mathrm{Bel}(\{白\})=1-0.1=0.9$

3. 类概率函数

利用信任函数 Bel(A)和似然函数 Pl(A)，可以定义 A 的类概率函数，并把它作为 A 的非精确性度量。

定义 4.5　设 Ω 为有限域，对任何命题 $A\subseteq\Omega$，命题 A 的类概率函数为

$$f(A)=\mathrm{Bel}(A)+\frac{|A|}{|\Omega|}\cdot[\mathrm{Pl}(A)-\mathrm{Bel}(A)]$$

式中，$|A|$ 和 $|\Omega|$ 分别是 A 及 Ω 中元素的个数。

类概率函数 $f(A)$ 具有以下性质：

(1) $\sum_{i=1}^{n}f(\{s_i\})=1$。

证明　因

$$\begin{aligned}f(\{s_i\})&=\mathrm{Bel}(\{s_i\})+\frac{|\{s_i\}|}{|\Omega|}\cdot[\mathrm{Pl}(\{s_i\})-\mathrm{Bel}(\{s_i\})]\\&=m(\{s_i\})+\frac{1}{n}\times m(\Omega)\quad(i=1,2,\cdots,n)\end{aligned}$$

故

$$\sum_{i=1}^{n}f(\{s_i\})=\sum_{i=1}^{n}\left[m(\{s_i\})+\frac{1}{n}\times m(\Omega)\right]=\sum_{i=1}^{n}m(\{s_i\})+m(\Omega)=1$$

(2) 对任何 $A\subseteq\Omega$，有 $\mathrm{Bel}(A)\leqslant f(A)\leqslant\mathrm{Pl}(A)$。

证明　根据 $f(A)$ 的定义，因

$$\mathrm{Pl}(A)-\mathrm{Bel}(A)=m(\Omega)\geqslant0,\ \frac{|A|}{|\Omega|}\geqslant0$$

故

$$\mathrm{Bel}(A) \leqslant f(A)$$

又因

$$\frac{|A|}{|\Omega|} \leqslant 1$$

即

$$f(A) \leqslant \mathrm{Bel}(A) + \mathrm{Pl}(A) - \mathrm{Bel}(A)$$

所以

$$f(A) \leqslant \mathrm{Pl}(A)$$

(3) 对任何 $A \subseteq \Omega$，有 $f(\neg A) = 1 - f(A)$。

证明 因

$$f(\neg A) = \mathrm{Bel}(\neg A) + \frac{|\neg A|}{|\Omega|} \cdot [\mathrm{Pl}(\neg A) - \mathrm{Bel}(\neg A)]$$

$$\mathrm{Bel}(\neg A) = \sum_{s_i \in \neg A} m(\{s_i\}) = 1 - \sum_{s_i \in A} m(\{s_i\}) - m(\Omega) = 1 - \mathrm{Bel}(A) - m(\Omega)$$

$$|\neg A| = |\Omega| - |A|$$

$$\mathrm{Pl}(\neg A) - \mathrm{Bel}(\neg A) = m(\Omega)$$

故

$$\begin{aligned} f(\neg A) &= 1 - \mathrm{Bel}(A) - m(\Omega) + \frac{|\Omega| - |A|}{|\Omega|} \times m(\Omega) \\ &= 1 - \mathrm{Bel}(A) - m(\Omega) + m(\Omega) - \frac{|A|}{|\Omega|} \times m(\Omega) \\ &= 1 - \left[\mathrm{Bel}(A) + \frac{|A|}{|\Omega|} \times m(\Omega)\right] = 1 - f(A) \end{aligned}$$

根据以上性质，容易得到以下推论：

(1) $f(\varnothing) = 0$；

(2) $f(\Omega) = 1$；

(3) 对任何 $A \subseteq \Omega$，有 $0 \leqslant f(A) \leqslant 1$。

例 4.7 设 Ω={红，黄，白}，概率分配函数为

$$m(\{\ \}, \{红\}, \{黄\}, \{白\}, \{红, 黄, 白\}) = (0, 0.6, 0.2, 0.1, 0.1)$$

若 A={红，黄}，求 $f(A)$的值。

解

$$\begin{aligned} f(A) &= \mathrm{Bel}(A) + \frac{|A|}{|\Omega|} \cdot [\mathrm{Pl}(A) - \mathrm{Bel}(A)] \\ &= m(\{红\}) + m(\{黄\}) + \frac{2}{3} \times m(\{红, 黄, 白\}) \\ &= 0.6 + 0.2 + \frac{2}{3} \times 0.1 = 0.87 \end{aligned}$$

4.4.2 证据理论的推理模型

基于上述特殊的概率分配函数、信任函数、似然函数和概率函数，下面给出证据理论的推理模型。

1. 知识不确定性的表示

在 DS 理论中，不确定性知识的表示形式为

$$\text{IF } E \text{ THEN } H=\{h_1, h_2, \cdots, h_n\}, \text{ CF}=\{c_1, c_2, \cdots, c_n\}$$

其中，E 为前提条件，既可以是简单条件，也可以是用合取或析取词连接起来的复合条件；H 是结论，用样本空间中的子集表示，$h_1, h_2, \cdots, h_n$ 是该子集中的元素；CF 是可信度因子，用集合形式表示，其中的元素 $c_1, c_2, \cdots, c_n$ 用来表示 $h_1, h_2, \cdots, h_n$ 的可信度，c_i 与 h_i 一一对应，并且 c_i 应满足如下条件：

$$\begin{cases} c_i \geqslant 0 \\ \sum_{i=1}^{n} c_i \leqslant 1 \end{cases} \quad (i=1, 2, \cdots, n)$$

2. 证据不确定性的表示

DS 理论中将所有输入的已知数据、规则前提条件及结论部分的命题都称为证据。证据的不确定性用该证据的确定性表示。

定义 4.6　设 A 是规则条件部分的命题，E' 是外部输入的证据和已证实的命题，在证据 E' 的条件下，命题 A 与证据 E' 的匹配程度为

$$\text{MD}(A \mid E')=\begin{cases} 1 & \text{如果 } A \text{ 的所有元素都出现在 } E' \text{ 中} \\ 0 & \text{其他} \end{cases}$$

定义 4.7　条件部分命题 A 的确定性为

$$\text{CER}(A)=\text{MD}(A \mid E')\times f(A)$$

式中，$f(A)$ 为类概率函数。由于 $f(A)\in[0, 1]$，因此 $\text{CER}(A)\in[0, 1]$。

在实际系统中，如果证据是初始证据，其确定性是由用户给出的；如果证据是在推理过程中得出的中间结论，则其确定性由推理得到。

3. 组合证据不确定性的表示

规则的前提条件可以是用合取或析取词连接起来的组合证据。当组合证据是多个证据的合取即

$$E=E_1 \text{ AND } E_2 \text{ AND } \cdots \text{ AND } E_n$$

时，则

$$\text{CER}(E)=\min\{\text{CER}(E_1), \text{CER}(E_2), \cdots, \text{CER}(E_n)\}$$

当组合证据是多个证据的析取即

$$E=E_1 \text{ OR } E_2 \text{ OR } \cdots \text{ OR } E_n$$

时，则

$$\text{CER}(E)=\max\{\text{CER}(E_1), \text{CER}(E_2), \cdots, \text{CER}(E_n)\}$$

4. 不确定性的更新

设有知识

$$\text{IF } E \quad \text{THEN } H=\{h_1, h_2, \cdots, h_n\}, \text{ CF}=\{c_1, c_2, \cdots, c_n\}$$

求结论 H 的确定性 $\text{CER}(H)$ 的方法如下：

(1) 求 H 的概率分配函数：

$$m(\{h_1\}, \{h_2\}, \cdots, \{h_n\})=(\text{CER}(E)\times c_1, \text{CER}(E)\times c_2, \cdots, \text{CER}(E)\times c_n)$$

$$m(\Omega)=1-\sum_{i=1}^{n}\mathrm{CER}(E)\times c_i$$

如果有两条知识支持同一结论 H，即

IF E_1 THEN $H=\{h_1, h_2, \cdots, h_n\}$，　$\mathrm{CF}_1=\{c_{11}, c_{12}, \cdots, c_{1n}\}$

IF E_2 THEN $H=\{h_1, h_2, \cdots, h_n\}$，　$\mathrm{CF}_2=\{c_{21}, c_{22}, \cdots, c_{2n}\}$

则按正交和求 CER(H)，即先求出每一知识的概率分配函数

$$m_1(\{h_1\}, \{h_2\}, \cdots, \{h_n\})$$
$$m_2(\{h_1\}, \{h_2\}, \cdots, \{h_n\})$$

再用公式 $m=m_1\oplus m_2$ 对 m_1 和 m_2 求正交和，从而得到 H 的概率分配函数 m。

如果有多条规则支持同一结论，则用公式 $m=m_1\oplus m_2\oplus\cdots\oplus m_n$ 求出 H 的概率分配函数 m。

(2) 求 Bel(H)、Pl(H)及 $f(H)$：

$$\mathrm{Bel}(H)=\sum_{i=1}^{n}m(\{h_i\})$$
$$\mathrm{Pl}(H)=1-\mathrm{Bel}(\neg H)$$
$$f(H)=\mathrm{Bel}(H)+\frac{|H|}{|\Omega|}\cdot[\mathrm{Pl}(H)-\mathrm{Bel}(H)]=\mathrm{Bel}(H)+\frac{|H|}{|\Omega|}m(\Omega)$$

(3) 求 CER(H)：

按公式 $\mathrm{CER}(H)=\mathrm{MD}(H|E')\times f(H)$ 计算结论 H 的确定性。

4.4.3　证据推理示例

例 4.8　设有如下规则：

r_1：IF E_1 AND E_2 THEN　$A=\{a_1, a_2\}$，　CF=\{0.3, 0.5\}

r_2：IF E_3 THEN　$H=\{h_1, h_2\}$，　CF=\{0.4, 0.2\}

r_3：IF A THEN　$H=\{h_1, h_2\}$，　CF=\{0.1, 0.5\}

已知用户对初始证据给出的确定性为

$\mathrm{CER}(E_1)=0.8$，　$\mathrm{CER}(E_2)=0.6$，　$\mathrm{CER}(E_3)=0.9$

并假定 Ω 中的元素个数 $|\Omega|=10$，求 CER(H)(要求精确到小数点后两位有效数字)。

解　由给定知识形成的推理网络如图 4.3 所示。

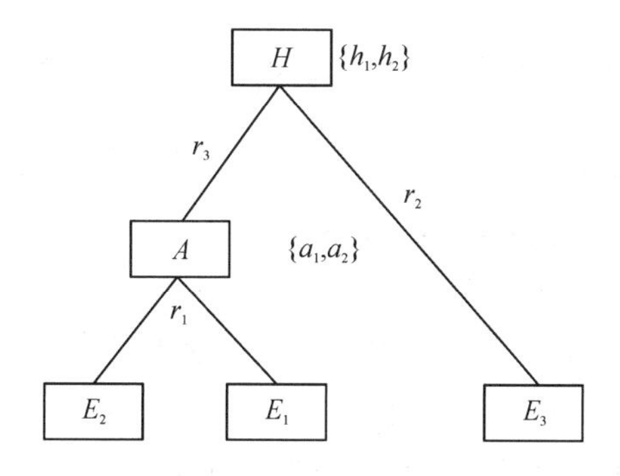

图 4.3　例 4.8 的推理网络

求解步骤如下。

(1) 求 CER(A)：

由 r_1 可得

$$\mathrm{CER}(E_1\ \mathrm{AND}\ E_2)=\min\{\mathrm{CER}(E_1),\ \mathrm{CER}(E_2)\}=\min\{0.8,\ 0.6\}=0.6$$

$$m(\{a_1\},\ \{a_2\})=\{0.6\times 0.3,\ 0.6\times 0.5\}=\{0.18,\ 0.3\}$$

$$\mathrm{Bel}(A)=m(\{a_1\})+m(\{a_2\})=0.18+0.3=0.48$$

$$\mathrm{Pl}(A)=1-\mathrm{Bel}(\neg A)=1-0=1$$

$$f(A)=\mathrm{Bel}(A)+\frac{|H|}{|\Omega|}\cdot[\mathrm{Pl}(A)-\mathrm{Bel}(A)]=0.48+\frac{2}{10}\times 0.52=0.58$$

故

$$\mathrm{CER}(A)=\mathrm{MD}(A\,|\,E')\times f(A)=0.58$$

(2) 求 CER(H)：

由 r_2 可得

$$\begin{aligned}m_1(\{h_1\},\ \{h_2\})&=\{\mathrm{CER}(E_3)\times 0.4,\ \mathrm{CER}(E_3)\times 0.2\}\\&=\{0.9\times 0.4,\ 0.9\times 0.2\}=\{0.36,\ 0.18\}\end{aligned}$$

$$m_1(\Omega)=1-[m_1(\{h_1\})+m_1(\{h_2\})]=1-(0.36+0.18)=0.46$$

再由 r_3 可得

$$\begin{aligned}m_2(\{h_1\},\ \{h_2\})&=\{\mathrm{CER}(A)\times 0.1,\ \mathrm{CER}(A)\times 0.5\}\\&=\{0.58\times 0.1,\ 0.58\times 0.5\}=\{0.06,\ 0.29\}\end{aligned}$$

$$m_2(\Omega)=1-[m_2(\{h_1\})+m_2(\{h_2\})]=1-(0.06+0.29)=0.65$$

求正交和 $m=m_1\oplus m_2$。

$$\begin{aligned}K=&m_1(\Omega)\times m_2(\Omega)+m_1(\{h_1\})\times m_2(\{h_1\})+m_1(\{h_1\})\times m_2(\Omega)+\\&m_1(\Omega)\times m_2(\{h_1\})+m_1(\{h_2\})\times m_2(\{h_2\})+m_1(\{h_2\})\times m_2(\Omega)+\\&m_1(\Omega)\times m_2(\{h_2\})\\=&0.46\times 0.65+0.36\times 0.06+0.36\times 0.65+0.46\times 0.06+0.18\times 0.29+\\&0.18\times 0.65+0.46\times 0.29\\=&0.30+(0.02+0.23+0.03)+(0.05+0.12+0.13)\\=&0.30+0.28+0.30=0.88\end{aligned}$$

$$\begin{aligned}m(\{h_1\})&=\frac{1}{K}\times[m_1(\{h_1\})\times m_2(\{h_1\})+m_1(\{h_1\})\times m_2(\Omega)+m_1(\Omega)\times m_2(\{h_1\})]\\&=\frac{1}{0.88}\times(0.36\times 0.06+0.36\times 0.65+0.46\times 0.06)=0.32\end{aligned}$$

同理

$$\begin{aligned}m(\{h_2\})&=\frac{1}{K}\times[m_1(\{h_2\})\times m_2(\{h_2\})+m_1(\{h_2\})\times m_2(\Omega)+m_1(\Omega)\times m_2(\{h_2\})]\\&=\frac{1}{0.88}\times(0.18\times 0.29+0.18\times 0.65+0.46\times 0.29)\\&=0.34\end{aligned}$$

$$m(\Omega)=1-[m(\{h_1\})+m(\{h_2\})]=1-(0.32+0.34)=1-0.66=0.34$$

再根据 m 可得

$$\mathrm{Bel}(H)=m(\{h_1\})+m(\{h_2\})=0.32+0.34=0.66$$

$$\mathrm{Pl}(H)=m(\Omega)+\mathrm{Bel}(H)=0.34+0.66=1$$

$$f(H)=\mathrm{Bel}(H)+\frac{|H|}{|\Omega|}\times[\mathrm{Pl}(H)-\mathrm{Bel}(H)]=0.66+\frac{2}{10}\times(1-0.66)=0.73$$

$$\mathrm{CER}(H)=\mathrm{MD}(H\mid E')\times f(H)=0.73$$

证据理论的主要优点是能满足比概率更弱的公理系统，能处理由“不知道”引起的不确定性，并且由于辨别框的子集可以是多个元素的集合，因而知识的结论部分不必限制在由单个元素表示的最明显的层次上，而可以是一个更一般的不明确的假设，这样更有利于领域专家在不同细节、不同层次上进行知识表示。

证据理论的主要缺点是要求 Ω 中的元素满足互斥条件，这在实际系统中不易实现，并且由于需要给出的概率分配数太多，计算比较复杂。

4.5 模糊推理

模糊推理是一种基于模糊逻辑的不确定性推理方法。模糊逻辑由美国加州大学的扎德(Zadeh)教授于 1965 年提出，主要用来处理现实世界中因模糊引起的不确定性。本节主要围绕模糊推理问题，重点讨论与其相关的模糊理论基础及模糊知识推理方法。

4.5.1 模糊集及其运算

通常，人们把因没有严格的边界划分而无法精确刻画的现象称为模糊现象，并把反映模糊现象的各种概念称为模糊概念。例如，人们常说的“大”“小”“多”“少”等都属于模糊概念。在模糊计算中，模糊概念通常是用模糊集来表示的。

1. 模糊集的定义

模糊集是一种用来描述模糊现象和模糊概念的数学工具，它是对普通集合的扩充，通常用隶属函数来刻画。对于模糊集和隶属函数的形式化描述，扎德给出了如下定义。

定义 4.8　设 U 是给定论域(即问题所限定的范围)，μ_F 是把任意 $u\in U$ 映射为[0, 1]上某个实值的函数，即

$$\mu_F: U\rightarrow[0,1]$$
$$u\rightarrow\mu_F(u)$$

则称 μ_F 为定义在 U 上的一个隶属函数，由 $\mu_F(u)$(对所有 $u\in U$)所构成的集合 F 称为 U 上的一个模糊集，$\mu_F(u)$称为 u 对 F 的隶属度。

从定义 4.8 可以看出，模糊集 F 完全是由隶属函数 μ_F 来刻画的，μ_F 把 U 中的每个元素 u 都映射为[0, 1]上的一个值 $\mu_F(u)$。$\mu_F(u)$的值表示 u 隶属于 F 的程度，其值越大，表示 u 隶属于 F 的程度越高。当 $\mu_F(u)$仅取 0 和 1 两个值时，模糊集 F 便退化为一个普通集合。

一般来说，一个非空论域可以对应多个不同的模糊集，一个空的论域只能对应一个空的模糊集。但是，一个模糊集与其隶属函数之间却是一一对应关系，即一个模糊集只能由一个隶属函数来刻画，一个隶属函数也只能刻画一个模糊集。

例 4.9　设论域 $U=\{20, 30, 40, 50, 60\}$给出的是年龄，请确定一个刻画模糊概念“年轻”的模糊集 F。

解　由于模糊集是用其隶属函数来刻画的，因此需要先求出描述模糊概念“年轻”的隶属函数。假设对论域 U 中的元素，其隶属函数值分别为

$$\mu_F(20)=1,\ \mu_F(30)=0.8,\ \mu_F(40)=0.4,\ \mu_F(50)=0.1,\ \mu_F(60)=0$$

则可得到刻画模糊概念“年轻”的模糊集

$$F=\{1,\ 0.8,\ 0.4,\ 0.1,\ 0\}$$

即模糊集 F 的元素实际上就是 U 中相应元素的隶属函数值，该值表示某一年龄对模糊概念“年轻”的隶属程度或隶属度。例如，30 岁对模糊概念“年轻”的隶属程度是 0.8。需要说明的是，隶属度和概率是完全不同的两个量。例如，30 岁对年轻的隶属度是 0.8，可以理解为 30 岁的人有 80%的特征和年轻人是一样的。但是，绝对不能理解为 30 岁的人占年轻人数的 80%，也不能理解为 30 岁的人中有 80%是年轻人。

2. 模糊集的表示

模糊集 F 的表示方法与论域性质有关，对离散且有限论域

$$U=\{u_1,\ u_2,\ \cdots,\ u_n\}$$

其模糊集可表示为 $F=\{\mu_F(u_1),\ \mu_F(u_2),\ \cdots,\ \mu_F(u_n)\}$。

为了表示论域中元素与其隶属度之间的对应关系，扎德引入了一种模糊集的表示方式，为论域中的每个元素都标上其隶属度，再用“+”把它们连接起来，即

$$F=\mu_F(u_1)/u_1+\mu_F(u_2)/u_2+\cdots+\mu_F(u_n)/u_n$$

也可写成

$$F=\sum_{i=1}^{n}\mu_F(u_i)/u_i$$

式中，$\mu_F(u_i)$为 u_i 对 F 的隶属度；“$\mu_F(u_i)/u_i$”中的“/”不是除号，只是一个记号；“+”也不是算术意义上的加，只是一个连接符号；“$\sum$”也不是表示求和，而是表示模糊集合在论域上的整体。

在这种表示方法中，当某个 u_i 对 F 的隶属度 $\mu_F(u_i)=0$ 时，可省略不写。例如，前面模糊集 F 可表示为

$$F=1/20+0.8/30+0.4/40+0.1/50$$

有时，模糊集也可写成如下形式：

$$F=\{\mu_F(u_1)/u_1,\ \mu_F(u_2)/u_2,\ \cdots,\ \mu_F(u_n)/u_n\}$$

或者

$$F=\{(\mu_F(u_1),\ u_1),\ (\mu_F(u_2),\ u_2),\ \cdots,\ (\mu_F(u_n),\ u_n)\}$$

其中，前一种称为单点形式，后一种称为序偶形式。

如果论域是连续的，则其模糊集可用一个实函数来表示。例如，扎德以年龄为论域，取 $U=[0,\ 100]$，给出了“年轻”和“年老”这两个模糊概念的隶属函数，即

$$\mu_{\text{Young}}(u)=\begin{cases}1 & 0\leqslant u\leqslant 25\\ \left[1+\left(\dfrac{u-25}{5}\right)^2\right]^{-1} & 25<u\leqslant 100\end{cases}$$

$$\mu_{\text{Old}}(u)=\begin{cases}0 & 0\leqslant u\leqslant 50\\ \left[1+\left(\dfrac{5}{u-50}\right)^2\right]^{-1} & 50<u\leqslant 100\end{cases}$$

不管论域 U 是有限的还是无限的，是连续的还是离散的，扎德又给出了一种类似于积分的一般表示形式，即

$$F=\int \mu_F(u)/u$$

式中，记号“$\int$”不是数学中的积分符号，也不是求和，只是表示论域中各元素与其隶属度对应关系的总括。

3. 模糊集运算

与普通集合类似，模糊集也有相等、包含、交、并、补等运算。

定义 4.9　设 F 和 G 分别是 U 上的两个模糊集，若对任意 $u\in U$，都有 $\mu_F(u)=\mu_G(u)$ 成立，则称 F 等于 G，记为 $F=G$。

定义 4.10　设 F 和 G 分别是 U 上的两个模糊集，对任意 $u\in U$，都有 $\mu_F(u)\leqslant\mu_G(u)$ 成立，则称 F 含于 G，记为 $F\subseteq G$。

定义 4.11　设 F 和 G 分别是 U 上的两个模糊集，则 $F\cup G$ 和 $F\cap G$ 分别称为 F 与 G 的并集和交集，它们的隶属函数分别为

$$F\cup G: \mu_{F\cup G}(u)=\max\{\mu_F(u), \mu_G(u)\}$$
$$F\cap G: \mu_{F\cap G}(u)=\min\{\mu_F(u), \mu_G(u)\}$$

为叙述简便，模糊集合论中通常用“∨”代表 max，“∧”代表 min，即

$$F\cup G: \mu_{F\cup G}(u)=\mu_F(u)\vee\mu_G(u)$$
$$F\cap G: \mu_{F\cap G}(u)=\mu_F(u)\wedge\mu_G(u)$$

定义 4.12　设 F 为 U 上的模糊集，称 $\neg F$ 为 F 的补集，其隶属函数为

$$\neg F: \mu_{\neg F}(u)=1-\mu_F(u)$$

例 4.10　设 $U=\{1, 2, 3\}$，F 和 G 分别是 U 上的两个模糊集，F 代表概念“小”，G 代表概念“大”，且

$$F=1/1+0.6/2+0.1/3$$
$$G=0.1/1+0.6/2+1/3$$

则

$$F\cup G=(1\vee 0.1)/1+(0.6\vee 0.6)/2+(0.1\vee 1)/3=1/1+0.6/2+1/3$$
$$F\cap G=(1\wedge 0.1)/1+(0.6\wedge 0.6)/2+(0.1\wedge 1)/3=0.1/1+0.6/2+0.1/3$$
$$\neg F=(1-1)/1+(1-0.6)/2+(1-0.1)/3=0.4/2+0.9/3$$

可以看出，两个模糊集之间的运算实际上是逐点对隶属函数进行相应的运算。

4.5.2　模糊关系及其运算

1. 模糊关系的定义

模糊集上的模糊关系是对普通集合上的确定关系的扩充。在普通集合中，关系是通过笛卡尔乘积定义的。

设 V 与 W 是两个普通集合，V 与 W 的笛卡尔乘积为

$$V\times W=\{(v, w)\mid v\in V, w\in W\}$$

可见，V 与 W 的笛卡尔乘积是由 V 与 W 上所有可能的序偶 (v, w) 构成的一个集合。

从 V 到 W 的关系 R，是指 $V\times W$ 上的一个子集，即 $R\subseteq V\times W$，记为

$$V \xrightarrow{R} W$$

对于 $V\times W$ 中的元素 (v, w)：若 $(v, w)\in R$，则称 v 与 w 有关系 R；若 $(v, w)\notin R$，则称 v 与 w 没有关系。

例 4.11 设 V={1 班，2 班，3 班}，W={男队，女队}，则 $V\times W$ 中有 6 个元素，即 $V\times W$={(1 班，男队)，(2 班，男队)，(3 班，男队)，(1 班，女队)，(2 班，女队)，(3 班，女队)}，式中，每个元素都是一个代表队。假设要进行一种双方对垒的循环赛，则每个赛局都是 $V\times W$ 中的一个子集，构成了 $V\times W$ 上的一个关系。

在普通集合上定义的关系都是确定性关系，v 与 w 之间有或没有某种关系是十分明确的。但在模糊集合上一般不存在这种明确关系，而是一种模糊关系。下面来定义模糊集合上的笛卡尔乘积和模糊关系。

定义 4.13 设 F_i 是 $U_i(i=1, 2, \cdots, n)$上的模糊集，则称

$$F_1\times F_2\times\cdots\times F_n=\int_{U_1\times U_2\times\cdots\times U_n}\mu_{F_1}(u_1)\wedge\mu_{F_2}(u_2)\wedge\cdots\wedge\mu_{F_n}(u_n))/(u_1, u_2, \cdots, u_n)$$

为 $F_1, F_2, \cdots, F_n$ 的笛卡尔乘积，它是 $U_1\times U_2\times\cdots\times U_n$ 上的一个模糊集。

定义 4.14 在 $U_1\times U_2\times\cdots\times U_n$ 上的一个 n 元模糊关系 R 是指以 $U_1\times U_2\times\cdots\times U_n$ 为论域的一个模糊集，记为

$$R=\int_{U_1\times U_2\times\cdots\times U_n}\mu_R(u_1, u_2, \cdots, u_n)/(u_1, u_2, \cdots, u_n)$$

在上面的两个定义中，$\mu_{F_i}(u)(i=1, 2, \cdots, n)$是模糊集 F_i 的隶属函数；$\mu_R(u_1, u_2, \cdots, u_n)$是模糊关系 R 的隶属函数，它把 $U_1\times U_2\times\cdots\times U_n$ 上的每个元素$(u_1, u_2, \cdots, u_n)$都映射为$[0, 1]$上的一个实数，该实数反映出 $u_1, u_2, \cdots, u_n$ 具有关系 R 的程度。当 $n=2$ 时，有

$$R=\int_{U\times V}\mu_R(u, v)/(u, v)$$

式中，$\mu_R(u, v)$反映了 u 与 v 具有关系 R 的程度。

例 4.12 设有一组学生 $U=\{u_1, u_2\}$={秦学，郝玩}和一些在计算机上的活动 $V=\{v_1, v_2, v_3\}$={编程，上网，玩游戏}，并设每个学生对各种活动的爱好程度分别为 $\mu_R(u_i, v_j)(i=1, 2, j=1, 2, 3)$，具体有

μ_R(秦学，编程)=0.9，μ_R(秦学，上网)=0.4，μ_R(秦学，玩游戏)=0.1

μ_R(郝玩，编程)=0.2，μ_R(郝玩，上网)=0.5，μ_R(郝玩，玩游戏)=0.8

则 $U\times V$ 上的模糊关系

$$R=\begin{bmatrix}0.9 & 0.4 & 0.1\\ 0.2 & 0.5 & 0.8\end{bmatrix}$$

此外，U 与 V 可以有相同的论域，即 $U=V$，那么 R 就是 $U\times U$ 上的模糊关系。

2. 模糊关系的合成

定义 4.15 设 R_1 与 R_2 分别是 $U\times V$ 与 $V\times W$ 上的两个模糊关系，则 R_1 与 R_2 的合成是从 U 到 W 的一个模糊关系，记为 $R_1\circ R_2$，其隶属函数为

$$\mu_{R_1 \circ R_2}(u, w) = \vee \{\mu_{R_1}(u, v) \wedge \mu_{R_2}(v, w)\}$$

式中，∧和∨分别表示取最小和取最大。

例 4.13　设有以下两个模糊关系

$$R_1 = \begin{bmatrix} 0.4 & 0.5 & 0.6 \\ 0.8 & 0.3 & 0.7 \end{bmatrix}$$

$$R_2 = \begin{bmatrix} 0.7 & 0.9 \\ 0.2 & 0.8 \\ 0.5 & 0.3 \end{bmatrix}$$

则 R_1 与 R_2 的合成

$$R = R_1 \circ R_2 = \begin{bmatrix} 0.5 & 0.5 \\ 0.7 & 0.8 \end{bmatrix}$$

其方法是：把 R_1 的第 i 行元素分别与 R_2 的第 j 列的对应元素相比较，两个数中取最小者，再在所得的一组最小数中取最大的一个，并以此数作为 $R_1 \circ R_2$ 的元素 $R(i, j)$。

例如：

$$R(1, 1) = (0.4 \wedge 0.7) \vee (0.5 \wedge 0.2) \vee (0.6 \wedge 0.5) = 0.4 \vee 0.2 \vee 0.5 = 0.5$$

3. 模糊变换

定义 4.16　设 $F = \{\mu_F(u_1), \mu_F(u_2), \cdots, \mu_F(u_n)\}$ 是论域 U 上的模糊集，R 是 $U \times V$ 上的模糊关系，则 $F \circ R = G$ 称为模糊变换。

G 是 V 上的模糊集，其一般形式为

$$G = \int_{v \in V} \vee (\mu_F(u) \wedge R)/v$$

例 4.14　设 $F = \{1, 0.6, 0.2\}$

$$R = \begin{bmatrix} 1 & 0.5 & 0 & 0 \\ 0.5 & 1 & 0.5 & 0 \\ 0 & 0.5 & 1 & 0.5 \end{bmatrix}$$

则

$$\begin{aligned} G &= F \circ R \\ &= \{1 \wedge 1 \vee 0.6 \wedge 0.5 \vee 0.2 \wedge 0, 1 \wedge 0.5 \vee 0.6 \wedge 1 \vee 0.2 \wedge 0.5, \\ &\quad 1 \wedge 0 \vee 0.6 \wedge 0.5 \vee 0.2 \wedge 1, 1 \wedge 0 \vee 0.6 \wedge 0 \vee 0.2 \wedge 0.5\} \\ &= \{1, 0.6, 0.5, 0.2\} \end{aligned}$$

4.5.3　模糊知识的表示

模糊集用来描述由模糊引起的不确定性。在模糊集的基础上，可实现对模糊命题的描述和模糊知识的表示。

1. 模糊命题的描述

模糊逻辑是指通过模糊谓词、模糊量词、模糊修饰语等对命题的模糊性进行的描述。

1）模糊谓词

设 x 为在 U 中取值的变量，F 为模糊谓词，即 U 中的一个模糊关系，则命题可表示为

$$x \text{ is } F$$

其中，模糊谓词可以是大、小、年轻、年老、冷、暖、长、短等。

2）模糊量词

模糊逻辑中使用了大量的模糊量词，如极少、很少、几个、少数、多数、大多数、几乎所有等。这些模糊量词 F 可以使我们方便地描述类似于下面的命题：

大多数成绩好的学生学习都很刻苦。

很少有成绩好的学生特别贪玩。

3）模糊修饰语

设 m 是模糊修饰语，x 是变量，F 为模糊谓词，则模糊命题可表示为

$$x \quad \text{is} \quad mF$$

模糊修饰语也称为程度词，常用的程度词有“很”“非常”“有些”“绝对”等。模糊修饰语的表达主要通过以下4种运算实现：

① 求补，表示否定，如“不”“非”等，其隶属函数的表示为

$$\mu_{\neg F}(u)=1-\mu_F(u) \quad u\in[0, 1]$$

② 集中，表示“很”“非常”等，其效果是减少隶属函数的值，即

$$\mu_{\text{very\_}F}(u)=(\mu_F(u))^2 \quad u\in[0, 1]$$

③ 扩张，表示“有些”“稍微”等，其效果是增加隶属函数的值，即

$$\mu_{\text{some\_}F}(u)=(\mu_F(u))^{1/2} \quad u\in[0, 1]$$

④ 加强对比，表示“明确”“确定”等，其效果是增加0.5以上隶属函数的值，减少0.5及以下隶属函数的值，即

$$\mu_{\text{sure\_}F}(u)=\begin{cases}2(\mu_F(u))^2 & 0\leqslant\mu_F(u)\leqslant 0.5\\ 1-2(1-\mu_F(u))^2 & 0.5<\mu_F(u)\leqslant 1\end{cases}$$

在以上4种运算中，集中和扩张用得最多。例如，语言变量“真实性”取值“真”和“假”的隶属函数定义为

$$\mu_{\text{True}}(u)=u \quad u\in[0, 1]$$

$$\mu_{\text{False}}(u)=1-u \quad u\in[0, 1]$$

则“非常真”“有些真”“非常假”“有些假”可定义为

$$\mu_{\text{very\_true}}(u)=u^2 \quad u\in[0, 1]$$

$$\mu_{\text{some\_true}}(u)=u^{1/2} \quad u\in[0, 1]$$

$$\mu_{\text{very\_false}}(u)=(1-u)^2 \quad u\in[0, 1]$$

$$\mu_{\text{some\_false}}(u)=(1-u)^{1/2} \quad u\in[0, 1]$$

由以上讨论可以看出，模糊逻辑对不确定性的描述要比传统的二值逻辑更为灵活、全面，也是更接近于自然语言的描述。

2. 模糊知识的表示形式

在扎德的推理模型中，产生式规则的表示形式是

$$\text{IF } x \text{ is } F \text{ THEN } y \text{ is } G$$

其中，x 和 y 是变量，表示对象；F 和 G 分别是论域 U 及 V 上的模糊集，表示概念。并且条件部分可以是多个“x_i is F_i”的逻辑组合，此时诸隶属函数间的运算按模糊集的运算进行。

模糊推理中所用的证据是用模糊命题表示的，其一般形式为

$$x \text{ is } F'$$

其中，F'是论域 U 上的模糊集。

4.5.4　模糊概念的匹配

模糊概念的匹配是指对两个模糊概念相似程度的比较与判断。两个模糊概念的相似程度又称为匹配度。本节主要讨论语义距离和贴近度这两种计算匹配度的方法。

1. 语义距离

语义距离刻画的是两个模糊概念之间的差异，常用的计算语义距离的方法有多种，这里主要介绍汉明距离。

设 $U=\{u_1, u_2, \cdots, u_n\}$是一个离散有限论域，$F$ 和 G 分别是论域 U 上的两个模糊概念的模糊集，则 F 与 G 的汉明距离定义为

$$d(F, G)=\frac{1}{n}\sum_{i=1}^{n}|\mu_F(u_i)-\mu_G(u_i)|$$

如果论域 U 是实数域上的某个闭区间$[a, b]$，则汉明距离为

$$d(F, G)=\frac{1}{b-a}\int_a^b|\mu_F(u)-\mu_G(u)|\,\mathrm{d}u$$

例 4.15　设论域 $U=\{-10, 0, 10, 20, 30\}$表示温度，模糊集

$$F=0.8/-10+0.5/0+0.1/10$$

$$G=0.9/-10+0.6/0+0.2/10$$

分别表示“冷”和“比较冷”，求 F 和 G 的汉明距离。

解　$d(F, G)=0.2\times(|0.8-0.9|+|0.5-0.6|+|0.1-0.2|)=0.2\times0.3=0.06$，即 F 与 G 的汉明距离为 0.06。

对求出的汉明距离，可通过式 $1-d(F, G)$将其转换为匹配度。当匹配度大于某个事先给定的值时，就认为两个模糊概念是相匹配的。当然，也可以直接用语义距离来判断两个模糊概念是否匹配，这时需要检查两者语义距离是否小于某个给定的值，距离越小，说明两者越相似。

2. 贴近度

贴近度是指两个概念的接近程度，可直接用来作为匹配度。设 F 和 G 分别是论域 $U=\{u_1, u_2, \cdots, u_n\}$上的两个模糊概念的模糊集，则它们的贴近度定义为

$$(F, G)=\frac{1}{2}[F\cdot G+(1-F\odot G)]$$

式中

$$F\cdot G=\vee(\mu_F(u)\wedge\mu_G(u))$$

$$F\odot G=\wedge(\mu_F(u)\vee\mu_G(u))$$

称 $F\cdot G$ 为 F 与 G 的内积，$F\odot G$ 为 F 与 G 的外积。

例 4.16 设论域 U 及其上的模糊集 F 和 G 如例 4.15 所示，求 F 和 G 的贴近度。

解

$$F \cdot G = 0.8 \wedge 0.9 \vee 0.5 \wedge 0.6 \vee 0.1 \wedge 0.2 \vee 0 \wedge 0 \vee 0 \wedge 0$$
$$= 0.8 \vee 0.5 \vee 0.1 \vee 0 \vee 0 = 0.8$$
$$F \odot G = (0.8 \vee 0.9) \wedge (0.5 \vee 0.6) \wedge (0.1 \vee 0.2) \wedge (0 \vee 0) \wedge (0 \vee 0)$$
$$= 0.9 \wedge 0.6 \wedge 0.2 \wedge 0 \wedge 0 = 0$$
$$(F, G) = 0.5 \times [0.8 + (1 - 0)] = 0.5 \times 1.8 = 0.9$$

即 F 和 G 的贴近度为 0.9。

实际上，当用贴近度作为匹配度时，其值越大越好，当贴近度大于某个事先给定的阈值时，认为两个模糊概念是相匹配的。

4.5.5 模糊推理的方法

模糊推理是按照给定的推理模式通过模糊集的合成来实现的，而模糊集的合成实际上是通过模糊集与模糊关系的合成来实现的。可见，模糊关系在模糊推理中占有重要位置。为此，在讨论模糊推理方法前，先介绍模糊关系的构造问题。

1. 模糊关系的构造

前面曾经介绍过模糊关系的概念，这里主要讨论由模糊集构造模糊关系的方法。目前已有多种构造模糊关系的方法，下面仅介绍最常用的几种。

1）模糊关系 R_m

模糊关系 R_m 是由扎德提出的一种构造模糊关系的方法。设 F 和 G 分别是论域 U 和 V 上的两个模糊集，则 R_m 定义为

$$R_m = \int_{U \times V} (\mu_F(u) \wedge \mu_G(v)) \vee (1 - \mu_F(u)) / (u, v)$$

式中，“×”表示模糊集的笛卡尔乘积。

例 4.17 设 $U=V=\{1, 2, 3\}$，F 和 G 分别是 U 和 V 上的两个模糊集，并设

$$F = 1/1 + 0.6/2 + 0.1/3, \quad G = 0.1/1 + 0.6/2 + 1/3$$

求 $U \times V$ 上的模糊关系 R_m。

解

$$R_m = \begin{bmatrix} 0.1 & 0.6 & 1 \\ 0.4 & 0.6 & 0.6 \\ 0.9 & 0.9 & 0.9 \end{bmatrix}$$

下面以 $R_m(2, 3)$ 为例来说明 R_m 中元素的求法。

$$R_m(2, 3) = (\mu_F(u_2) \wedge \mu_G(v_3)) \vee (1 - \mu_F(u_2))$$
$$= (0.6 \wedge 1) \vee (1 - 0.6)$$
$$= 0.6 \vee 0.4 = 0.6$$

2）模糊关系 R_c

模糊关系 R_c 是由麦姆德尼（Mamdani）提出的一种构造模糊关系的方法。设 F 和 G 分别是论域 U 和 V 上的两个模糊集，则模糊关系 R_c 定义为

$$R_c = \int_{U \times V} (\mu_F(u) \wedge \mu_G(v)) / (u, v)$$

对例4.17给出的模糊集，其

$$R_c=\begin{bmatrix}0.1 & 0.6 & 1\\0.1 & 0.6 & 0.6\\0.1 & 0.1 & 0.1\end{bmatrix}$$

下面以$R_c(3, 2)$为例，来说明R_c中元素的求法。

$$R_c(3, 2)=\mu_F(u_3)\wedge\mu_G(v_2)=0.1\wedge 0.6=0.1$$

3) 模糊关系R_g

模糊关系R_g是米祖莫托(Mizumoto)提出的一种构造模糊关系的方法。设F和G分别是论域U和V上的两个模糊集，则R_g定义为

$$R_g=\int_{U\times V}(\mu_F(u)\rightarrow\mu_G(v))/(u, v)$$

式中

$$\mu_F(u)\rightarrow\mu_G(v)=\begin{cases}1 & \mu_F(u)\leqslant\mu_G(v)\\\mu_G(v) & \mu_F(u)>\mu_G(v)\end{cases}$$

对例4.17给出的模糊集，其

$$R_g=\begin{bmatrix}0.1 & 0.6 & 1\\0.1 & 1 & 1\\1 & 1 & 1\end{bmatrix}$$

2. 模糊推理的基本模式

与自然演绎推理相对应，模糊推理也有三种基本模式，即模糊假言推理、模糊拒取式推理及模糊假言三段论推理。

1) 模糊假言推理

设F和G分别是U和V上的两个模糊集，且有知识

IF x is F THEN y is G

若有U上的一个模糊集F'，且F可以和F'匹配，则可以推出“y is G'，且G'是V上的一个模糊集”。这种推理模式称为模糊假言推理，其表示形式为

知识：IF x is F THEN y is G

证据：x is F'

结论：y is G'

在这种推理模式下，模糊知识

IF x is F THEN y is G

表示在F与G之间存在着确定的模糊关系，设此模糊关系为R。那么，当已知的模糊事实F'可以与F匹配时，则可通过F'与R的合成得到G'，即

$$G'=F'\circ R$$

式中，模糊关系R可以是R_m、R_c或R_g中的任何一种。

例4.18　对例4.17给出的F、G以及求出的R_m，设有已知事实

x is 较小

并设“较小”的模糊集为

$$较小=1/1+0.7/2+0.2/3$$

求在此已知事实下的模糊结论。

解 本例的模糊关系 R_m 已在例 4.17 中求出，设已知模糊事实"较小"为 F'，F' 与 R_m 的合成即为所求结论 G'。

$$G'=F'\circ R_m=\{1, 0.7, 0.2\}\circ\begin{bmatrix}0.1 & 0.6 & 1\\0.4 & 0.6 & 0.6\\0.9 & 0.9 & 0.9\end{bmatrix}=\{0.4, 0.6, 1\}$$

即求出的模糊结论

$$G'=0.4/1+0.6/2+1/3$$

如果把计算 R_m 的公式代入求 G' 的公式中，则可得到求 G' 的一般公式

$$G'=F'\circ R_m=\int_{v\in V}\vee\{\mu_{F'}(u)\wedge[(\mu_F(u)\wedge\mu_G(v))\vee(1-\mu_F(u))]\}/v$$

在实际应用中，可直接利用此公式，由 F、G 和 F' 求出 G'。

同理，对模糊关系 R_c，也可推出求 G' 的一般公式

$$G'=F'\circ R_c=\int_{v\in V}\vee\{\mu_{F'}(u)\wedge[(\mu_F(u)\wedge\mu_G(v))\vee\mu_F(u)]\}/v$$

在实际应用中，也可直接利用此公式，由 F、G 和 F' 求出 G'。

2) 模糊拒取式推理

设 F 和 G 分别是 U 和 V 上的两个模糊集，且有知识

IF x is F THEN y is G

若有 V 上的一个模糊集 G'，且 G' 可以与 G 的补集 $\neg G$ 匹配，则可以推出"x is F'，且 F' 是 U 上的一个模糊集"。这种推理模式称为模糊拒取式推理，可表示为

知识：IF x is F THEN y is G

证据：y is G'

结论：x is F'

在这种推理模式下，模糊知识

IF x is F THEN y is G

也表示在 F 与 G 之间存在着确定的模糊关系，设此模糊关系为 R。那么，当已知的模糊事实 G' 可以与 $\neg G$ 匹配时，则可通过 R 与 G' 的合成得到 F'，即

$$F'=R\circ G'$$

式中，模糊关系 R 可以是 R_m、R_c 或 R_g 中的任何一种。

例 4.19 设 F 和 G 如例 4.17 所示，已知事实为

y is 较大

且模糊概念"较大"的模糊集

$$G'=0.2/1+0.7/2+1/3$$

若 G' 与 $\neg G$ 匹配，以模糊关系 R_c 为例，推出 F'。

解 本例的模糊关系 R_c 已在前面求出，通过 R_c 与 G' 的合成即可得到所求的 F'。

$$F'=R_c\circ G'=\begin{bmatrix}0.1 & 0.6 & 1\\0.1 & 0.6 & 0.6\\0.1 & 0.1 & 0.1\end{bmatrix}\circ\begin{bmatrix}0.2\\0.7\\1\end{bmatrix}=\begin{bmatrix}1\\0.6\\0.1\end{bmatrix}$$

即求出的 F' 为

$$F'=1/1+0.6/2+0.1/3$$

模糊拒取式推理与模糊假言推理类似，也可把计算 R_m、R_c 的公式代入求 F' 的公式中，得到求 F' 的一般公式。对 R_m，有

$$F'=R_m\circ G'=\int_{u\in U}\vee\{[(\mu_F(u)\wedge\mu_G(v))\vee(1-\mu_F(u))]\wedge\mu_{G'}(v)\}/v$$

同理，对模糊关系 R_c，也可推出求 F' 的一般公式

$$F'=R_c\circ G'=\int_{u\in U}\vee\{\mu_F(u)\wedge\mu_G(v)\wedge\mu_{G'}(v)\}/v$$

在实际应用中，也可直接利用这些公式，由 F、G 和 G' 求出 F'。

3）模糊假言三段论推理

设 F、G、H 分别是 U、V、W 上的三个模糊集，且由知识

IF x is F THEN y is G

IF y is G THEN z is H

可推出

IF x is F THEN z is H

这种推理模式称为模糊假言三段论推理，可表示为

知识：IF x is F THEN y is G

证据：IF y is G THEN z is H

结论：IF x is F THEN z is H

在这种推理模式下，模糊知识

r_1：IF x is F THEN y is G

表示在 F 与 G 之间存在着确定的模糊关系，设此模糊关系为 R_1。模糊知识

r_2：IF x is G THEN z is H

表示在 G 与 H 之间存在着确定的模糊关系，设此模糊关系为 R_2。若模糊假言三段论成立，则 r_3 的模糊关系 R_3 可由 R_1 与 R_2 的合成得到，即

$$R_3=R_1\circ R_2$$

这里的关系 R_1、R_2、R_3 可以是前面讨论过的 R_m、R_c、R_g 中的任何一种。为说明这一方法，下面讨论一个例子。

例 4.20　设

$$U=W=V=\{1, 2, 3\}$$
$$E=1/1+0.6/2+0.2/3$$
$$F=0.8/1+0.5/2+0.1/3$$
$$G=0.2/1+0.6/2+1/3$$

按 R_g 求 $E\times F\times G$ 上的关系 R。

解 先求 $E \times F$ 上的关系 R_{g_1}：

$$R_{g_1} = \begin{bmatrix} 0.8 & 0.5 & 0.1 \\ 1 & 0.5 & 0.1 \\ 1 & 1 & 0.1 \end{bmatrix}$$

再求 $F \times G$ 上的关系 R_{g_2}：

$$R_{g_2} = \begin{bmatrix} 0.2 & 0.6 & 1 \\ 0.2 & 1 & 1 \\ 1 & 1 & 1 \end{bmatrix}$$

最后求 $E \times F \times G$ 上的关系：

$$R = R_{g_1} \circ R_{g_2} = \begin{bmatrix} 0.2 & 0.6 & 0.8 \\ 0.2 & 0.6 & 1 \\ 0.2 & 1 & 1 \end{bmatrix}$$

4.5.6 模糊推理在控制领域的应用

1. 模糊控制原理

模糊控制(Fuzzy Control)是以模糊集合理论、模糊语言变量和模糊逻辑推理为基础的一种智能控制方法，它从行为上模仿人的模糊推理和决策过程。该方法首先将操作人员或专家经验编成模糊规则，然后将来自传感器的实时信号模糊化，并将模糊化后的信号作为模糊规则的输入，完成模糊推理，将推理后得到的输出量添加到执行机构上。

模糊控制系统的基本原理框图如图 4.4 所示。模糊控制系统的核心部分为模糊控制器，如图中点画线框中部分所示，模糊控制器的控制律由计算机程序实现。实现一步模糊控制算法的过程描述如下：微机经采样获取被控制量的精确值，然后将此量与给定值比较得到误差信号 E，一般选误差信号 E 作为模糊控制器的一个输入量；把误差信号 E 的精确量进行模糊化变成模糊量；误差信号 E 的模糊量可用相应的模糊语言表示，得到误差信号 E 的模糊语言集合的一个子集 $\boldsymbol{e}$($\boldsymbol{e}$ 是一个模糊向量)，再由 $\boldsymbol{e}$ 和模糊关系 $\boldsymbol{R}$ 根据推理的合成规则进行模糊决策，得到模糊控制量 $\boldsymbol{u}$，即

$$\boldsymbol{u} = \boldsymbol{e} \circ \boldsymbol{R}$$

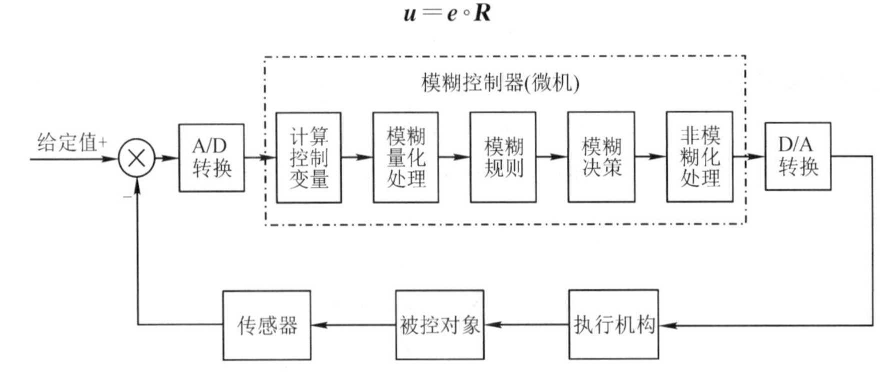

图 4.4 模糊控制系统的基本原理框图

由图 4.4 可知，模糊控制系统与通常的计算机数字控制系统的主要差别是采用了模糊

控制器。模糊控制器是模糊控制系统的核心，一个模糊控制系统的性能优劣，主要取决于模糊控制器的结构、所采用的模糊规则、合成推理算法及模糊决策的方法等因素。

模糊控制器(Fuzzy Controller，FC)也称为模糊逻辑控制器(Fuzzy Logic Controller，FLC)。由于其所采用的模糊规则是由模糊集合理论中的模糊条件语句来描述的，因此，模糊控制器是一种语言型控制器，故也被称为模糊语言控制器(Fuzzy Language Controller，FLC)。

2. 模糊控制器的设计步骤

模糊控制器最简单的实现方法是将一系列模糊规则离线转化为一个查询表(又称为控制表)，存储在计算机中供在线控制时使用。这种模糊控制器结构简单、使用方便，是最基本的一种形式。本节以单变量二维模糊控制器为例，介绍模糊控制器的设计步骤，其设计思想是设计其他模糊控制器的基础。模糊控制器的设计步骤如下。

(1) 确定模糊控制器的结构。

单变量二维模糊控制器是最常见的结构形式。

(2) 定义输入、输出模糊集。

对误差 e、误差变化 e_c 及控制量 u 的模糊集及其论域定义如下：e、e_c和 u 的模糊集均为{负大，负中，负小，零，正小，正中，正大}={NB，NM，NS，ZO，PS，PM，PB}。

论域如下：

e、e_c 的论域均为{−3，−2，−1，0，1，2，3}；

u 的论域为{−4.5，−3，−1.5，0，1.5，3，4.5}。

(3) 定义输入、输出隶属函数。

误差 e、误差变化 e_c 及控制量 u 的模糊集和论域确定后，需对模糊变量确定隶属函数，即对模糊变量赋值，确定论域内元素对模糊变量的隶属度。

(4) 建立模糊规则。

根据人的直觉思维推理，建立由系统输出的误差及误差的变化趋势来设计消除系统误差的模糊规则。模糊规则语句构成了描述众多被控过程的模糊模型。例如，卫星的姿态与作用的关系、飞机或舰船航向与舵偏角的关系、工业锅炉中的压力与加热的关系等，都可用模糊规则来描述。在模糊规则语句中，误差 e、误差变化 e_c 及控制量 u 对于不同的被控对象有着不同的意义。

(5) 建立模糊规则表。

上述描写的模糊规则可采用模糊规则表来描述(见表 4.1)，表中共有 49 条模糊规则，各个模糊规则语句之间是“或”的关系。由第一条语句所确定的模糊规则可以计算出 u_1。同理，可以由其余各条语句分别求出控制量 u_2，…，u_{49}，则控制量为模糊集合 U，其可表示为

$$U=u_1+u_2+\cdots+u_{49}$$

(6) 模糊推理。

模糊推理是模糊控制的核心，它利用某种模糊推理算法和模糊规则进行推理，得出最终的控制量。

表 4.1　模糊规则表

e		NB	NM	NS	ZO	PS	PM	PB
e_c	NB	NB	NB	NM	NM	NS	NS	ZO
	NM	NB	NM	NM	NS	NS	ZO	PS
	NS	NM	NB	NS	NS	ZO	PS	PS
	ZO	NM	NS	NS	ZO	PS	PS	PM
	PS	NS	NS	ZO	PS	PS	PM	PM
	PM	NS	ZO	PS	PM	PM	PM	PB
	PB	ZO	PS	PS	PM	PM	PB	PB

（7）反模糊化。

通过模糊推理得到的结果是一个模糊集合。但在实际模糊控制中，必须要有一个确定值才能控制或驱动执行机构。将模糊推理结果转化为精确值的过程称为反模糊化。常用的反模糊化方法有 3 种。

a. 最大隶属度法。

选取推理结果的模糊集合中隶属度最大的元素作为输出值，即 $v_0=\max(\mu_v(v))$，$v\in V$。如果在输出论域 V 中，其最大隶属度对应的输出值多于一个，则取所有具有最大隶属度输出的平均值，即

$$v_0=\frac{1}{N}\sum_{i=1}^{N}v_i,\quad v_i=\max_{v\in V}(\mu_v(v))$$

式中，N 为具有相同最大隶属度输出的总数。

最大隶属度法不考虑输出隶属函数的形状，只考虑最大隶属度处的输出值。因此，难免会丢失许多信息。其突出优点是计算简单，在一些控制要求不高的场合，可采用最大隶属度法。

b. 重心法。

为了获得准确的控制量，就要求模糊方法能够很好地表达输出隶属函数的计算结果。重心法取隶属函数曲线与横坐标围成面积的重心作为模糊推理的最终输出值，即

$$v_0=\frac{\int_V v\mu_v(v)\mathrm{d}v}{\int_V \mu_v(v)\mathrm{d}v}$$

对于具有 m 个输出量化级数的离散域情况，有

$$v_0=\frac{\sum_{k=1}^{m}v_k\mu_v(v_k)}{\sum_{k=1}^{m}\mu_v(v_k)}$$

与最大隶属度法相比，重心法具有更平滑的输出推理控制，即使对应于输入信号的微小变化，输出也会发生变化。

c. 加权平均法。

工业控制中广泛使用的反模糊化方法为加权平均法，输出值由下式决定：

$$v_0=\frac{\sum_{i=1}^{m}v_i k_i}{\sum_{i=1}^{m}k_i}$$

式中，系数 k_i 的选择根据实际情况而定。不同的系数决定系统具有不同的响应特性。当系数 k_i 取隶属度 $\mu_v(v_i)$ 时，加权平均法就转化为重心法。

反模糊化方法的选择与隶属函数形状的选择、推理方法的选择相关。

3. 模糊控制应用实例——洗衣机的模糊控制

下面以洗衣机洗涤时间的模糊控制系统设计为例进行介绍，其控制是一个开环的模糊决策过程，模糊控制系统设计按以下步骤进行。

(1) 确定模糊控制器的结构。

选用两输入、单输出模糊控制器。控制器的输入为衣物的污泥和油脂，输出为洗涤时间。

(2) 定义输入、输出模糊集。

将污泥分为 3 个模糊集：SD(污泥少)、MD(污泥中等)、LD(污泥多)；将油脂分为 3 个模糊集：NG(油脂少)、MG(油脂中等)、LG(油脂多)；将洗涤时间分为 5 个模糊集：VS(很短)、S(短)、M(中等)、L(长)、VL(很长)。

(3) 定义隶属函数。

选用如下三角形隶属函数可实现污泥的模糊化：

$$\mu_{污泥}(x)=\begin{cases}\mu_{SD}(x)=\dfrac{(50-x)}{50} & 0\leqslant x\leqslant 50\\ \mu_{MD}(x)=\begin{cases}\dfrac{x}{50} & 0\leqslant x\leqslant 50\\ \dfrac{100-x}{50} & 50<x\leqslant 100\end{cases}\\ \mu_{LD}(x)=\dfrac{x-50}{50} & 50<x\leqslant 100\end{cases}$$

仿真结果如图 4.5 所示。

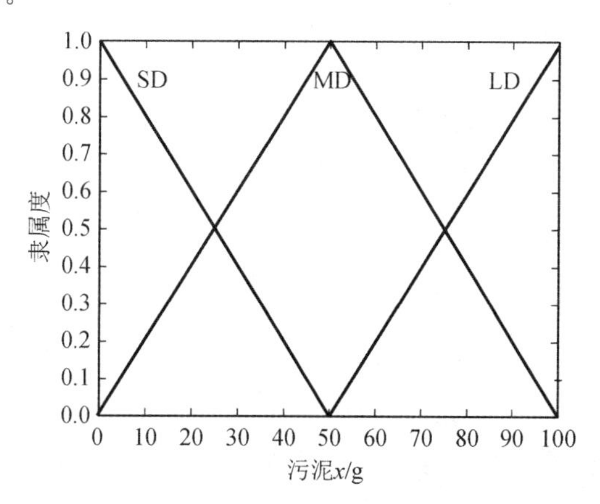

图 4.5　污泥隶属函数下的仿真结果

选用如下三角形隶属函数可实现油脂的模糊化：

$$\mu_{油脂}(y)=\begin{cases}\mu_{NG}(y)=\dfrac{(50-y)}{50} & 0\leqslant y\leqslant 50\\ \mu_{MG}(y)=\begin{cases}\dfrac{y}{50} & 0\leqslant y\leqslant 50\\ \dfrac{100-y}{50} & 50<y\leqslant 100\end{cases}\\ \mu_{LG}(y)=\dfrac{y-50}{50} & 50<y\leqslant 100\end{cases}$$

仿真结果如图 4.6 所示。

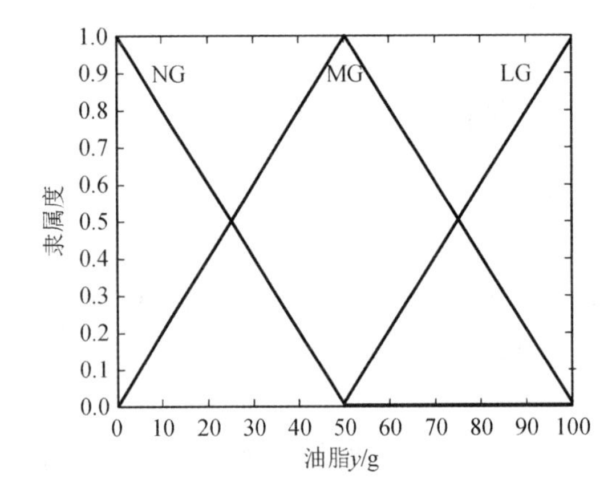

图 4.6　油脂隶属函数下的仿真结果

选用如下三角形隶属函数可实现洗涤时间的模糊化：

$$\mu_{洗涤时间}(z)=\begin{cases}\mu_{VS}(z)=\dfrac{(10-z)}{10} & 0\leqslant z\leqslant 10\\ \mu_{S}(z)=\begin{cases}\dfrac{z}{10} & 0\leqslant z\leqslant 10\\ \dfrac{25-z}{15} & 10<z\leqslant 25\end{cases}\\ \mu_{M}(z)=\begin{cases}\dfrac{z-10}{15} & 10\leqslant z\leqslant 25\\ \dfrac{40-z}{15} & 25<z\leqslant 40\end{cases}\\ \mu_{L}(z)=\begin{cases}\dfrac{z-25}{15} & 25\leqslant z\leqslant 40\\ \dfrac{60-z}{20} & 40<z\leqslant 60\end{cases}\\ \mu_{VL}(z)=\dfrac{z-40}{20} & 40\leqslant z\leqslant 60\end{cases}$$

仿真结果如图 4.7 所示。

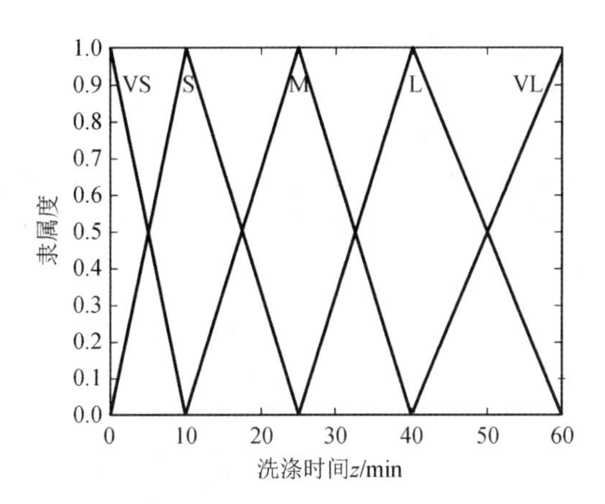

图 4.7　洗涤时间隶属函数下的仿真结果

(4) 建立模糊规则。

根据人的操作经验设计模糊规则，模糊规则设计的标准为："污泥越多，油脂越多，洗涤时间越长"；"污泥适中，油脂适中，洗涤时间适中"；"污泥越少，油脂越少，洗涤时间越短"。

(5) 建立模糊规则表。

根据模糊规则的设计标准建立模糊规则表，见表 4.2。

表 4.2　洗衣机的模糊规则表

污泥 x		SD	MD	LD
油脂 y	NG	VS *	M	L
	MG	S	M	L
	LG	M	L	VL

注：第 * 条规则为："if　衣物污泥少　且　油脂少　then　洗涤时间很短"。

(6) 模糊推理。

模糊推理分以下几步进行。

① 规则匹配。假定当前传感器测得的信息为：x_0(污泥)=60，y_0(油脂)=70，分别代入所属的隶属函数中求隶属度：

$$\mu_{SD}(60)=0,\ \mu_{MD}(60)=0.8,\ \mu_{LD}(60)=0.2$$

$$\mu_{NG}(70)=0,\ \mu_{MG}(70)=0.6,\ \mu_{LG}(70)=0.4$$

将上述隶属度代入表 4.2 中可得到 4 条有效的模糊规则，见表 4.3。

表 4.3　模糊推理结果

污泥 x		SD	MD(0.8)	LD(0.2)
油脂 y	NG	0	0	0
	MG(0.6)	0	$\mu_M(z)$	$\mu_L(z)$
	LG(0.4)	0	$\mu_L(z)$	$\mu_{VL}(z)$

② 规则触发。由表 4.3 可知，被触发的规则有 4 条，即

Rule 1　if x is MD and y is MG then z is M

Rule 2　if x is MD and y is LG then z is L

Rule 3　if x is LD and y is MG then z is L

Rule 4　if x is LD and y is LG then z is VL

③ 规则前提推理。在同一条规则内，前提之间通过“与”的关系得到规则结论。前提的可信度之间通过取小运算，由表 4.4 可得到每条触发规则前提的可信度为

Rule 1　前提的可信度为：min(0.8, 0.6)=0.6

Rule 2　前提的可信度为：min(0.8, 0.4)=0.4

Rule 3　前提的可信度为：min(0.2, 0.6)=0.2

Rule 4　前提的可信度为：min(0.2, 0.4)=0.2

由此得到洗衣机规则前提的可信度表，即规则强度表，见表 4.4。

④ 与运算。将表 4.3 和表 4.4 进行与运算，得到每条规则总的可信度输出，见表 4.5。

表 4.4　规则前提可信度表

污泥 x		SD	MD(0.8)	LD(0.2)
油脂 y	NG	0	0	0
	MG(0.6)	0	0.6	0.2
	LG(0.4)	0	0.4	0.2

表 4.5　规则总的可信度输出

污泥 x		SD	MD(0.8)	LD(0.2)
油脂 y	NG	0	0	0
	MG(0.6)	0	$\min(0.6, \mu_M(z))$	$\min(0.2, \mu_L(z))$
	LG(0.4)	0	$\min(0.4, \mu_L(z))$	$\min(0.2, \mu_{VL}(z))$

⑤ 模糊控制系统总的输出。模糊控制系统总的输出为表 4.5 中各条规则可信度输出结果的并集，即

$$\begin{aligned}\mu_{agg}(z) &= \max\{\min(0.6, \mu_M(z)), \min(0.4, \mu_L(z)), \min(0.2, \mu_L(z)), \min(0.2, \mu_{VL}(z))\}\\ &= \max\{\min(0.6, \mu_M(z)), \min(0.4, \mu_L(z)), \min(0.2, \mu_{VL}(z))\}\end{aligned}$$

可见，有 3 条规则被触发。

⑥ 反模糊化。模糊控制系统总的输出 $\mu_{agg}(z)$ 实际上是上述 3 条规则推理结果的并集，需要进行反模糊化，才能得到精确的推理结果。下面以最大隶属度平均法为例进行反模糊化。

洗衣机的模糊推理过程如图 4.8 和图 4.9 所示。由图 4.9 可知，洗涤时间隶属度最大值为 $\mu=0.6$。将 $\mu=0.6$ 代入洗涤时间隶属函数中的 $\mu_M(z)$，得

$$\mu_M(z)=\frac{z-10}{15}=0.6,\ \mu_M(z)=\frac{40-z}{15}=0.6$$

得 $z_1=19$，$z_2=31$。

采用最大隶属度平均法，可得精确输出为

$$z^*=\frac{z_1+z_2}{2}=25$$

即所需要的洗涤时间为 25 分钟。

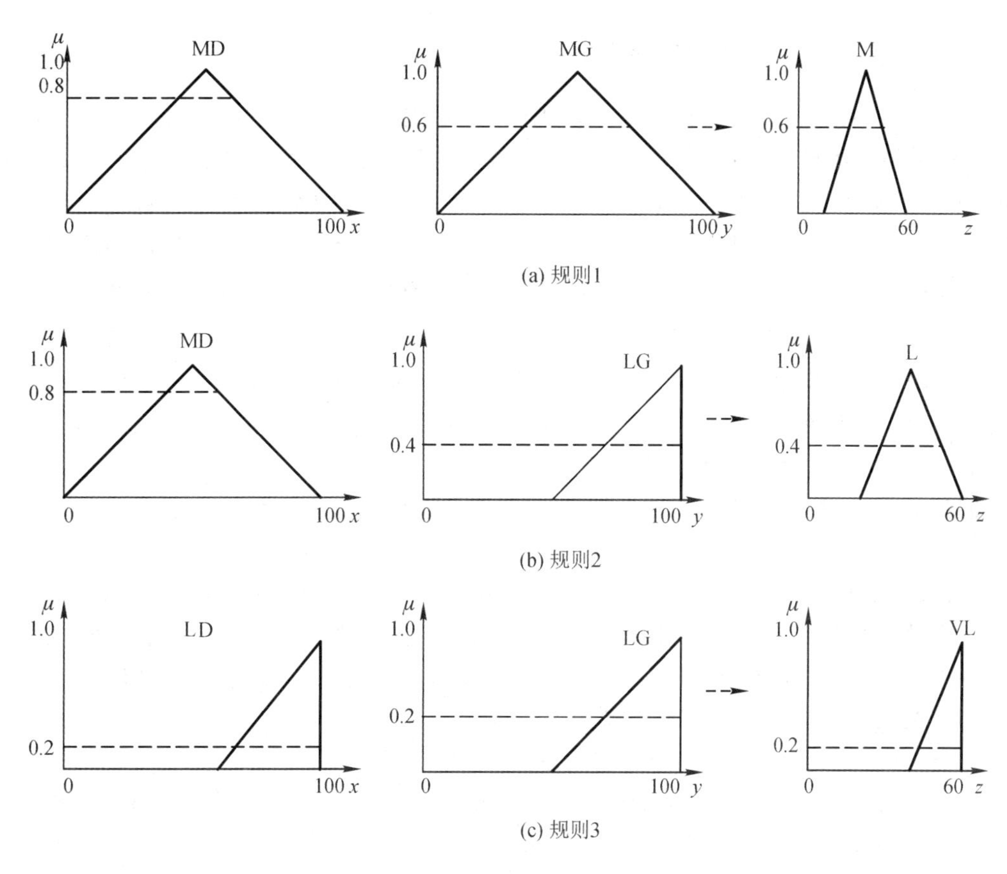

图 4.8　洗衣机的 3 条规则被触发

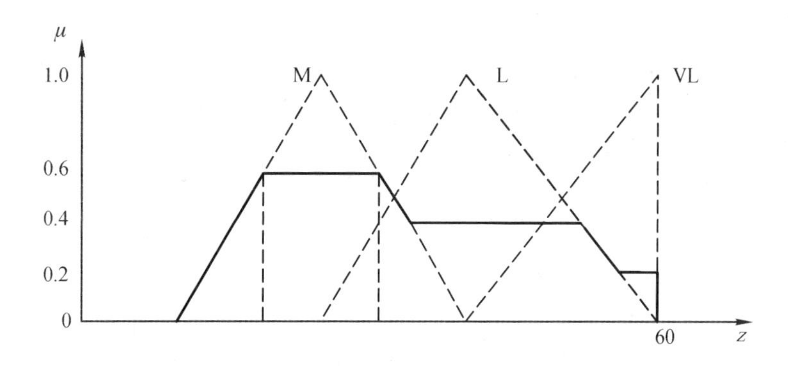

图 4.9　洗衣机的组合输出及反模糊化

4.6　概 率 推 理

前面讨论的主观 Bayes 方法是一种基于变形的 Bayes 公式的不确定性推理，已超出了概率论的范畴。本节讨论的概率推理则是一种在概率框架内基于贝叶斯网络的不确定性推理方法。它以概率论为基础，通过给定的贝叶斯网络模型，依据网络中已知节点的概率分布，利用贝叶斯概率公式，计算出想要的查询节点发生的概率，从而实现概率推理。目前，基于贝叶斯网络的概率推理已得到了深入的研究和广泛的应用。

4.6.1　贝叶斯网络的概念及理论

贝叶斯网络(Bayesian Network)是由美国加州大学的珀尔(J. Pearl)于1985年首先提出的一种模拟人类推理过程中因果关系的不确定性处理模型。本节主要讨论其定义、语义表示、构造及性质。贝叶斯网络的语义表示有两种方式：一种是把贝叶斯网络看作全联合概率分布表示，另一种是把贝叶斯网络看作随机变量之间条件依赖关系表示。这两种表示方式是等价的，前者有助于对贝叶斯网络的构造，后者有助于对贝叶斯网络的推理。

1. 贝叶斯网络的定义

贝叶斯网络是概率论与图论的结合，也称为信念网络或概率网络，其拓扑结构是一个有向无环图，图中的节点表示问题求解中的命题或随机变量，节点间的有向边表示条件依赖关系，这些依赖关系可用条件概率来描述。贝叶斯网络的定义可用下述定义描述。

定义4.17　设 $X=\{X_1, X_2, \cdots, X_n\}$ 是任何随机变量集，其上的贝叶斯网络可定义为 $\mathrm{BN}=(B_\mathrm{S}, B_\mathrm{p})$。其中：

① B_S 是贝叶斯网络的结构，即一个定义在 X 上的有向无环图。其中的每个节点 X_i 都唯一地对应着 X 中的一个随机变量，并需要标注定量的概率信息；每条有向边都表示它所连接的两个节点之间的条件依赖关系。若存在一条从节点 X_j 到节点 X_i 的有向边，则称 X_j 是 X_i 的父节点，X_i 是 X_j 的子节点。

② B_p 为贝叶斯网络的条件概率集合，$B_\mathrm{p}=\{P(X_i|\mathrm{par}(X_i))\}$。其中，$\mathrm{par}(X_i)$表示 X_i 的所有父节点的相应取值；$P(X_i|\mathrm{par}(X_i))$是节点 X_i 的一个条件概率分布函数，描述 X_i 的每个父节点对 X_i 的影响，即节点 X_i 的条件概率表。

从以上定义可以看出，贝叶斯网络中的弧是有方向的，且不能形成回路，因此图有始点和终点。在始点上有一个初始概率，在每条弧所连接的节点上有一个条件概率。下面以学习心理问题为例，给出简单的贝叶斯网络示例。

例4.21　假设学生在“碰见难题”和“遇到干扰”时会“产生焦虑”，而焦虑又可导致“认知迟缓”和“情绪波动”。请用贝叶斯网络描述这一问题。

解　图4.10是对上述问题的一种贝叶斯网络描述，其中各节点的条件概率表仅是一种示意性描述。

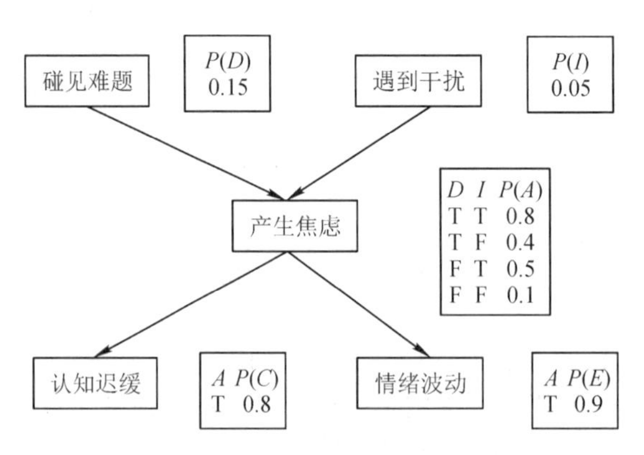

图4.10　关于学习心理问题的贝叶斯网络

在该贝叶斯网络中，分别用大写英文字母 A、D、I、C 和 E 表示节点(随机变量)“产生焦虑(Anxiety)”“碰见难题(Difficult)”“遇到干扰(Interference)”“认知(Cognitive)迟缓”和“情绪(Emotion)波动”，并将各节点的条件概率表分别置于相应节点的右侧，且所有随机变量都取布尔变量，因此也可以分别用小写英文字母 a、d、i、c 和 e 来表示布尔变量 A、D、I、C 和 E 取逻辑值“True”(用“T”表示)，用 $\neg a$、$\neg d$、$\neg i$、$\neg c$ 和 $\neg e$ 表示布尔变量 A、D、I、C 和 E 取逻辑值“False”(用“F”表示)。这样可以在各节点的逻辑表中省略掉相应随机变量取值为“False”时的条件概率。此外，上述贝叶斯网络中每个节点的概率表就是该节点与其父节点之间的一个局部条件概率分布，由于节点 D 和 I 无父节点，因此它们的条件概率表需要用其先验概率来填充。

2. 贝叶斯网络的全联合概率分布表示

全联合概率分布亦称为全联合概率或联合概率分布，是概率的一种合取形式，可用如下定义描述。

定义 4.18　设 $X=\{X_1, X_2, \cdots, X_n\}$ 为任何随机变量集，其全联合概率分布是指当对每个变量取特定值 $x_i(i=1, 2, \cdots, n)$ 时的合取概率，即

$$P(X_1=x_1 \wedge X_2=x_2 \wedge \cdots \wedge X_n=x_n)$$

其简化表示形式为 $P(x_1, x_2, \cdots, x_n)$。

由全联合概率分布，再重复使用乘法法则 $P(x_1, x_2, \cdots, x_n)=P(x_n | x_{n-1}, x_{n-2}, \cdots, x_1)\times P(x_{n-1}, x_{n-2}, \cdots, x_1)$，可以把每个合取概率简化为更小的条件概率和更小的合取式，直至得到如下全联合概率分布表示：

$$\begin{aligned} P(x_1, x_2, \cdots, x_n) &= P(x_n \mid x_{n-1}, x_{n-2}, \cdots, x_1)\times P(x_{n-1} \mid x_{n-2}, x_{n-2}, \cdots, x_1)\times \\ &\quad \cdots \times P(x_2 \mid x_1)P(x_1) \\ &= \prod_{i=1}^{n} P(x_i \mid x_{i-1}, x_{i-2}, \cdots, x_1) \end{aligned}$$

这个恒等式对任何随机变量都是成立的，亦称为链式法则。

回顾贝叶斯网络的定义，对子节点变量 X_i，其取值为 x_i 的条件概率仅依赖于 X_i 的所有父节点的影响。按照前面的假设，用 $\mathrm{par}(X_i)$ 表示 X_i 的所有父节点的相应取值，$P(X_i | \mathrm{par}(X_i))$ 是节点 X_i 的一个条件概率分布函数，则对 X 的所有节点，应有如下联合概率分布：

$$P(x_1, x_2, \cdots, x_n)=\prod_{i=1}^{n} P(X_i \mid \mathrm{par}(X_i))$$

这个公式就是贝叶斯网络的联合概率分布表示。

从上面的分析可知，贝叶斯网络的联合概率分布比全联合概率分布简单得多，其计算复杂度比全联合概率分布小得多，这样才使得贝叶斯网络对复杂问题的应用成为可能。

贝叶斯网络之所以能够大大降低计算复杂度，一个重要原因是它具有局部化特征。局部化特征是指每个节点只受到整个节点集中少数个别节点的直接影响，而不受这些节点外的其他节点的直接影响。例如，在贝叶斯网络中，节点仅受该节点的父节点的直接影响，而不受其他节点的直接影响。因此，贝叶斯网络是一种线性复杂度的方法。例如，在一个包含 n 个布尔随机变量的贝叶斯网络中，如果每个随机变量最多只受 k 个随机变量的直接影响，k 是某个常数，则贝叶斯网络最多可由 $2^k\times n$ 个数据描述，因此其复杂度是线性的。由于现

实世界中绝大多数领域问题都具有局部化特征，因此贝叶斯网络是一种很实用的不确定知识表示和推理方法。

3. 贝叶斯网络的条件依赖关系表示

从上面对贝叶斯网络的局部化特征的讨论还可以看出，贝叶斯网络能实现简化计算的最根本基础是条件独立性，即一个节点与它的祖先节点之间是条件独立的。我们可以从网络拓扑结构角度去定义以下两个等价的条件独立关系的判别准则：

① 给定父节点，一个节点与非其后代的节点之间是条件独立的。例如，在图4.10所示的贝叶斯网络中，给定父节点“产生焦虑”的取值(即 T 或 F)，节点“认知迟缓”与非其后代节点“碰见难题”和节点“遇到干扰”之间是条件独立的。同样，节点“情绪波动”与非其后代节点“碰见难题”和节点“遇到干扰”之间也是条件独立的。

② 给定一个节点，该节点与其父节点、子节点和子节点的父节点一起构成了一个马尔科夫覆盖，则该节点与马尔科夫覆盖以外的所有节点之间都是条件独立的。例如，在图4.10所示的贝叶斯网络中，若给定一个节点“碰见难题”，由于该节点无父节点，因此该节点与其子节点“产生焦虑”，以及该子节点的父节点“遇到干扰”一起构成了一个马尔科夫覆盖。此时，节点“碰见难题”与处于马尔科夫覆盖以外的那些节点，如节点“认知迟缓”和节点“情绪波动”之间都是条件独立的。

4. 贝叶斯网络的构造

贝叶斯网络的联合概率分布表示同时给出了贝叶斯网络的构造方法，其主要依据是随机变量之间的条件依赖关系，即要确保随机变量满足联合概率分布。

贝叶斯网络的构造过程如下：

① 建立不依赖于其他节点的根节点，并且根节点可以不止一个。

② 加入受根节点影响的节点，并将这些节点作为根节点的子节点。此时，根节点已成为父节点。

③ 进一步建立依赖于已建立节点的子节点。重复这一过程，直到给出叶节点为止。

④ 对每个根节点，给出其先验概率；对每个中间节点和叶节点，给出其条件概率表。

贝叶斯网络构造过程应遵循的主要原则如下：

① 忽略过于微弱的依赖关系。对于两个节点之间的依赖关系，是否一定要在语义网络中用相应的有向边将其表示出来，取决于计算精度要求与计算代价之间的权衡。

② 随机变量之间的因果关系是最常见、最直观的依赖关系，可用来指导贝叶斯网络的构建过程。

例如，图4.10所示贝叶斯网络的构建过程如下：

① 建立根节点“碰见难题”和“遇到干扰”。

② 加入受根节点影响的节点“产生焦虑”，并将其作为两个根节点的子节点。

③ 进一步加入依赖于已建立节点“产生焦虑”的子节点“认知迟缓”和“情绪波动”，由于这两个新建节点已成为叶节点，因此节点构建过程终止。

④ 对每个根节点，给出其先验概率；对每个中间节点和叶节点，给出其条件概率表。

5. 贝叶斯网络的简单应用示例

进行贝叶斯网络的简单应用示例，我们仍以图4.10所示的贝叶斯网络为例进行讨论。

例 4.22　对于例 4.21 所示的贝叶斯网络，若假设已经“产生焦虑”，但实际上并未“碰见难题”，也未“遇到干扰”，请计算产生“认知迟缓”和“情绪波动”的概率。

解　令相应变量的取值分别为

$$a, \neg d, \neg i, c, e$$

其中，无否定符号表示变量取值为 True，有否定符号表示变量取值为 False，则按贝叶斯网络的联合概率分布表示 $P(x_1, x_2, \cdots, x_n) = \prod_{i=1}^{n} P(X_i \mid \mathrm{par}(X_i))$，有

$$\begin{aligned} P(c \wedge e \wedge a \wedge \neg d \wedge \neg i) &= P(c \mid a)P(e \mid a)P(a \mid \neg d \wedge \neg i)P(\neg d)P(\neg i) \\ &= 0.8 \times 0.9 \times 0.1 \times 0.85 \times 0.95 = 0.058\ 14 \end{aligned}$$

即所求的概率为 0.058 14。

4.6.2　贝叶斯网络推理的概念和类型

贝叶斯网络推理的目的是通过联合概率分布公式，在给定的贝叶斯网络结构和已知证据下，计算某一事件发生的概率。

1. 贝叶斯网络推理的概念

贝叶斯网络推理是指利用贝叶斯网络模型进行计算的过程，其基本任务是在给定一组证据变量观察值的情况下，利用贝叶斯网络计算一组查询变量的后验概率分布。假设用 X 表示某查询变量，E 表示证据变量集 $\{E_1, E_2, \cdots, E_n\}$，$s$ 表示一个观察到的特定事件，Y 表示非证据变量（亦称隐含变量）集 $\{y_1, y_2, \cdots, y_m\}$，则全部变量的集合 $V=\{X\} \cup E \cup Y$，其推理就是要查询后验概率 $P(X|s)$。

例如，在例 4.21 所示的贝叶斯网络中，若已观察到的一个事件是“认知迟缓”和“情绪波动”，现在要询问的是“遇到干扰”的概率是多少。这是一个贝叶斯网络推理问题，其查询变量为 I，观察到的特定事件 $s=\{c, e\}$，即求 $P(I|c, e)$。

2. 贝叶斯网络推理的类型

贝叶斯网络推理的一般步骤是：首先确定各相邻节点之间的初始条件概率分布，然后对各证据节点取值，接着选择适当推理算法对各节点的条件概率分布进行更新，最终得到推理结果。贝叶斯网络推理算法可根据对查询变量的后验概率计算的精确度，分为精确推理和近似推理两大类。

精确推理是可以精确地计算查询变量的后验概率的一种推理方法。它的一个重要前提是贝叶斯网络具有单连通特性，即任意两个节点之间至多只有一条无向路径连接。但在现实世界中，复杂问题的贝叶斯网络往往不具有单连通性，而是多连通的。例如，在例 4.21 所示的贝叶斯网络中，若节点“遇到干扰”到节点“认知迟缓”之间存在有向边，则这两个节点之间就有两条无向路径相连。事实上，多连通贝叶斯网络的复杂度是指数级的，亦即，多连通贝叶斯网络精确推理算法具有指数级的复杂度。因此，精确推理算法仅适用于规模较小、结构较简单的贝叶斯网络推理，而对那些复杂得多的多连通贝叶斯网络应该采用近似推理算法。

近似推理算法是在不影响推理正确性的前提下，通过适当降低推理精确度来提高推理效率的一类方法。常用的近似推理算法主要有马尔科夫链蒙特卡洛（Markov Chain Monte

Carlo，MCMC)算法等。

4.6.3 贝叶斯网络的精确推理

贝叶斯网络精确推理的主要方法包括基于枚举的算法、基于变量消元的算法和基于团树传播的算法等。最基本的方法是基于枚举的算法，它使用全联合概率分布去推断查询变量的后验概率：

$$P(X \mid s) = \alpha P(X, s) = \alpha \sum_{Y} P(X, s, Y)$$

各变量的含义如前所述：X 表示查询变量；s 表示一个观察到的特定事件；Y 表示隐含变量集 $\{y_1, y_2, \cdots, y_m\}$；$\alpha$ 是归一化常数，用于保证相对于 X 所有取值的后验概率的总和等于 1。

为了对贝叶斯网络进行推理，可利用贝叶斯网络的概率分布公式

$$P(x_1, x_2, \cdots, x_n) = \prod_{i=1}^{n} P(X_i \mid \mathrm{par}(X_i))$$

将式中的 $P(X, s, Y)$改写为条件概率乘积的形式。这样就可通过先对 Y 的各枚举值求其条件概率乘积，再对各条件概率乘积求总和的方式去计算查询变量的条件概率。下面看一个精确推理的简单例子。

例 4.23　仍以例 4.21 所示的贝叶斯网络为例。假设目前观察到的一个事件 $s=\{c, e\}$，求在该事件的前提下“碰见难题”的概率 $P(D|c, e)$。

解　按照精确推理算法，该查询可表示为

$$P(D \mid c, e) = \alpha P(D, c, e) = \alpha \sum_{I} \sum_{A} P(D, I, A, c, e)$$

式中，α 是归一化常数，用于保证相对于 D 所有取值的条件概率的总和等于 1；D 有两个取值，即 d 和$\neg d$。应用贝叶斯网络的概率分布公式

$$P(x_1, x_2, \cdots, x_n) = \prod_{i=1}^{n} P(X_i \mid \mathrm{par}(X_i))$$

先对 D 的不同取值 d 和$\neg d$ 分别进行处理。当 D 取值 d 时，有

$$\begin{aligned}
P(d \mid c, e) &= \alpha \sum_{I} \sum_{A} P(D, I, A, c, e) \\
&= \alpha \sum_{I} \sum_{A} P(d)P(I)P(A \mid d, I)P(c \mid A)P(e \mid A) \\
&= \alpha P(d) \sum_{I} P(I) \sum_{A} P(A \mid d, I)P(c \mid A)P(e \mid A) \\
&= \alpha P(d)\big[P(i)\big((P(a \mid d, i)P(c \mid a)P(e \mid a) + \\
&\quad P(\neg a \mid d, i)P(c \mid \neg a)P(e \mid \neg a)\big) + \\
&\quad P(\neg i)\big(P(a \mid d, \neg i)P(c \mid a)P(e \mid a) + \\
&\quad P(\neg a \mid d, \neg i)P(c \mid \neg a)P(e \mid \neg a)\big)\big] \\
&= \alpha \times 0.15 \times [0.05 \times (0.8 \times 0.8 \times 0.9 + 0.2 \times 0.2 \times 0.1) + \\
&\quad 0.95 \times (0.4 \times 0.8 \times 0.9 + 0.6 \times 0.2 \times 0.1)] \\
&= \alpha \times 0.15 \times (0.05 \times 0.58 + 0.95 \times 0.30) \\
&= \alpha \times 0.15 \times 0.314 = \alpha \times 0.047
\end{aligned}$$

当 D 取值$\neg d$ 时，有

$$
\begin{aligned}
P(\neg d \mid c, e) &= \alpha \sum_{I} \sum_{A} P(\neg d, I, A, c, e) \\
&= \alpha \sum_{I} \sum_{A} P(\neg d) P(I) P(A \mid \neg d, I) P(c \mid A) P(e \mid A) \\
&= \alpha P(\neg d)\big[P(i)\big(P(a \mid \neg d, i) P(c \mid a) P(e \mid a) + \\
&\quad P(\neg a \mid \neg d, i) P(c \mid \neg a) P(e \mid \neg a)\big) + \\
&\quad P(\neg i)\big(P(a \mid \neg d, \neg i) P(c \mid a) P(e \mid a) + \\
&\quad P(\neg a \mid \neg d, \neg i) P(c \mid \neg a) P(e \mid \neg a)\big)\big] \\
&= \alpha \times 0.85 \times [0.05 \times (0.5 \times 0.8 \times 0.9 + 0.5 \times 0.2 \times 0.1) + \\
&\quad 0.95 \times (0.1 \times 0.8 \times 0.9 + 0.9 \times 0.2 \times 0.1)] \\
&= \alpha \times 0.85 \times (0.05 \times 0.37 + 0.95 \times 0.09) \\
&= \alpha \times 0.85 \times 0.104 \\
&= \alpha \times 0.088
\end{aligned}
$$

取 $\alpha = \frac{1}{(0.047 + 0.088)} = \frac{1}{0.135}$，因此有 $P(D|c, e) = \alpha(0.047, 0.088) = (0.348, 0.652)$，即在“认知迟缓”和“情绪波动”都发生时，“因为‘碰见难题’的概率”是 $P(d|c, e) = 0.348$，“不是因为‘碰见难题’的概率”是 $P(\neg d|c, e) = 0.652$。

4.6.4　贝叶斯网络的近似推理

马尔科夫链蒙特卡洛(MCMC)算法是目前使用较广的一种贝叶斯网络近似推理方法，其通过对前一个问题状态进行随机改变来生成下一个问题状态，通过对某个隐变量进行随机采样来实现对随机变量的改变。为了说明其具体推理过程，下面看个简单例子。

例 4.24　学习情绪会影响学习效果。假设有一个知识点，考虑学生在愉快学习状态下对该知识点的识记、理解、运用的情况，得到了如图 4.11 所示的多连通贝叶斯网络。如果目前观察到一个学生不但记住了该知识，并且可以运用该知识，询问这位学生是否理解了该知识。

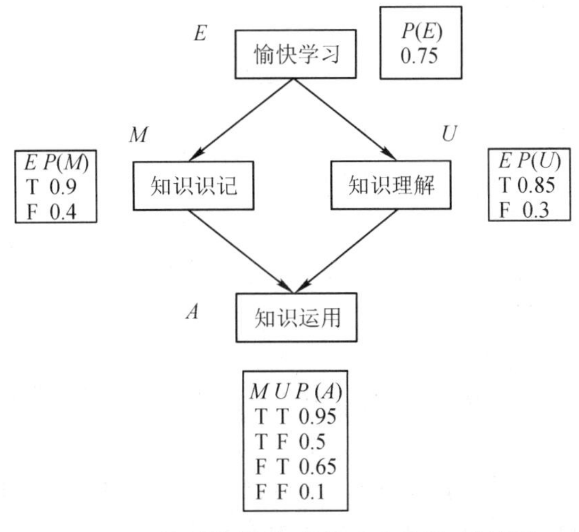

图 4.11　关于“愉快学习”的多连通贝叶斯网络

解 为解决这一问题，令 E、M、U 和 A 分别表示布尔变量节点“愉快学习”“知识识记”“知识理解”和“知识运用”；e、m、u 和 a 分别表示这些变量取值为“True”；各节点边上的表格为相应节点的条件概率表。

在上述假设下，本例子的询问句为 $P(U|m, a)$。应用 MCMC 算法的推理步骤如下。

(1) 将“知识识记”节点 M 和“知识运用”节点 A 作为证据变量，并保持它们的观察值不变。

(2) 将“愉快学习”节点 E 和“知识理解”节点 U 作为隐变量，并进行随机初始化假设，它们的值分别为 e 和 $\neg u$。这样，问题的初始状态为 $\{e, m, \neg u, a\}$。

(3) 反复执行如下步骤：

① 对隐变量 E 进行采样，由于 E 的马尔科夫覆盖仅包含节点 M 和 U，可以按照变量 M 和 U 的当前值进行采样，若采样得到 $\neg e$(即 E 取值为 False)，则生成下一状态 $\{\neg e, m, \neg u, a\}$。

② 对隐变量 U 进行采样，由于 U 的马尔科夫覆盖包含节点 E、M 和 A，可以按照变量 E、M 和 A 的当前值进行采样，若采样得到 u，则生成下一状态 $\{\neg e, m, u, a\}$。

这个反复执行过程中生成的每个状态都作为一个样本，用于估计愉快学习的概率的近似值。只要生成的状态足够多(如预定数 N)，就可通过归一化计算得到查询的近似值。

在上述采样过程中，每次采样都需要两步。以对隐变量 E 的采样为例，每次采样步骤如下：

第一步，先依据该隐变量的马尔科夫覆盖所包含变量的当前值，计算该状态转移的概率(该隐变量取值改变的概率)。

第二步中，确定状态(该隐变量的取值)是否需要改变。其基本方法是，生成一个随机数 $r \in [0, 1]$，将其与第一步得到的转移概率 p 进行比较，若 $r < p$，则 E 取 $\neg e$，转移到下一状态；否则，还保持原状态不变。

例如，对图 4.11 所给出的问题，在初始状态下，对随机变量 E 进行采样。第一步可根据 $P(E|m, \neg u)$ 去计算转移到下一状态 $\{\neg e, m, \neg u, a\}$ 的概率，即

$$
\begin{aligned}
P(E \mid m, \neg u) &= \frac{P(e, m, \neg u)}{P(m, \neg u)} \\
&= \frac{P(e)P(m \mid e)P(\neg u \mid e)}{P(e)P(m|e)P(\neg u|e) + P(\neg e)P(m \mid \neg e)P(\neg u \mid \neg e)} \\
&= \frac{0.75 \times 0.9 \times 0.3}{0.75 \times 0.9 \times 0.3 + 0.25 \times 0.4 \times 0.3} \\
&= \frac{0.2025}{0.2325} \\
&= 0.8710
\end{aligned}
$$

在第二步中，假设产生的随机数 $r = 0.46$，有 $0.46 < 0.871$，则 E 取 $\neg e$，转移到下一状态 $\{\neg e, m, \neg u, a\}$。

上述基于转移概率的采样方式亦称为吉布斯(Gibbs)采样器，它既便于实现，也具有较高的近似度，因此 MCMC 算法是实现概率推理的一种有效方法。

4.7 小　结

不确定性推理是指建立在不确定性知识和证据基础上的推理，如不完备、不精确知识的推理，模糊知识的推理等。采用不确定性推理是解决客观问题的需要，其原因包括以下几个方面：

(1) 所需知识不完备、不精确。

(2) 所需知识描述模糊。

(3) 多种原因导致同一结论。

(4) 解题方案不唯一。

在不确定性推理中，除了需要解决在确定性推理中所提到的推理方向、推理方法、控制策略等基本问题，一般还需要解决不确定性的表示、不确定性的匹配、不确定性结论的合成和不确定性的更新等问题。

可信度是指人们根据以往经验对某个事物或现象为真的程度作出的一个判断，或者是人们对某个事物或现象为真的相信程度。主观 Bayes 方法的推理模型同样包括知识不确定性表示、证据不确定性表示、不确定性的更新和结论不确定性的合成等方法。主观 Bayes 方法的主要优点是理论模型精确、灵敏度高，不仅考虑了证据间的关系，还考虑了证据存在与否对假设的影响，因此是一种较好的方法。其主要缺点是需要的主观概率太多，专家不易给出。

证据理论的基本思想是:先定义一个概率分配函数；再利用该概率分配函数建立相应的信任函数、似然函数及类概率函数，分别用于描述知识的精确信任度、不可驳斥信任度和估计信任度；最后利用这些不确定性度量，按照证据理论的推理模型，去完成其推理工作。证据理论的主要优点是能满足比概率更弱的公理系统，能处理由“不知道”引起的不确定性，并且由于辨别框的子集可以是多个元素的集合，因而知识的结论部分不必限制在由单个元素表示的最明显的层次上，而可以是一个更一般的不明确的假设，这样更有利于领域专家在不同细节、不同层次上进行知识表示。

模糊推理是一种基于模糊逻辑的不确定性推理方法。模糊推理是按照给定的推理模式通过模糊集的合成来实现的。模糊集的合成实际上是通过模糊集与模糊关系的合成来实现的。可见，模糊关系在模糊推理中占有重要位置。

概率推理则是一种在概率框架内基于贝叶斯网络的不确定性推理方法。它以概率论为基础，通过给定的贝叶斯网络模型，依据网络中已知节点的概率分布，利用贝叶斯概率公式，计算出想要的查询节点发生的概率，从而实现概率推理。目前，基于贝叶斯网络的概率推理已得到了深入的研究和广泛的应用。

习　题

1. 什么是不确定性推理？为什么要采用不确定性推理？
2. 不确定性推理中需要解决的基本问题有哪些？
3. 不确定性推理可以分为哪几种类型？

4. 何谓可信度？由规则强度 CF(H,E)的定义说明它的含义。

5. 设有如下一组推理规则：

r_1: IF E_1 THEN E_2(0.6)

r_2: IF E_2 AND E_3 THEN E_4(0.7)

r_3: IF E_4 THEN H(0.8)

r_4: IF E_5 THEN H(0.9)

且已知 CF(E_1)=0.5，CF(E_3)=0.6，CF(E_5)=0.7，求 CF(H)。

6. 请说明主观 Bayes 方法中 LS 与 LN 的含义及它们之间的关系。

7. 设有如下推理规则：

r_1: IF E_1 THEN (2, 0.000 01)H_1

r_2: IF E_2 THEN (100, 0.0001)H_1

r_3: IF E_3 THEN (200, 0.001)H_2

r_4: IF H_1 THEN (50, 0.1)H_2

且已知 $P(E_1)=P(E_2)=P(E_3)=0.6$，$P(H_1)=0.091$，$P(H_2)=0.010$，又由用户告知：

$$P(E_1|S_1)=0.84,\ P(E_2|S_2)=0.68,\ P(E_3|S_3)=0.36$$

请用主观 Bayes 方法求 $P(H_2|S_1, S_2, S_3)$。

8. 设有如下推理规则：

r_1: IF E_1 THEN (100, 0.1)H_1

r_2: IF E_2 THEN (50, 0.5)H_2

r_3: IF E_3 THEN (5, 0.05)H_3

且已知 $P(H_1)=0.02$，$P(H_2)=0.2$，$P(H_3)=0.4$，请计算当证据 E_1、E_2、E_3 存在或不存在时，$P(H_i|\neg E_i)$或 $P(H_i|E_i)$的值各是多少？其中(i=1, 2, 3)。

9. 请说明证据理论中概率分配函数、信任函数、似然函数及类概率函数的含义。

10. 设有如下一组推理规则：

r_1: IF E_1 AND E_2 THEN $A=\{a\}$ (CF={0.9})

r_2: IF E_2 AND (E_3 OR E_4) THEN $B=\{b_1, b_2\}$(CF={0.5, 0.4})

r_3: IF A THEN $H=\{h_1, h_2, h_3\}$ (CF={0.2, 0.3, 0.4})

r_4: IF B THEN $H=\{h_1, h_2, h_3\}$ (CF={0.3, 0.2, 0.1})

且已知初始证据的确定性分别为：CER(E_1)=0.6，CER(E_2)=0.7，CER(E_3)=0.8，CER(E_4)=0.9，假设$|\Omega|=10$，求 CER(H)。

11. 什么是模糊性？它与随机性有什么区别？请举出日常生活中的例子。

12. 请说明模糊概念、模糊集及隶属函数三者之间的关系。

13. 设某小组有 5 个同学，分别为 S_1、S_2、S_3、S_4、S_5。若对每个同学的“学习好”程度打分：

$$S_1:95\quad S_2:85\quad S_3:80\quad S_4:70\quad S_5:90$$

这样就确定了一个模糊集 F，表示该小组同学对“学习好”这一模糊概念的隶属程度，请写出该模糊集。

14. 设有论域 $U=\{u_1, u_2, u_3, u_4, u_5\}$，并设 F、G 是 U 上的两个模糊集，且有

$$F=0.9/u_1+0.7/u_2+0.5/u_3+0.3/u_4$$

$$G=0.6/u_3+0.8/u_4+1/u_5$$

请分别计算 $F\cap G$，$G\cup G$，$\neg F$。

15. 何谓模糊关系？它如何表示？

16. 设有如下两个模糊关系：

$$R_1=\begin{bmatrix}0.3 & 0.7 & 0.2\\ 1 & 0 & 0.4\\ 0 & 0.5 & 1\end{bmatrix},\quad R_2=\begin{bmatrix}0.2 & 0.8\\ 0.6 & 0.4\\ 0.9 & 0.1\end{bmatrix}$$

请写出 R_1 与 R_2 的合成 $R_1\circ R$。

17. 设 F 是论域 U 上的模糊集，R 是 $U\times V$ 上的模糊关系，F 和 R 分别为

$$F=\{0.4,\ 0.6,\ 0.8\},\quad R=\begin{bmatrix}0.1 & 0.3 & 0.5\\ 0.4 & 0.6 & 0.8\\ 0.6 & 0.3 & 0\end{bmatrix}$$

求模糊变换 $F\circ R$。

18. 何谓模糊匹配？有哪些计算匹配度的方法？

19. 设 $U=V=\{1,2,3,4\}$，且有如下推理规则：

IF　x　is　少　THEN　y　is　多

其中，“少”和“多”分别是 U 与 V 上的模糊集，设

少$=0.9/1+0.7/2+0.4/3$

多$=0.3/2+0.7/3+0.9/4$

已知事实为

x　is　较少

“较少”的模糊集为

较少$=0.8/1+0.5/2+0.2/3$

请用模糊关系 R_m 求出模糊结论。

20. 设 $U=V=W=\{1,2,3,4\}$，且设有如下规则：

r_1：IF　x　is　F　THEN　y　is　G

r_2：IF　y　is　G　THEN　z　is　H

r_3：IF　x　is　F　THEN　z　is　H

其中，F、G、H 的模糊集分别为

$F=1/1+0.8/2+0.5/3+0.4/4$

$G=0.1/2+0.2/3+0.4/4$

$H=0.2/2+0.5/3+0.8/4$

请分别对各种模糊关系满足模糊假言三段论的情况进行验证。

21. 什么是贝叶斯网络？它是如何简化全联合概率分布的？如何构建贝叶斯网络？为什么说条件独立关系是贝叶斯网络能够简化全联合概率计算的基础？

22. 如何使用贝叶斯网络的联合概率分布实现精确推理？这种推理方法的局限性是什么？

23. 什么是马尔科夫覆盖？如何确定一个节点的马尔科夫覆盖？

24. 设有如图 4.12 所示的贝叶斯网络，请计算报警铃响了但实际上并无盗贼入侵，也

无地震发生，而李和张都打来电话的概率。

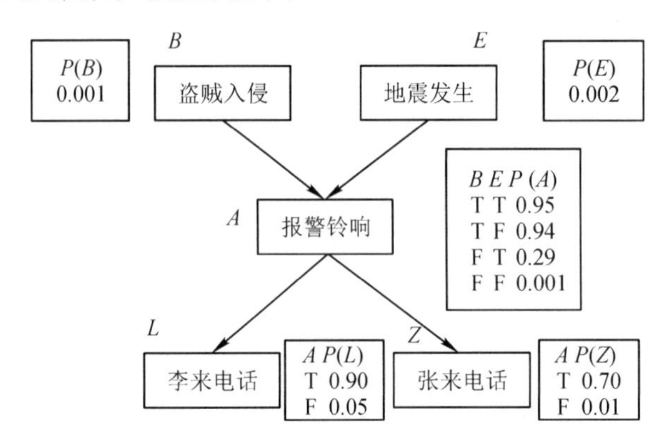

图 4.12　习题 24 的贝叶斯网络

25. 设有如图 4.13 所示的贝叶斯网络，若目前观察到已洒水且草地湿了，请问下过雨的概率是多少?

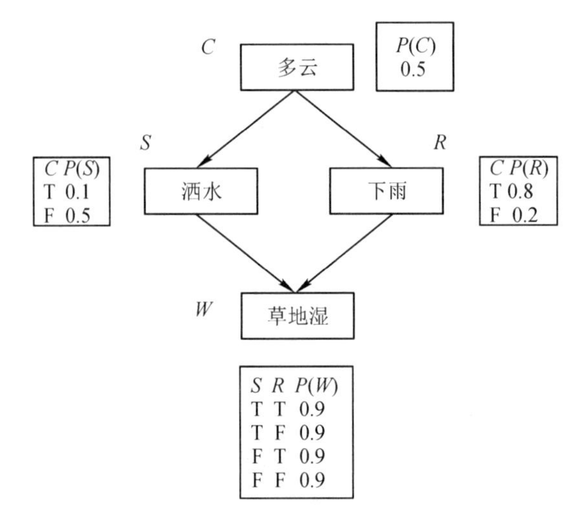

图 4.13　习题 25 的贝叶斯网络

第 5 章　搜索问题求解策略

在人工智能中，问题求解的基本方法有搜索、归约、归结、推理及产生式等。由于对于绝大多数需要用人工智能方法求解的问题，直接求解的方法并不多，因此，搜索可以认为是一种求解问题的一般方法。

在使用搜索求解问题之前，需要先将问题形式化，也就是将问题合理地表示和描述到计算机中，其中一种有效的表示方法就是状态空间表示法。下面首先讨论搜索的基本概念，然后着重介绍状态空间表示和搜索策略。搜索策略主要有回溯搜索、广度优先搜索、深度优先搜索等盲目搜索策略，以及 A 搜索算法及 A^* 搜索算法等启发式搜索策略。

5.1　搜索的概念

1. 搜索中需要解决的基本问题

(1) 搜索过程是否一定能找到一个解。

(2) 当搜索过程找到一个解时，找到的解是否为最佳解。

(3) 搜索过程的时间与空间复杂性如何。

(4) 搜索过程是否终止运行或是否会陷入一个死循环。

2. 搜索的主要过程

(1) 从初始状态或目的状态出发，并将它作为当前状态。

(2) 扫描操作算子集，将适用当前状态的一些操作算子作用在其上而得到新的状态，并建立指向其父节点的指针。

(3) 检查所生成的新状态是否满足结束状态，如果满足，则得到解，并可沿着有关指针从结束状态反向到达开始状态，给出一条解答路径；否则，将新状态作为当前状态，返回第(2)步再进行搜索。

3. 搜索的策略

(1) 正向搜索。从初始状态出发的正向搜索，也称为数据驱动。

正向搜索是从问题给出的条件——一个用于状态转换的操作算子集合出发的。搜索的过程为应用操作算子从给定的条件中产生新条件，用操作算子从新条件中产生更多的新条件，这个过程一直持续到有一条满足目的要求的路径产生为止。数据驱动就是用问题给定数据中的约束知识指导搜索，使其沿着那些已知是正确的路线前进。

(2) 逆向搜索。从目的状态出发的逆向搜索，也称为目的驱动。

逆向搜索是先从想达到的目的入手，看哪些操作算子能产生该目的以及应用这些操作算子产生目的时需要哪些条件，这些条件就成为我们要达到的新目的，即子目的。逆向搜索就通过产生反向的连续的子目的不断进行，直至找到问题给定的条件为止。这样就找到了一条从数据到目的的操作算子所组成的链。

4. 搜索方法的分类

根据搜索过程中是否运用与问题有关的信息，可以将搜索方法分为盲目搜索和启发式搜索。

(1) 所谓盲目搜索(Blind Search)，是指在对特定问题不具有任何有关信息的条件下，按固定的步骤(依次或随机调用操作算子)进行的搜索，它能快速地调用一个操作算子。

(2) 所谓启发式搜索(Heuristic Search)，则是考虑特定问题领域可应用的知识，动态地确定调用操作算子的步骤，优先选择较适合的操作算子，尽量减少不必要的搜索，以求尽快地到达结束状态，提高搜索效率。

盲目搜索中，由于没有可参考的信息，只要能匹配的操作算子都须运用，这会搜索出更多的状态，生成较大的状态空间显示图；而启发式搜索中，运用一些启发信息，只采用少量的操作算子，生成较小的状态空间显示图，就能搜索到一个解答，但是每使用一个操作算子便需作更多的计算与判断。启发式搜索一般要优于盲目搜索，但不可过于追求更多的甚至完整的启发信息。

5.2 状态空间表示

1. 状态空间模型

状态空间(State Space)表示法是知识表示的一种基本方法，是利用状态变量和操作符号表示系统或问题的有关知识的符号体系。状态空间可以用一个四元组表示：

$$(S, O, S_0, G)$$

其中，S 是状态集合，S 中的每一个元素表示一个状态，状态是某种结构的符号或数据；O 是操作算子的集合，利用算子可将一个状态转换为另一个状态；S_0 是包含问题的初始状态，是 S 的非空子集，$S_0 \subset S$；G 是问题的目的状态，是 S 的非空子集，$G \subset S$。G 可以是若干具体状态，也可以是满足某些性质的路径信息描述。从 S_0 节点到 G 节点的路径称为求解路径，求解路径上的操作算子序列为状态空间的一个解。例如，操作算子序列 O_1，O_2，…，O_k 使初始状态转换为目标状态，如图 5.1 所示，则 O_1，O_2，…，O_k 即为状态空间的一个解。当然，解往往不是唯一的。

$$S_0 \xrightarrow{O_1} S_1 \xrightarrow{O_2} S_2 \xrightarrow{O_3} \cdots \xrightarrow{O_k} G$$

图 5.1　状态空间的解

任何类型的数据结构(如符号、字符串、向量、多维数组、树和表格等)都可以用来描述状态。所选用的数据结构形式要与状态所蕴含的某些特性具有相似性。

2. 状态空间的图描述

状态空间可用有向图来描述，图的节点表示问题的状态，图的弧表示状态之间的关系，就是求解问题的步骤。初始状态对应于实际问题的已知信息，是图中的节点。问题的状态空间描述中，寻找从一种状态转换为另一种状态的某个操作算子序列就等价于在一个图中寻找某一路径。

例 5.1　用状态空间表示法表示假币问题。有 6 枚硬币，已知其中一枚是假的或是伪造的，但是不知道假币是比其他币更轻还是更重，普通的秤可以用于确定任何两组硬币的质量，即确定一组硬币比另一组硬币更轻或更重。为了解决这个问题，通过称量 3 组硬币的组合，来识别假币。

假币问题的解状态空间表示树如图 5.2 所示，使用符号$[C_{k1}C_{k2}\cdots C_{km}]$来表示具有 m 枚硬币的子集，这是所知道的包含了假币的最小硬币集合，使用符号 $C_{i1}C_{i2}\cdots C_{ir}:C_{j1}C_{j2}\cdots C_{jr}$ 来表示 r 枚硬币质量大小的比值。状态空间表示树由节点和分支组成，一个椭圆是一个节点，代表问题的一个状态。节点之间的箭头表示将状态空间树移动到新节点的算子。图 5.2 中标有“*”的节点$[C_1C_2C_3C_4]$表示假币可能是 C_1、C_2、C_3 或 C_4 中的任何一个；我们决定对 C_1 和 C_2 以及 C_5 和 C_6 之间的质量大小进行比较。如果这两个集合中的硬币质量相等，那么就知道假币必然是 C_3 或 C_4 中的一个；如果这两个集合中的硬币质量不相等，那么我们确定 C_1 或 C_2 是假币。

在图 5.2 中，起始节点是$[C_1C_2C_3C_4C_5C_6]$，这表明起始状态时假币可以是 6 枚硬币中的任何一个，图中的状态空间树有 6 个终端节点对应最终状态，每个标记为$[C_i]$($i=1$, 2, …, 6)，其中 i 的值指定了哪枚是假币。

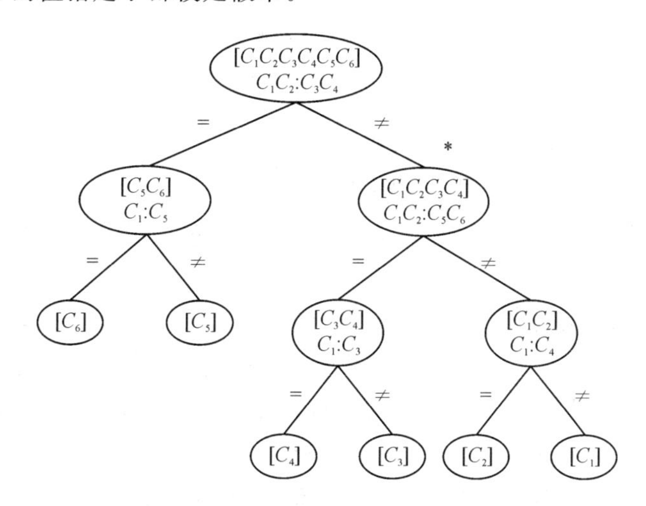

图 5.2　假币问题的解状态空间表示树

例 5.2　有 12 颗球，其中一颗是“坏球”，即真实质量与标准质量不一致，请采用一个普通质量天平，限定 3 次称重，把其中那颗“坏球”找出来。

解　把 12 颗球随机排序，标号为 1～12，且 1～4 为第一组，5～8 为第二组，9～12 为第三组。已知有且仅有 1 颗球的真实质量与标准质量不同，完整可能性分析见图 5.3。

第一次称量：第一组 1、2、3、4 号与第二组 5、6、7、8 号。

若两者相等，则坏球在第三组 9～12 号之中，后续步骤见 a；

若两者不等，则坏球在第一组或第二组(即 1～8 号)之中(假设第一组重于第二组，同理可求得第一组轻于第二组的情况)，后续步骤见 b。

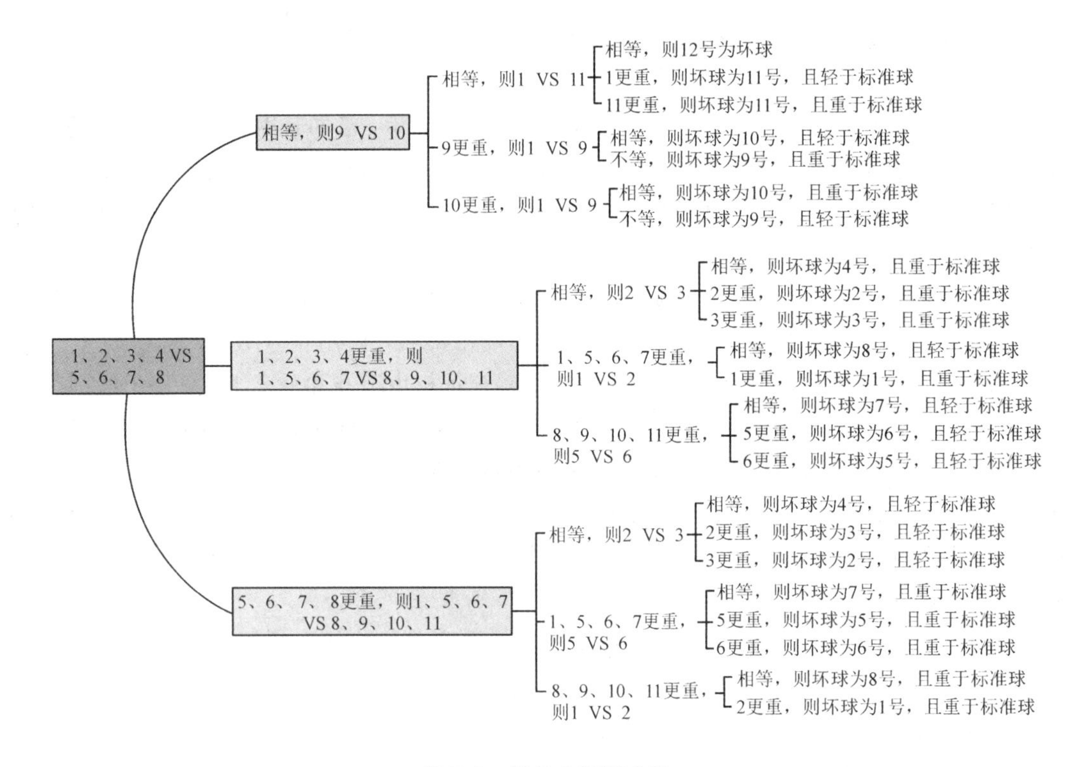

图 5.3　例 5.2 问题求解

第二次称量：

a. 坏球在第三组 9～12 号之中，称量 9 号与 10 号。

若两者相等，则坏球在 11 号与 12 号之中，后续步骤见 c；

若两者不等，则坏球在 9 号与 10 号之中(假设 9 号重于 10 号，同理可求得 9 号轻于 10 号的情况)，后续步骤见 d。

b. 坏球在第一组或第二组即 1～8 号之中(假设第一组重于第二组，同理可求得第一组轻于第二组的情况)，以“控制不变量”为基本思想，称量 1、5、6、7 号与 8、9、10、11 号。

若两者相等，则坏球在 2、3、4 号之中，且坏球重于标准球，后续步骤见 e；

若 1、5、6、7 重于 8、9、10、11，由于有且仅有 1 颗坏球，则需要同时满足“1、2、3、4 中有一重于标准球或 5、6、7、8 中有一轻于标准球”和“1、5、6、7 中有一重于标准球或 8、9、10、11 中有一轻于标准球”上述两个条件，则坏球在 1 号和 8 号之中(1 号为重于标准球，或 8 号为轻于标准球)，后续步骤见 f；

若 1、5、6、7 轻于 8、9、10、11，则坏球在 5、6、7 号之中，且坏球轻于标准球，后续步骤见 g。

第三次称量：

c. 坏球在 11 号与 12 号之中，称量 1 号与 11 号。

若两者相等，则坏球为 12 号(无法得知坏球重于或轻于标准球)；

若两者不等，则坏球为 11 号(11 号重于 1 号则坏球重于标准球，反之同理)。

d. 坏球在 9 号与 10 号之中，称量 1 号与 9 号。

若两者相等，则坏球为 10 号，且轻于标准球；

若两者不等，则坏球为 9 号，且重于标准球。

e. 坏球在 2、3、4 号之中，且坏球重于标准球，称量 2 号与 3 号。

若两者相等，则坏球为 4 号；

若 2 号重于 3 号，则坏球为 2 号；

若 2 号轻于 3 号，则坏球为 3 号。

f. 坏球在 1 号和 8 号之中(1 号为重于标准球，或 8 号为轻于标准球)，称量 1 号与 2 号。

若两者相等，则坏球为 8 号，且轻于标准球；

若 1 号重于 2 号，则坏球为 1 号，且重于标准球。

g. 坏球在 5、6、7 号之中，且坏球重于标准球，称量 5 号与 6 号。

若两者相等，则坏球为 7 号；

若 5 号重于 6 号，则坏球为 5 号；

若 5 号轻于 6 号，则坏球为 6 号。

问题的状态空间表示树包含了问题可能出现的所有状态以及这些状态之间所有可能的转换。事实上，由于回路经常出现，这样的结构通常称为状态空间图。问题的求解通常需要在这个结构中搜索(无论它是树还是图)始于起始节点，终于终点或最终状态的一条路径。有时候，我们关心的是找到一个解，但有时候，我们可能希望找到最低代价的解。

搜索策略的主要任务是确定选取操作算子的方式，它有两种基本方式：盲目搜索和启发式搜索。

5.3 盲目搜索

5.3.1 回溯搜索

AlphaGo 与
蒙特卡洛树搜索

在求解问题时，不管是正向搜索还是逆向搜索，都是在状态空间图中找到从初始状态到目的状态的路径，路径上弧的序列对应于解题的步骤。若在选择操作算子求解问题时，能给出绝对可靠的预测或者绝对正确的选择策略，构造出一条解题路径，一次性成功穿过状态空间而到达目的，那就不需要所谓的搜索了。但事实上，不是总能给出正确的选择，求解实际问题时必须尝试多条路径才能找到目的状态。一个搜索算法的策略就是要决定树或图中状态的搜索次序。回溯(搜索)策略是一种系统地尝试状态空间中各种不同路径的技术。

回溯搜索是从初始状态出发，不停试探性地寻找路径，直到到达目的状态或“不可解节点”，即“死胡同”为止。回溯策略是当遇到不可解节点时就回溯到路径中最近的父节点上，查看该节点是否还有其他的子节点未被扩展。若有，则沿这些子节点继续搜索；如果找到目标，则成功退出搜索，返回解题路径。

回溯搜索算法可用三张表来保存状态空间中不同性质的节点。

(1) 路径状态表。路径状态(Path States，PS)表保存当前搜索路径上的状态。如果找到了目的状态，PS 就是解路径上的状态有序集。

(2) 新的路径状态表。新的路径状态(New Path States，NPS)表包含了等待搜索的状态，其后裔状态还未被搜索到，即未被生成扩展。

(3) 不可解状态表。不可解状态(No Solvable States，NSS)表列出了找不到解路径的状态。如果在搜索中扩展出的状态是它的元素，则可立即将之排除，不必沿该状态继续搜索。

为了避免造成无穷循环搜索，需要检测并删除多次出现的那些状态。具体检测可通过判断每一个新生成的状态是否在 PS、NPS、NSS 三张表中来实现。如果它属于其中一张表，就说明它已被搜索过而不必再考虑。

当前正在被检测的状态，记作 CS(Current State)。CS 总是等于最近加入 PS 中的状态，是当前正在探寻解题路径的“前锋”。各种合适的推理规则或其他问题求解操作都可应用于 PS。一般应用后便得到一些新状态，即 PS 的子状态的有序集；然后再将该集合中的第一个子状态作为 CS，并加入 PS 中，其余的则按顺序放入 NPS 中，用于以后的搜索。如果应用后 CS 没有子状态，则要从 PS、NPS 中删除它，同时将其加入 NSS 中，之后回溯查找 NPS 中表首位置的状态。具体的(功能)回溯策略伪代码及说明如下：

```
Function backtrack；
PS：=[ Start]；NPS：=[Start]；NSS：=[ ]；CS：=Start；#初始化
while NPS≠[   ]  do
    if  CS=目的状态 then return (PS)；              #成功，返回解题路径
    if  CS 没有子状态(不包括 PS、NPS 和 NSS 中已有的状态)
        while((PS 非空) and (CS=PS 中的第一个元素)) do
          将 CS 加入 NSS；                         #标明此状态不可解
          从 PS 中删除第一个元素 CS；              #回溯
          从 NPS 中删除第一个元素 CS；
          CS：=NPS 中的第一个元素；
        end
        将 CS 加入 PS；
    end
    else
        将 CS 子状态(不包括 PS、NPS 和 NSS 中已有的) 加入 NPS；
        CS：=NPS 中的第一个元素；
        将 CS 加入 PS；
    end
end
return FAIL；
```

如果搜索过程将初始条件作为初始状态，则搜索是状态空间中的一个正向搜索。它对

其子状态进行搜索以寻找目的。如果将目的作为搜索图的根即初始状态，则本算法可看作逆向搜索。如对算法中“成功，返回解题路径”的判别条件“CS=目的状态”修改为“搜索路径的性质优劣”，那算法必须通过检查PS中的路径来确定是否到达目的。

回溯是状态空间搜索的一个基本算法。各种图搜索算法，包括深度优先搜索、广度优先搜索、最好优先搜索等都有回溯的思想，其中，广度优先搜索和深度优先搜索是状态空间的最基本的搜索策略。

例5.3 求解四皇后问题，要求4个皇后放置在4×4的棋盘上，并且使皇后彼此之间不能相互攻击，即任意两个皇后不能在同一行、列和对角线上，这些条件被称为四皇后问题的约束条件。

图5.4给出了四皇后问题的几种可能解，为了表示方便，在图5.4中每个棋盘外围用横向的1、2、3、4标明棋盘的列号，纵向的1、2、3、4标明棋盘的行号。其中，图(a)违反了所有的约束条件，在第1、2行和第1、2列都有2个皇后；图(b)有2个皇后出现在同一对角线上，3个皇后出现在第2列中；图(c)有2个皇后出现在第2行和第4行；图(d)没有违反任何约束条件，是四皇后问题的解。

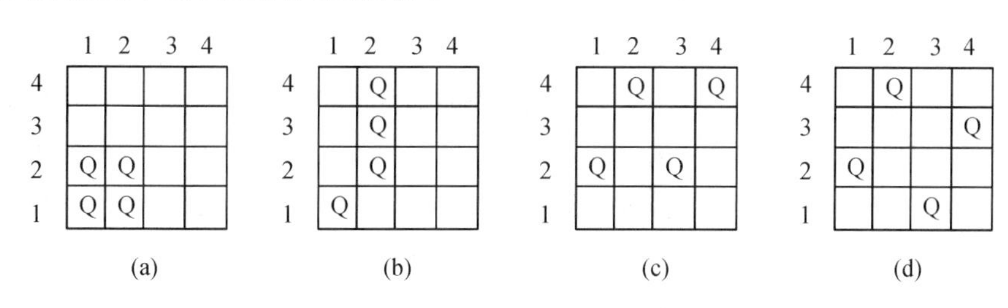

图5.4 四皇后问题的解

在四皇后问题求解过程中，每一个步骤放置一个皇后到棋盘的一个方块中，那么在步骤i可能有以下两种情况发生：

(1) 在不违反任何约束条件的情况下，将皇后放置在方块中。

(2) 如果第i个皇后放置在任意方格中都违反任何约束条件，那么我们必须返回到第$i-1$步。也就是说，必须回溯考虑第$i-1$个皇后放置的步骤。撤销第$i-1$个步骤皇后放置的位置，重新放置第$i-1$个皇后，这时又会出现两种情况：

① 如果重新放置第$i-1$个皇后之后，没有违反任何约束条件，则返回步骤i。

② 如果重新放置第$i-1$个皇后之后，违反了约束条件，那么继续回溯到第$i-2$个步骤。

依此循环，回溯到初始的第一步，也就是从头开始放置第一个皇后。

如图5.5(a)所示，在步骤1中，我们试着将第一个皇后放在第1行1列，用具有4个行分量的向量表示，即(1，-，-，-)，-表示这些行号所在行上还没有放置皇后；如图5.5(b)所示，在步骤2中，黑点所在位置由于违反了对角线约束，所以该点所在方块就不能放置皇后，则按照(1，3，-，-)放置；如图5.5(c)所示，在步骤3中，在放置第3个皇后的时候发现黑点所在的4行都不满足条件。

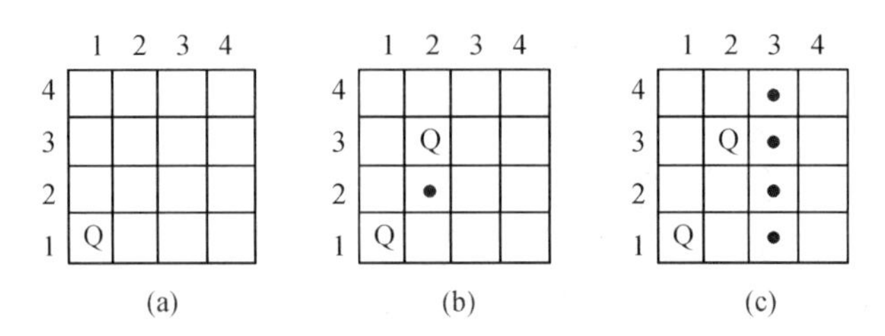

图 5.5　四皇后问题求解遇到不可解状态

因此，这要求回溯到步骤 2，如图 5.6(a)重新放置第 2 个皇后到第 4 行，得到部分解(1，4，-，-)，再返回到步骤 3，得到(1，4，2，-)，可是在成功放置第 3 个皇后之后，到了步骤 4，图 5.6(b)依然得不到解。说明刚刚回溯到步骤 2 已经不能解决问题，需要进一步回溯到步骤 1，如图 5.6(c)所示最终将皇后 1 位于第 2 行(2，-，-，-)。

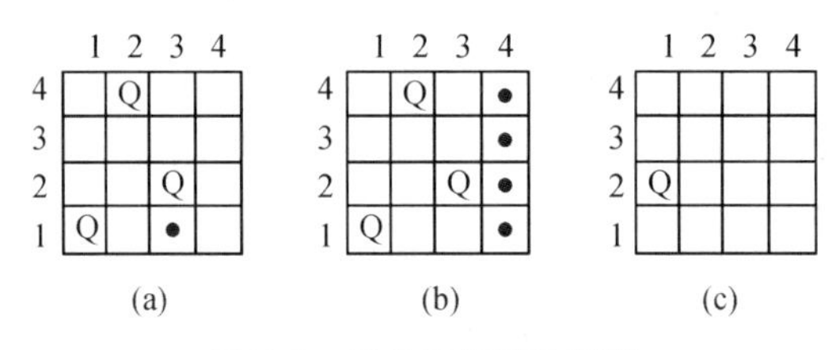

图 5.6　四皇后问题的回溯

接下来的步骤 2，皇后 2 最终放在了第 4 行，得到(2，4，-，-)，同理，步骤 3，皇后放在了第 1 行，得到(2，4，1，-)；步骤 4，皇后被放在了第 3 行，得到结果(2，4，1，3)，如图 5.7 所示。

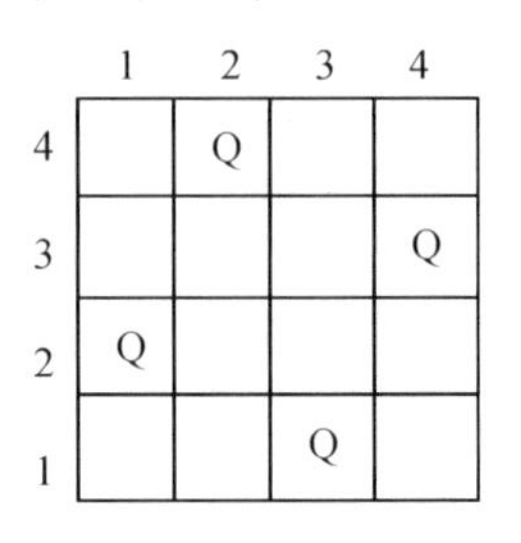

图 5.7　四皇后问题的解

四皇后的求解也可以用搜索树表示，如图 5.8 所示。这棵树中的 4 个层次对应于问题中的 4 个步骤。从根开始的左分支对应于将第一个皇后放在第一行的所有部分解。在左子

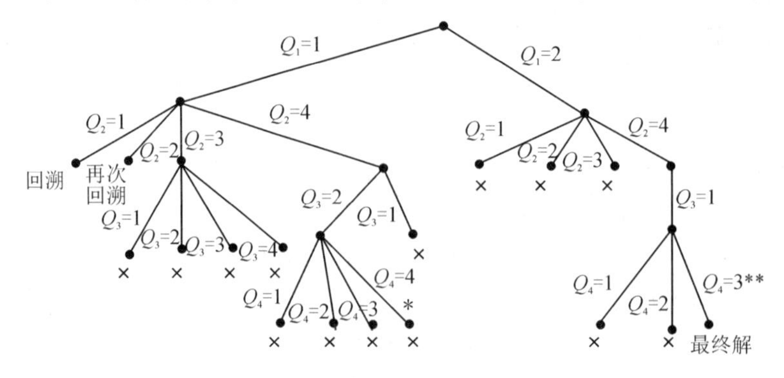

图 5.8　四皇后问题求解的搜索树

树第 4 层的节点，用 * 标记对应于解(1，4，2，4)，显然违反约束条件，回溯意味着返回更靠近根的上一层，(1，4，2，4)将导致搜索返回到根。搜索将会在右子树继续，这对应于第一个皇后在第 2 行的所有部分解。在标记为 * * 的叶节点，发现了最终解。

程序 5.1 实现的是利用回溯法求解四皇后问题。程序中函数 isSafe(board，row，column)用来判断棋盘 board 上的行 row、列 column 以及对角线上是否已经存在皇后，如果已经存在皇后则不满足约束，返回 False，否则返回 True。关键的回溯搜索过程是从第 23 行开始的循环，每次循环都判断当前的位置是否满足约束，如果满足则放置皇后，然后递归求解下一行皇后的位置，如果直到循环结束都找不到满足约束的位置，则在程序第 27 行进行回溯。

```
1  # 程序 5.1 回溯法求解四皇后问题
2  solution=[]
3  def isSafe(board, row, column):
4      for i in range(len(board)):
5          if board[row][i]==1:
6              return False
7      for i in range(len(board)):
8          if board[i][column]==1:
9              return False
10     for i, j in zip(range(row, -1, -1), range(column, -1, -1)):
11         if board[i][j]==1:
12             return False
13     for i, j in zip(range(row, -1, -1), range(column, len(board))):
14         if board[i][j]==1:
15             return False
16     return True
17 def solve(board, row):
18     if row >=len(board):
19         solution.append(board)
20         printboard(board)
21         print()
22         return
23     for i in range(len(board)):
24         if isSafe(board, row, i):
25             board[row][i]=1
26             solve(board, row + 1)
27             board[row][i]=0   #当条件不满足时则回溯
28     return False
29 def printboard(board):
30     for i in range(len(board)):
31         for j in range(len(board)):
32             if board[i][j]==1:
33                 print("Q", end=" ")
```

```
34                  else:
35                      print(" ", end=" ")
36              print()
37  if __name__=='__main__':
38      n=4                         #皇后个数
39      board=[[0 for i in range(n)] for j in range(n)]
40      solve(board, 0)
```

输出：

	Q		
			Q
Q			
		Q	

		Q	
Q			
			Q
	Q		

5.3.2　广度优先搜索

广度优先搜索（Breadth First Search，BFS）是从树的顶部到树的底部，按照从左到右（或从右到左）的方式，逐层搜索节点，先搜索层次 i 的所有节点，然后才能搜索在 $i+1$ 层的节点，如图 5.9 所示。它类似树的层次遍历，是树的按层次遍历的推广。由树根 A 开始依次访问，第一层（根节点为第 0 层）节点 B、C 访问完后，再进入下一层访问 D、E、F、G，如此一层层扩展下去，直到搜索到目的状态（如果目的状态存在）。

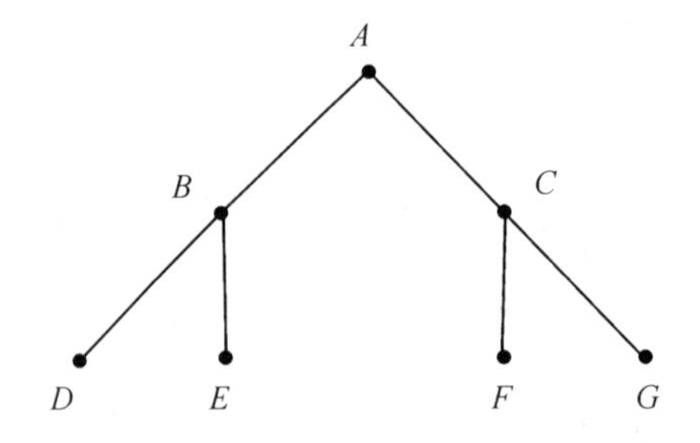

图 5.9　树的广度优先搜索遍历（按照以下顺序访问节点：A、B、C、D、E、F、G）

在实际广度优先搜索时，为了保存状态空间搜索的轨迹，用到了两个表：open 表和 closed 表。open 表与回溯算法中的 NPS 表相似，包含了已经生成出来但其子状态未被搜索的状态。open 表中状态的排列次序就是搜索的次序。closed 表记录了已被生成扩展过的状态，它相当于回溯算法中 PS 表和 NSS 表的合并。

下面是广度优先搜索过程：

```
Procedure breadth _first_search
open:=[start]; closed:=[ ]                    #初始化
while open≠[ ] do
    从 open 表中删除第一个状态，称之为 n;
    将 n 放入 closed 表中;
    if n=目的状态 then return  (success)
    生成 n 的所有子状态;
    从 n 的子状态中删除已在 open 或 closed 表中出现的状态；#避免循环搜索
    将 n 的其余子状态按生成的次序加入 open 表的后端;
end;
```

注意，open 表是一个队列结构，即先进先出(FIFO)的数据结构。曾在 open 表或 closed 表中出现过的子状态要删去。

如果过程因 while 循环条件(open≠[ ])不满足而结束，则表明已搜索完整个状态空间但未搜索到目的状态，说明搜索失败了。

如果整个状态空间是无限的且不能满足 while 的循环条件即无解，则过程便会一直搜索下去，所以在过程中应增加“搜索超时而结束”的终止部分。

例 5.4　广度优先搜索求解三拼图问题。三拼图问题是在一个 2×2 的方格盘上，放有 1～3 的数字，余下一格为空。空格可以上下左右移动，同时相应位的数字可移到空格。需要找到一个空格移动序列使初始的无序数字转变为一些特殊的排列状态。

首先定义三拼图问题的初始状态和目标状态，如图 5.10 所示，其中图 5.10(a)为初始状态，图 5.10(b)为目标状态。在图 5.10(a)中，空格可以向上移动一个方格，方块 1 就移动到原来空格的地方，空格也可以向左移动，则方块 2 可以移动并填充原来的空格。4 个操作符可以改变拼图的状态，即空格可以向上、下、左或右移动，分别用↑、↓、←、→代表这 4 个算子。

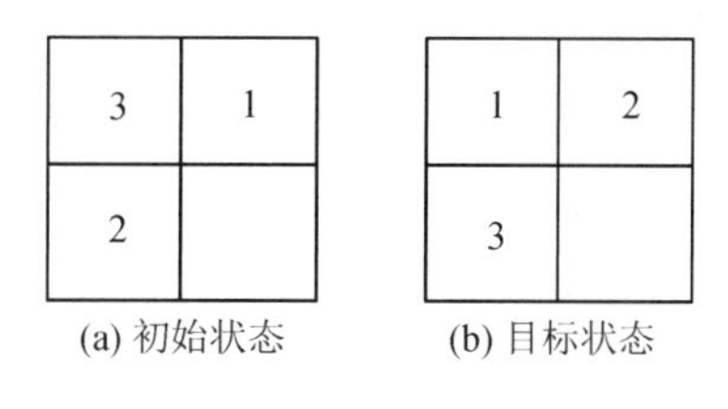

图 5.10　三拼图问题

搜索步骤如图 5.11 所示，在搜索中，每个步骤都应用了来自集合{↑，↓，←，→}的一个算子。不需要担心哪个移动可以最快速地到达解，在这个意义上，搜索是盲目的。搜索避免了重复的状态，在图中重复状态用符号“×”做了标明，从根节点开始，空格只能做向上或者向左移动，所以先应用↑、←这两个算子得到第一层 2 个节点，然后将第一层的节点再次扩展，分别应用{↓，←}、{↑，→}算子得到下一层的 4 个节点。最终在深度为 4 的位置找到了解，这意味着空格需要移动 4 次才能到达目标。

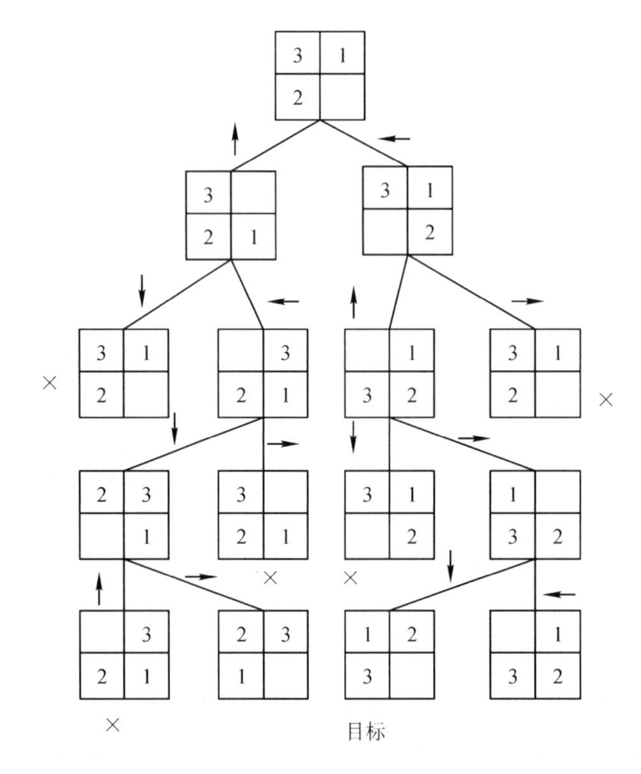

图 5.11　广度优先搜索求解三拼图问题

由于广度优先搜索总是在扩展完 N 层的所有节点之后才转向 $N+1$ 层，因此它总能找到最好的解(如果有解)，但当图的分支数太多，即状态的后裔数的平均值较大时，这种组合爆炸就会使算法耗尽资源，从而在可利用的空间中找不到解。这是由于每层搜索中所有生成的未扩展的节点都要保存到 open 表中，如果解题路径较长，这个数目将会过大，使搜索无法进行。

5.3.3　深度优先搜索

深度优先搜索(Depth-First Search，DFS)是尽可能快地深入树中，每当搜索方法可以作出选择时，它选择最左(或最右)的分支和如图 5.12 所示的次序 A、B、D、E、C、F、G 访问节点来搜索状态，它类似树的先根遍历，是树的先根遍历的推广。

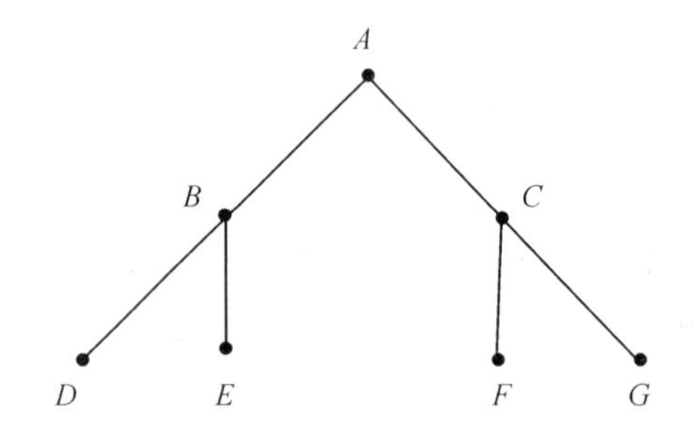

图 5.12　树的深度优先搜索遍历(按照 A、B、D、E、C、F、G 的顺序访问节点)

在深度优先搜索中，当搜索到某一个状态时，它所有的子状态以及子状态的后裔状态都必须先于该状态的兄弟状态被搜索。深度优先搜索在搜索空间时应尽量往深处去，只有再也找不出某状态的后裔状态时，才能考虑它的兄弟状态。

很明显，深度优先搜索不一定能找到最优解，并且可能由于深度的限制，会找不到解(实际上待求问题存在解)，然而，如果不添加深度限制值，则可能会沿着一条路径无限地扩展下去，这当然是不希望的。为了保证找到解，那就应选择合适的深度限制值，或采取不断加大深度限制值的办法，反复搜索，直到找到解。下面是深度优先搜索过程：

```
Procedure depth_first_search
open:=[ start]; closed:=[ ]; d:=深度限制值
while open≠[ ]  do
    从 open 表中删除第一个状态，称之为 n;
    将 n 放入 closed 表中;
    if n=目的状态 then   return (success) ;
    if   n 的深度 <d   then continue;
    生成 n 的所有子状态;
    从 n 的子状态中删除已在 open 表或 closed 表中出现的状态;
    将 n 的其余子状态按生成的次序加入 open 表的前端;
end;
```

注意，open 表是一个堆栈结构，即先进后出(FILO)的数据结构。open 表用堆栈实现的方法使得搜索偏向于最后生成的状态；曾在 open 表或 closed 表中出现过的子状态要删去。和 breadth_first_search 中一样，此处 open 表列出了所有已生成但未做扩展的状态(搜索的“前锋”)，closed 表记录了已扩展过的状态。同 breadth_first_search 一样，两个算法都可以把每个节点同它的父节点一起保存，以便构造一条从起始状态到目的状态的路径。

与广度优先搜索不同的是，深度优先搜索并不能保证第一次搜索到某个状态时的路径是到这个状态的最短路径。对任何状态而言，以后的搜索有可能找到另一条通向它的路径。如果路径的长度对解题很关键的话，当算法多次搜索到同一个状态时，它应该保留最短路径。具体可把每个状态用一个三元组来保存(状态，父状态，路径长度)。当生成子状态时，将路径长度加 1，和子状态一起保存起来。当有多条路径可到达某子状态时，这些信息可帮助选择最优的路径。必须指出，深度优先搜索中即使保存这些信息也不能保证算法得到的解题路径是最优的。

例 5.5 使用深度优先搜索求解三拼图问题。

首先要定义如图 5.10 所示的初始状态和目标状态。搜索过程如图 5.13 所示，从初始状态开始，先做一次↑操作，得到第一层的节点，由于该节点的状态只能做↓和←操作，并且算子↓的操作导致状态又变成重复状态，在图中以符号“×”标记，所以搜索可以避免重复状态而沿着右子树继续往深层次搜索，经过 8 次操作之后找到了解，也就是目标状态。

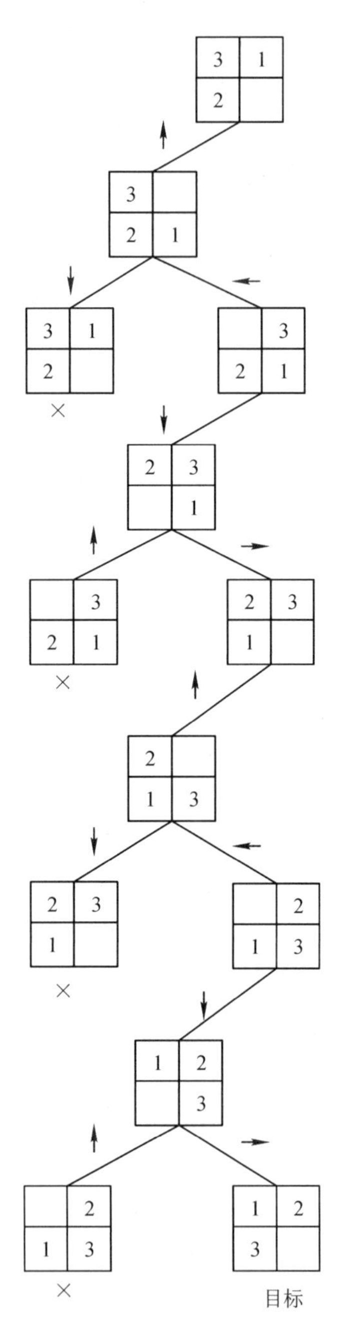

图 5.13　深度优先搜索求解三拼图问题

5.4　启发式搜索

盲目搜索方法的复杂性往往很高，为了提高算法的效率，必须放弃利用纯数学的方法来决定搜索节点次序的手段，而需要对具体问题作具体分析，利用与问题有关的信息，从中得到启发来引导搜索，以达到减少搜索量的目的，这就是启发式搜索。

下面先介绍启发及启发式搜索的一般问题，然后具体介绍启发式搜索算法，包括A搜索算法及A^*搜索算法，并讨论启发式搜索算法的性质。

5.4.1 启发式策略

启发式(Heuristic)策略就是利用与问题有关的启发信息来引导搜索。在状态空间搜索中，启发式被定义成一系列操作算子，并能从状态空间中选择最有希望到达问题解的路径。问题求解系统可在以下两种基本情况下运用启发式策略。

(1) 由于在问题陈述和数据获取方面存在的模糊性，可能会使一个问题没有一个确定的解，这就要求系统能运用启发式策略作出最有可能的解释。

(2) 虽然一个问题可能有确定解，但是其状态空间特别大，搜索中生成扩展的状态数会随着搜索的深度呈指数级增长。穷尽式搜索策略(如广度优先搜索或深度优先搜索)在一个给定的较实际的时空内很可能得不到最终的解，而启发式策略则通过引导搜索向最有希望的方向进行来降低搜索复杂度。

但是，启发式策略也是极易出错的。在解决问题过程中启发仅仅是对下一步将要采取的措施的一个猜想。它常常根据经验和直觉来判断。由于启发式搜索只利用特定问题的有限的信息，很难准确地预测下一步在状态空间中采取的具体的搜索行为。一个启发式搜索可能得到一个次优解，也可能一无所获。这是启发式搜索固有的局限性，而这种局限性不可能借助所谓更好的启发式策略或更有效的搜索算法来彻底消除。

在问题求解中，需要用启发式知识来剪枝以减少状态空间，否则只能求解一些小规模的问题。因此，启发式策略及算法设计一直是人工智能的核心问题。启发式搜索通常由两部分组成：启发方法和使用该方法搜索状态空间的算法。

例5.6 求解素数问题。

假设必须确定给定的3和100之间的数字(包括3和100)是否为素数。按照一般的搜索策略其伪代码如下：

```
Number=3，…，100
while Number[i]≠null
    for 因子=2toNumber[i]-1
        if Number[i] 能被因子整除 then remove Number[i]
    end for
end while
```

如果数字(Number[i])等于85，那么取可能的因子2、3、4、5进行测试，85/5得到17，因此我们可以知道85不是素数。但是如果数字(Number[i])等于37，则for循环一直要执行到可能的因子等于37，才能知道37是素数。

启发式搜索则利用一些先验知识，知道这个因子最大可能等于Number[i]的平方根(向下取整)。当Number[i]等于37时，只在测试了2、3、4、5和6这些可能的因子之后，启发式搜索便返回37是素数。这样，启发式搜索可以大大节省时间，降低复杂度。

5.4.2 启发信息和估价函数

人们在实际工作中解决一个具体问题时，常常把一个复杂的实际问题抽象化，保留某些主要因素，忽略大量次要因素，从而将这个实际问题转化成具有明确结构的有限或无限的状态空间问题，这个状态空间中的状态和变换规律都是已知的集合，因此可以找到一个求解该问题的算法。

在具体求解中，启发式搜索能够利用与该问题有关的信息来简化搜索过程，称此类信息为启发信息。然而，在求解问题中能利用的大多不是具有完备性的启发信息，而是非完备的启发信息，其原因如下。

(1) 大多数情况下，求解问题系统不可能知道与实际问题有关的全部信息，因而无法知道该问题的全部状态空间，也不可能用一套算法来求解所有的问题。这样就只能依靠部分状态空间、一些特殊的经验和有关信息来求解其中的部分问题。

(2) 有些问题在理论上虽然存在着求解算法，但是在工程实践中，这些算法不是效率太低，就是无法实现。为了提高求解问题的效率，不得不放弃使用这些“完美的”算法，而求助于一些启发信息来进行启发式搜索。

如在博弈问题中，计算机为了保证最后胜利，可以将所有可能的走法都试一遍，然后选择最佳走步。这样的算法是可以找到的，但计算所需的时空代价十分惊人。对于四皇后问题来说，4 个皇后需要放置在 4×4 棋盘上，总共有 C_{16}^{4} 或 1820 种放置方法。对于围棋走步的变幻数量，宋代《梦溪笔谈》里早有论述：“大约连书万字四十三，即是局之大数。”意思是围棋所有可能的走法数目扣除气孔等必需的空位后，仍有 43 位数的可能性。假设每步可以搜索一个棋局，用极限并行速度来处理，搜索一遍国际象棋的全部棋局也得 10^{16} 年即 1 亿亿年才可以算完，而已知的宇宙寿命才 100 亿年！因此，必须采用启发式的求解方法。

启发信息按运用方法的不同可分为三种。

(1) 陈述性启发信息，一般被用于更准确、更精炼地描述状态，使问题的状态空间缩小，如待求问题的特定状况就属于此类信息。

(2) 过程性启发信息，一般被用于构造操作算子，使操作算子少而精，如一些规律性知识等属于此类信息。

(3) 控制性启发信息，它是表示控制策略方面的知识，包括协调整个问题求解过程中所使用的各种处理方法、搜索策略、控制结构等有关的知识。

为提高搜索效率，就需要利用上述三种启发信息作为搜索的辅助性策略。这里主要介绍控制性的启发信息。利用控制性的启发信息有两种极端的情况：一种是没有任何控制性知识作为搜索的依据，因而搜索的每一步完全是随意的，如随机搜索、广度优先搜索、深度优先搜索等；另一种是有充分的控制知识作为依据，因而搜索的每一步选择都是正确的，但这是不现实的。一般情况介于二者之间。在搜索过程中需要根据这些启发信息估计各个节点的重要性。

用估价函数(Evaluation Function)可估计待搜索节点的“有希望”程度，并依次给它们排定次序。估价函数 $f(x)$ 可以是任意一种函数，如定义为节点 x 处于最佳路径上的概率，或是 x 节点和目的节点之间的距离或差异，或是 x 的格局的得分等。

一般来说，估计一个节点的价值，必须综合考虑两方面的因素：已经付出的代价和将要付出的代价。因此，估价函数 $f(n)$ 定义为从初始节点经过 n 节点到达目的节点的路径

的最小代价估计值，其一般形式是

$$f(n)=g(n)+h(n)$$

其中，$g(n)$ 是从初始节点到 n 节点的实际代价，而 $h(n)$是从 n 节点到目的节点的最佳路径的估计代价。因为实际代价 $g(n)$可以根据已生成的搜索树实际计算出来，而估计代价$h(n)$是对未生成的搜索路径作某种经验性的估计，这种估计来源于对问题解的某些特性的认识，希望依靠这些特性来更快地找到问题的解，因此主要由 $h(n)$体现搜索的启发信息。

$g(n)$的作用一般是不可忽略的，这是因为它代表了从初始节点经过 n 节点到达目的节点的总代价估值中实际已付出的那一部分。保持 $g(n)$ 项就保持了搜索的广度优先成分，$g(n)$的比重越大，越倾向于广度优先搜索方式。这有利于搜索的完备性，但会影响搜索的效率。$h(n)$ 的比重越大，表示启发性能越强。在特殊情况下，如果只希望找到达到目的节点的路径而不关心会付出什么代价，则 $g(n)$ 的作用可以忽略。另外，当 $h(n)\gg g(n)$ 时，也可忽略 $g(n)$，这时有 $f(n)=h(n)$，有利于提高搜索的效率，但影响搜索的完备性。

给定一个问题后，根据该问题的特性和解的特性，可以有多种方法定义估价函数；用不同的估价函数指导搜索，其效果可以相差很远。因此，必须尽可能选择最能体现问题特性的、最佳的估价函数。设计估价函数的目标就是利用有限的信息作出一个较精确的估价函数。

设计一个好的估价函数具有相当的难度。好的估价函数的设计是一个经验问题，判断和直觉是很重要的因素，但是衡量其好坏的最终标准是在具体应用时的搜索效果。

5.4.3　A 搜索算法

启发式图搜索算法的关键是如何寻找并设计一个与问题有关的 $h(n)$ 及构造出 $f(n)=g(n)+h(n)$ ，然后以 $f(n)$的大小来排列待扩展状态的次序，每次选择 $f(n)$值中的最小者进行扩展。

与广度优先搜索和深度优先搜索算法一样，启发式图搜索算法使用两张表记录状态信息：在 open 表中保留所有已生成但未扩展的状态；在 closed 表中记录已扩展过的状态。算法中有一步是根据某些启发信息来排列 open 表的，它既不同于广度优先搜索所使用的队列(先进先出)，也不同于深度优先搜索所使用的堆栈(先进后出)，而是一个按状态的启发估价函数值的大小排列的一个表。进入 open 表的状态不是简单地排在队尾(或队首)，而是根据其估值的大小插入到表中合适的位置，每次从表中优先取出启发估价函数值最小的状态加以扩展。

A 搜索算法是基于估价函数的一种加权启发式图搜索算法，具体步骤如下：

步骤 1，把附有 $f(S_0)$ 的初始节点 S_0 放入 open 表；

步骤 2，若 open 表为空，则搜索失败，退出；

步骤 3，移出 open 表中第一个节点 N 放入 closed 表中，并顺序编号 n；

步骤 4，若目标节点使附有 $f(S_0)$的初始 $S_g=N$，则搜索成功，结束；

步骤 5，若 N 不可扩展，则转步骤 2；

步骤 6，扩展 N，生成一组附有 $f(S_0)$的子节点对这组子节点作如下处理。

① 考察是否有已在 open 表或 closed 表中存在的节点。若有则再考察其中有无 N 的先辈节点，若有则删除，对于其余节点也删除，但由于它们又被第二次生成，因此需要考虑是否修改已经存在于 open 表或 closed 表中的这些节点及其后裔的返回指针和 $f(x)$的值。修改原则是：选 $f(x)$值小的路径走。

② 为其余子节点配上指向 N 的返回指针后放入 open 表中，并对 open 表按 $f(x)$ 值以升序排序，转步骤 2。

启发式图搜索的 A 搜索算法描述如下：

```
procedure heuristic_search
open:=[start]; closed:=[]; f(s):=g(s)+h(s);     #初始化
while open≠[]  do
    从 open 表中删除第一个状态，称之为 n;
    if  n=目的状态 then return ( success) ;
    生成 n 的所有子状态;
    if  n 没有任何子状态 then continue;
    for  n 的每个子状态 do
        case 子状态不在 open 表或 closed 表中:
            计算该子状态的估价函数值;
            将该子状态加到 open 表中;
        case 子状态已在 open 表中:
            if  该子状态是沿着一条比在 open 表中更短的路径到达
            then  记录更短路径走向及其估价函数值;
        case 子状态已在 closed 表中:
            if  该子状态是沿着一条比在 closed 表更短的路径到达
            then
            将该子状态从 closed 表移到 open 表中;
            记录更短路径走向及其估价函数值;
    end
    将 n 放入 closed 表中;
    根据估价函数值，从小到大重新排列 open 表;
end                    #open 表中节点已耗尽
return(failure);
```

从上面的描述可见，在 A 搜索算法中，从 open 表中取出第一个状态，如果该状态满足目的条件，则算法返回到该状态的搜索路径，在这里每个状态都保留了其父状态的信息，以保证能返回完整的搜索路径。如果 open 表的第一个状态不是目的状态，则算法利用与之相匹配的一系列操作算子进行相应的操作来产生它的子状态。如果某个子状态已在 open 表(或 closed 表) 中出现过，即该状态再一次被发现时，则通过刷新它的祖先状态的历史记录，使算法极有可能找到到达目的状态的更短的路径。接着，使用 A 搜索算法 open 表中每个状态的估价函数值，按照值的大小重新排序，将值最小的状态放在表头，使其第一个被扩展。

例 5.7　用 A 搜索算法求解八拼图问题。

八拼图问题(如图 5.14 所示)是三拼图问题的扩展，在一个 3×3 的方格盘上，放有 1～8 的数字，余下一格为空，空格移动规则同三拼图问题。图 5.14(a)所示的八拼图问题的初始状态为问题的一个布局，需要找到一个空格移动序列使初始布局转变为图 5.14(b)所示的目标状态。

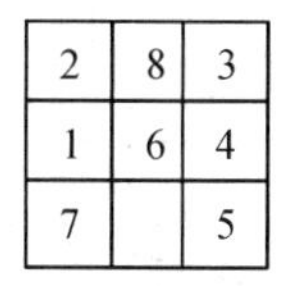

(a) 初始状态

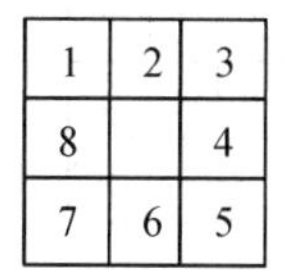

(b)目标状态

图 5.14　八拼图问题

图 5.15 给出了利用 A 搜索算法求解八拼图问题的搜索树，解的路径为 s、B、E、I、K、L。图中状态旁括号内的数字表示该状态的估价函数值，其估价函数定义为

$$f(n)=d(n)+w(n)$$

其中，$d(n)$ 代表状态的深度，每步为单位代价；$w(n)$ 表示以“不在位”的数字个数作为启发信息的度量。例如，A 的状态深度为 1，不在位的数字个数为 5，所以 A 的启发(估计)函数值为 6。又如，E 的状态深度为 2，不在位的数字个数为 3，所以 E 的启发函数值为 5。搜索过程中 open 表内和 closed 表内状态排列的变化情况如表 5.1 所示。

表 5.1　搜索过程中 open 表内和 closed 表内状态排列的变化情况

状态	open 表	closed 表
初始化	(s(4))	( )
一次循环后	(B(4)A(6)C(6))	(s(4))
二次循环后	(D(5)E(5)A(6)C(6)F(6))	(s(4)B(4))
三次循环后	(E(5)A(6)C(6)F(6)G(6)H(7))	(s(4)B(4)D(5))
四次循环后	(I(5)A(6)C(6)F(6)G(6)H(7)J(7))	(s(4)B(4)D(5)E(5))
五次循环后	(K(5)A(6)C(6)F(6)G(6)H(7)J(7))	(s(4)B(4)D(5)E(5)I(5))
六次循环后	(L(5)A(6)C(6)F(6)G(6)H(7)J(7)M(7))	(s(4)B(4)D(5)E(5)I(5)K(5))
七次循环后	L 为目的状态，则成功退出，结束搜索	(s(4)B(4)D(5)E(5)I(5)K(5)L(5))

前面已提到启发信息给得越多，即估价函数值越大，A 搜索算法需要搜索处理的状态数就越少，其效率就越高。但也不是估价函数值越大越好，因为估价函数值太大会使 A 搜索算法不一定能搜索到最优解。

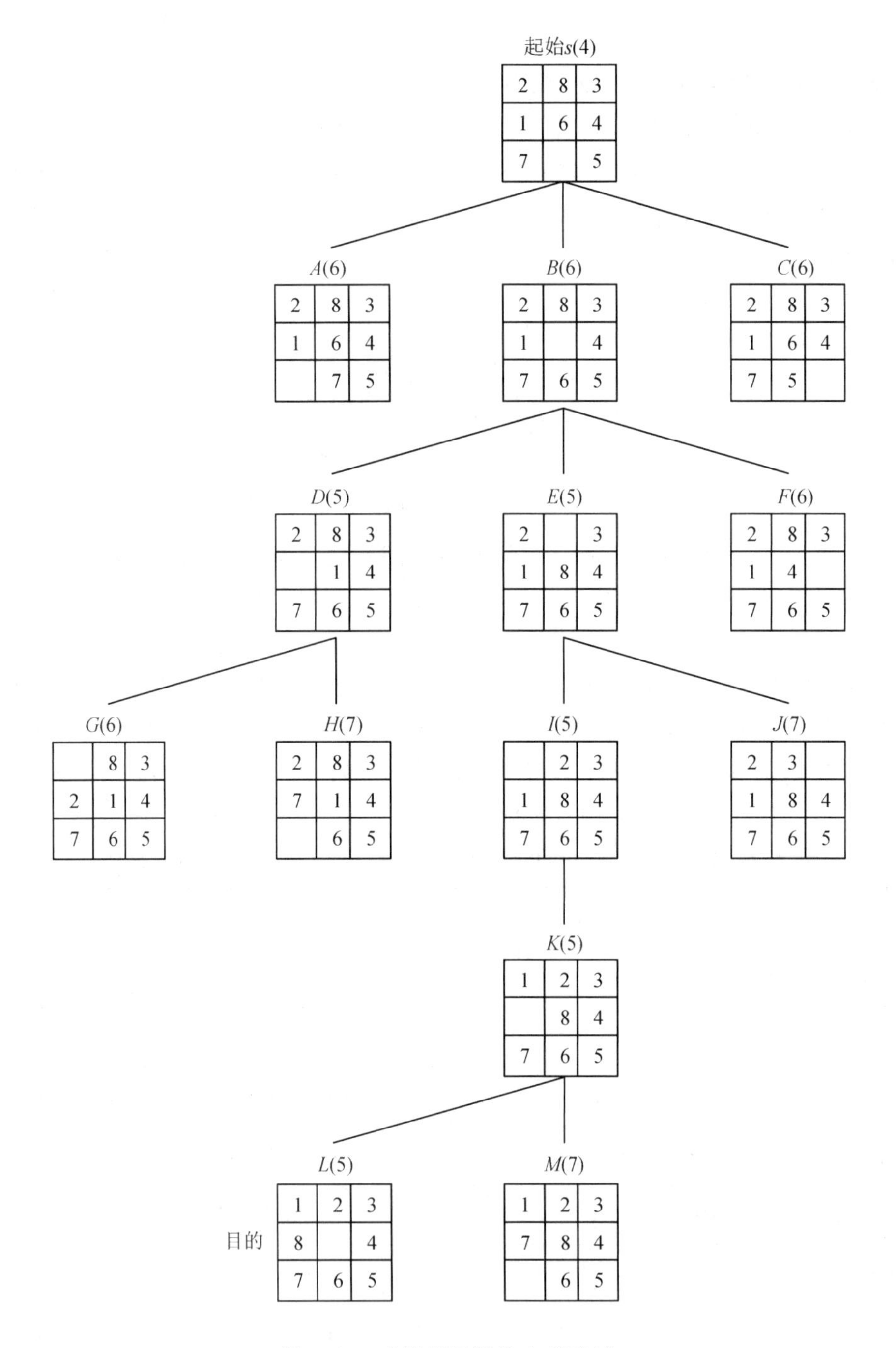

图 5.15　八拼图问题的 A 搜索树

5.4.4　A* 搜索算法

1. A* 搜索算法的程序实现

A* 搜索算法是由著名的人工智能学者 Nilsson 提出的，它是目前最有影响的启发式搜索算法，也称为最佳搜索算法。

定义 $h^*(n)$ 为状态 n 到目的状态的最优路径的代价，则当 A^* 搜索算法的启发函数 $h(n)$ 小于等于 $h^*(n)$，即满足

$$h(n) \leqslant h^*(n) \quad (\text{对所有节点 } n)$$

时，该算法被称为 A^* 搜索算法。

如果某一问题有解，那么利用 A^* 搜索算法对该问题进行搜索则一定能搜索到解，并且一定能搜索到最优的解。因此，A^* 搜索算法比 A 搜索算法好。它不仅能得到目标解，并且还一定能找到最优解(只要问题有解)。

在例 5.6 所描述的八拼图问题中的 $w(n)$ 即为 $h(n)$，它表示了“不在位”的数字个数。这个 $w(n)$ 满足 $h(n) \leqslant h^*(n)$ 的条件，因此，图 5.17 的八拼图 A 搜索树也是 A^* 搜索树，所得的解路(s，B，E，I，K，L) 为最优解路，其步数为状态 $L(5)$ 上所标注的 5，因为这时不在位的数字个数为 0。

程序 5.2 利用 Python 语言实现用 A^* 搜索算法求解八拼图问题，其中第 3 行设置了目标状态，第 12 行设计了一个 EightPuzzle 类以封装所涉及的一些方法，最体现 A^* 搜索算法的是第 76 行开始的 solve()方法。

```
1    #程序 5.2 A* 算法解八拼图问题
2    #目标状态
3    goal_state=[[1, 2, 3],
4                [8, 0, 4],
5                [7, 6, 5]]
6    def index(item, seq):
7        if item in seq:
8            return seq.index(item)
9        else:
10           return -1
11   #设计八拼图问题类，封装与问题有关的函数
12   class EightPuzzle:
13       def __init__(self):
14           #估计代价
15           self._hval=0
16           #当前状态的深度
17           self._depth=0
18           #父节点
19           self._parent=None
20           self.adj_matrix=[]
21           for i in range(3):
22               self.adj_matrix.append(goal_state[i][:])
23
24       def__eq__(self, other):
25           if self.__class__ ! =other.__class__:
26               return False
27           else:
```

```
28              return self.adj_matrix==other.adj_matrix
29
30      #默认打印方式
31      def __str__(self):
32          res=''
33          for row in range(3):
34              res +=' '.join(map(str, self.adj_matrix[row]))
35              res +='\r\n'
36          return res
37      #对象拷贝
38      def _clone(self):
39          p=EightPuzzle()
40          for i in range(3):
41              p.adj_matrix[i]=self.adj_matrix[i][:]
42          return p
43      #获取空格可以移动到的下一个位置的坐标
44      def _get_legal_moves(self):
45          row, col=self.find(0)
46          free=[]
47
48          if row > 0:
49              free.append((row - 1, col))
50          if col > 0:
51              free.append((row, col - 1))
52          if row < 2:
53              free.append((row + 1, col))
54          if col < 2:
55              free.append((row, col + 1))
56          return free
57
58      def _generate_moves(self):
59          free=self._get_legal_moves()
60          zero=self.find(0)
61          def swap_ and _clone(a, b):
62              p=self._clone()
63              p.swap(a, b)
64              p._depth=self._depth + 1
65              p._parent=self
66              return p
67          return map(lambda pair: swap_ and _clone(zero, pair), free)
```

```
68          #递归生成路径
69          def _generate_solution_path(self, path):
70              if self._parent==None:
71                  return path
72              else:
73                  path.append(self)
74                  return self._parent._generate_solution_path(path)
75
76          def solve(self, h):
77              def is_solved(puzzle):
78                  return puzzle.adj_matrix==goal_state
79              openl=[self]
80              closedl=[]
81              move_count=0
82              while len(openl) > 0:
83                  x=openl.pop(0)
84                  move_count +=1
85                  if (is_solved(x)):
86                      if len(closedl) > 0:
87                          return x._generate_solution_path([]), move_count
88                      else:
89                          return [x]
90                  succ=x._generate_moves()
91                  idx_open=idx_closed=-1
92                  for move in succ:
93                      idx_open=index(move, openl)
94                      idx_closed=index(move, closedl)
95                      hval=h(move)
96                      fval=hval + move._depth             #代价估计值
97
98                      if idx_closed==-1 and idx_open==-1:
99                          move._hval=hval
100                         openl.append(move)
101                     elif idx_open > -1:
102                         copy=openl[idx_open]
103                         if fval < copy._hval + copy._depth:
104                             copy._hval=hval
105                             copy._parent=move._parent
106                             copy._depth=move._depth
107                     elif idx_closed > -1:
```

```
108                     copy=closedl[idx_closed]
109                     if fval < copy._hval + copy._depth:
110                         move._hval=hval
111                         closedl.remove(copy)
112                         openl.append(move)
113             closedl.append(x)
114             openl=sorted(openl, key=lambda p: p._hval + p._depth)
115         return [], 0
116 
117     def find(self, value):
118         if value < 0 or value > 8:
119             raise Exception("value out of range")
120         for row in range(3):
121             for col in range(3):
122                 if self.adj_matrix[row][col]==value:
123                     return row, col
124 
125     def peek(self, row, col):
126         """返回拼图矩阵的特定行列上的元素"""
127         return self.adj_matrix[row][col]
128 
129     def poke(self, row, col, value):
130         """设置拼图矩阵特定行列上的值"""
131         self.adj_matrix[row][col]=value
132 
133     def swap(self, pos_a, pos_b):
134         """交换指定坐标位置上的值"""
135         temp=self.peek(*pos_a)
136         self.poke(pos_a[0], pos_a[1], self.peek(*pos_b))
137         self.poke(pos_b[0], pos_b[1], temp)
138 
139 def heur(puzzle, item_total_calc, total_calc):
140     t=0
141     for row in range(3):
142         for col in range(3):
143             val=puzzle.peek(row, col) - 1
144             target_col=val % 3
145             target_row=val / 3
146             if target_row < 0:
147                 target_row=2
```

```
148                 t +=item_total_calc(row, target_row, col, target_col)
149         return total_calc(t)
150     #利用曼哈顿距离计算已经走过的路径的代价
151     def h_manhattan(puzzle):
152         return heur(puzzle,
153                     lambda r, tr, c, tc: abs(tr - r) + abs(tc - c),
154                     lambda t: t)
155
156     if __name__=="__main__":
157         p=EightPuzzle()                                    #定义八拼图对象
158         p.adj_matrix=[[2, 8, 3], [1, 6, 4], [7, 0, 5]]     #定义八拼图问题的初始状态
159         print('初始状态:')
160         print(p)
161         path, count=p.solve(h_manhattan)
161         path.reverse()
163         print('A* 搜索步骤:')
164         for i in path:
165             print(i)
166
```

输出：

```
初始状态:
2 8 3
1 6 4
7 0 5

A* 搜索步骤:
2 8 3
1 0 4
7 6 5

2 0 3
1 8 4
7 6 5

0 2 3
1 8 4
7 6 5

1 2 3
```

0 8 4
7 6 5

1 2 3
8 0 4
7 6 5

程序输出的搜索步骤和图 5.15 搜索树显示的一致。

2. A* 搜索算法的特性

在一些问题求解中，只要搜索到一个解，就会想得到最优解，关键是要提高搜索效率。因此，现在的一个问题是：是否还有更好的启发策略？在什么意义上称某一启发策略比另一个好？另外一个问题是：当通过启发式搜索得到某一状态的路径代价时，是否能保证在以后的搜索中到达该状态不会有更小的代价？就上面这些问题，下面讨论 A* 搜索算法的有关特性。

1）可采纳性

一般来说，对任意一个状态空间图，当从初始节点到目标节点有路径存在时，如果搜索算法能在有限步内找到一条从初始节点到目标节点的最佳路径，并在此路径上结束，则称该搜索算法是可采纳的。可以证明，所有的 A* 搜索算法都是可采纳的。

广度优先算法是 A* 搜索算法的一个特例，是一个可采纳的搜索算法。该算法相当于 A* 搜索算法中取 $h(n)=0$ 和 $f(n)=g(n)$。广度优先搜索时，对某一状态只考虑它同起始状态的距离代价。这是由于该算法在考虑 $n+1$ 层状态之前，已考察了 n 层中的任意一种状态，所以每个目的状态都是沿着最短的可能路径而找到的。不幸的是，广度优先搜索算法的搜索效率太低。

2）最优性

A* 搜索算法的搜索效率很大程度上取决于估价函数 $h(n)$。一般来说，在满足 $h(n)\leqslant h^*(n)$ 的前提下，$h(n)$ 的值越大越好。$h(n)$ 的值越大，说明它携带的启发性信息越多，A* 搜索算法搜索时扩展的节点就越少，搜索效率就越高。A* 搜索算法的这一特性也称为信息性。

3）单调性

在 A* 搜索算法中，每当扩展一个节点时，都需要检查其子节点是否已在 Open 表或 Closed 表中。对于那些已在 Open 表中的子节点，需要决定是否调整指向其父节点的指针；对于那些已在 Closed 表中的子节点，除了需要决定是否调整其指向父节点的指针外，还需要决定是否调整其子节点的后继节点的父指针，这增加了搜索的代价。如果能够保证，每当扩展一个节点时，就已经找到了通往这个节点的最佳路径，就没有必要再去检查其后继节点是否已在 Closed 表中，原因是 Closed 表中的节点都已经找到了通往该节点的最佳路径。为满足这一要求，需要对启发函数 $h(n)$ 增加单调性限制。

5.5 小　　结

在搜索中需要解决是否一定能找到一个解是否终止运行、找到的解是否为最佳解、搜索过程的时间与空间复杂性如何等基本问题。搜索的方向有正向搜索和逆向搜索。盲目搜索是在不具有对特定问题的任何有关信息的条件下，按固定的步骤(依次或随机调用操作算子）进行的搜索。启发式搜索则是考虑特定问题领域可应用的知识，动态地确定调用操作算子的步骤，优先选择较适合的操作算子。

状态空间是利用状态变量和操作符号表示系统或问题的有关知识的符号体系。状态空间是一个四元组(S, O, S_0, G)。任何类型的数据结构都可以用来描述状态，如符号、字符串、向量、多维数组、树和表格等。从 S_0 节点到 G 节点的路径被称为求解路径。状态空间的一个解是一个有限的操作算子序列，它使初始状态转换为目标状态。

回溯搜索是从初始状态出发，不停试探性地寻找路径，若它遇到不可解节点就回溯到路径中最近的父节点上，查看该节点是否还有其他的子节点未被扩展。若有，则沿这些子节点继续搜索；如果找到目标，就成功退出搜索，返回解题路径。

回溯搜索是状态空间搜索的一个基本算法。各种图搜索算法，包括深度优先搜索、广度优先搜索、最好优先搜索等，都有回溯的思想。

广度优先搜索是由 S_0 生成新状态，然后依次扩展这些状态，再生成新状态，该层扩展完后，再进入下一层，如此一层层扩展下去，直到搜索到目的状态(如果目的状态存在)。

深度优先搜索是从 S_0 出发，沿一个方向一直扩展下去，直到达到一定的深度。如果未找到目的状态或无法再扩展时，便回溯到另一条路径继续搜索；若还是未找到目的状态或无法再扩展，便再回溯到另一条路径搜索。

在具体求解中，能够利用与该问题有关的信息来简化搜索过程，此类信息称为启发信息，而称这种利用启发信息的搜索过程为启发式搜索。

A 搜索算法是寻找并设计一个与问题有关的 $h(n)$ 及构造出 $f(n)=g(n)+h(n)$，然后以 $f(n)$的大小来排列待扩展状态的次序，每次选择 $f(n)$值中的最小者进行扩展。定义 $h^*(n)$为状态 n 到目的状态的最优路径的代价。对于一具体问题，只要有解，则一定存在 $h^*(n)$。当要求估价函数中的$h(n)$都小于等于$h^*(n)$时，A 搜索算法就成为 A^* 搜索算法。

习　题

1. 状态空间表示法、问题归约法、谓词逻辑法和语义网络法的要点是什么？它们有何本质上的联系及异同点？

2. 设有 3 个传教士和 3 个野人来到河边，打算乘一只船从河右岸渡到左岸去。该船的负载能力为两人。在任何时候，如果野人人数超过传教士人数，那么野人就会把传教士吃掉。他们怎样才能用这条船安全地把所有人都运过河去。

3. 有一农夫带一条狼，一只羊和一筐菜要从河的左岸乘船到右岸，但受到下列条件的限制：

(1) 船太小，农夫每次只能带一样东西过河；

(2) 如果没有农夫看管，则狼要吃羊，羊要吃菜。

请设计一个过河方案，使农夫、狼、羊、菜都能安然过河，画出相应的状态空间图。

提示:(1) 用四元组(农夫，狼，羊，菜)表示状态，其中每个元素都为 0 或 1，用 0 表示在河左岸，用 1 表示在河右岸。

(2) 把每次过河的一种安排作为一种操作，每次过河都必须有农夫，因为只有他可以划船。

4. 用有界深度优先搜索法求解下图所示八拼图难题。

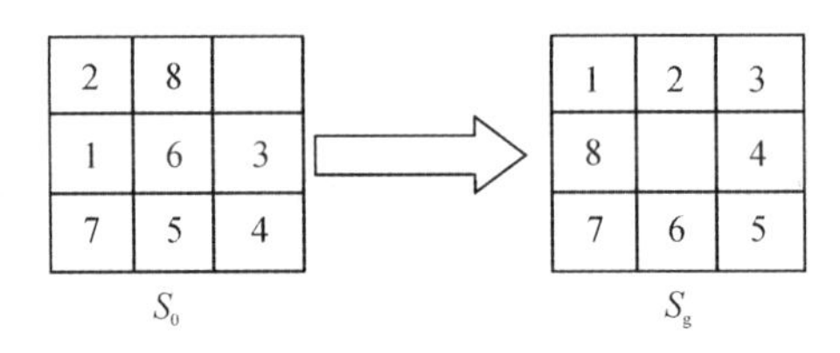

图 5.16　八拼图问题初始状态和目的状态

5. 二阶汉诺塔问题，设有 3 根钢针，编号分别为 1 号、2 号、3 号。在初始情况下，1 号钢针上穿有 A 和 B 两个金片，A 比 B 小，A 位于 B 上面，具体如图 5.17 所示。要求把这两个金片全部移到另一根钢针上，并且规定每次只能移动一个金片，任何时候都不能使大片位于小片上面。求从初始状态 S_0 到目的状态 S_1 和 S_2 的状态空间图。

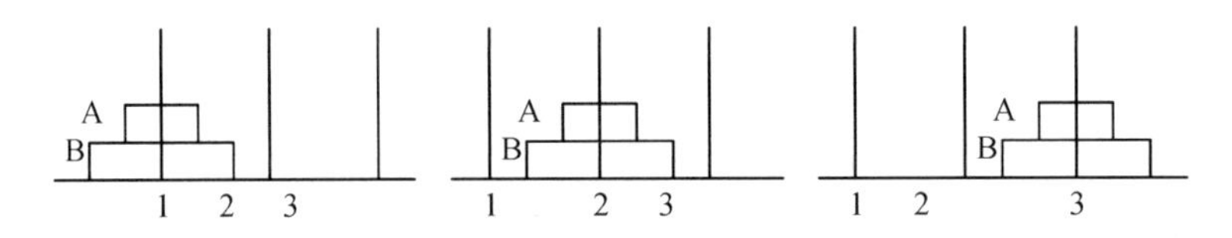

图 5.17　汉诺塔问题

6. 广度优先搜索与深度优先搜索有何不同？分析深度优先搜索和广度优先搜索的优缺点。在何种情况下，广度优先搜索优于深度优先搜索？在何种情况下，深度优先搜索优于广度优先搜索？

7. 什么是 A^* 搜索算法？它的估价函数是如何确定的？A^* 搜索算法与 A 搜索算法的区别是什么？

第6章 智能计算

人们根据自然界和生物界的规律，模仿设计了许多求解问题的算法，包括人工神经网络、模糊逻辑、进化算法、DNA计算、模拟退火算法、禁忌搜索算法、免疫算法、膜计算、量子计算、群智能算法(包括粒子群优化算法、蚁群算法、人工蜂群算法、人工鱼群算法以及细菌群体优化算法等)，这些算法称为智能计算(Intelligent Computing，IC)，也称为计算智能。

本章首先简要介绍进化算法的概念，并以遗传算法为例，详细介绍遗传算法的基本框架；然后介绍群智能算法产生的背景，并以蚁群算法为例，介绍其应用。

6.1 进化算法

6.1.1 进化算法的概念

人工智能与进化论

进化算法(Evolutionary Algorithms，EA)，又称演化算法，是基于自然选择和遗传等生物进化机制的一种搜索算法，这些算法本质上从不同的角度对达尔文的进化原理进行了不同的运用和阐述，非常适用于处理传统搜索方法难以解决的复杂和非线性优化问题。生物进化是通过繁殖、变异、竞争和选择实现的；而进化算法则主要通过选择、交叉和变异这三种操作实现优化问题的求解。

进化算法是一个"算法簇"，包括遗传算法(Genetic Algorithms，GA)、遗传规划(Genetic Programming)、进化策略(Evolution Strategies)和进化规划(Evolution Programming)等。尽管它们有很多的变化，有不同的遗传基因表达方式、不同的交叉和变异算子、特殊算子的引用以及不同的再生和选择方法，但它们产生的灵感都来自自然界的生物进化。进化算法的基本框架是遗传算法所描述的框架。

与普通搜索算法一样，进化算法也是一种迭代算法。不同的是在最优解的搜索过程中，普通搜索算法是从某个单一的初始点开始搜索，而进化算法是从原问题的一组解出发改进到另一组较好的解，再从这组改进的解出发进一步改进，而且，进化算法不是直接对问题的具体参数进行处理，而是要求当原问题的优化模型建立后还必须对原问题的解进行编码。

进化算法在搜索过程中利用结构化和随机性的信息，使最满足目标的决策获得最大的生存可能，是一种概率型的算法。在进化搜索中可以只用目标函数值的信息，不必用目标函数的导数信息或与具体问题有关的特殊知识，因而进化算法具有广泛的应用性、高度的非线性、易修改性和可并行性。所以，与传统的基于微积分的方法和穷举法等优化算法相比，进化算法是一种具有高健壮性和广泛适用性的全局优化方法，具有自组织、自适应、自学习的特性，能够不受问题性质的限制，能适应不同的环境和不同的问题，可有效地处理传统优化算法难以解决的大规模复杂优化问题。

6.1.2　进化算法的生物机理

进化算法类似于生物进化，需要经过长时间的成长演化，最后收敛到最优化问题的一个或者多个解。因此，了解一些生物进化过程，有助于理解进化算法的工作过程。

“适者生存”揭示了自然界生物进化过程中的一个规律：最适合自然环境的个体产生后代的可能性大。

生物遗传物质的主要载体是染色体(Chromosome)，DNA是其中最主要的遗传物质。染色体中基因的位置称作基因座。基因和基因座决定了染色体的特征，也决定了生物个体(Individual)的性状，如头发的颜色是黑色、棕色或者金黄色等。

以一个初始生物群体(Population)为起点，经过竞争后，一部分个体被淘汰而无法再进入这个循环圈，而另一部分则成为种群。竞争过程遵循生物进化中“适者生存，优胜劣汰”的基本规律，所以有一个竞争标准，或者生物适应环境的评价标准。适应程度高的个体只是进入种群的可能性比较大，并不一定进入种群。而适应程度低的个体只是进入种群的可能性比较小，但并不一定被淘汰。这一重要特性保证了种群的多样性。

生物进化中种群经过婚配产生子代群体(简称子群)。在进化的过程中，可能会因为变异而产生新的个体。每个基因编码了生物机体的某种特征，如头发的颜色、耳朵的形状等。综合变异的作用是使子群成长为新的群体而取代旧群体。在一个新的循环过程中，新的群体代替旧的群体而成为循环的开始。

6.1.3　进化算法的设计原则

一般来说，进化算法的求解包括以下几个步骤：给定一组初始解，评价当前这组解的性能；从当前这组解中选择一定数量的解作为迭代后的解的基础，对其进行操作，得到迭代后的解；若这些解满足要求则停止，否则将这些迭代得到的解作为当前解重新操作。

设计进化算法的基本原则如下。

(1) 适用性原则：一个算法的适用性是指该算法所能适用的问题种类，它取决于算法所需的限制与假定。优化问题不同，则相应的处理方式也不同。

(2) 可靠性原则：一个算法的可靠性是指算法对于所设计的问题，以适当的精度求解其中大多数问题的能力。因为演化计算的结果带有一定的随机性和不确定性，所以，在设计算法时应尽量经过较大样本数的检验，以检验算法是否具有较大的可靠性。

(3) 收敛性原则：指算法能否收敛到全局最优。在收敛的前提下，希望算法具有较快的收敛速度。

(4) 稳定性原则：指算法对其控制参数及问题的数据的敏感度。如果算法对其控制参数或问题的数据十分敏感，则依据它们取值的不同，将可能产生不同的结果，甚至过早地收敛到某一局部最优解。所以，在设计算法时应尽量使算法对一组固定的控制参数能在较广泛的问题的数据范围内解题，而且对一组给定的问题数据，使算法对其控制参数的微小扰动不是很敏感。

(5) 生物类比原则：因为进化算法的设计思想是基于生物演化过程的，所以那些在生物界被认为有效的方法及操作可以通过类比的方法引入到算法中，有时会带来较好的结果。

6.2 遗传算法

模仿自然界中生物遗传与进化机理，针对不同的问题可设计各种不同的编码方法来表示问题的可行解，从而产生了多种不同的遗传算子来模仿不同环境下的生物遗传特性。这样，由不同的编码方法和不同的遗传算子就构成了各种不同的遗传算法。但这些遗传算法都具有共同的特点，即通过对生物遗传和进化过程中选择、交叉、变异机理的模仿，来完成对问题最优解的自适应搜索过程。基于这个共同的特点，Goldberg 总结出了基本遗传算法(Simple Genetic Algorithms，SGA)，只使用选择算子、交叉算子和变异算子 3 种基本遗传算子，其遗传进化操作过程简单、容易理解，它给各种遗传算法提供了一个基本框架。进化算法的基本框架也是基本遗传算法所描述的框架。

6.2.1 遗传算法的基本思想

在生物学中，染色体上的一段序列称为基因，基因所在的位置称为基因座。在遗传算法中，染色体对应的是数据或数组，通常是由一维的串结构数据来表示的，串上各个位置对应上述的基因座，而各位置上所取的值对应上述基因。遗传算法处理的是染色体，或者称为基因型个体。一定数量的个体组成了群体，群体中个体的数量称为种群的大小，也叫种群的规模。各个个体对环境的适应程度叫适应度。适应度大的个体被选择进行遗传操作产生新个体，体现了生物遗传中适者生存的原理。选择两个染色体进行交叉产生一组新的染色体的过程，类似生物遗传中的婚配。基因的某一个分量发生变化的过程，类似生物遗传中的变异。

遗传算法包含两个数据转换操作：一个是从表现型到基因型的转换，即将搜索空间中的参数或解转换成遗传空间中的染色体或个体，这个过程称为编码(Coding)；另一个是从基因型到表现型的转换，即将个体转换成搜索空间中的参数，这个过程称为解码(Decoding)。

遗传算法在求解问题时从多个解开始，然后通过一定的法则逐步迭代以产生新的解。这多个解的集合称为一个种群，记为 $p(t)$。这里 t 表示迭代步，也称为演化代。一般地，$p(t)$中元素的个数在整个演化过程中是不变的，将群体的规模记为 N。$p(t)$中的元素称为个体或染色体，记为 $x_1(t)$，$x_2(t)$，…。在进行演化时，要选择当前解进行交叉以产生新解。这些当前解称为新解的父解(Parent)，产生的新解称为后代解(Offspring)。

遗传算法中包含了 5 个基本要素：参数编码、初始群体的设定、适应度函数的设计、遗传操作的设计和控制参数的设定。

6.2.2 编码

由于遗传算法不能直接处理问题空间的参数，因此，必须通过编码将要求解的问题表示成遗传空间的染色体或者个体。它们由基因按一定结构组成。由于遗传算法的健壮性，因此其对编码的要求并不苛刻。对一个具体的应用问题如何编码是应用遗传算法求解的首要问题，也是遗传算法应用的难点。事实上，还不存在一种通用的编码方法，对特殊的问题往往需采用特殊的方法。

1. 位串编码

将问题空间的参数编码为一维排列的染色体的方法，称为一维染色体编码方法。一维染色体编码中最常用的符号集是二值符号集{0，1}，即采用二进制编码(Binary Encoding)。

1）二进制编码

二进制编码是用若干二进制数表示一个个体，将原问题的解空间映射到位串空间$B=\{0, 1\}$上，然后在位串空间上进行遗传操作。

二进制编码的优点是：二进制编码类似于生物染色体的组成，从而使算法易于用生物遗传理论来解释，并使得遗传操作如交叉、变异等很容易实现。另外，采用二进制编码时，算法处理的模式数最多。

二进制编码的缺点如下：

(1) 相邻整数的二进制编码可能具有较大的汉明(Hamming)距离。例如，15和16的二进制表示为01111和10000，因此，算法要从15改进到16则必须改变所有的位。这种缺陷造成了汉明悬崖(Hamming Cliffs)，将降低遗传算子的搜索效率。

(2) 二进制编码时，一般要先给出求解的精度。但求解的精度确定后，就很难在算法执行过程中进行调整，从而使算法缺乏微调(Fine-tuning)功能。若在算法一开始就选取较高的精度，那么串长就很大，这样也将降低算法的效率。

(3) 在求解高维优化问题时，二进制编码串将非常长，从而使算法的搜索效率很低。

2）Gray编码

Gray编码是将二进制编码通过一个变换进行转换得到的编码。设二进制串$\langle \beta_1\beta_2\cdots\beta_n \rangle$对应Gray串$\langle \gamma_1\gamma_2\cdots\gamma_n \rangle$，则从二进制编码到Gray编码的变换为

$$\gamma_k = \begin{cases} \beta_1 & k=1 \\ \beta_{k-1} \oplus \beta_k & k>1 \end{cases} \tag{6.1}$$

式中，$\oplus$表示模2的加法。从一个Gray串到二进制串的变换为

$$\beta_k = \sum_{i=1}^{k} \gamma_i \,(\mathrm{mod} 2) = \begin{cases} \gamma_1 & k=1 \\ \beta_{k-1} \oplus \gamma_k & k>1 \end{cases} \tag{6.2}$$

Gray编码的优点是克服了二进制编码的汉明悬崖的缺点。

2. 实数编码

为克服二进制编码的缺点，对于问题的变量是实向量的情形，可以直接采用实数编码。实数编码是用若干实数表示一个个体，然后在实数空间上进行遗传操作。采用实数编码这一表达法不必进行数制转换，可直接在解的表现型上进行遗传操作，从而可引入与问题领域相关的启发式信息来增加算法的搜索能力。近年来，遗传算法在求解高维或复杂优化问题时一般使用实数编码。

3. 多参数级联编码

对于多参数优化问题的遗传算法，常采用多参数级联编码。其基本思想是把每个参数先进行二进制编码得到子串，再把这些子串连成一个完整的染色体。多参数级联编码中的每个子串对应各自的编码参数，所以，可以有不同的串长度和参数取值范围。

6.2.3 群体设定

由于遗传算法是对群体进行操作的，因此，必须为遗传操作准备一个由若干初始解组成的初始群体。群体设定主要包括两个方面：初始种群(群体)的产生和种群规模的确定。

1. 初始种群的产生

遗传算法中初始群体中的个体可以是随机产生的，但最好采用如下策略设定：

(1) 根据问题固有知识，设法把握最优解所占空间在整个问题空间中的分布范围，然后，在此分布范围内设定初始群体。

(2) 先随机产生一定数目的个体，然后从中挑选最好的个体加入初始群体中。这种过程不断迭代，直到初始群体中个体数目达到了预先确定的规模。

2. 种群规模的确定

群体中个体的数量称为种群规模。种群规模影响遗传优化的结果和效率。当种群规模太小时，遗传算法的优化性能一般不会太好，容易陷入局部最优解。而当种群规模太大时，则计算复杂。

种群规模的确定受遗传操作中选择操作的影响很大。模式定理表明：若种群规模为 M，则遗传操作可从这 M 个个体中生成和检测 M^3 个模式，并在此基础上能够不断形成和优化积木块(一个基因分成的多个部分)，直到找到最优解。

显然，种群规模越大，遗传操作所处理的模式就越多，产生有意义的积木块并逐步进化为最优解的机会就越高。种群规模太小，会使遗传算法的搜索空间范围有限，因而搜索有可能停止在未成熟阶段，出现未成熟收敛现象，使算法陷入局部最优解。因此，必须保持种群的多样性，即种群规模不能太小。

另一方面，种群规模太大会带来若干弊病：一是群体越大，其适应度评估次数增加，所以计算量也增加，从而影响算法效率；二是计算群体中个体生存下来的概率时，大多采用和适应度成比例的方法，当群体中个体非常多时，少量适应度很高的个体会被选择而生存下来，大多数个体却被淘汰，这会影响配对库的形成，从而影响交叉操作。种群规模一般取为 20～100 个。

6.2.4 适应度函数

遗传算法遵循自然界优胜劣汰的法则，在进化搜索中基本上不用外部信息，而是用适应度值表示个体的优劣，作为遗传操作的依据。适应度是评价个体优劣的标准。个体的适应度高，则被选择的概率就高，反之就低。适应度函数(Fitness Function)是用来区分群体中个体好坏的标准，是算法演化过程的驱动力，是进行自然选择的唯一依据。改变种群内部结构的操作都是通过调整适应度值加以控制的。因此，对适应度函数的设计非常重要。

在具体应用中，适应度函数的设计要结合求解问题本身的要求而定。一般而言，适应度函数是由目标函数变换得到的。下面讨论将目标函数映射成适应度函数的方法和适应度函数的尺度变换。

1. 将目标函数映射成适应度函数的方法

设计适应度函数最直观的方法是直接将待求解优化问题的目标函数作为适应度函数。

若目标函数 $f(x)$ 为最大化问题，则适应度函数可以取为

$$\mathrm{Fit}[f(x)]=f(x) \tag{6.3}$$

若目标函数 $f(x)$ 为最小化问题，则适应度函数可以取为

$$\mathrm{Fit}[f(x)]=\frac{1}{f(x)} \tag{6.4}$$

2. 适应度函数的尺度变换

在遗传算法中，将所有妨碍产生适应度值高的个体，从而影响遗传算法正常工作的问题统称为欺骗问题(Deceptive Problem)。

在设计遗传算法时，群体的规模一般在几十至几百，与实际物种的规模相差很远。因此，个体繁殖数量的调节在遗传操作中就显得比较重要。如果群体中出现了超级个体，即该个体的适应度值大大超过群体的平均适应度值，则如果按照适应度值进行选择，该个体很快就会在群体中占有绝对的比例，从而导致算法较早地收敛到一个局部最优点，这种现象称为过早收敛，是一种欺骗问题。为了防止过早收敛问题，应该缩小这些个体的适应度，以降低这些超级个体的竞争力。另一方面，在搜索过程的后期，虽然群体具有足够的多样性，但群体的平均适应度值可能会接近群体的最优适应度值，群体中实际上已不存在竞争，从而搜索目标也难以得到改善，出现了停滞现象，这也是一种欺骗问题。在这两种情况下都应该改变原始各适应度值的比例关系，以提高个体之间的竞争力。

对适应度函数值域的某种映射变换称为适应度尺度变换(Fitness Scaling)或者定标。

1）线性变换

设原适应度函数为 f，定标后的适应度函数为 f'，则线性变换可采用下式表示为

$$f'=af+b \tag{6.5}$$

式中，系数 a 和 b 可以有多种途径来进行设定，但要满足两个条件：

(1) 变换后的适应度的平均值 f'_{avg} 要等于原适应度的平均值 f_{avg}，以保证适应度为平均值的个体在下一代的期望复制数为1，即

$$f'_{\mathrm{avg}}=f_{\mathrm{avg}} \tag{6.6}$$

(2) 变换后适应度函数的最大值 $f'_{\max}$ 要等于原适应度函数的平均值 f_{avg} 的指定倍数，以控制适应度最大的个体在下一代中的复制数，即

$$f'_{\max}=C_{\mathrm{mult}}\cdot f_{\mathrm{avg}} \tag{6.7}$$

式中，C_{mult} 是为得到所期待的最优群体个体的复制数。实验表明，对于不太大的群体(n 为50～100个)，C_{mult} 可在1.2～2.0范围内取值。

根据上述条件，可以确定线性变换的系数为

$$a=\frac{(C_{\mathrm{mult}}-1)f_{\mathrm{avg}}}{f_{\max}-f_{\mathrm{avg}}} \tag{6.8a}$$

$$b=\frac{(f_{\max}-C_{\mathrm{mult}}f_{\mathrm{avg}})f_{\mathrm{avg}}}{f_{\max}-f_{\mathrm{avg}}} \tag{6.8b}$$

线性变换法变换了适应度之间的差距，保持了种群的多样性，计算简便，易于实现。如果种群里某些个体适应度远低于平均值，则有可能出现变换后适应度值为负的情况。为满足最小适应度值非负的条件，可以进行如下变换：

$$a=\frac{f_{\text{avg}}}{f_{\text{avg}}-f_{\min}} \tag{6.9a}$$

$$b=\frac{-f_{\min}f_{\text{avg}}}{f_{\text{avg}}-f_{\min}} \tag{6.9b}$$

2）非线性变换

对于非线性变换，这里主要介绍幂函数变换法和指数变换法。

幂函数变换法变换公式为

$$f'=f^{K} \tag{6.10}$$

式中，幂指数 K 与求解问题有关，而且在算法过程中可按需要修正。

指数变换法变换公式为

$$f'=\mathrm{e}^{-af} \tag{6.11}$$

这种变换方法的基本思想来源于模拟退火过程，式中的系数 a 决定了复制的强制性，其值越小，复制的强制性就越趋向于那些具有最大适应度的个体。

6.2.5 选择、交叉和变异

1. 选择

选择操作也称为复制(Reproduction)操作，是从当前群体中按照一定概率选出优良的个体，使它们有机会作为父代繁殖下一代子孙的操作。判断个体优良与否的准则是各个个体的适应度值。显然这一操作借用了达尔文适者生存的进化原则，即个体适应度越高，其被选择的机会就越多。

需要注意的是：如果总挑选最好的个体，则遗传算法就变成了确定性优化方法，这会使种群过快地收敛到局部最优解；如果只作随机选择，则遗传算法就变成完全随机方法，需要很长时间才能收敛，甚至不收敛。因此，选择方法的关键是找一个策略，既要使得种群较快地收敛，也要维持种群的多样性。选择操作的实现方法很多。这里，介绍几种常用的选择方法。

1）个体选择概率的常用分配方法

在遗传算法中，哪个个体被选择进行交叉是按照概率进行的。适应度大的个体被选择的概率大，但不是说一定能够被选上。同样，适应度小的个体被选择的概率小，但也可能被选上。所以，首先要根据个体的适应度确定被选择的概率。个体选择概率的常用分配方法有以下两种。

(1) 适应度比例方法。

适应度比例方法(Fitness Proportional Model)也称为蒙特卡罗(Monte Carlo)法，是目前遗传算法中最基本也是最常用的选择方法。适应度比例方法中，各个个体被选择的概率与其适应度值成比例。设群体规模大小为 M，个体 i 的适应度值为 f_i，则这个个体被选择的概率为

$$p_{si}=\frac{f_i}{\sum_{i=1}^{M}f_i} \tag{6.12}$$

(2) 排序方法。

排序方法(Rank-based Model)是计算每个个体的适应度后，根据适应度值大小顺序对群体中个体进行排序，然后把事先设计好的概率按排序顺序分配给个体，作为各自的选择概率。在排序方法中，选择概率仅仅取决于个体在种群中的序位，不是实际的适应度值。排在前面的个体有较多的被选择的机会。

排序方法的优点是克服了适应度值比例选择策略的过早收敛和停滞现象，而且对于极大值或极小值问题，不需要进行适应度值的标准化和调节，可以直接使用原始适应度值进行排名选择。排序方法比比例方法具有更好的健壮性，是一种比较好的选择方法。

① 线性排序。线性排序选择最初由 J. E. Baker 提出，他首先假设群体成员按适应度值大小从好到坏依次排列为 x_1，x_2，…，x_M，然后根据一个线性函数给第 i 个个体 x_i 分配选择概率 p_i，即

$$p_i = \frac{a - bi}{M(M+1)} \tag{6.13}$$

式中，a，b 是常数。

② 非线性排序。Z. Michalewicz 提出将群体成员按适应度值从好到坏依次排列，并按下式分配选择概率为

$$p_i = \begin{cases} q(1-q)^{i-1} & i = 1, 2, \cdots, M-1 \\ (1-q)^{M-1} & i = M \end{cases} \tag{6.14}$$

式中，i 为个体排序序号；q 是一个常数，表示最好的个体的选择概率。

也可以使用其他非线性函数来分配选择概率 p_i，只要满足以下条件：

a. 若 $P = \{x_1, x_2, \cdots, x_M\}$ 且 $f(x_1) \geqslant f(x_2) \geqslant \cdots \geqslant f(x_M)$，则分配 p_i 满足 $p_1 \geqslant p_2 \geqslant \cdots \geqslant p_M$。

b. $\sum_{i=1}^{M} p_i = 1$。

2) 个体选择方法

选择操作是根据个体的选择概率确定哪些个体被选择进行交叉、变异等操作。基本的个体选择方法如下。

(1) 轮盘赌选择方法。

轮盘赌选择(Roulette Wheel Selection)方法在遗传算法中使用得最多。在轮盘赌选择方法中，先按个体的选择概率产生一个轮盘，轮盘每个区的角度与个体的选择概率成比例，然后产生一个随机数，它落入轮盘的哪个区域就选择相应的个体交叉。

显然，选择概率大的个体被选中的可能性大，获得交叉的机会就大。在实际计算时，可以按照个体顺序求出每个个体的累计概率，然后产生一个随机数，它落入累计概率的哪个区域就选择相应的个体交叉。例如，表 6.1 为 11 个个体的适应度、选择概率和累计概率。为了选择交叉个体，需要进行多轮选择。例如，第 1 轮产生一个随机数为 0.81，落在第 5 个和第 6 个个体之间，则第 6 个个体被选中；第 2 轮产生一个随机数为 0.32，落在第 1 个和第 2 个个体之间，则第 2 个个体被选中；依此类推。

表 6.1　个体的适应度、选择概率和累计概率

个体	1	2	3	4	5	6	7	8	9	10	11
适应度	2.0	1.8	1.6	1.4	1.2	1.0	0.8	0.6	0.4	0.2	0.1
选择概率	0.18	0.16	0.15	0.13	0.11	0.09	0.07	0.05	0.03	0.02	0.01
累计概率	0.18	0.34	0.49	0.62	0.73	0.82	0.89	0.94	0.97	0.99	1.00

(2) 锦标赛选择方法。

锦标赛选择方法(Tournament Selection Model)是从群体中随机选择 k 个个体，将其中适应度最高的个体保存到下一代。这一过程反复执行，直到保存到下一代的个体数达到预先设定的数量为止。参数 k 称为竞赛规模。

锦标赛选择方法的优点是克服了基于适应度值比例选择和基于排名的选择在群体规模很大时，其额外计算量(如计算总体适应度值或排序)很大的问题。它常常比轮盘赌选择方法能得到更加多样化的群体。

显然，这种方法也使得适应度值好的个体具有较大的生存机会。同时，由于它只使用适应度值的相对值作为选择的标准，而与适应度值的数值大小不直接成比例，从而也能避免超级个体的影响，一定程度上避免了过早收敛和停滞现象的发生。

作为锦标赛选择方法的一种特殊情况，随机竞争方法(Stochastic Tournament Model)是每次按轮盘赌选择方法选取一对个体，然后让这两个个体进行竞争，适应度高者获胜。如此反复，直到选满为止。

(3) 最佳个体保存方法。

最佳个体保存方法也称为精英选拔方法(Elitist Selection Model)，该方法是把群体中适应度最高的一个或者多个个体不进行交叉而直接复制到下一代中，保证遗传算法终止时得到的最后结果一定是历代出现过的最高适应度的个体。使用这种方法能够明显提高遗传算法的收敛速度，但可能使种群过快收敛，从而只找到局部最优解。实验结果表明：保留种群个体总数的 2%～5%的适应度最高的个体，效果最为理想。在使用其他选择方法时，一般都同时使用最佳个体保存方法，以保证不会丢失最优个体。

2. 交叉

当两个生物机体配对或者复制时，它们的染色体相互混合，产生一对由双方基因组成的新的染色体，这一过程称为交叉(Crossover)或者重组(Recombination)。交叉得到的后代可能继承了上代的优良基因，其后代会比它们的父母更加优秀，但也可能继承了上代的不良基因，其后代则会比它们的父母差，难以生存，甚至不能再复制自己。越能适应环境的后代越能继续复制自己并将其基因传给后代。由此形成一种趋势：每一代总是比其父母一代生存和复制得更好。

这里举个简单的例子，假设雌性动物仅仅青睐大眼睛的雄性，这样眼睛尺寸越大的雄性越受到雌性的青睐，生出越多的后代。可以说动物的适应性正比于它的眼睛的直径。因此，从一个具有不同大小眼睛的雄性群体出发，当动物进化时，在同位基因中能够产生大眼睛的雄性动物的基因相对于产生小眼睛的雄性动物的基因，就更有可能复制到下一代。当进化几代以后，大眼睛雄性群体将会占据优势。生物逐渐向一种特殊遗传类型收敛。

遗传算法中起核心作用的是交叉算子，也称为基因重组，采用的交叉方法应能够使父串的特征遗传给子串。子串应能够部分或者全部地继承父串的结构特征和有效基因。

1）基本的交叉算子

（1）单点交叉。

单点交叉(Single-point Crossover)又称为简单交叉。其具体操作是：在个体串中随机设定一个交叉点，实行交叉时，该点前或后的两个个体的部分结构进行互换，并生成两个新的个体。

（2）双点交叉。

双点交叉(Two-point Crossover)的操作与单点交叉类似，只是设置了两个交叉点(仍然是随机设定)，将两个交叉点之间的码串相互交换。类似于双点交叉，也可以采用多点交叉(Multiple-point Crossover)。

2）修正的交叉方法

由于交叉，可能出现不满足约束条件的非法染色体。为解决这一问题，可以采取构造惩罚函数的方法，但试验效果不佳，使得本已复杂的问题更加复杂。另一种处理方法是对交叉、变异等遗传操作进行适当的修正，使其满足优化问题的约束条件。例如，在TSP问题中采用部分匹配交叉(Partially Matched Crossover，PMX)、顺序交叉(Order Crossover，OX)和循环交叉(Cycle crossover，CX)等。这些方法对于其他一些问题也同样适用。

下面简单介绍部分匹配交叉(PMX)。PMX是由D. E. Goldberg和R. Lingle在1985年提出的。在PMX操作中，先依据均匀随机分布产生两个位串交叉点，定义这两点之间的区域为匹配区域，并使用位置交换操作交换两个父串的部分匹配区域。例如，在任务排序问题中，两父串及匹配区域为

$$A=9\quad 8\quad 4\quad |\quad 5\quad 6\quad 7\quad |\quad 1\quad 3\quad 2$$

$$B=8\quad 7\quad 1\quad |\quad 2\quad 3\quad 9\quad |\quad 5\quad 4\quad 6$$

首先交换A和B的两个匹配区域的一部分，得到

$$A'=9\quad 8\quad 4\quad |\quad 2\quad 3\quad 9\quad |\quad 1\quad 3\quad 2$$

$$B'=8\quad 7\quad 1\quad |\quad 5\quad 6\quad 7\quad |\quad 5\quad 4\quad 6$$

显然，A'和B'中出现重复的任务，所以是非法的调度。解决的方法是将A'和B'中匹配区域外出现的重复任务，按照匹配区域内的位置映射关系进行交换，从而使排列成为可行调度，即

$$A''=7\quad 8\quad 4\quad |\quad 2\quad 3\quad 9\quad |\quad 1\quad 6\quad 5$$

$$B''=8\quad 9\quad 1\quad |\quad 5\quad 6\quad 7\quad |\quad 2\quad 4\quad 3$$

交叉概率是用来确定两个染色体进行局部的互换以产生两个新的子代的概率。采用较大的交叉概率P_c可以增强遗传算法开辟新的搜索区域的能力，但高性能模式遭到破坏的可能性也会增加；采用太低的交叉概率会使搜索陷入迟钝状态。P_c一般取值为0.25～1.00。实验表明，交叉概率通常的理想取值为0.7左右。每次从群体中选择两个染色体，同时生成0和1之间的一个随机数，然后根据这个随机数确定这两个染色体是否需要交叉。如果这个随机数低于交叉概率(0.7)，就进行交叉。然后沿着染色体的长度随机地选择一个位置，并把此位置之后的所有的位进行互换。互换就是两个父串对应位置上的值进行交换，两个父串A、B交换之后变成A'、B'。如

$$A=1\quad 2\quad 3\quad 4\quad 5\quad 6\quad 7\qquad B=8\quad 9\quad 1\quad 2\quad 3\quad 4\quad 5$$

从第3位开始互换，有

$$A'=1\quad 2\quad 1\quad 2\quad 3\quad 4\quad 5\qquad B'=8\quad 9\quad 3\quad 4\quad 5\quad 6\quad 7$$

3. 变异

进化机制除了能够改进已有的特征，也能够产生新的特征。例如，可以设想某个时期动物没有眼睛，而是靠嗅觉和触觉来躲避捕食它们的动物。然而，有次两个动物交配时，基因传递给子孙后代的过程中，会有很小的概率发生差错，从而使基因发生微小的改变，这就是基因的变异。例如，某次变异在它们后代的头部皮肤上，发育出了一个具有光敏效应的细胞，使它们的后代能够识别周围环境是亮的还是暗的。后代能够感知捕食者的到来，能够知道现在是白天还是夜晚，是在地上还是地下，这有利于后代的生存。这个光敏细胞会进一步变异，逐渐形成一个区域，从而成为眼睛。

如果生物繁殖仅仅是上述交叉过程，那么即使经历成千上万代以后，适应能力最强的成员的眼睛尺寸也只能像初始群体中的最大眼睛一样大。而根据对自然的观察可以看到，人类的眼睛尺寸实际上存在一代比一代大的趋势。虽然发生变异的概率通常都很小，但在经历许多代以后变异就会很明显。一些变异对生物是不利的，另一些变异对生物的适应性可能没有影响，但也有一些可能会给生物带来一些好处，使它们超过其他的同类生物。例如前面的例子，变异可能会产生眼睛更大的生物。当经历许多代以后，眼睛会越来越大。

在遗传算法中，变异是将个体编码中的一些位进行随机变化。变异的主要目的是维持群体的多样性，为选择、交叉过程中可能丢失的某些遗传基因进行修复和补充。变异算子的基本内容是对群体中的个体串的某些基因座上的基因值作变动。变异操作是按位进行的，即把某一位的内容进行变异。变异概率是指在一个染色体中基因按位变化的概率。主要的变异方法有以下4种。

① 位点变异。位点变异是指对群体中的一个个体码串，随机挑选一个或多个基因座，并对这些基因座的基因值以变异概率 P_m 作变动。对二进制编码的个体来说，若某位原为0，则通过变异操作就变成了1，反之亦然。对于整数编码，将被选择的基因变为以概率选择的其他基因。如果需要消除非法性，将其他基因所在的基因座上的基因变为被选择的基因。

② 逆转变异。在个体码串中随机选择两点(称为逆转点)，然后将两个逆转点之间的基因值以逆向排序插入到原位置中。

③ 插入变异。在个体码串中随机选择一个码，然后将此码插入随机选择的两点中间。

④ 互换变异。随机选取染色体的两个基因进行简单互换。在遗传算法中，变异属于辅助性的搜索操作。变异概率 P_m 一般不能大，以防止群体中重要的、单一的基因丢失。事实上，变异概率太大将使遗传算法趋于纯粹的随机搜索。通常取变异概率 P_m 为0.001左右。

6.2.6　遗传算法的步骤

综上所述，遗传算法的步骤如下：

步骤1，使用随机方法或者其他方法，产生一个有 N 个染色体的初始群体 pop(1)，$t := 1$。

步骤 2，对群体 pop(t)中的每一个染色体$\mathrm{pop}_i(t)$，计算它的适应值

$$f_i = \mathrm{fitness}[\mathrm{pop}_i(t)]$$

步骤 3，若满足停止条件，则算法停止；否则，以概率

$$p_i = \frac{f_i}{\sum_{j=1}^{N} f_j}$$

从 pop(t)中随机选择一些染色体构成一个新种群

$$\mathrm{newpop}(t+1) = \{\mathrm{pop}_j(t) \mid j = 1, 2, \cdots, N\}$$

步骤 4，以概率 P_c 进行交叉，产生一些新的染色体，得到一个新的群体

$$\mathrm{crosspop}(t+1)$$

步骤 5，以一个较小的概率 P_m 使染色体的一个基因发生变异，形成 mutpop(t+1)，$t := t+1$，成为一个新的群体 pop(t)=mutpop(t+1)；再返回步骤 2。

遗传算法的基本流程如图 6.1 所示。

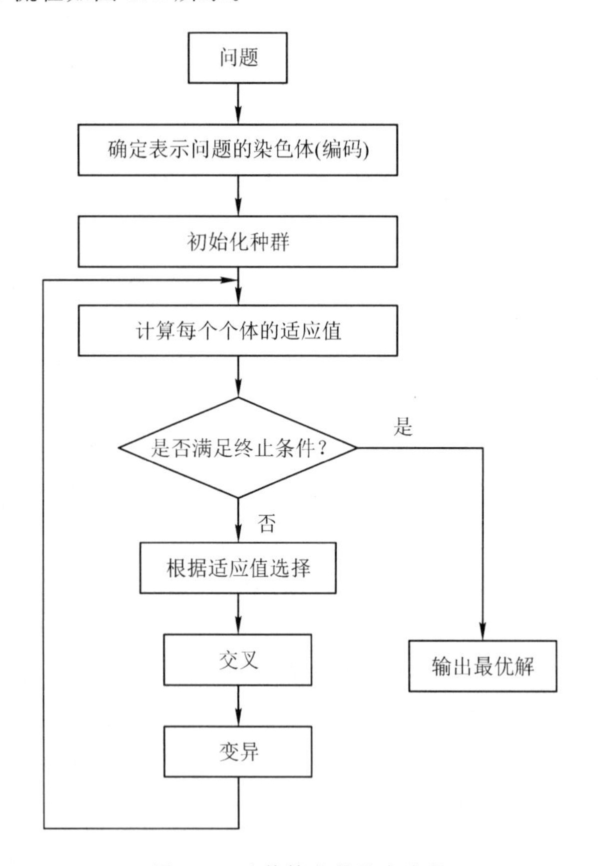

图 6.1 遗传算法的基本流程

遗传算法与其他普通的优化搜索相比，采用了许多独特的方法和技术。归纳起来，主要有以下几个方面。

(1) 遗传算法的编码操作使得它可以直接对结构对象进行操作。所谓结构对象，是泛指集合、序列、矩阵、树、图、链和表等各种一维、二维甚至三维结构形式的对象。因此，遗传算法具有非常广泛的应用领域。

(2) 遗传算法是一个利用随机技术来指导对一个被编码的参数空间进行高效率搜索的方法，而不是无方向的随机搜索。这与其他随机搜索是不同的。

(3) 许多传统搜索方法都是单解搜索算法，即通过一些变动规则，将问题的解从搜索空间中的当前解移到另一解。对于多峰分布的搜索空间，这种点对点的搜索方法常常会陷于局部的某个单峰的最优解。而遗传算法采用群体搜索策略，即采用同时处理群体中多个个体的方法，同时对搜索空间中的多个解进行评估，从而使遗传算法具有较好的全局搜索性能，减少了陷于局部最优解的风险，但还是不能保证每次都得到全局最优解。遗传算法本身也十分易于并行化。

(4) 在基本遗传算法中，基本上不用搜索空间的知识或其他辅助信息，而仅用适应度函数值来评估个体，并在此基础上进行遗传操作，使种群中个体之间进行信息交换。特别是遗传算法的适应度函数不仅不受连续可微的约束，而且其定义域也可以任意设定。对适应度函数的唯一要求是能够算出可以比较的正值。遗传算法的这一特点使它的应用范围大大扩展，非常适合用于传统优化方法难以解决的复杂优化问题。

6.2.7　遗传算法的应用

下面以生产调度这个典型的大规模优化问题求解为例，介绍遗传算法的应用。由于生产调度问题的解容易进行编码，而且，遗传算法可以处理大规模问题，因此，遗传算法成为求解生产调度问题的重要方法之一，具体以流水车间调度问题求解为例，进行说明。

1. 流水车间调度问题

流水车间调度问题(Flow-shop Scheduling Problem，FSP)与城市不对称情况下的旅行商问题难度相当，是同一类型的NP完全问题中最困难的问题之一。自从Johnson在1954年发表第一篇关于FSP的文章以来，FSP就引起了许多学者的关注。整数规划和分支定界法是寻求最优解的常用方法，但FSP是NP完全问题，对于一些大规模甚至中等规模的问题，使用整数规划和分支定界法仍是很困难的。在多数情况下很难用数学方法求解流水车间调度问题，而数学计算和智能算法的结合往往是有效的。

FSP一般可以描述为n个工件要在m台机器上加工，每个工件需要经过m道工序，每道工序要求使用不同的机器，n个工件在m台机器上的加工顺序相同。工件在机器上的加工时间是给定的，设为$t_{ij}(i=1, 2, \cdots, n; j=1, 2, \cdots, m)$。问题的目标是确定$n$个工件在每台机器上的最优加工顺序，使最大流程时间达到最小。

对该问题常常作如下假设：

(1) 每个工件在机器上的加工顺序是给定的；

(2) 每台机器在一个时段只能加工一个工件；

(3) 一个工件不能同时在不同的机器上加工；

(4) 工序不能预定；

(5) 工序的准备时间与顺序无关，且包含在加工时间中；

(6) 工件在每台机器上的加工顺序相同，且是确定的。

令$c(j, k)$表示工件j_i在机器k上的加工完工时间，$\{j_1, j_2, \cdots, j_n\}$表示工件的调度，那么，对于无限中间存储方式，$n$个工件、$m$台机器的流水车间调度问题的完工时间可

表示为

$$\begin{cases} c(j_1, 1)=t_{j_1 1} \\ c(j_1, k)=c(j_1, k-1)+t_{j_1 k} \quad k=2, 3, \cdots, m \\ c(j_i, 1)=c(j_{i-1}, 1)+t_{j_i 1} \quad i=2, 3, \cdots, n \\ c(j_i, k)=\max\{c(j_{i-1}, k), +c(j_i, k-1)\}+t_{j_i k} \quad i=2, 3, \cdots, n; k=2, 3, \cdots, m \end{cases} \tag{6.15}$$

最大流程时间为

$$c_{\max}=c(j_n, m) \tag{6.16}$$

调度目标为确定$\{j_1, j_2, \cdots, j_n\}$，使得 $c_{\max}$ 最小。

2. 求解 FSP 的遗传算法设计

由于遗传算法所固有的全局搜索与收敛特性，它得到的次优解往往优于传统方法得到的局部极值解，加之搜索效率比较高，因而被认为是一种切实有效的方法，得到了日益广泛的研究。下面介绍应用遗传算法来求解 FSP 的编码，设计适应度函数。

1）FSP 的编码方法

对于调度问题，通常不采用二进制编码，而使用实数编码。将各个生产任务编码为相应的整数变量。一个调度方案是生产任务的一个排列，其排列中每个位置对应于每个带编号的任务。遗传算法根据一定的评价函数，求出最优的排列。

对于 FSP，最自然的编码方式是用染色体表示工件的顺序，例如，对于有 4 个工件的 FSP，k 个染色体 $v_k=[1, 2, 3, 4]$，表示工件的加工顺序为 j_1、j_2、j_3、j_4。

2）FSP 的适应度函数

令 $c_{\max}^k$ 表示 k 个染色体 v_k 的最大流程时间，那么，FSP 的适应度函数取为

$$\text{eval}(v_k)=\frac{1}{c_{\max}^k} \tag{6.17}$$

3. 求解 FSP 的遗传算法实例

例 6.1　Ho 和 Chang 于 1991 给出 5 个工件、4 台机器问题的加工时间如表 6.2 所示。

表 6.2　加工时间表　（单位：min）

工件 j	t_{j_1}	t_{j_2}	t_{j_3}	t_{j_4}
1	31	41	25	30
2	19	55	3	34
3	23	42	27	6
4	13	22	14	13
5	33	5	57	19

为了便于比较，先用穷举法求得最优解为 4—2—5—1—3，加工时间为 213；最劣解为 1—4—2—3—5，加工时间为 294 min；平均解的加工时间为 265 min。

下面用遗传算法求解。选择交叉概率 $P_c=0.6$，变异概率 $P_m=0.1$，种群规模为 20，

迭代次数 $N=50$。运算结果如表6.3所示。

表6.3　遗传算法运行的结果

总运行次数	最好解	最坏解	平均解	最好解的频率	最好解的平均迭代次数
20	213	221	213.95	0.85	12

可见，用遗传算法大都能找到最优解，即使没有找到最优解，找到的解中最差的也有221 min，比起平均解的加工时间265 min还是要好很多。这说明：遗传算法一般能找到全局最优解，至少能找到比较好的解。

6.3　群智能算法

自然界中有许多现象令人惊奇，如蚂蚁搬家、群觅食、蜜蜂筑巢等，这些现象不仅吸引生物学家去研究，也让计算机学家痴迷。鸟群的排列看起来似乎是随机的，其实它们有着惊人的同步性，这种同步性使得鸟群的整体运动非常流畅。有几位科学家对鸟群的飞行进行了计算机仿真，他们让每个个体按照特定的规则飞行，形成鸟群整体的复杂行为。模型成功的关键在于对个体间距离的操作，也就是说群体行为的同步性是因为个体努力维持自身与邻居之间的最优距离，为此每个个体必须知道自身位置和邻居的信息。生物社会学家E. O. Wilson也曾说过，至少从理论上，在搜索食物的过程中，群体中的个体成员可以得益于所有其他成员的发现和先前的经历。当食物源不可预测地零星分布时，这种协作带来的优势是决定性的，远大于对食物的竞争带来的劣势。这些简单个体组成的群体，以及为了达到一个目标，群体与环境以及群体内部个体之间的互动行为，称为"群体智能"。

在众多智能计算方法中，受动物群体智能启发的算法称为群智能(Swarm Intelligence, SI)算法。在计算智能领域，群智能算法包括粒子群优化算法、蚁群算法和人工免疫算法。粒子群优化算法起源于对简单社会系统的模拟，最初设想是用粒子群优化算法模拟鸟群觅食的过程，但后来发现它是一种很好的优化工具。蚁群算法是对蚂蚁群采集食物过程的模拟，已经成功地运用在很多离散优化问题上。图6.2表示了生物学上的现象与对应的仿生智能计算的关系。

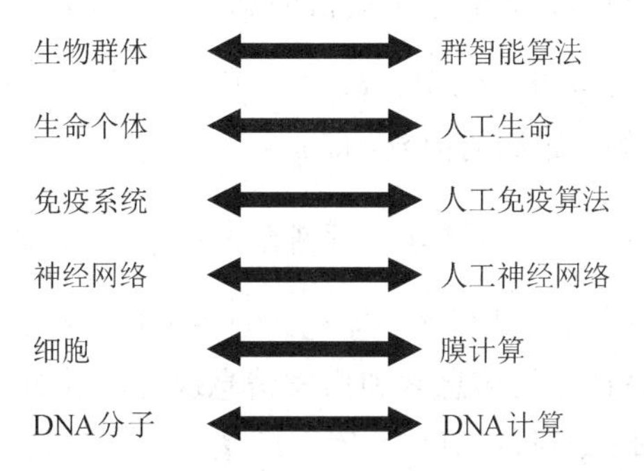

图6.2　生物层次与仿生智能计算的对应关系

群智能算法与进化算法(Evolutionary Computation, EC)既有相同之处，也有明显的不同之处。相同之处：首先，EC和SI都是受自然现象的启发，基于抽取出的简单自然规则而发展出的计算模型；其次，两者又都是基于种群的方法，且种群中的个体之间、个体与环境之间存在相互作用；最后，两者都是一种无启发式随机搜索方法。不同之处：EC方法强调种群的达尔文主义的进化模型，而SI优化方法则注重对群体中个体之间的相互作用与分布式协同的模拟。

6.3.1 蚁群算法

蚁群优化(Ant Colony Optimization，ACO)算法，简称为蚁群算法，是由意大利科学家M. Dorigo、V. Maniezzo等受蚂蚁觅食行为的启发，在20世纪90年代初提出来的。它是继模拟退火算法、遗传算法、禁忌搜索算法、人工神经网络等启发式搜索算法后的又一种应用于组合优化问题的启发式搜索算法。研究表明，蚁群算法在解决离散组合优化方面具有良好的性能，并在多方面得到应用。

M. Dorigo、V. Maniezzo等人在观察蚂蚁觅食行为时发现，蚂蚁总能找到巢穴与食物之间的最短路径。经研究发现，蚁群觅食时总存在信息素(Pheromone)跟踪和信息素遗留两种行为，即一方面蚂蚁会按照一定的概率沿着信息素较强的路径觅食；另一方面，蚂蚁会在走过的路上释放信息素，使得在一定范围内的其他蚂蚁能够觉察到并由此影响它们的行为。当一条路上的信息素越来越多，后来的蚂蚁选择这条路的概率也越来越大，从而进一步增加该路径的信息素强度；而其他路径上蚂蚁越来越少时，这条路径上的信息素会随着时间的推移逐渐减弱。这种选择过程称为蚂蚁的自催化过程，其原理是一种正反馈机制，所以蚂蚁系统也称为增强型学习系统。

20世纪90年代后期，这种算法逐渐引起了很多研究者的注意，他们对算法作了各种改进并应用到其他领域。Gutjahr首先证明了ACO类算法的收敛性。

1. 蚁群算法的基本模型

蚁群算法的第一个应用是著名的旅行商问题(Traveling SalesMan Problem，TSP)，Dorigo等人充分利用了蚁群搜索食物的过程与旅行商问题之间的相似性，通过人工模拟蚂蚁搜索食物的过程，即通过个体之间的信息交流与相互协作最终找到从蚁穴到食物源的最短路径，来求解旅行商问题。下面用旅行商问题阐明蚁群算法的基本模型。

设m是蚁群中蚂蚁的数量，给定n个城市的集合，$d_{xy}(x, y=1, 2, \cdots, n)$表示任意两个城市之间的距离。欧几里得空间中，$d_{xy}=\sqrt{(X_x-X_y)^2+(Y_x-Y_y)^2}$。$\eta_{xy}$表示能见度，称为启发信息函数，等于距离的倒数，即$\eta_{xy}=1/d_{xy}$。$b_x(t)$表示时刻$t$位于城市$x$的蚂蚁的个数，$m=\sum_{x=1}^{n}b_x(t)$。$\tau_{xy}(t)$表示$t$时刻在$xy$连线上残留的信息素。各条路径上初始时刻的信息素相等且为一个小的正常数，即$\tau_{xy}(0)=C(\text{const})$。蚂蚁$k(k=1, 2, \cdots, m)$在运动过程中，根据各条路径上的信息素和启发信息决定转移方向。每只蚂蚁在t时刻选择下一个城市，并在$t+1$时刻到达那里。$P_{xy}^{k}(t)$表示在t时刻蚂蚁k选择从元素(城市)x转移到元素(城市)y的概率。

$P_{xy}^{k}(t)$由信息素$\tau_{xy}(t)$和局部启发信息η_{xy}共同决定，也称为随机比例规则(Random-Proportional Rule)，即

$$P_{xy}^{k}(t)=\begin{cases}\dfrac{[\tau_{xy}(t)]^{\alpha}[\eta_{xy}]^{\beta}}{\sum\limits_{y\in \text{allowed}_k(x)}[\tau_{xy}(t)]^{\alpha}[\eta_{xy}]^{\beta}} & y\in \text{allowed}_k(x)\\ 0 & \text{其他}\end{cases} \tag{6.21}$$

其中，$\text{allowed}_k(x)=\{1, 2, \cdots, n\}-\text{tabu}_k(x)$，表示蚂蚁 k 下一步允许选择的城市，$\text{tabu}_k(x)(k=1, 2, \cdots, m)$记录蚂蚁 k 当前所走的城市。α 是信息素的权值，表示轨迹的相对重要性，反映了残留信息浓度 $\tau_{xy}(t)$在指导蚁群搜索中的相对重要程度。β 是能见度的权值，反映能见度的相对重要程度。

α 值越大，该蚂蚁越倾向于选择其他蚂蚁经过的路径，该状态转移概率越接近贪婪规则。当 $\alpha=0$ 时，就不再考虑信息素水平，算法就成为有多重起点的随机贪婪算法。而当 $\beta=0$ 时，算法就成为纯粹的正反馈的启发式算法。

随着时间的推移，以前留下的信息素逐渐挥发，用参数 $1-\rho$ 表示信息素挥发程度，其中 ρ 为 0～1 的常数。蚂蚁完成一次循环，各路径上信息素浓度挥发规则为

$$\tau_{xy}(t+1)=\rho\tau_{xy}(t)+\Delta\tau_{xy}(t) \tag{6.19}$$

蚁群在 t 到 $t+1$ 时刻的信息素浓度更新规则为

$$\Delta\tau_{xy}(t)=\sum_{k=1}^{m}\Delta\tau_{xy}^{k}(t) \tag{6.20}$$

M. Dorigo 给出了 $\Delta\tau_{xy}^{k}(t)$的三种不同模型。

第一种模型称为蚂蚁圈系统(Ant-cycle System)。单只蚂蚁访问路径上的信息素浓度更新规则为

$$\Delta\tau_{xy}^{k}(t)=\begin{cases}\dfrac{Q}{L_k} & \text{第 } k \text{ 只蚂蚁在本次循环中从 } x \text{ 到 } y\\ 0 & \text{其他}\end{cases} \tag{6.21}$$

其中，$\Delta\tau_{xy}(t)$为路径(x, y)上 t 到$t+1$ 时刻信息素的增量；$\Delta\tau_{xy}^{k}(t)$为第 k 只蚂蚁 t 到$t+1$ 时刻留在路径(x, y)上信息素的增量；Q 为总信息素量，是一个常数；L_k 为优化问题的目标函数值，表示第 k 只蚂蚁在本次循环中所走路径的长度。根据具体算法的不同，$\Delta\tau_{xy}^{k}(t)$、$\Delta\tau_{xy}(t)$、$\tau_{xy}(t)$及 $P_{xy}^{k}(t)$的表达形式可以不同，要根据具体问题而定。

第二种模型称为蚂蚁数量系统(Ant-quantity System)：

$$\Delta\tau_{xy}^{k}(t)=\begin{cases}\dfrac{Q}{d_{xy}} & \text{第 } k \text{ 只蚂蚁在本次循环中从 } x \text{ 到 } y\\ 0 & \text{其他}\end{cases} \tag{6.22}$$

第三种模型称为蚂蚁密度系统(Ant-density System)：

$$\Delta\tau_{xy}^{k}(t)=\begin{cases}Q & \text{第 } k \text{ 只蚂蚁在本次循环中从 } x \text{ 到 } y\\ 0 & \text{其他}\end{cases} \tag{6.23}$$

第一种模型利用的是整体信息，即蚂蚁完成一个循环后，更新所有路径上的信息，通常作为蚁群优化算法的基本模型。后两种模型利用的是局部信息，每走一步都要更新残留信息素的浓度，而非等到所有蚂蚁完成对所有 n 个城市的访问以后。

比较上述三种方法，蚂蚁圈系统的效果最好，这是因为它利用的是全局信息 Q/L_k，而其余两种算法用的是局部信息 Q/d_{xy} 和 Q。全局信息更新方法很好地保证了残留信息素不

会无限累积。

如果路径没有被选中，那么上面的残留信息素会随时间的推移而逐渐减弱，这使算法能“忘记”不好的路径，即使路径经常被访问也不会因为 $\Delta\tau_{xy}^{k}(t)$ 的累积而产生“$\Delta\tau_{xy}^{k}(t) \gg \eta_{xy}(t)$ 使期望值的作用无法体现”的问题。这充分体现了算法中全局范围内较短路径（较好解）的生存能力，加强了信息正反馈性能，提高了系统搜索收敛的速度。因而，在蚁群算法中，通常采用蚂蚁圈系统作为基本模型。

2. 蚁群算法的参数选择

从蚁群搜索最短路径的机理不难看出，算法中有关参数的不同选择对蚁群算法的性能有至关重要的影响，但其选取的方法和原则，目前尚没有理论上的依据，通常都是根据经验而定。信息素启发因子 α 的大小则反映了蚁群在路径搜索中随机性因素作用的强度，其值越大，蚂蚁选择以前走过的路径的可能性越大，搜索的随机性减弱。α 过大会使蚁群的搜索过早陷入局部最优。期望值启发式因子 β 的大小反映了蚁群在路径搜索中先验性、确定性因素作用的强度，其值越大，蚂蚁在某个局部点上选择局部最短路径的可能性越大。虽然搜索的收敛速度得以加快，但蚁群在最优路径的搜索过程中随机性减弱，易于陷入局部最优。蚁群算法的全局寻优性能，首先要求蚁群的搜索过程必须有很强的随机性；而蚁群算法的快速收敛性能，又要求蚁群的搜索过程必须有较高的确定性。因此，α 和 β 对蚁群算法性能的影响和作用是相互配合、密切相关的。

蚁群算法与遗传算法等各种模拟进化算法一样，也存在着收敛速度慢、易于陷入局部最优等缺陷。而信息素挥发度 $1-\rho$ 直接关系到蚁群算法的全局搜索能力及其收敛速度。当 $1-\rho$ 过大时，会使那些从未被搜索到的路径上的信息量减少到接近 0，所以，以前搜索过的路径被再次选择的可能性也会过大，这会影响算法的随机性能和全局搜索能力。反之，减小信息素挥发度 $1-\rho$，虽然可以提高算法的随机性能和全局搜索能力，但又会使算法的收敛速度降低。

对于旅行商问题，单个蚂蚁在一次循环中所经过的路径，表现为问题的可行解集中的一个解；k 个蚂蚁在一次循环中所经过的路径，则表现为问题的可行解集中的一个子集。显然，子集越大（即蚁群数量多），蚁群算法的全局搜索能力以及算法的稳定性越高。但蚂蚁数目增大后，会使大量的曾被搜索过的解（路径）上的信息素的变化比较平均，信息素正反馈的作用不明显，搜索的随机性虽然得到了加强，但收敛速度减慢。反之，子集较小（即蚁群数量少），特别是当要处理的问题规模比较大时，会使那些从未被搜索到的解（路径）上的信息素量减小到接近于 0，搜索的随机性减弱，虽然收敛速度加快，但会使算法的全局性能降低，算法的稳定性差，容易出现过早停滞现象。

在蚂蚁圈系统模型中，总信息素量 Q 为蚂蚁循环一周时释放在所经过的路径上的信息素总量。总信息素量 Q 越大，则在蚂蚁已经走过的路径上信息素的累积越快，可以加强蚁群搜索时的正反馈性能，有助于算法的快速收敛。由于在蚁群算法中各个算法参数的作用实际上是紧密结合的，其中对算法性能起着主要作用的应该是信息素启发式因子 α、期望启发式因子 β 和信息素残留常数 ρ 这 3 个参数。总信息素量 Q 对算法性能的影响则有赖于上述 3 个参数的配置以及算法模型的选取。例如，在蚂蚁圈系统模型和蚂蚁密度系统模型中，总信息素量 Q 对算法性能的影响情况显然有较大的差异。信息素的初始值 τ_0 对算法性能的影响不是很大。

6.3.2　应用蚁群算法求解旅行商问题

程序 6.1 实现了应用蚁群算法求解旅行商问题，程序中设计了 5 个城市，城市之间的距离由第 62 行至 66 行定义的矩阵给出，为了避免自身到自身形成的环，设置了每个城市到自身的距离为无穷大。

程序设计了几个子函数来实现求解遍历所有城市的最短路径，第 53 行定义的函数 pick_move()用来计算由当前节点的信息素和能见度确定的概率，依据该概率选择下一个节点。第 21 行定义的 spread_pheronome()用来更新信息素的浓度；第 27 行定义的函数 gen_path_dist()用来计算路径上两点间的所有距离之和，也就是这条路径的总长度；第 33 行定义的函数 gen_all_paths()用来生成每个蚂蚁的路径，每条路径都是从节点 0 出发最后返回节点 0；第 40 行定义的函数 gen_path()用来生成一条路径，其中每一个节点的选择需要调用函数 pick_move()确定。

```
1    #程序 6.1 蚁群算法解旅行商问题
2    import numpy as np
3    from numpy.random import choice as np_choice
4    import matplotlib.pyplot as plt
5    import matplotlib as mpl
6
7    def run(pheromone, path):
8        shortest_path=None
9        all_time_shortest_path=("placeholder", np.inf)
10       for i in range(n_iterations):
11           all_paths=gen_all_paths()
12           spread_pheronome(all_paths, n_best, shortest_path=shortest_path)
13           shortest_path=min(all_paths, key=lambda x: x[1])
14           print(shortest_path)                          #每次迭代输出一个最短路径
15           path.append(shortest_path[1])
16           if shortest_path[1] < all_time_shortest_path[1]:
17               all_time_shortest_path=shortest_path
18           pheromone=pheromone * decay                   #信息素挥发
19       return all_time_shortest_path
20   #信息素更新
21   def spread_pheronome(all_paths, n_best, shortest_path):
22       sorted_paths=sorted(all_paths, key=lambda x: x[1])
23       for path, dist in sorted_paths[: n_best]:
24           for move in path:
25               pheromone[move] +=1.0 / distances[move] #信息素更新
26   #计算路径的总距离
27   def gen_path_dist( path):
28       total_dist=0
29       for ele in path:
30           total_dist +=distances[ele]
```

```
31          return total_dist
32      #生成每个蚂蚁的路径
33      def gen_all_paths():
34          all_paths=[]
35          for i in range(n_ants):
36              path=gen_path(0)
37              all_paths.append((path, gen_path_dist(path)))
38          return all_paths
39      #生成一条路径经过所有节点之后回到原点
40      def gen_path(start):
41          path=[]
42          visited=set()
43          visited.add(start)
44          prev=start
45          for i in range(len(distances) - 1):
46              move=pick_move(pheromone[prev], distances[prev], visited)
47              path.append((prev, move))
48              prev=move
49              visited.add(move)
50          path.append((prev, start))
51          return path
52      #选择下一个转移的节点
53      def pick_move( pheromone, dist, visited):
54          pheromone=np.copy(pheromone)
55          pheromone[list(visited)]=0
56          row=pheromone ** alpha * ((1.0 / dist) ** beta)
57          norm_row=row / row.sum()                          #转移到每一节点的概率
58          move=np_choice(all_inds, 1, p=norm_row)[0]        #以概率p选择下一节点
59          return move
60
61      if _name_=='_main_':
62          distances=np.array([[np.inf, 2, 2, 5, 7],
63                              [2, np.inf, 4, 8, 2],
64                              [2, 4, np.inf, 1, 3],
65                              [5, 8, 1, np.inf, 2],
66                              [7, 2, 3, 2, np.inf]])    #城市之间的距离矩阵
67          pheromone=np.ones(distances.shape) / len(distances) #信息素
68          all_inds=range(len(distances))                    #所有可能的城市节点
69          n_ants=1                                          #蚂蚁数
70          n_best=1                                          #每次只考虑最短距离的路径
71          n_iterations=50                                   #迭代次数
72          decay=0.95
73          alpha=1                                           #信息素启发因子
```

```
74        beta=1                                    #能见度启发因子
75        paths=[]
76        shortest_path=run(pheromone, paths)
77        print("shorted_path: {}".format(shortest_path))
78        plt.plot([i for i in range(50)], paths, '*')
79        mpl.rcParams['font.sans-serif']=[u'simHei']
80        plt.xlabel('迭代次数')
81        plt.ylabel('路径长度')
82        plt.show()
83
```

输出：

```
shorted_path: ([(0, 1), (1, 4), (4, 3), (3, 2), (2, 0)], 9.0)
```

程序6.1运行之后在每次迭代会输出一条最优解的路径及该路径的总长度，这里作了省略，只保留了最终的一条最短路径。而每次迭代的结果直接显示在图6.3中，图中每个点代表了该次迭代的最优解的路径长度。在所有最优解中可以很明显看出，长度9为最终解。

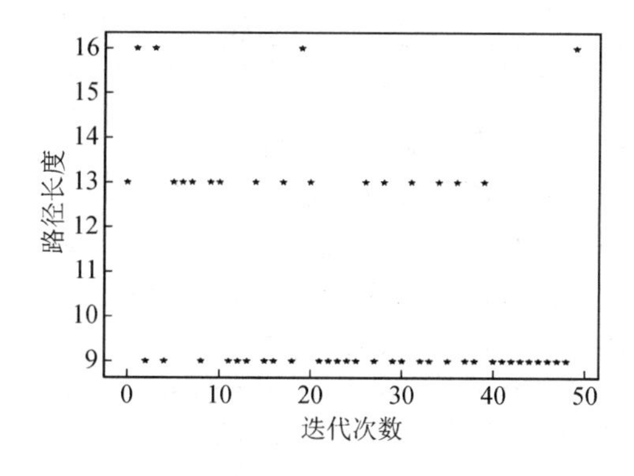

图6.3 每次迭代最优解的收敛图

6.4 小　　结

遗传算法主要借用生物进化中的“适者生存”法则。遗传算法的设计包括编码、适应度函数选择、控制参数设定、交叉与变异等遗传算子的选定。遗传算法常用的编码方案有位串编码(二进制编码、Gray编码)、实数编码等。遗传算法中初始群体中的个体可以是随机产生的。群体规模太小时，遗传算法的优化性能一般不会太好，容易陷入局部最优解。而当群体规模太大时，则计算复杂。遗传算法的适应度函数是用来区分群体中的个体好坏的标准。适应度函数一般是由目标函数变换得到的，但必须将目标函数转换为求最大值的形式，而且保证函数值非负。为了防止发生欺骗问题，对适应度函数值域的某种映射变换，称为适应度尺度变换或者定标。

个体选择概率的常用分配方法有适应度比例方法、排序方法等。个体选择方法主要有轮盘赌选择方法、锦标赛选择方法、最佳个体保存方法等。遗传算法中起核心作用的是交叉算子。主要有单点交叉、双点交叉等基本的交叉算子，修正的交叉方法包括部分匹配交叉、顺序交叉和循环交叉等。变异操作主要有位点变异、逆转变异、插入变异、互换变异等变异方法。

群智能算法源于对生物群体行为的研究。自然界中有许多现象令人惊奇，如蚂蚁搬家、群觅食、蜜蜂筑巢等，这些现象不仅吸引生物学家去研究，也让计算机学家痴迷。

由简单个体组成的群落与环境以及个体之间的互动行为，称为“群体智能”。在计算智能领域，群智能算法包括粒子群优化算法、蚁群算法和人工免疫算法。粒子群优化算法起源于对简单社会系统的模拟。最初设想是用粒子群优化算法模拟鸟群觅食的过程，但后来发现它是一种很好的优化工具。蚁群算法是对蚂蚁群采集食物过程的模拟，已经成功地运用在很多离散优化问题上。

群智能算法与进化算法既有相同之处，也有明显的不同之处。相同之处：首先，EC 和 SI 都是受自然现象的启发，基于抽取出的简单自然规则而发展出的计算模型。其次，两者又都是基于种群的方法，且种群中的个体之间、个体与环境之间存在相互作用。最后，两者都是一种无启发式随机搜索方法。不同之处：EC 方法强调种群的达尔文主义的进化模型，而 SI 优化方法则注重对群体中个体之间的相互作用与分布式协同的模拟。

习　题

1. 遗传算法的基本步骤和主要特点是什么？
2. 什么是进化计算？它包括哪些内容？它们的出发点是什么？
3. 试述遗传算法的基本原理，并说明遗传算法的求解步骤。
4. 如何利用遗传算法求解问题，试举例说明求解过程。
5. 用遗传算法求 $f(x)=x\cos x+2$ 的最大值。
6. 进化计算的主要应用有哪些？进化计算的应用类型有哪些？
7. 进化计算的统一描述是什么？遗传算法的问题(即改进点)是什么？
8. 蚁群算法中的参数如何选择？

第7章 机 器 学 习

通俗地讲，机器学习(Machine Learning，ML)就是让计算机从数据中自动学习，从而得到某种知识(或规律)。作为一门学科，机器学习通常指一类问题以及解决这类问题的方法，即如何从观测数据(样本)中寻找规律，并利用学习到的规律(模型)对未知或无法观测的数据进行预测。

机器学习问题在早期的工程领域也经常称为模式识别(Pattern Recognition，PR)，但模式识别更偏向于具体的应用任务，比如光学字符识别、语音识别、人脸识别等。对人们而言，这些任务很容易完成，但我们不知道自己是如何做到的，因此也很难人工设计一个计算机程序来解决这些任务。一个可行的方法是设计一个算法，从而让计算机自己从有标注的样本中学习其中的规律，以完成各种识别任务。随着机器学习技术的应用越来越广泛，机器学习的概念逐渐替代模式识别，成为这一类问题及其解决方法的统称。

以手写体数字识别为例，我们需要让计算机能自动识别手写的数字，这是一个经典的机器学习任务。这个任务对人来说很简单，但对计算机来说却十分困难。我们很难总结每个数字的手写体特征，或者区分不同数字的规则，因此设计一套识别算法几乎是一项不可能完成的任务。在现实生活中，存在类似于手写体数字识别的这类问题，比如物体识别、语音识别等。对于这类问题，我们不知道如何设计一个计算机程序来解决，即使可以通过一些启发式规则来实现，其过程也是极其复杂的。因此，人们开始尝试采用另一种思路，即让计算机“看”大量的样本，并从中学习到一些经验，然后用这些经验来识别新的样本。要识别手写体数字，首先通过人工标注大量的手写体数字图像(即每张图像都被人工标记为某个数字)，这些图像作为训练数据，然后通过学习算法自动生成一套模型，并依靠它来识别新的手写体数字。这和人类学习过程也比较类似，我们教小孩子识别数字也是这样的过程。这种通过数据来学习的方法就称为机器学习的方法。

本章介绍机器学习的基本概念和要素，并较详细地描述一个简单的机器学习例子，即线性回归。

7.1 机器学习的基本概念

机器学习中的一些基本概念包括样本、特征、标签、模型、学习算法等。以一个生活中的经验学习为例，假设我们要到市场上购买芒果，但是之前毫无挑选芒果的经验，那么我们如何通过学习来获取这些知识呢?

首先，我们从市场上随机选取一些芒果，列出每个芒果的特征(Feature)，包括颜色、大小、形状、产地、品牌以及我们需要预测的标签(Label)。标签可以是连续值(比如关于芒果的甜度、水分以及成熟度的综合打分)，也可以是离散值(比如“好”“坏”)。

一个标记好特征以及标签的芒果可以看作是一个样本(Sample)。一组样本构成的集合称为数据集(Data Set)。一般将数据集分为两部分：训练集和测试集。训练集(Training Set)中的样本是用来训练模型的，也叫训练样本(Training Sample)；而测试集(Test Set)中的样本是用来检验模型好坏的，也叫测试样本(Test Sample)。在很多领域，数据集也经常称为语料库(Corpus)。我们用一个 d 维向量 $\boldsymbol{x}=[x_1, x_1, \cdots, x_d]^{\mathrm{T}}$ 表示一个芒果的所有特征构成的向量，称为特征向量(Feature Vector)，其中每一维表示一个特征。应注意，并不是所有的样本特征都是数值型，需要将样本特征转换并表示为特征向量。

假设训练集由 N 个样本组成，其中每个样本都是独立同分布(Independent Identically Distributed，IID)的，即独立地从相同的数据分布中抽取的，记为

$$D=\{(\boldsymbol{x}^{(1)}, y^{(1)}), (\boldsymbol{x}^{(2)}, y^{(2)}), \cdots, (\boldsymbol{x}^{(N)}, y^{(N)})\} \tag{7.1}$$

给定训练集 D，我们希望让计算机自动寻找一个函数 $f(\boldsymbol{x}; \theta)$来建立每个样本特征向量 $\boldsymbol{x}$ 和标签 y 之间的映射。对于一个样本 $\boldsymbol{x}$，我们可以通过决策函数预测其标签的值

$$\hat{y}=f(\boldsymbol{x}; \theta) \tag{7.2}$$

或标签的条件概率

$$p(y \mid \boldsymbol{x})=f_y(\boldsymbol{x}; \theta) \tag{7.3}$$

其中，θ 为可学习的参数。

通过一个学习算法(Learning Algorithm，LA)$\mathcal{A}$，在训练集上找到一组参数 θ^*，使函数 $f(\boldsymbol{x}; \theta^*)$可以近似表示真实的映射关系，这个过程称为学习(Learning)或训练(Training)过程，函数 $f(\boldsymbol{x}; \theta)$称为模型(Model)。

下次从市场上买芒果(测试样本)时，可以根据芒果的特征，使用学习到的模型 $f(\boldsymbol{x}; \theta^*)$来预测芒果的好坏。为了评价的公正性，我们还是独立同分布地抽取一组样本作为测试集 D'，并在测试集中所有样本上进行测试，计算预测结果的准确率，即

$$\mathrm{Acc}(f(\boldsymbol{x}; \theta^*))=\frac{1}{|D'|}\sum I(f(\boldsymbol{x}; \theta^*)=y) \quad (\boldsymbol{x}, y)\in D' \tag{7.4}$$

其中，$I(\cdot)$为指示函数，$|D'|$为测试集大小。

图 7.1 给出了机器学习的基本概念。对一个预测任务，输入特征向量为 $\boldsymbol{x}$，输出标签为 y，我们选择一个函数 $f(\boldsymbol{x}; \theta)$，通过学习算法$\mathcal{A}$和一组训练样本 D，找到一组最优的参数 θ^*，得到最终的模型 $f(\boldsymbol{x}; \theta^*)$，这样就可以对新的输入 $\boldsymbol{x}$ 进行预测。

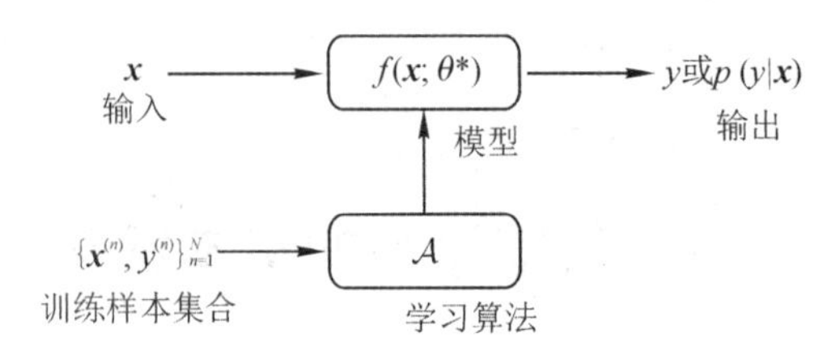

图 7.1　机器学习系统示例

7.2　机器学习的三个基本要素

机器学习是从有限的观测数据中学习(或“猜测”)出具有一般性的规律，并可以将总结出来的规律推广应用到未观测样本上。机器学习方法可以粗略地分为三个基本要素：模型、

学习准则、优化算法。

7.2.1 模型

一个机器学习任务需要先确定其输入空间 X 和输出空间 Y。不同机器学习任务的主要区别在于输出空间不同，例如，在两类分类问题中 $Y=\{+1, -1\}$，在 C 类分类问题中 $Y=\{1, 2, \cdots, C\}$，而在回归问题中 $Y=\mathbf{R}$。这里，输入空间默认为样本的特征空间。输入空间 X 和输出空间 Y 构成了一个样本空间。对于样本空间中的样本 $(\boldsymbol{x}, y)\in X\times Y$，假定存在一个未知的真实映射函数 $g: X\to Y$ 使得

人工智能与数学

$$y=g(\boldsymbol{x}) \tag{7.5}$$

或者真实条件概率分布

$$p_r(y \mid \boldsymbol{x}) \tag{7.6}$$

机器学习的目标是找到一个模型来近似表示真实映射函数 $g(\boldsymbol{x})$ 或真实条件概率分布 $p_r(y|\boldsymbol{x})$。

由于我们不知道真实的映射函数 $g(\boldsymbol{x})$ 或条件概率分布 $p_r(y|\boldsymbol{x})$ 的具体形式，故只能根据经验来确定一个假设函数集合 $\mathcal{F}$，称为假设空间(Hypothesis Space)，然后通过观测其在训练集 D 上的特性，从中选择一个理想的假设(Hypothesis)，此时有 $f^*\in\mathcal{F}$。

假设空间 $\mathcal{F}$ 通常为一个参数化的函数族

$$\mathcal{F}=\{f(\boldsymbol{x}; \theta) \mid \theta\in\mathbf{R}^m\} \tag{7.7}$$

其中，$f(\boldsymbol{x}; \theta)$ 为假设空间中的模型，θ 为一组可学习参数，m 为参数的数量。

常见的假设空间可以分为线性和非线性两种，对应的模型 f 也分别称为线性模型和非线性模型。

1. 线性模型

线性模型的假设空间为一个参数化的线性函数族，即

$$f(\boldsymbol{x}; \theta)=\boldsymbol{w}^{\mathrm{T}}\boldsymbol{x}+b \tag{7.8}$$

其中，参数 θ 包含了权重向量 $\boldsymbol{w}$ 和偏置 b。

2. 非线性模型

广义的非线性模型可以写为多个非线性基函数 $\boldsymbol{\phi}(\boldsymbol{x})$ 的线性组合，即

$$f(\boldsymbol{x}; \theta)=\boldsymbol{w}^{\mathrm{T}}\boldsymbol{\phi}(\boldsymbol{x})+b \tag{7.9}$$

其中，$\boldsymbol{\phi}(\boldsymbol{x})=[\phi_1(\boldsymbol{x}), \phi_2(\boldsymbol{x}), \cdots, \phi_K(\boldsymbol{x})]^{\mathrm{T}}$ 为 K 个非线性基函数组成的向量，参数 θ 包含了权重向量 $\boldsymbol{w}$ 和偏置 b。

如果 $\boldsymbol{\phi}(\boldsymbol{x})$ 本身为可学习的基函数，比如

$$\phi_K(\boldsymbol{x})=h(\boldsymbol{w}_k^{\mathrm{T}}\boldsymbol{\phi}'(\boldsymbol{x})+b_k) \qquad \forall 1\leqslant k\leqslant K \tag{7.10}$$

则 $f(\boldsymbol{x}; \theta)$ 等价于神经网络模型。其中，$h(\cdot)$ 为非线性函数，$\boldsymbol{\phi}'(\boldsymbol{x})$ 为另一组基函数，$\boldsymbol{w}_k$ 和 b_k 为可学习的参数。

7.2.2 学习准则

令训练集 $D=\{(\boldsymbol{x}^{(n)}, y^{(n)})\}_{n=1}^N$ 由 N 个独立同分布的样本组成，即每个样本 $(\boldsymbol{x}, y)\in X\times Y$，其是从 X 和 Y 的联合空间中按照某个未知分布 $p_r(x, y)$ 独立地随机产生的。这里

要求样本分布 $p_r(x, y)$ 必须是固定的(虽然可以是未知的)，不会随时间而变化。如果 $p_r(x, y)$ 本身可变的话，那么我们就无法通过这些数据进行学习。

一个好的模型 $f(\boldsymbol{x}; \theta^*)$ 应该在所有 $(\boldsymbol{x}, y)$ 的可能取值上都与真实映射函数 $y=g(\boldsymbol{x})$ 一致，即

$$|f(\boldsymbol{x}; \theta^*) - y| < \epsilon \qquad \forall (\boldsymbol{x}, y) \in X \times Y \tag{7.11}$$

或与真实条件概率分布 $p_r(y|\boldsymbol{x})$ 一致，即

$$|f_y(\boldsymbol{x}; \theta^*) - p_r(y \mid \boldsymbol{x})| < \epsilon \qquad \forall (\boldsymbol{x}, y) \in X \times Y \tag{7.12}$$

其中，ϵ 是一个很小的正数，$f_y(\boldsymbol{x}; \theta^*)$ 为模型预测的条件概率分布中 y 对应的概率。

模型 $f(\boldsymbol{x}; \theta)$ 的好坏可以通过期望风险(Expected Risk)$R(\theta)$ 来衡量，即

$$R(\theta) = E_{(\boldsymbol{x}, y)\sim p_r(\boldsymbol{x}, y)}[L(y, f(\boldsymbol{x}; \theta))] \tag{7.13}$$

其中，$p_r(\boldsymbol{x}, y)$ 为真实的数据分布；$L(y, f(\boldsymbol{x}; \theta))$ 为损失函数，用来量化两个变量之间的差异。

1. 损失函数

损失函数(Loss Function)是一个非负实数函数，用来量化模型预测和真实标签之间的差异。下面介绍几种常用的损失函数。

1) 0-1 损失函数

0-1 损失函数是最直观的损失函数，用模型预测的错误率来表示，即

$$\begin{aligned} L(y, f(\boldsymbol{x}; \theta)) &= \begin{cases} 0 & y = f(\boldsymbol{x}; \theta) \\ 1 & y \neq f(\boldsymbol{x}; \theta) \end{cases} \\ &= I(y \neq f(\boldsymbol{x}; \theta)) \end{aligned} \tag{7.14}$$

其中，$I(\cdot)$ 是指示函数。

虽然 0-1 损失函数能够客观地评价模型的好坏，但缺点是数学性质不是很好，不连续且导数为 0，故难以优化。因此经常用连续可微的损失函数来替代。

2) 平方损失函数

平方损失函数(Quadratic Loss Function)经常用在预测标签 y 为实数值的任务中，其表达式为

$$L(y, f(\boldsymbol{x}; \theta)) = \frac{1}{2}(y - f_c(\boldsymbol{x}; \theta))^2 \tag{7.15}$$

其中，$f_c(\boldsymbol{x}; \theta)$ 指示模型的计算值。平方损失函数一般不适用于分类问题。

3) 交叉熵损失函数

交叉熵损失函数(Cross-Entropy Loss Function)一般用于分类问题。假设样本的标签 $y \in \{1, 2, \cdots, C\}$ 为离散的类别，模型 $f(\boldsymbol{x}; \theta) \in [0, 1]^C$ 的输出为类别标签的条件概率分布，即

$$p(y = c \mid \boldsymbol{x}; \theta) = f_c(\boldsymbol{x}; \theta) \tag{7.16}$$

并满足

$$f_c(\boldsymbol{x}; \theta) \in [0, 1], \quad \sum_{c=1}^{C} f_c(\boldsymbol{x}; \theta) = 1 \tag{7.17}$$

我们可以用一个 C 维的独热(one-hot)编码向量 $\boldsymbol{y}$ 来表示样本标签。假设样本的标签为 k，那么标签向量 $\boldsymbol{y}$ 只有第 k 维的值，其为 1，其余元素的值都为 0。标签向量 $\boldsymbol{y}$ 可以看作是样

本标签的真实概率分布，即第 c 维（记为 y_c，$1 \leqslant c \leqslant C$）是类别为 c 的真实概率。假设样本的类别为 k，那么它属于第 k 类的概率为1，属于其他类的概率为0。

对于两个概率分布，一般可以用交叉熵来衡量它们的差异。标签的真实分布 $\boldsymbol{y}$ 和模型预测分布 $f(\boldsymbol{x};\theta)$ 之间的交叉熵为

$$L(\boldsymbol{y}, f(\boldsymbol{x};\theta)) = -\sum_{c=1}^{C} y_c \log f_c(\boldsymbol{x};\theta) \tag{7.18}$$

比如对于三类分类问题，一个样本的标签向量为 $\boldsymbol{y}=[0, 0, 1]^{\mathrm{T}}$，模型预测的标签分布为 $f(\boldsymbol{x};\theta)=[0.3, 0.3, 0.4]^{\mathrm{T}}$，则它们的交叉熵为

$$L(\theta) = -(0\times\log(0.3) + 0\times\log(0.3) + 1\times\log(0.4)) = -\log(0.4)$$

因为 $\boldsymbol{y}$ 为 one-hot 向量，式(7.18)也可以写为

$$L(\boldsymbol{y}, f(\boldsymbol{x};\theta)) = -\log f_y(x;\theta) \tag{7.19}$$

其中，$f_y(x;\theta)$ 可以看作真实类别 y 的似然函数。因此，交叉熵损失函数也就是负对数似然损失函数(Negative Log-Likelihood Function)。

4) Hinge 损失函数

对于两类分类问题，假设 y 的取值为 $\{-1, +1\}$，$f(x;\theta)\in\mathbf{R}$。Hinge 损失函数(Hinge Loss Function)为

$$L(y, f(x;\theta)) = \max(0, 1-yf(x;\theta)) \triangleq [1-yf(x;\theta)] \tag{7.20}$$

2. 风险最小化准则

一个好的模型 $f(\boldsymbol{x};\theta)$ 应当有一个比较小的期望错误，但由于不知道真实的数据分布和映射函数，实际上无法计算期望风险 $R(\theta;\boldsymbol{x}, y)$。给定一个训练集 $D=\{(\boldsymbol{x}^{(n)}, y^{(n)})\}_{n=1}^{N}$，我们可以计算的是经验风险(Empirical Risk)，即在训练集上的平均损失。经验风险也称为经验错误(Empirical Error)，其表达式为

$$R_D^{\mathrm{emp}}(\theta) = \frac{1}{N}\sum_{n=1}^{N} L(y^{(n)}, f(\boldsymbol{x}^{(n)};\theta)) \tag{7.21}$$

因此，一个切实可行的学习准则是找到一组参数 θ^* 使得经验风险最小，即

$$\theta^* = \underset{\theta}{\arg\min} R_D^{\mathrm{emp}}(\theta) \tag{7.22}$$

这就是经验风险最小化(Empirical Risk Minimization, ERM)准则。

根据大数定理可知，当训练集 $|D|$ 趋向于无穷大时，经验风险就趋向于期望风险。然而通常情况下，我们无法获取无限的训练样本，并且训练样本往往是真实数据的一个很小的子集或者包含一定的噪声数据，不能很好地反映全部数据的真实分布。经验风险最小化原则很容易导致模型在训练集上错误率很低，但是在未知数据上错误率很高。这就是所谓的过拟合(Overfitting)。

定义 7.1 过拟合：给定一个假设空间 $\mathcal{F}$，一个假设 $f\in\mathcal{F}$，如果存在其他的假设 $f'\in\mathcal{F}$，使得在训练集上 f 的损失比 f' 小，但在整个样本空间上 f' 比 f 的损失小，那么就说假设 f 过度拟合训练数据。

过拟合问题往往是由于训练数据少、噪声和模型能力强等原因造成的。为了解决过拟合问题，一般在经验风险最小化的基础上再引入参数的正则化(Regularization)，来限制模型能力，使其不要过度地最小化经验风险。这种准则就是结构风险最小化(Structure Risk

Minimization，SRM)准则，即

$$\begin{aligned}\theta^* &= \underset{\theta}{\arg\min} R_D^{\text{struct}}(\theta)\\&= \underset{\theta}{\arg\min} R_D^{\text{emp}}(\theta) + \frac{1}{2}\lambda \|\theta\|^2\\&= \underset{\theta}{\arg\min} \frac{1}{N}\sum_{n=1}^{N} L(y^{(n)}, f(\boldsymbol{x}^{(n)}; \theta)) + \frac{1}{2}\lambda \|\theta\|^2\end{aligned} \tag{7.23}$$

其中，$\|\theta\|$ 是ℓ_2 范数的正则化项，用来减少参数空间，避免过拟合；λ 用来控制正则化的强度。

正则化项也可以使用其他函数，比如ℓ_1 范数。ℓ_1 范数的引入通常会使参数有一定稀疏性，因此在很多算法中也经常使用。从贝叶斯学习的角度来讲，正则化是指假设参数的先验分布，不完全依赖训练数据来获取参数。

总之，机器学习中的学习准则并不仅仅要拟合训练集上的数据，同时也要使得泛化错误最低。给定一个训练集，机器学习的目标是从假设空间中找到一个泛化错误较低的“理想”模型，以便更好地对未知的样本进行预测，特别是对不在训练集中出现的样本。因此，机器学习可以看作是一个从有限、高维、有噪声的数据上得到更一般性规律的泛化问题。

和过拟合相反的一个概念是欠拟合(Underfitting)，即模型不能很好地拟合训练数据，在训练集上的错误率比较高。欠拟合一般是由于模型能力不足造成的。图 7.2 给出了相关示例。

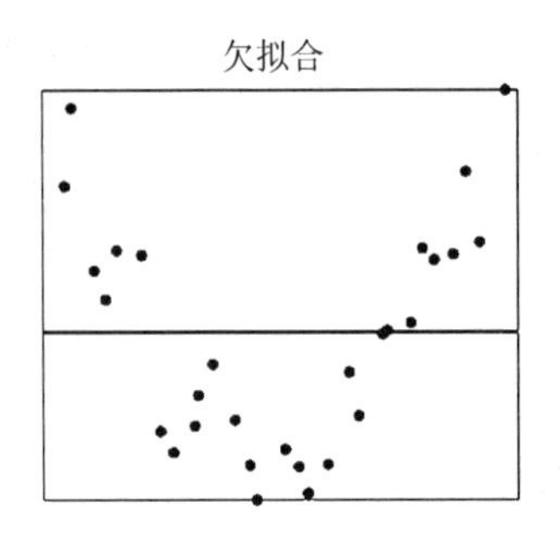

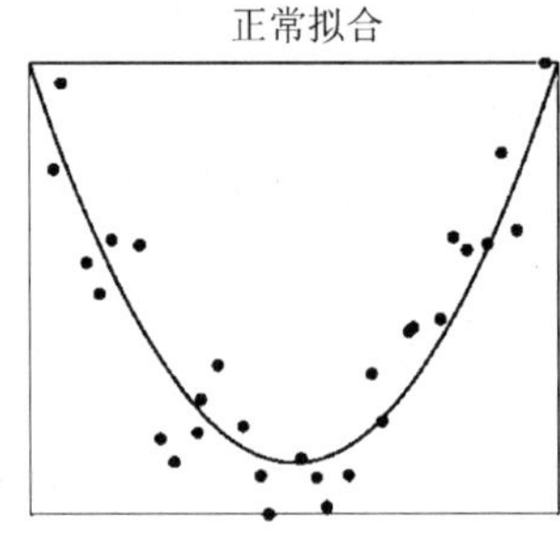

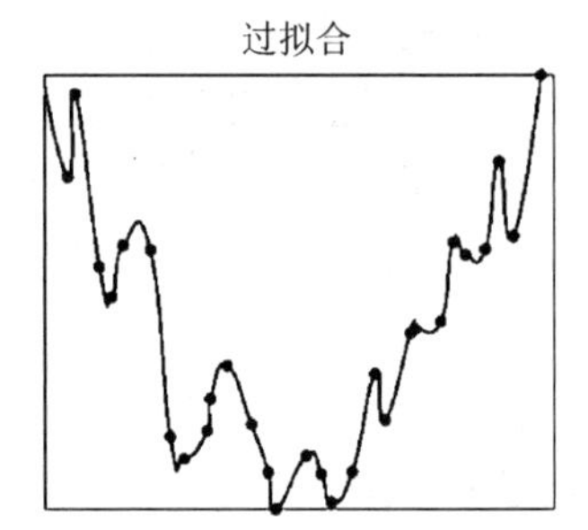

图 7.2　欠拟合、正常拟合和过拟合示例

7.2.3　优化算法

人工智能与程序

在确定了训练集 D、假设空间$\mathcal{F}$以及学习准则后，如何找到最优的模型 $f(\boldsymbol{x}; \theta^*)$就成了一个最优化(Optimization)问题。机器学习的训练过程其实就是最优化问题的求解过程。

在机器学习中，优化又可以分为参数优化和超参数优化。模型 $f(\boldsymbol{x}; \theta)$中的 θ 称为模型的参数，可以通过优化算法进行学习。除了可学习的参数 θ 之外，还有一类参数是用来定义模型结构或优化策略的，这类参数叫作超参数(Hyper-Parameter)。在贝叶斯方法中，超参数可以理解为参数的参数，即控制模型参数分布的参数。

常见的超参数包括聚类算法中的类别个数、梯度下降法中的步长、正则项的系数、神经网络的层数、支持向量机中的核函数等。超参数的选取一般都是组合优化问题，很难通

过优化算法自动学习。因此，超参数优化是机器学习的一个经验性很强的技术，通常按照人的经验进行设定，或者通过搜索的方法对一组超参数组合进行不断试错调整。下面简要介绍一些优化算法。

1. 梯度下降法

为了充分利用凸优化中一些高效、成熟的优化方法，比如共轭梯度法、拟牛顿法等，很多机器学习方法都倾向于选择合适的模型和损失函数以构造一个凸函数作为优化目标。但也有很多模型(比如神经网络)的优化目标是非凸的，只能退而求其次找到局部最优解。

不同的机器学习算法的区别在于模型、学习准则(损失函数)和优化算法的差异。相同的模型也可以使用不同的学习算法，比如，线性分类模型使用感知器、logistic 回归和支持向量机。不同的机器学习算法之间的差异在于使用了不同的学习准则和优化算法。

在机器学习中，最简单、常用的优化算法就是梯度下降法，即通过迭代的方法来计算训练集 D 上风险函数的最小值。梯度下降法的迭代公式为

$$\begin{aligned}\theta_{t+1} &= \theta_t - \alpha \frac{\partial R_D(\theta)}{\partial \theta} \\ &= \theta_t - \alpha \frac{1}{N} \sum_{n=1}^{N} \frac{\partial L(y^{(n)}, f(\boldsymbol{x}^{(n)}; \theta))}{\partial \theta}\end{aligned} \tag{7.24}$$

其中，θ_t 为第 t 次迭代时的参数值，α 为搜索步长。在机器学习中，α 一般称为学习率(Learning Rate)。

2. 提前停止

针对梯度下降的优化算法，除了添加正则化项之外，还可以通过提前停止防止过拟合。在梯度下降训练的过程中，由于过拟合的原因，在训练样本上收敛的参数不一定在测试集上最优。因此，除了训练集和测试集之外，有时也会使用一个验证集(Validation Set)，也叫开发集(Development Set)，来进行模型选择，测试模型在验证集上是否最优。

在每次迭代时，把新得到的模型 $f(\boldsymbol{x}; \theta)$ 在验证集上进行测试，并计算错误率。如果在验证集上的错误率不再下降，就停止迭代。这种策略叫提前停止。如果没有验证集，可以在训练集上划分出一个小比例的子集作为验证集。图 7.3 给出了提前停止的示例。

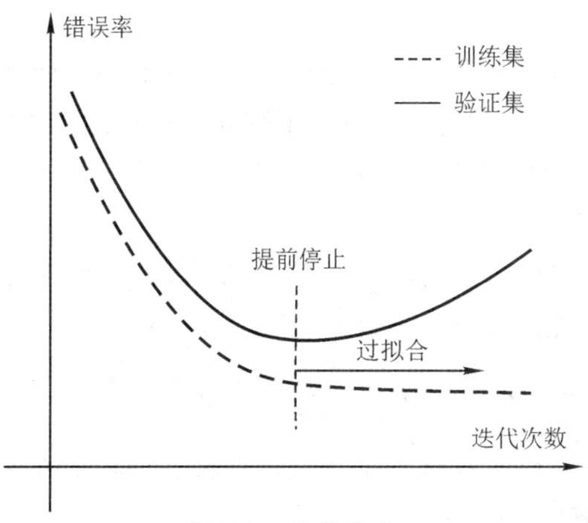

图 7.3　提前停止

3. 随机梯度下降法

在式(7.24)所示的梯度下降法的迭代公式中，目标函数是整个训练集上的风险函数，此时，这种梯度下降法称为批量梯度下降法(Batch Gradient Descent，BGD)。批量梯度下降法在每次迭代时需要计算每个样本上损失函数的梯度并求和。当训练集中的样本数量 N 很大时，空间复杂度比较高，每次迭代的计算开销也很大。

在机器学习中，我们假设每个样本都是独立同分布的，即是从真实数据分布中随机抽取出来的，真正的优化目标是期望风险最小。批量梯度下降相当于是从真实数据分布中采集 N 个样本，并由它们计算出来的经验风险的梯度来近似期望风险的梯度。为了减少每次迭代的计算复杂度，我们也可以在每次迭代时只采集一个样本，计算这个样本损失函数的梯度并更新参数，即随机梯度下降法(Stochastic Gradient Descent，SGD)，也叫增量梯度下降。当经过足够次数的迭代后，随机梯度下降法也可以收敛到局部最优解。

批量梯度下降和随机梯度下降之间的区别在于每次迭代的优化目标是所有样本的平均损失函数还是单个样本的损失函数。随机梯度下降实现简单，收敛速度也非常快，因此使用非常广泛。随机梯度下降相当于在批量梯度下降的梯度上引入了随机噪声。当目标函数非凸时，反而可以使其逃离局部最优点。随机梯度下降法的训练过程如算法 7.1 所示。

算法 7.1： 随机梯度下降法

输入：训练集 $D=\{(\boldsymbol{x}^{(n)}, y^{(n)})\}_{n=1}^{N}$，验证集 V，学习率 α

1　随机初始化 θ；

2　repeat

3　　对训练集 D 中的样本随机重排序；

4　　for $n=1, 2, \cdots, N$ do

5　　　从训练集 D 中选取样本$(\boldsymbol{x}^{(n)}, y^{(n)})$；

　　　# 更新参数

6　$\theta \leftarrow \theta - \alpha \dfrac{\partial L(\theta;, \boldsymbol{x}^{(n)}, y^{(n)})}{\partial \theta}$

7　end

8　　until 模型 $f(\boldsymbol{x};\theta)$在验证集 V 上的错误率不再下降；

输出：θ。

随机梯度下降法的一个缺点是无法充分利用计算机的并行计算能力。小批量梯度下降法(Mini-Batch Gradient Descent)是批量梯度下降和随机梯度下降的折中。每次迭代时，随机选取一小部分训练样本来计算梯度并更新参数，这样既可以兼顾随机梯度下降法的优点，也可以提高训练效率。

第 t 次迭代时，随机选取一个包含 K 个样本的子集 I_t，计算这个子集上每个样本损失函数的梯度并进行平均，然后再进行参数更新，迭代公式为

$$\theta_{t+1} \leftarrow \theta_t - \alpha \frac{1}{K} \sum_{(\boldsymbol{x}, y) \in I_t} \frac{\partial L(y, f(\boldsymbol{x};\theta))}{\partial \theta} \tag{7.25}$$

在实际应用中，小批量随机梯度下降法有收敛快、计算开销小的优点，因此逐渐成为大规模机器学习中的主要优化算法。

7.3　机器学习的线性模型

7.3.1　线性回归

1. 线性回归模型

在本节中，我们通过一个简单的模型(线性回归)来具体了解机器学习的一般过程，以及不同学习准则(经验风险最小化、结构风险最小化、最大似然估计、最大后验估计)之间的关系。

线性回归(Linear Regression)是机器学习和统计学中最基础的广泛应用模型，是一种对自变量和因变量之间关系进行建模的回归分析。自变量数量为 1 时称为简单回归，自变量数量大于 1 时称为多元回归。

从机器学习的角度来看，自变量就是样本的特性向量 $\boldsymbol{x}\in\mathbf{R}^d$ (每一维对应一个自变量)，因变量是标签 y，这里 $y\in\mathbf{R}$ 是连续值(实数或连续整数)。假设空间是一组参数化的线性函数

$$f(\boldsymbol{x};\boldsymbol{w},b)=\boldsymbol{w}^{\mathrm{T}}\boldsymbol{x}+b \tag{7.26}$$

其中，权重向量 $\boldsymbol{w}$ 和偏置 b 都是可学习的参数，函数 $f(\boldsymbol{x};\boldsymbol{w},b)\in\mathbf{R}$ 也称为线性模型。

为了简单起见，我们将公式(7.26)写为

$$f(\boldsymbol{x};\hat{\boldsymbol{w}},b)=\hat{\boldsymbol{w}}^{\mathrm{T}}\hat{\boldsymbol{x}} \tag{7.27}$$

其中，$\hat{\boldsymbol{w}}$ 和 $\hat{\boldsymbol{x}}$ 分别称为增广权重向量和增广特征向量，即

$$\hat{\boldsymbol{x}}=\boldsymbol{x}\oplus 1=\begin{bmatrix}\boldsymbol{x}\\1\end{bmatrix}=\begin{bmatrix}x_1\\\vdots\\x_k\\1\end{bmatrix} \tag{7.28}$$

$$\hat{\boldsymbol{w}}=\boldsymbol{w}\oplus b=\begin{bmatrix}\boldsymbol{w}\\b\end{bmatrix}=\begin{bmatrix}w_1\\\vdots\\w_k\\b\end{bmatrix} \tag{7.29}$$

其中，$\oplus$定义为两个向量的拼接操作。

不失一般性，在本章后面的描述中我们采用简化的表示方法，直接用 $\boldsymbol{w}$ 和 $\boldsymbol{x}$ 来表示增广权重向量和增广特征向量，即线性回归的模型简写为 $f(\boldsymbol{x};\boldsymbol{w})=\boldsymbol{w}^{\mathrm{T}}\boldsymbol{x}$。

2. 参数学习

给定一组包含 N 个训练样本的训练集 $D=\{(\boldsymbol{x}^{(n)},y^{(n)})\}$，$1\leqslant n\leqslant N$，我们希望能够学习一个最优的线性回归的模型参数 $\boldsymbol{w}$。

下面介绍 4 种不同的参数估计方法：经验风险最小化、结构风险最小化、最大似然估计和最大后验估计。

1) 经验风险最小化

由于线性回归的标签 y 和模型输出都为连续的实数值，因此平方损失函数非常合适用

来衡量真实标签和预测标签之间的差异。根据经验风险最小化准则，训练集 D 上的经验风险定义为

$$\begin{aligned}R(\boldsymbol{w}) &= \sum_{n=1}^{N} L(y^{(n)}, f(\boldsymbol{x}^{(n)}; \boldsymbol{w})) \\ &= \frac{1}{2}\sum_{n=1}^{N}(y^{(n)} - \boldsymbol{w}^{\mathrm{T}}\boldsymbol{x}^{(n)})^2 \\ &= \frac{1}{2}\| \boldsymbol{y} - \boldsymbol{X}^{\mathrm{T}}\boldsymbol{w} \|^2\end{aligned} \tag{7.30}$$

其中，$\boldsymbol{y}\in\mathbf{R}^N$ 是由每个样本的真实标签 $y^{(1)}$，$y^{(2)}$，…，$y^{(N)}$ 组成的列向量，$\boldsymbol{X}\in\mathbf{R}^{(d+1)\times N}$ 是所有输入 $\boldsymbol{x}^{(1)}$，$\boldsymbol{x}^{(2)}$，…，$\boldsymbol{x}^{(N)}$ 组成的矩阵，即

$$\boldsymbol{X} = \begin{bmatrix} x_1^{(1)} & x_1^{(2)} & \cdots & x_1^{(N)} \\ \vdots & \vdots & & \vdots \\ x_d^{(1)} & x_d^{(2)} & \cdots & x_d^{(N)} \\ 1 & 1 & \cdots & 1 \end{bmatrix} \tag{7.31}$$

风险函数 $R(\boldsymbol{w})$ 是关于 $\boldsymbol{w}$ 的凸函数，其对 $\boldsymbol{w}$ 的偏导数为

$$\begin{aligned}\frac{\partial R(\boldsymbol{w})}{\partial(\boldsymbol{w})} &= \frac{1}{2}\frac{\partial \| \boldsymbol{y} - \boldsymbol{X}^{\mathrm{T}}\boldsymbol{w} \|^2}{\partial \boldsymbol{w}} \\ &= -\boldsymbol{X}(\boldsymbol{y} - \boldsymbol{X}^{\mathrm{T}}\boldsymbol{w})\end{aligned} \tag{7.32}$$

令 $\frac{\partial R(\boldsymbol{w})}{\partial(\boldsymbol{w})}=0$，得到最优的参数 $\boldsymbol{w}^*$ 为

$$\boldsymbol{w}^* = (\boldsymbol{X}\boldsymbol{X}^{\mathrm{T}})^{-1}\boldsymbol{X}\boldsymbol{y} \tag{7.33}$$

这种求解线性回归参数的方法也叫最小二乘估计(Least Square Estimation，LSE)算法，简称最小二乘法。

程序 7.1 利用 Python 语言实现最小二乘估计算法，程序第 6 行模拟了一个真实映射 $g(\boldsymbol{x})=3\times\boldsymbol{x}+2$ 的函数，而观测的样本可能会由于噪声污染，而变成程序第 8 行的观测值；程序第 9 行将观测样本绘制在图形上，第 11～13 行依公式(7.33)计算。图 7.4 给出了用最小二乘估计算法来进行参数学习的示例。

```
1   #程序 7.1 最小二乘估计算法实现
2   import numpy as np
3   import matplotlib.pyplot as plt
4   N=31
5   x=np.linspace(1, 10, N)
6   yr=3*x+2                                        #真实映射
7   np.random.seed(100)                             #为了让程序具有可重复性，限定种子值
8   y=yr+np.random.randn(N)*2
9   plt.scatter(x, y)                               #将观测样本绘制在图形上
10  X=np.vstack((np.ones(N), x))
11  XXt_ni=np.linalg.inv(np.matmul(X, X.transpose()))   #计算(XX^T)^-1
12  XXt_ni_X=np.matmul(XXt_ni, X)                       #计算(XX^T)^-1X
13  w=np.matmul(XXt_ni_X, y)
```

```
14    print('w 系数为：', w)
15    plt.plot(x, w[1] * x+w[0])
16    plt.xlabel('x')
17    plt.ylabel('y')
18    plt.show()
```

输出：

```
w 系数为：[2.32190703 2.92580574]
```

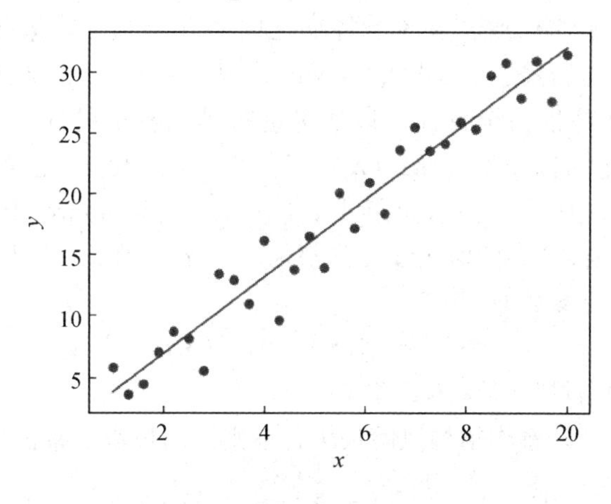

图 7.4　线性回归示例

在最小二乘法估计算法中，$\boldsymbol{X}\boldsymbol{X}^{\mathrm{T}} \in \mathbf{R}^{(d+1)\times(d+1)}$ 必须存在逆矩阵，即 $\boldsymbol{X}\boldsymbol{X}^{\mathrm{T}}$ 是满秩的（$\mathrm{rank}(\boldsymbol{X}\boldsymbol{X}^{\mathrm{T}})=d+1$）。也就是说，$\boldsymbol{X}$ 中的行向量之间是线性不相关的，即每一个特征都和其他特征不相关。一种常见的 $\boldsymbol{X}\boldsymbol{X}^{\mathrm{T}}$ 不可逆情况是样本数量 N 小于特征数量 $d+1$，$\boldsymbol{X}\boldsymbol{X}^{\mathrm{T}}$ 的秩为 N。这时会存在很多解 $\boldsymbol{w}^*$，可以使得 $R(\boldsymbol{w}^*)=0$。

当 $\boldsymbol{X}\boldsymbol{X}^{\mathrm{T}}$ 不可逆时，可以使用主成分分析等方法来进行数据预处理，消除不同特征之间的相关性，然后再使用最小二乘估计算法来求解；或者是使用梯度下降法来求解。初始化 $\boldsymbol{w}_0=0$，通过下面公式进行迭代：

$$\boldsymbol{w} \leftarrow \boldsymbol{w} + \alpha \boldsymbol{X}(\boldsymbol{y} - \boldsymbol{X}^{\mathrm{T}}\boldsymbol{w}) \tag{7.34}$$

其中，α 是学习率。这种方法也称为最小均方误差（Least Mean Squares，LMS）算法。程序 7.2 实现了使用随机梯度下降算法来求解程序 7.1 中的问题。程序第 12 行，每次迭代利用一个样本更新一次 $\boldsymbol{w}$，最后的输出结果和图形与程序 7.1 相似。

```
1     #程序 7.2 随机梯度下降算法
2     import numpy as np
3     import matplotlib.pyplot as plt
4     N=31
5     x=np.linspace(1, 10, N)
6     yr=3 * x+2
7     np.random.seed(100)
8     y=yr+np.random.randn(N) * 2
9     X=np.vstack((np.ones(N), x)).transpose()
10    w=[0, 0]
11    for i in range(N):
```

```
12        w=w+0.01*(y[i]-np.matmul(w, X[i]))*X[i]
13    print('w的系数为：', w)
14    plt.plot(x, y, 'o', x, w[1]*x+w[0])
15    plt.xlabel('x')
16    plt.ylabel('y')
17    plt.show()
```

2）结构风险最小化

最小二乘法估计的基本要求是各个特征之间要互相独立，保证 $\boldsymbol{X}\boldsymbol{X}^{\mathrm{T}}$ 可逆。但即使 $\boldsymbol{X}\boldsymbol{X}^{\mathrm{T}}$ 可逆，如果特征之间有较大的共线性(Multicollinearity)，也会使 $\boldsymbol{X}\boldsymbol{X}^{\mathrm{T}}$ 的逆在数值上无法准确计算。共线性是指一个特征可以通过进行其他特征的线性组合而被较准确地预测。数据集 $\boldsymbol{X}$ 上一些小的扰动就会导致$(\boldsymbol{X}\boldsymbol{X}^{\mathrm{T}})^{-1}$发生大的改变，进而使得最小二乘法估计的计算变得很不稳定。为了解决这个问题，Hoerl and Kennard 于 1970 提出了岭回归(Ridge Regression)，给 $\boldsymbol{X}\boldsymbol{X}^{\mathrm{T}}$ 的对角线元素都加上一个常数 λ，使得$(\boldsymbol{X}\boldsymbol{X}^{\mathrm{T}}+\lambda\boldsymbol{I})$满秩，即其行列式不为 0。最优的参数 $\boldsymbol{w}^*$ 为

$$\boldsymbol{w}^* = (\boldsymbol{X}\boldsymbol{X}^{\mathrm{T}} + \lambda\boldsymbol{I})^{-1}\boldsymbol{X}\boldsymbol{y} \tag{7.35}$$

其中，$\lambda>0$ 为预先设置的超参数，$\boldsymbol{I}$ 为单位矩阵。

求岭回归的解 $\boldsymbol{w}^*$ 可以看作结构风险最小化准则下的最小二乘法估计问题，即

$$R(\boldsymbol{w}) = \frac{1}{2}\|\boldsymbol{y}-\boldsymbol{X}^{\mathrm{T}}\boldsymbol{w}\|^2 + \frac{1}{2}\|\boldsymbol{w}\|^2 \tag{7.36}$$

其中，$\lambda>0$ 为正则化系数。

3）最大似然估计

机器学习任务可以分为两类，一类是样本的特征向量 $\boldsymbol{x}$ 和标签 $\boldsymbol{y}$ 之间存在未知的函数关系 $\boldsymbol{y}=h(\boldsymbol{x})$，另一类是条件概率 $p(\boldsymbol{y}|\boldsymbol{x})$服从某个未知分布。在结构化风险最小化中介绍的最小二乘估计属于第一类，直接建模 $\boldsymbol{x}$ 和标签 $\boldsymbol{y}$ 之间的函数关系。此外，线性回归还可以从建模条件概率 $p(\boldsymbol{y}|\boldsymbol{x})$的角度来进行参数估计。

假设标签 $\boldsymbol{y}$ 为一个随机变量，其服从以均值为 $f(\boldsymbol{x};\boldsymbol{w})=\boldsymbol{w}^{\mathrm{T}}\boldsymbol{x}$、方差为 σ^2 的高斯分布，即

$$\begin{aligned} p(\boldsymbol{y}\mid\boldsymbol{x};\boldsymbol{w},\sigma) &= N(\boldsymbol{y};\boldsymbol{w}^{\mathrm{T}}\boldsymbol{x},\sigma^2) \\ &= \frac{1}{\sqrt{2\pi}\sigma}\exp\left(-\frac{(\boldsymbol{y}-\boldsymbol{w}^{\mathrm{T}}\boldsymbol{x})^2}{2\sigma^2}\right) \end{aligned} \tag{7.37}$$

参数 $\boldsymbol{w}$ 在训练集 D 上的似然(Likelihood)函数为

$$\begin{aligned} p(\boldsymbol{y}\mid\boldsymbol{X};\boldsymbol{w},\sigma) &= \prod_{n=1}^{N} p(y^{(n)}\mid\boldsymbol{x}^{(n)};\boldsymbol{w},\sigma) \\ &= \prod_{n=1}^{N} \mathcal{N}(y^{(n)};\boldsymbol{w}^{\mathrm{T}}\boldsymbol{x}^{(n)},\sigma^2) \end{aligned} \tag{7.38}$$

其中 $\boldsymbol{y}=[y^{(1)},y^{(2)},\cdots,y^{(N)}]^{\mathrm{T}}$ 为所有样本标签组成的向量，$\boldsymbol{X}=[\boldsymbol{x}^{(1)},\boldsymbol{x}^{(2)},\cdots,\boldsymbol{x}^{(N)}]$为所有样本特征向量组成的矩阵。

为了方便计算，对似然函数取对数得到对数似然函数(Log Likelihood)，即

$$\log p(\boldsymbol{y}\mid\boldsymbol{X};\boldsymbol{w},\sigma) = \sum_{n=1}^{N}\log\mathcal{N}(y^{(n)}\mid\boldsymbol{w}^{\mathrm{T}}\boldsymbol{x}^{(n)},\sigma^2) \tag{7.39}$$

最大似然(Maximum Likelihood, ML)估计是指找到一组参数 $\boldsymbol{w}$,使得似然函数 $p(\boldsymbol{y}|\boldsymbol{X};\boldsymbol{w},\sigma)$最大,等价于对数似然函数 $\log p(\boldsymbol{y}|\boldsymbol{X};\boldsymbol{w},\sigma)$最大,则令

$$\frac{\partial \log p(\boldsymbol{y}\mid \boldsymbol{X};\boldsymbol{w},\sigma)}{\partial \boldsymbol{w}}=0$$

得到

$$\boldsymbol{w}^{\mathrm{ML}}=(\boldsymbol{X}\boldsymbol{X}^{\mathrm{T}})^{-1}\boldsymbol{X}\boldsymbol{y} \tag{7.40}$$

可以看出,最大似然估计的解和最小二乘估计的解相同。

4) 最大后验估计

假设参数 $\boldsymbol{w}$ 为一个随机向量,并服从一个先验分布 $p(\boldsymbol{w};v)$。简单起见,一般令 $p(\boldsymbol{w}|v)$为各向同性的高斯分布,即

$$p(\boldsymbol{w};v)=\mathcal{N}(\boldsymbol{w};0,v^2 I) \tag{7.41}$$

其中,v^2 为每一维上的方差。

根据贝叶斯公式,参数 $\boldsymbol{w}$ 的后验概率分布(Posterior Distribution)为

$$\begin{aligned}p(\boldsymbol{w}\mid \boldsymbol{X},\boldsymbol{y};v,\sigma)&=\frac{p(\boldsymbol{w},\boldsymbol{y}\mid \boldsymbol{X};v,\sigma)}{\sum_{\boldsymbol{w}}p(\boldsymbol{w},\boldsymbol{y}\mid \boldsymbol{X};v,\sigma)}\\&\propto p(\boldsymbol{y}\mid \boldsymbol{X},\boldsymbol{w};\sigma)p(\boldsymbol{w};v)\end{aligned} \tag{7.42}$$

分母为和 $\boldsymbol{w}$ 无关的常量。式(7.42)中 $p(\boldsymbol{y}|\boldsymbol{X};\boldsymbol{w},\sigma)$为 $\boldsymbol{w}$ 的似然函数,定义见式(7.38),$p(\boldsymbol{w};v)$为 $\boldsymbol{w}$ 的先验。

这种估计参数 $\boldsymbol{w}$ 的后验概率分布的方法称为贝叶斯估计(Bayesian Estimation),是一种统计推断问题方法。采用贝叶斯估计的线性回归也称为贝叶斯线性回归(Bayesian Linear Regression)。

贝叶斯估计是一种参数的区间估计,即参数在一个区间上的分布。如果我们希望得到一个最优的参数值(即点估计),可以使用最大后验估计。最大后验(Maximum A Posteriori, MAP)估计是指最优参数为后验分布 $p(\boldsymbol{w}|\boldsymbol{X},\boldsymbol{y};v,\sigma)$中概率密度最高的参数 $\boldsymbol{w}$,即

$$\boldsymbol{w}^{\mathrm{MAP}}=\arg\max_{w} p(\boldsymbol{y}\mid \boldsymbol{X},\boldsymbol{w};\sigma)p(\boldsymbol{w};v) \tag{7.43}$$

令似然函数 $p(\boldsymbol{y}|\boldsymbol{X},\boldsymbol{w};\sigma)$为高斯密度函数,则后验分布 $p(\boldsymbol{w}|\boldsymbol{X},\boldsymbol{y};v,\sigma)$的对数为

$$\begin{aligned}\log p(\boldsymbol{w}\mid \boldsymbol{X},\boldsymbol{y};v,\sigma)&\propto \log p(\boldsymbol{y}\mid \boldsymbol{X},\boldsymbol{w};\sigma)+\log p(\boldsymbol{w};v)\\&\propto -\frac{1}{2\sigma^2}\sum_{n=1}^{N}(y^{(n)}-\boldsymbol{w}^{\mathrm{T}}\boldsymbol{x}^{(n)})^2-\frac{1}{2v^2}\boldsymbol{w}^{\mathrm{T}}\boldsymbol{w}\\&=-\frac{1}{2\sigma^2}\|\boldsymbol{y}-\boldsymbol{w}^{\mathrm{T}}\boldsymbol{X}\|^2-\frac{1}{2v^2}\boldsymbol{w}^{\mathrm{T}}\boldsymbol{w}\end{aligned} \tag{7.44}$$

可以看出,最大后验概率等价于平方损失的结构方法最小化,其中正则化系数 $\lambda=\sigma^2/v^2$。

最大似然估计和贝叶斯估计可以看作是频率学派和贝叶斯学派对需要估计的参数 $\boldsymbol{w}$ 的不同解释。当 $v\to\infty$时,先验分布 $p(\boldsymbol{w};v)$退化为均匀分布,称为无信息先验(Non-Informative Prior),最大后验估计退化为最大似然估计。

7.3.2 Logistic 回归

1. Logistic 回归模型

Logistic 回归(Logistic Regression, LR)是一种常用的处理二类分类问题的线性模型。

在本节中我们采用 $y\in\{0, 1\}$以符合 Logistic 回归的描述习惯。为了解决连续的线性函数不适合进行分类的问题，我们引入非线性函数 $g: \mathbf{R}^d \to (0, 1)$来预测类别标签的后验概率 $p(y=1|\boldsymbol{x})$，即

$$p(y=1 \mid \boldsymbol{x})=g(f(\boldsymbol{x}; \boldsymbol{w})) \tag{7.45}$$

其中，$g(\cdot)$通常称为激活函数(Activation Function)，其作用是把线性函数的值域从实数区间“挤压”到了(0, 1)之间，可以用来表示概率。在统计文献中，$g(\cdot)$的逆函数 $g^{-1}()$也称为联系函数(Link Function)。

在 Logistic 回归中，我们使用 Logistic 函数来作为激活函数。标签 $y=1$ 的后验概率为

$$p(y=1 \mid \boldsymbol{x})=\sigma(\boldsymbol{w}^{\mathrm{T}}\boldsymbol{x}) \triangleq \frac{1}{1+\exp(-\boldsymbol{w}^{\mathrm{T}}\boldsymbol{x})} \tag{7.46}$$

标签 $y=0$ 的后验概率为

$$p(y=0 \mid \boldsymbol{x})=1-p(y=1 \mid \boldsymbol{x})=\frac{\exp(-\boldsymbol{w}^{\mathrm{T}}\boldsymbol{x})}{1+\exp(-\boldsymbol{w}^{\mathrm{T}}\boldsymbol{x})} \tag{7.47}$$

图 7.5 给出了使用线性回归和 Logistic 回归来解决一维数据的二类分类问题示例。

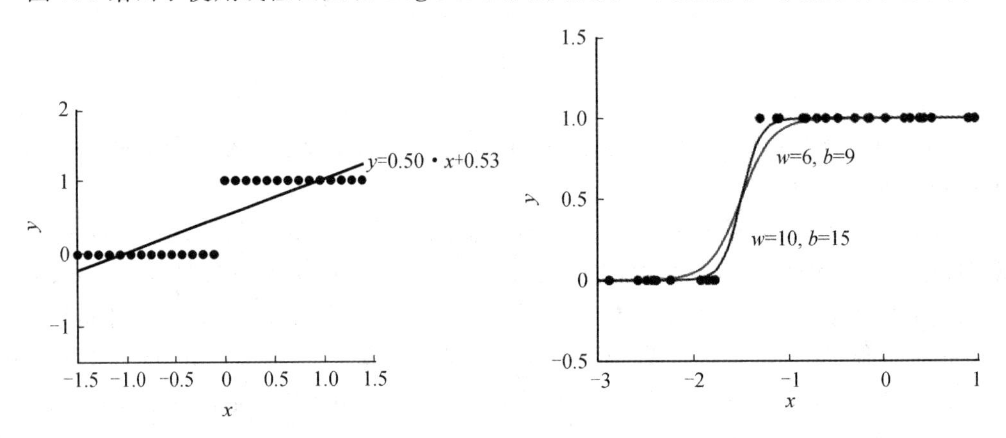

图 7.5 一维数据的二类分类问题示例

将式(7.46)进行变换，得到

$$\boldsymbol{w}^{\mathrm{T}}\boldsymbol{x}=\log\frac{p(y=1 \mid \boldsymbol{x})}{1-p(y=1 \mid \boldsymbol{x})}=\log\frac{p(y=1 \mid \boldsymbol{x})}{p(y=0 \mid \boldsymbol{x})} \tag{7.48}$$

其中，$\dfrac{p(y=1|\boldsymbol{x})}{p(y=0|\boldsymbol{x})}$为样本 $\boldsymbol{x}$ 为正反例后验概率的比值，称为几率(Odds)，几率的对数称为对数几率(Log Odds，或 Logit)。式(7.48)的左边是线性函数，Logistic 回归可以看作是预测值为“标签的对数几率”的线性回归模型。因此，Logistic 回归也称为对数几率回归(Logit Regression)。

2. 参数学习

Logistic 回归采用交叉熵作为损失函数，并使用梯度下降法来对参数进行优化。给定 N 个训练样本$\{(\boldsymbol{x}^{(n)}, y^{(n)})\}_{n=1}^{N}$，用 Logistic 回归模型对每个样本 $\boldsymbol{x}^{(n)}$ 进行预测，输出其标签为 1 的后验概率，记为 $\hat{y}^{(n)}$，即

$$\hat{y}^{(n)}=\sigma(\boldsymbol{w}^{\mathrm{T}}\boldsymbol{x}^{(n)}) \qquad 1\leqslant n\leqslant N \tag{7.49}$$

由于 $y^{(n)} \in \{0, 1\}$，样本$(\boldsymbol{x}^{(n)}, y^{(n)})$的真实条件概率可以表示为

$$p_r(y^{(n)}=1 \mid \boldsymbol{x}^{(n)})=y^{(n)} \tag{7.50}$$

$$p_r(y^{(n)}=0 \mid \boldsymbol{x}^{(n)})=1-y^{(n)} \tag{7.51}$$

使用交叉熵损失函数，其风险函数为

$$\begin{aligned} R(\boldsymbol{w}) &= -\frac{1}{N}\sum_{n=1}^{N}(p_r(y^{(n)}=1 \mid \boldsymbol{x}^{(n)})\log\hat{y}^{(n)}+p_r(y^{(n)}=0 \mid \boldsymbol{x}^{(n)})\log(1-\hat{y}^{(n)})) \\ &= -\frac{1}{N}\sum_{n=1}^{N}(y^{(n)}\log\hat{y}^{(n)}+(1-y^{(n)})\log(1-\hat{y}^{(n)})) \end{aligned} \tag{7.52}$$

$\hat{\boldsymbol{y}}$ 为 Logistic 函数，因此有$\dfrac{\partial\hat{\boldsymbol{y}}}{\partial\hat{\boldsymbol{w}}^{\mathrm{T}}\boldsymbol{x}}=\hat{y}^{(n)}(1-\hat{y}^{(n)})$，求风险函数 $R(\boldsymbol{w})$关于参数 $\boldsymbol{w}$ 的偏导数为

$$\begin{aligned} \frac{\partial R(\boldsymbol{w})}{\partial \boldsymbol{w}} &= -\frac{1}{N}\sum_{n=1}^{N}\left(y^{(n)}\frac{\hat{y}^{(n)}(1-\hat{y}^{(n)})}{\hat{y}^{(n)}}\boldsymbol{x}^{(n)}-(1-y^{(n)})\frac{\hat{y}^{(n)}(1-\hat{y}^{(n)})}{(1-\hat{y}^{(n)})}\boldsymbol{x}^{(n)}\right) \\ &= -\frac{1}{N}\sum_{n=1}^{N}[y^{(n)}(1-\hat{y}^{(n)})\boldsymbol{x}^{(n)}-(1-y^{(n)})\hat{y}^{(n)}\boldsymbol{x}^{(n)}] \\ &= -\frac{1}{N}\sum_{n=1}^{N}[y^{(n)}-\hat{y}^{(n)})\boldsymbol{x}^{(n)}] \end{aligned} \tag{7.53}$$

采用梯度下降法，Logistic 回归训练过程为：初始化 $\boldsymbol{w}_0 \leftarrow 0$，然后通过下列公式迭代更新参数：

$$\boldsymbol{w}_{t+1} \leftarrow \boldsymbol{w}_t+\alpha\frac{1}{N}\sum_{n=1}^{N}\boldsymbol{x}^{(n)}(y^{(n)}-\hat{y}_{\boldsymbol{w}_t}^{(n)}) \tag{7.54}$$

其中，α 是学习率，$\hat{y}_{\boldsymbol{w}_t}^{(n)}$ 是当参数为 $\boldsymbol{w}_t$ 时，Logistics 回归模型的输出。

程序 7.3 实现了利用 Logistic 回归模型进行二类分类，数据集仍然是生成的样本，与程序 7.1 和程序 7.2 不同的是，这里的第 7 行并不是二类分类要求的决策函数，只是人为地将该函数上方的点分为正样本，将该函数下方的点分为负样本，形成数据集。数据集散点图如图 7.6 所示。Logistic 回归中的 $\boldsymbol{x}^{(n)}$ 实际对应的是这里的样本点的横坐标和纵坐标，也就是 $\boldsymbol{x}^{(n)}=[x^{(n)}, y^{(n)}]$。

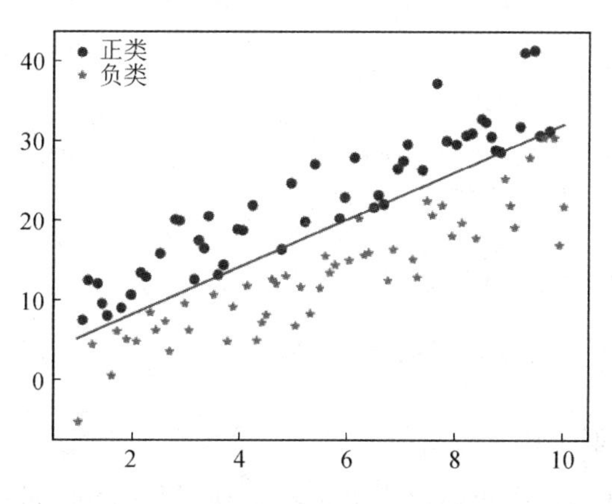

图 7.6　二类分类样本数据集散点图

```
1    #程序 7.3 Logisitic 回归实现二类分类
2    import numpy as np
```

```
3    import matplotlib.pyplot as plt
4    import matplotlib as mpl
5    N=101
6    x=np.linspace(1, 10, N)
7    yr=3 * x+2                                    #该函数上方为正样本，下方为负样本
8    np.random.seed(100)
9    y=yr+np.random.randn(N) * 6
10   target=np.zeros(x.size)
11   target[y>yr]=1
12   mpl.rcParams['font.sans-serif']=[u'simHei']    #为图形显示中文而设置
13   mpl.rcParams['axes.unicode_minus']=False       #为图形显示负轴数字而设置
14   plt.plot(x[target==1], y[target==1], 'o', label='正类')
15   plt.plot(x[target==0], y[target==0], '*', label='负类')
16   plt.plot(x, yr, '-')
17   plt.legend()
18   plt.show()
19   X=np.vstack((x, y)).transpose()          #数据堆叠之后再转置，新的矩阵每一行为一个样本
20   w=[0, 0]
21   for i in range(N):
22       temp=[0, 0]
23       for j in range(N):
24           y_hat=1/(1+np.exp(-np.matmul(w, X[i])))
25           temp=temp+X[i] * (target[i]-y_hat)
26       w=w+0.1 * 1/N * temp
27   t_pred=1/(1+np.exp(-np.matmul(w, X.transpose())))
28   t_pred[t_pred>=0.5]=1
29   t_pred[t_pred<0.5]=0
30   correct=0
31   for i in range(N):
32       if target[i]==t_pred[i]:
33           correct+=1
34   print('准确率为：', correct/N)
```

输出：

```
准确率为：0.8613861386138614
```

7.3.3 Softmax 回归

1. Softmax 回归模型

Softmax 回归（Softmax Regression），也称多项（Multinomial）或多类（Multi-class）的 Logistic 回归，是 Logistic 回归在多分类问题上的推广。对于多类分类问题，类别标签 $y\in\{1, 2, \cdots, C\}$ 可以有 C 个取值。给定一个样本 $\boldsymbol{x}$，Softmax 回归预测的属于第 c 类的条件概率为

$$p(y=c \mid \boldsymbol{x})=\operatorname{softmax}(\boldsymbol{w}_c^{\mathrm{T}}\boldsymbol{x})=\frac{\exp(\boldsymbol{w}_c^{\mathrm{T}}\boldsymbol{x})}{\sum_{c'=1}^{C}\exp(\boldsymbol{w}_{c'}^{\mathrm{T}}\boldsymbol{x})} \tag{7.55}$$

其中，$\boldsymbol{w}_c$ 是第 c 类的权重向量。

Softmax 回归的决策函数可以表示为

$$\hat{y}=\arg\max_{c} p(y=c \mid \boldsymbol{x})=\operatorname{argmax}_{c}\boldsymbol{w}_c^{\mathrm{T}}\boldsymbol{x} \tag{7.56}$$

当类别数 $C=2$ 时，Softmax 回归的决策函数为

$$\hat{y}=\arg\max_{y\in\{0,1\}} \boldsymbol{w}_y^{\mathrm{T}}\boldsymbol{x}=I(\boldsymbol{w}_1^{\mathrm{T}}\boldsymbol{x}-\boldsymbol{w}_0^{\mathrm{T}}\boldsymbol{x}>0)=I((\boldsymbol{w}_1-\boldsymbol{w}_0)^{\mathrm{T}}\boldsymbol{x}>0) \tag{7.57}$$

其中，$I(\cdot)$是指示函数。对比二类分类分类决策函数，可以发现二类分类中的权重向量 $\boldsymbol{w}=\boldsymbol{w}_1-\boldsymbol{w}_0$。

用向量表示决策函数，则式(7.55)可以用向量形式写为

$$\hat{y}=\operatorname{softmax}(\boldsymbol{W}^{\mathrm{T}}\boldsymbol{x})=\frac{\exp(\boldsymbol{W}^{\mathrm{T}}\boldsymbol{x})}{\boldsymbol{1}^{\mathrm{T}}\exp(\boldsymbol{W}^{\mathrm{T}}\boldsymbol{x})} \tag{7.58}$$

其中，$\boldsymbol{W}=[\boldsymbol{w}_1, \boldsymbol{w}_2, \cdots, \boldsymbol{w}_C]$是由 C 个类别的权重向量组成的矩阵，$\boldsymbol{1}$ 为全 1 向量，$\hat{y}\in\mathbf{R}^C$ 为所有类别的预测条件概率组成的向量，第 c 维的值是第 c 类的预测条件概率。

2. 参数学习

给定 N 个训练样本$\{(\boldsymbol{x}^{(n)}, y^{(n)})\}_{n=1}^{N}$，Softmax 回归使用交叉熵损失函数来学习最优的参数矩阵 $\boldsymbol{W}$。为方便起见，我们用 C 维的 one-hot 向量 $\boldsymbol{y}\in\{0, 1\}^C$ 来表示类别标签。对于类别 c，其向量表示为

$$\boldsymbol{y}=[I(1=c), I(2=c), \cdots, I(C=c)]^{\mathrm{T}} \tag{7.59}$$

其中，$I(\cdot)$是指示函数。

采用交叉熵损失函数，Softmax 回归模型的风险函数为

$$R(\boldsymbol{W})=-\frac{1}{N}\sum_{n=1}^{N}\sum_{c=1}^{C}\boldsymbol{y}_c^{(n)}\log\hat{\boldsymbol{y}}_c^{(n)}=-\frac{1}{N}\sum_{n=1}^{N}(\boldsymbol{y}^{(n)})^{\mathrm{T}}\log\hat{\boldsymbol{y}}_c^{(n)} \tag{7.60}$$

简单起见，这里忽略了正则化项，式中，$\hat{\boldsymbol{y}}_c^{(n)}=\operatorname{softmax}(\boldsymbol{W}^{\mathrm{T}}\boldsymbol{x}^{(n)})$为样本 $\boldsymbol{x}^{(n)}$ 在每个类别的后验概率。风险 $R(\boldsymbol{W})$关于 $\boldsymbol{W}$ 的梯度为

$$\frac{\partial R(\boldsymbol{W})}{\partial \boldsymbol{W}}=-\frac{1}{N}\sum_{n=1}^{N}\boldsymbol{x}^{(n)}(\boldsymbol{y}^{(n)}-\hat{\boldsymbol{y}}^{(n)})^{\mathrm{T}}$$

推导过程用到了一些矩阵和函数求导的链式法则，这里略去推导过程。采用梯度下降算法，则 Softmax 回归的训练过程为“$W_0\leftarrow 0$”，然后通过下列公式进行迭代更新：

$$W_{t+1}\leftarrow W_t+\alpha\left(\frac{1}{N}\sum_{n=1}^{N}(\boldsymbol{y}^{(n)}-\hat{\boldsymbol{y}}_{W_t}^{(n)})^{\mathrm{T}}\right) \tag{7.61}$$

其中，α 为学习率，$\hat{\boldsymbol{y}}_{W_t}^{(n)}$ 是当参数为 W_t 时 Softmax 回归模型的输出。需要注意的是，Softmax 回归中使用 C 个权重向量是冗余的，只要学习 $C-1$ 个权重向量就能对 C 个类别问题进行分类。同样对于二类分类问题，也只要学习 1 个权重 $\boldsymbol{w}$ 就可以进行二类分类。

7.4 机器学习算法的类型

可以按照不同的标准，对机器学习算法进行分类。比如按函数 $f(\boldsymbol{x};\theta)$的不同，机器学

习算法可以分为线性模型和非线性模型；按照学习准则的不同，机器学习算法可以分为统计方法和非统计方法。但一般来说，我们会按照训练样本提供的信息以及反馈方式的不同，将机器学习算法分为以下几类。

1. 监督学习

如果机器学习的目标是通过建模获得样本的特征 $\boldsymbol{x}$ 和标签 y 之间的关系：$f(\boldsymbol{x};\theta)$或$p(y|\boldsymbol{x};\theta)$，并且训练集中每个样本都有标签，那么这类机器学习称为监督学习(Supervised Learning)。根据标签类型的不同，监督学习又可以分为回归、分类和结构化学习三类。

(1) 回归(Regression)(问题)中的标签 y 是连续值(实数或连续整数)，$f(\boldsymbol{x};\theta)$的输出也是连续值。

(2) 分类(Classification)(问题)中的标签 y 是离散的类别(符号)。在分类问题中，模型也称为分类器(Classifier)。分类问题根据其类别数量又可分为两类分类(Binary Classification)和多类分类(Multi-class Classification)问题。

(3) 结构化学习(Structured Learning)的输出是结构化的对象，比如序列、树或图等。由于结构化学习的输出空间比较大，因此我们一般定义一个联合特征空间，将 $\boldsymbol{x}$、$\boldsymbol{y}$ 映射为该空间中的联合特征向量 $\phi(\boldsymbol{x},\boldsymbol{y})$，预测模型可以写为

$$\hat{y}=\arg\max_{\boldsymbol{y}\in \mathrm{Gen}(\boldsymbol{x})} f(\phi(\boldsymbol{x},\boldsymbol{y});\theta^*) \tag{7.62}$$

其中，$\mathrm{Gen}(\boldsymbol{x})$表示输入 $\boldsymbol{x}$ 的所有可能的输出目标集合。计算 argmax 的过程也称为解码(Decoding)过程，一般通过动态规划的方法计算。

2. 无监督学习

无监督学习(Unsupervised Learning，UL)是指从不包含目标标签的训练样本中自动学习到一些有价值的信息。典型的无监督学习(问题)有聚类、密度估计、特征学习、降维等。

3. 强化学习

强化学习(Reinforcement Learning，RL)是一类通过交互来学习的机器学习算法。在强化学习中，智能体根据环境的状态作出一个动作，并得到即时或延时的奖励。智能体在和环境的交互中不断学习并调整策略，以取得最大化的期望总回报。

表 7.1 给出了三种机器学习类型的比较。

表 7.1 三种机器学习类型的比较

类型	监督学习	无监督学习	强化学习
训练样本	训练集$\{(\boldsymbol{x}^{(n)},y^{(n)})\}_{n=1}^{N}$	训练集$\{\boldsymbol{x}^{(n)}\}_{n=1}^{N}$	智能体和环境交互的轨迹 τ 及累积奖励 G_τ
优化目标	$y=f(\boldsymbol{x})$或 $p(y\|\boldsymbol{x})$	$p(\boldsymbol{x})$或带隐变量 z 的 $p(\boldsymbol{x}\|z)$	期望总回报 $E_\tau[G_\tau]$
学习准则	期望风险最小化 最大似然估计	最大似然估计 最小重构错误	策略评估 策略改进

监督学习需要每个样本都有标签，而无监督学习则不需要标签。一般而言，监督学习通常含有大量的有标签数据集，这些数据集一般需要人工标注，成本很高。因此，出现了很

多弱监督学习(Weak Supervised Learning)和半监督学习(Semi-Supervised Learning)的方法，希望从大规模的无标注数据中充分挖掘有用的信息，降低对标注样本数量的要求。强化学习和监督学习的不同在于强化学习不需要显式地以“输入/输出对”的方式给出训练样本，是一种在线的学习机制。

7.5 机器学习中数据的特征表示

机器学习中数据的特征表示一般是首先人为设计一些准则，然后根据这些准则选取有效的特征。特征表示具体又可以分为两种：特征选择和特征抽取。

在实际应用中，数据的类型多种多样，比如文本、音频、图像、视频等。不同类型的数据，其原始特征(Raw Features)的空间也不相同。比如一张灰度图像(像素数量为 n)的特征空间为$[0, 255]^n$，一个自然语言句子(长度为 L)的特征空间为$|V|^L$，其中，V 为词表集合。而很多机器学习算法要求：输入的样本特征在数学上是可计算的。因此，在机器学习之前我们需要将这些不同类型的数据转换为向量表示，但是也有一些机器学习算法(比如决策树)不需要向量形式的特征。

在手写体数字(图像特征)识别任务中，样本 x 为待识别的图像。为了识别 x 是什么数字，我们可以从图像中抽取一些特征。如果图像大小为 $m\times n$，其特征可以简单地表示为 $m\times n$ 维的向量，每一维的值为图像中对应像素的灰度值。为了提高模型准确率，也会经常加入一个额外的特征，比如直方图、宽高比、笔画数、纹理特征、边缘特征等。假设我们总共抽取了 d 个特征，这些特征可以表示为一个向量 $\boldsymbol{x}\in\mathbf{R}^d$。

文本特征在文本情感分类任务中，样本 x 为自然语言文本，类别 $y\in\{+1, -1\}$中$+1$和-1分别表示正面或负面的评价。为了将样本 x 从文本形式转为向量形式，一种简单的方式是使用词袋(Bag of Words，BoW)模型。词袋模型在信息检索中也叫作向量空间模型(Vector Space Model，VSM)。假设训练集合中的词都来自一个词表$\mathcal{V}$，大小为$|\mathcal{V}|$，则每个样本可以表示为一个$|\mathcal{V}|$维的向量 $\boldsymbol{x}\in\mathbf{R}^{|\mathcal{V}|}$，向量中每一维 x_i 的值根据词表中的第 i 个词是否在 x 中出现来确定，如果出现则其值为 1，否则为 0。

比如两个文本“我 喜欢 读书”和“我 讨厌 读书”中共有“我”“喜欢”“讨厌”“读书”4 个词，它们的 BoW 表示分别为

$$\boldsymbol{v}_1=[1 \quad 1 \quad 0 \quad 1]^{\mathrm{T}}$$
$$\boldsymbol{v}_2=[1 \quad 0 \quad 1 \quad 1]^{\mathrm{T}}$$

单独一个单词的 BoW 表示为 one-hot 向量。词袋模型将文本看作是词的集合，不考虑词序信息，故不能精确地表示文本信息。一种改进方式是使用 n 元组合特征，即每 n 个连续词构成一个基本单元，然后用词袋模型进行表示。以最简单的二元特征(即两个词的组合特征)为例，上面的两个文本中共有“\$我”“我喜欢”“我讨厌”“喜欢读书”“讨厌读书”“读书#”6 个特征单元，\$ 和 # 分别表示文本的开始和结束。它们的二元特征 BoW 表示分别为

$$\boldsymbol{v}_1=[1 \quad 1 \quad 0 \quad 1 \quad 0 \quad 1]^{\mathrm{T}}$$
$$\boldsymbol{v}_2=[1 \quad 0 \quad 1 \quad 0 \quad 1 \quad 1]^{\mathrm{T}}$$

随着数量 n 的增长，n 元特征的数量会指数上升，上限为$|\mathcal{V}|^n$。因此，在实际应用中，

文本特征维数通常在十万或百万级别以上。

在机器学习中，这些数据的原始特征可能存在以下几种不足：

(1) 特征比较单一，需要进行(非线性的)组合才能发挥其作用；

(2) 特征之间冗余度比较高；

(3) 并不是所有的特征都对预测有用；

(4) 很多特征通常是易变的；

(5) 特征中往往存在一些噪声。

为了提高机器学习算法的能力，我们需要抽取有效、稳定的特征。传统的特征提取是通过人工方式进行的，需要大量的人工和专家知识。一个成功的机器学习系统通常需要尝试大量的特征，称为特征工程(Feature Engineering)。但即使这样，人工设计的特征在很多任务上也不能满足需要。因此，如何让机器自动地学习出有效的特征也成为机器学习中的一项重要研究内容，称为特征学习(Feature Learning)，也叫表示学习(Representation Learning)。特征学习在一定程度上可以减少预测模型复杂性、缩短训练时间、提高模型泛化能力和避免过拟合等。

1. 特征选择

特征选择(Feature Selection)是选取原始特征集合的一个有效子集，使得基于这个特征子集训练出来的模型准确率最高。简单来说，特征选择就是保留有用特征，移除冗余或无关的特征。

一种直接的特征选择方法是子集搜索(Subset Search)。假设原始特征数为 d，则共有 2^d 个候选子集。特征选择的目标是选择一个最优的候选子集。最直接的做法是测试每个特征子集，看机器学习模型在哪个子集上的准确率最高。但是这种方式效率太低。常用的方法是采用贪心策略：由空集合开始，每一轮添加该轮最优的特征，称为前向搜索(Forward Search)；或者从原始特征集合开始，每次删除最无用的特征，称为反向搜索(Backward Search)。子集搜索方法又可以分为过滤式和包裹式两种。

过滤式(Filter)方法不依赖具体的机器学习模型。Hall 于 1999 年提出每次增加最有信息量的特征或删除最没有信息量的特征的方法进行过滤。信息量可以通过信息增益(Information Gain)来衡量。

包裹式(Wrapper)方法是指用后续机器学习模型的准确率来评价一个特征子集。每次增加对后续机器学习模型最有用的特征，或删除对后续机器学习任务最无用的特征。这种方法是将机器学习模型包裹到特征选择过程的内部。

此外，我们还可以通过 ℓ_1 正则化来实现特征选择。由于 ℓ_1 正则化会导致稀疏特征，故间接地实现了特征选择。

2. 特征抽取

特征抽取(Feature Extraction)是构造一个新的特征空间，并将原始特征投影在新的空间中。以线性投影为例，原始特征向量 $\boldsymbol{x} \in \mathbf{R}^d$，经过线性投影后得到在新空间中的特征向量 $\boldsymbol{x}'$，即

$$\boldsymbol{x}' = \boldsymbol{P}\boldsymbol{x} \tag{7.63}$$

其中，$\boldsymbol{P} \in \mathbf{R}^{k \times d}$，$\boldsymbol{P}$ 为映射矩阵。

特征表示(学习)又可以分为监督和无监督的方法。监督的特征学习的目标是抽取对一个特定的预测任务最有用的特征，比如线性判别分析(Linear Discriminant Analysis，LDA)。而无监督的特征学习和具体任务无关，其目标通常是减少冗余信息和噪声，比如主成分分析(Principal Components Analysis，PCA)。表7.2列出了一些传统的特征选择和特征抽取方法。

表7.2 传统的特征选择和特征抽取方法

类型	监督学习	无监督学习
特征选择	标签相关的子集搜索、ℓ_1 正则化、决策树	标签无关的子集搜索
特征抽取	线性判别分析	主成分分析、独立成分分析、流形学习、自编码器

特征选择和特征抽取的优点是可以用较少的特征来表示原始特征中的大部分相关信息，去掉噪声信息，进而提高计算效率和减小维度灾难(Curse of Dimensionality)。对于很多没有正则化的模型，特征选择和特征抽取非常必要。经过特征选择或特征抽取后，特征的数量一般会减少，因此特征选择和特征抽取也经常称为维数约减或降维(Dimension Reduction)。

7.6 机器学习的评价

为了衡量一个机器学习模型的好坏，需要给定一个测试集，用模型对测试集中的每一个样本进行预测，并根据预测结果计算评价分数。对于分类问题，常见的评价标准有准确率、错误率以及查准率和查全率等。

给定测试集 $T=(\boldsymbol{x}^{(1)}, y^{(1)}), (\boldsymbol{x}^{(2)}, y^{(2)}), \cdots, (\boldsymbol{x}^{(N)}, y^{(N)})$，假设标签 $y^{(n)}\in\{1, 2, \cdots, C\}$，用学习好的模型 $f(\boldsymbol{x};\theta)$ 对测试集中的每一个样本进行预测，结果为 $Y=\hat{y}^{(1)}, \hat{y}^{(2)}, \cdots, \hat{y}^{(N)}$。

1. 准确率

最常用的评价指标为准确率(Accuracy)，其表达式为

$$\mathrm{ACC}=\frac{1}{N}\sum_{n=1}^{N}I(y^{(n)}=\hat{y}^{(n)}) \tag{7.64}$$

其中，$I(\cdot)$为指示函数。

2. 错误率

和准确率对应的就是错误率(Error Rate)，其表达式为

$$E=1-\mathrm{ACC}=\frac{1}{N}\sum_{n=1}^{N}I(y^{(n)}\neq\hat{y}^{(n)}) \tag{7.65}$$

3. 查准率和查全率

准确率是所有类别整体性能的平均，如果希望对每个类都进行性能估计，就需要计算查准率(Precision)和查全率(Recall)。查准率和查全率是广泛用于信息检索和统计学分类

领域的两个度量值，在机器学习的评价中也被大量使用。对于类别 c 来说，模型在测试集上的结果可以分为以下 4 种情况：

(1) 真正例(True Positive，TP)：一个样本的真实标签为类别 c 并且模型正确地预测为类别 c。这类样本数量记为

$$\mathrm{TP}_c = \sum_{n=1}^{N} I(y^{(n)} = \hat{y}^{(n)} = c) \tag{7.66}$$

(2) 假负例(False Negative，FN)：一个样本的真实标签为类别 c，模型错误地预测为其他类。这类样本数量记为

$$\mathrm{FN}_c = \sum_{n=1}^{N} I(y^{(n)} = c \wedge \hat{y}^{(n)} \neq c) \tag{7.67}$$

(3) 假正例(False Positive，FP)一个样本的真实类别为其他类，模型错误地预测为类别 c。这类样本数量记为

$$\mathrm{FP}_c = \sum_{n=1}^{N} I(y^{(n)} \neq c \wedge \hat{y}^{(n)} = c) \tag{7.68}$$

(4) 真负例(True Negative，TN)：一个样本的真实类别为其他类，模型也预测为其他类。这类样本数量记为 TN_c。对于类别 c 来说，这种情况一般不需要关注。

这 4 种情况的关系可用表 7.3 所示的混淆矩阵来表示。

表 7.3 类别 c 的预测结果的混淆矩阵

真实类别	预测类别	
	$\hat{y}=c$	$\hat{y}\neq c$
$y=c$	TP_c	FN_c
$y\neq c$	FP_c	TN_c

查准率(Precision)，也叫精确度或精度，类别 c 的查准率是指，所有预测为类别 c 的样本中，预测正确的比例，即

$$P_c = \frac{\mathrm{TP}_c}{\mathrm{TP}_c + \mathrm{FP}_c} \tag{7.69}$$

查全率(Recall)，也叫召回率，类别 c 的查全率是指，所有真实标签为类别 c 的样本中，预测正确的比例，即

$$R_c = \frac{\mathrm{TP}_c}{\mathrm{TP}_c + \mathrm{FN}_c} \tag{7.70}$$

F 值(F Measure)是一个综合指标，为查准率和查全率的调和平均，即

$$F_c = \frac{(1+\beta^2) \times P_c \times R_c}{\beta^2 \times P_c \times R_c} \tag{7.71}$$

其中，β 用于平衡查全率和查准率的重要性，一般取值为 1。$\beta=1$ 时的 F 值称为 F_1 值，是查准率和查全率的调和平均。

为了计算分类算法在所有类别上的总体查准率、查全率和 F_1 值，经常使用两种平均方法，分别称为宏平均(Macro Average)和微平均(Micro Average)。

宏平均是每一类的性能指标的算术平均值，即

$$P_{\text{macro}}=\frac{1}{C}\sum_{c=1}^{C}P_c \tag{7.72}$$

$$R_{\text{macro}}=\frac{1}{C}\sum_{c=1}^{C}R_c \tag{7.73}$$

$$F_{1,\text{macro}}=\frac{2\times P_{\text{macro}}\times R_{\text{macro}}}{P_{\text{macro}}+R_{\text{macro}}} \tag{7.74}$$

值得注意的是，在有些文献上 F_1 值的宏平均为

$$F_{1,\text{macro}}=\frac{1}{C}\sum_{c=1}^{C}F_{1,c} \tag{7.75}$$

微平均是每一个样本的性能指标的算术平均。对单个样本而言，它的查准率和查全率是相同的(要么都是 1，要么都是 0)。因此查准率的微平均和查全率的微平均是相同的。同理，F_1 值的微平均指标是相同的。当不同类别的样本数量不均衡时，使用宏平均会比使用微平均更合理些，因为宏平均会更关注小类别上的评价指标。

在实际应用中，我们也可以通过调整分类模型的阈值进行更全面的评价，比如 AUC(Area Under Curve)、ROC(Receiver Operating Characteristic)曲线、PR(Precision-Recall)曲线等。此外，很多任务还有自己专门的评价方式，比如 TopN 准确率。

4. 交叉验证

交叉验证(Cross Validation)是一种比较好的用于衡量机器学习模型的统计分析方法，可以有效避免划分训练集和测试集时的随机性对评价结果造成的影响。我们可以把原始数据集平均分为 K 组不重复的子集，每次选 $K-1$ 组子集作为训练集，剩下的一组子集作为验证集。这样可以进行 K 次试验并得到 K 个模型。这 K 个模型在各自验证集上的错误率的平均值作为分类器的评价。

5. 程序实现

程序 7.4 用于实现机器学习中各种评价指标的计算，数据集仍然使用程序 7.3 中的数据，在图 7.6 中是分别以“正类”和“负类”表示的。程序中使用的模型仍然是线性模型，这里直接调用了机器学习包 sklearn 中的模型类 LogisticRegression，该类中包含了机器学习的三个要素，即模型、学习准则和优化算法。程序第 14 行和 15 行是为了在绘制图形时能正确显示中文，而做的参数设置；程序第 23 行的 fit()过程就是训练学习 x 和 y 的函数关系，第 24 行的 predict()过程就是利用已经学习到的函数预测未知样本，这里的训练和预测都是利用在训练集上的样本进行的，最后计算的也是模型在训练集上的评价指标，所以计算结果的精度都比较高。实际应用中，会利用专门的测试集样本计算评价指标，这里只是演示说明利用机器学习包进行计算的过程。

```
1    #程序 7.4 机器学习评价指标的计算
2    import numpy as np
3    import matplotlib.pyplot as plt
4    from sklearn.linear_model import LogisticRegression
5    from sklearn import metrics
6    import matplotlib as mpl
7    N=101
```

```
8     x=np.linspace(1, 10, N)
9     yr=3*x+2
10    np.random.seed(100)
11    y=yr+np.random.randn(N)*6
12    target=np.zeros(x.size)
13    target[y>yr]=1
14    mpl.rcParams['font.sans-serif']=[u'simHei']
15    mpl.rcParams['axes.unicode_minus']=False
16    plt.plot(x[target==1], y[target==1], 'o', label='正类')
17    plt.plot(x[target==0], y[target==0], '*', label='负类')
18    plt.plot(x, yr, '-')
19    plt.legend()
20    plt.show()
21    X=np.vstack((x, y)).transpose()
22    clf=LogisticRegression()
23    clf.fit(X, target)              #训练
24    t_pred=clf.predict(X)           #预测
25    print('准确率:', metrics.accuracy_score(target, t_pred))
26    print('查准率:', metrics.precision_score(target, t_pred, pos_label=1))
27    print('查全率:', metrics.recall_score(target, t_pred, pos_label=1))
28    print('F1 值:', metrics.f1_score(target, t_pred, pos_label=1))
29    fpr, tpr, thresholds=metrics.roc_curve(target, t_pred, pos_label=1)
30    print('AUC 值', metrics.auc(fpr, tpr))
```

输出:

```
准确率: 0.9702970297029703
查准率: 0.9433962264150944
查全率: 1.0
F1 值: 0.970873786407767
AUC 值: 0.9705882352941176
```

7.7 小　　结

本章简单地介绍了机器学习的基础知识，包括机器学习的三个基本要素：模型、学习准则和优化算法。大部分的机器学习算法都可以看作是这三个基本要素的不同组合。机器学习中最主流的一类方法是统计学习方法，该方法将机器学习问题看作统计推断问题，并且又可以进一步分为频率学派和贝叶斯学派。频率学派将模型参数看作固定常数；而贝叶斯学派将模型参数看作随机变量，并且认为其存在某种先验分布。

另外，本章还给出了两种最基本的机器学习模型，即线性回归和线性分类。预测值为连续值时使用线性回归模型，预测值为离散值时使用线性分类模型。线性回归(模型)包括 Logistic 回归和 Softmax 回归。然后，讨论了机器学习特征选择与特征抽取的方法。最后列出了模型预测性能的评价指标，最常用的就是准确率。对于二类分类情形还有查准率和查全率以及 F 值等常用的指标。对一些基础的算法(如线性回归、随机梯度下降等)给出了

Python 程序实现。

习　题

1. 分析为什么平方损失函数不适合用于分类问题。

2. 在线性回归中，如果我们给每个样本$(\boldsymbol{x}^{(n)}, y^{(n)})$赋予一个权重$r^{(n)}$，经验风险函数为

$$R(\boldsymbol{w})=\frac{1}{2}\sum_{n=1}^{N}r^{(n)}(y^{(n)}-\boldsymbol{w}^{\mathrm{T}}\boldsymbol{x}^{(n)})^2$$

计算其最优参数$\boldsymbol{w}^*$，并分析权重$r^{(n)}$的作用。

3. 证明在线性回归中，如果样本数量N小于特征数量$d+1$，则$\boldsymbol{X}\boldsymbol{X}^{\mathrm{T}}$的秩最大为$N$。

4. 在线性回归中，验证岭回归的解为结构风险最小化准则下的最小二乘法估计(见式(7.36))。

5. 在线性回归中，假设标签$y\sim\mathcal{N}(\boldsymbol{w}^{\mathrm{T}}\boldsymbol{x}, \beta)$，用最大似然估计来优化参数，验证最优参数为式(7.40)的解。

6. 假设有N个样本$x^{(1)}, x^{(2)}, \cdots, x^{(N)}$服从正态分布$\mathcal{N}(\mu, \sigma^2)$，其中$\mu$未知。

(1) 使用最大似然估计来求解最优参数μ^{ML}。

(2) 若参数μ为随机变量，并服从正态分布$\mathcal{N}(\mu_0, \sigma_0^2)$，使用最大后验估计来求解最优参数$\mu^{\mathrm{MAP}}$。

7. 证明：当$N\to\infty$时，最大后验估计趋向于最大似然估计。

8. 分别用一元、二元和三元特征的词袋模型表示文本“我打了张三”和“张三打了我”，并分析不同模型的优缺点。

9. 对于一个三类分类问题，数据集的真实标签和模型的预测标签如下：

真实标签 1 1 2 2 2 2 3 3 3 3

预测标签 1 2 2 2 3 3 3 3 1 2

分别计算模型的查准率、查全率、F_1值以及它们的宏平均和微平均。

第8章　人工神经网络与深度学习

随着神经科学、认知科学的发展，我们逐渐知道人类的智能行为都和大脑神经活动有关。人类大脑是一个可以产生意识、思想和情感的器官。受到人脑神经系统的启发，早期的神经科学家构造了一种模仿人脑神经系统的数学模型，称为人工神经网络(Artificial Neural Network，ANN)，在工程与学术界也常直接称为神经网络或类神经网络。

人工神经网络是20世纪80年代以来人工智能领域兴起的研究热点。它从信息处理角度对人脑神经元网络进行抽象，建立某种简单模型，按不同的连接方式组成不同的网络。神经网络是一种运算模型，由大量的节点(或称神经元)相互连接而成。每个节点代表一种特定的输出函数，称为激励函数(Activation Function)。每两个节点间的连接都代表一个对于通过该连接的信号的加权值，称之为权重，这相当于人工神经网络的记忆。网络的输出则依网络的连接方式、权重值和激励函数的不同而不同。而网络自身通常都是对自然界某种算法或者函数的逼近，也可能是对一种逻辑策略的表达。

8.1　神经网络概述

8.1.1　神经网络生物机理

人类大脑是人体最复杂的器官，由神经元、神经胶质细胞、神经干细胞和血管组成。其中，神经元(Neuron)也叫神经细胞(Nerve Cell)，是携带和传输信息的细胞，是人脑神经系统中最基本的单元。人脑神经系统是一个非常复杂的组织，包含近860亿个神经元，每个神经元有上千个突触，通过其和其他神经元相连接。这些神经元和它们之间的连接形成巨大的复杂网络，其中神经连接的总长度可达数千公里。我们人造的复杂网络，比如全球的计算机网络，和大脑神经网络相比要“简单”得多。

早在1904年，生物学家就已经发现了神经元的结构。典型的神经元结构大致可分为细胞体和细胞突起。

细胞体(Soma)中的神经细胞膜上有各种受体和离子通道，胞膜的受体可与相应的化学物质(神经递质)结合，引起离子通透性及膜内外电位差的改变，产生相应的生理活动：兴奋或抑制。

细胞突起是由细胞体延伸出来的细长部分，又可分为树突和轴突。树突(Dendrite)可以接受刺激并将兴奋传入细胞体。每个神经元可以有一个或多个树突。轴突(Axons)可以把自身的兴奋状态从胞体传送到另一个神经元或其他组织。每个神经元只有一个轴突。神经元可以接收其他神经元的信息，也可以发送信息给其他神经元。神经元之间没有物理连接，中间留有20 nm左右的缝隙。神经元之间靠突触(Synapse)互连来传递信息，形成一个神经网络，即神经系统。突触可以理解为神经元之间的链式连接"接口"，将一个神经元的兴奋状态传到另一个神经元。一个神经元可被视为一种只有两种状态(兴奋和抑制)的细胞。神经元的状态取决于从其他的神经细胞收到的输入信号量及突触的强度(抑制或加强)。当信号量总和超过了某个阈值时，细胞体就会兴奋，产生电脉冲。电脉冲沿着轴突传递到其他神经元。图 8.1 给出了一种典型的神经元结构。

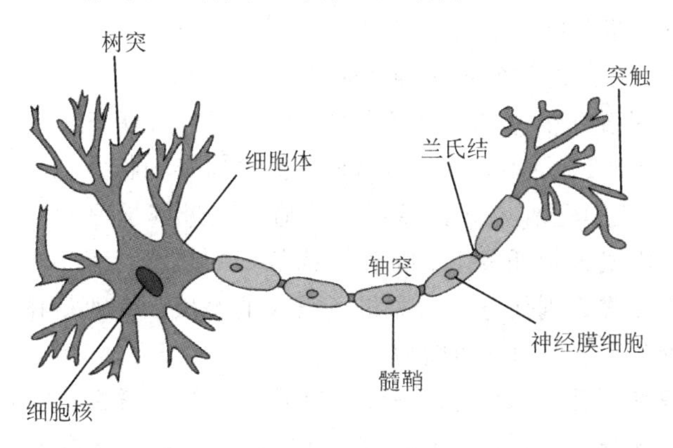

图 8.1　典型神经元结构

一个人的智力并不完全由遗传决定，大部分来自生活经验。也就是说人脑神经网络是一个具有学习能力的系统。那么人脑神经网络是如何学习的呢？在人脑神经网络中，每个神经元本身并不重要，重要的是神经元如何组成连接。不同神经元之间的突触有强有弱，其强度是可以通过学习(训练)不断改变的，具有一定的可塑性，而不同的连接会形成不同的记忆印痕。1949 年，加拿大心理学家 Donald Hebb 在《行为的组织》(*The Organization of Behavior*)一书中提出突触可塑性的基本原理，"当神经元 A 的一个轴突和神经元 B 很近，足以对它产生影响，并且持续、重复地参与了对神经元 B 的兴奋，那么这两个神经元或其中之一会发生某种生长过程或新陈代谢变化，以至于神经元 A 作为能使神经元 B 兴奋的细胞之一，它的效能加强了。"这个机制称为赫布理论(Hebbian Theory)或赫布法则(Hebbian Rule)。如果两个神经元总是相关联地受到刺激，则它们之间的突触强度增加，这样的学习方法被称为赫布型学习(Hebbian Learning)。此外，Hebb 认为人脑有两种记忆：长期记忆和短期记忆。短期记忆持续时间不超过一分钟。如果一个经验重复足够多的次数，此经验就可储存在长期记忆中。短期记忆转化为长期记忆的过程就称为凝固作用。人脑中的海马区为在大脑结构中起凝固作用的核心区域。

8.1.2　人工神经网络

人工神经网络是一种大规模的并行分布式处理器，天然地具有存储并使用经验知识的能力。它从以下两个方面模拟大脑：

(1) 网络获取的知识是通过学习得来的。

(2) 内部神经元的连接强度，即突触权重，用于存储获取的知识。

人工神经网络是指一系列受生物学和神经学启发的数学模型。这些模型主要是通过对人脑的神经元网络进行抽象，构建人工神经元，并按照一定拓扑结构来建立人工神经元之间的连接，从而来模拟生物神经网络。在人工智能领域，人工神经网络也常常简称为神经网络(Neural Network，NN)或神经模型(Neural Model)。

神经网络最早是一种主要的连接主义模型。20 世纪 80 年代后期，最流行的一种连接主义模型是分布式并行处理(Parallel Distributed Processing，PDP)网络，其有 3 个主要特性：

(1) 信息表示是分布式的(非局部的)。

(2) 记忆和知识存储在单元之间的连接上。

(3) 通过逐渐改变单元之间的连接强度来学习新的知识。

连接主义的神经网络有多种多样的网络结构以及学习方法，虽然早期模型强调模型的生物可解释性(Biological Plausibility)，但后期更关注对某种特定认知能力的模拟，比如物体识别、语言理解等。尤其是在引入误差反向传播来改进其学习能力之后，神经网络也越来越多地应用在各种模式识别任务上。随着训练数据的增多以及(并行)计算能力的增强，神经网络在处理很多模式识别任务方面取得了很大的突破，特别是在语音、图像等感知信号的处理方面，表现出了卓越的学习能力。

从机器学习的角度来看，神经网络一般可以看作一个非线性模型，其基本组成单位为具有非线性激活函数的神经元，通过大量神经元之间的连接，使得神经网络成为一种高度非线性的模型。神经元之间的连接权重就是需要学习的参数，可以在机器学习的框架下通过梯度下降方法进行学习。

8.1.3　神经元

人工神经元(Artificial Neuron)，简称神经元(Neuron)，是构成神经网络的基本单元，主要用于模拟生物神经元的结构和特性，接收一组输入信号并产出输出。

1943 年，心理学家 McCulloch 和数学家 Pitts 根据生物神经元的结构，提出了一种非常简单的神经元模型，即 M-P 神经元。现代神经网络中的神经元和 M-P 神经元的结构并无太多变化。不同的是，M-P 神经元中的激活函数 f 是取值为 0 或 1 的阶跃函数，而要求现代神经元中的激活函数通常是连续可导的函数。

假设一个神经元接收 d 个输入 $x_1, x_2, \cdots, x_d$，令向量 $\boldsymbol{x}=[x_1, x_2, \cdots, x_d]$来表示这组输入，并用净输入(Net Input)$z\in\mathbf{R}$ 表示一个神经元所获得的输入信号 $\boldsymbol{x}$ 的加权和，则

$$z=\sum_{i=1}^{d} w_i x_i + b = \boldsymbol{w}^{\mathrm{T}}\boldsymbol{x}+b \tag{8.1}$$

其中，$\boldsymbol{w}=[w_1, w_2, \cdots, w_d]\in\mathbf{R}^d$，$\boldsymbol{w}$ 表示 d 维的权重向量；$b\in\mathbf{R}$，b 是偏置。

净输入 z 在经过一个非线性函数 $f(\cdot)$后，变成神经元的活性值(Activation)a，即

$$a=f(z) \tag{8.2}$$

其中，非线性函数 $f(\cdot)$称为激活函数(Activation Function)。图 8.2 给出了一个典型的神经元结构示例。

激活函数在神经元中是非常重要的，为了增强网络的表示能力和学习能力，激活函数需要具备以下几点性质：

(1) 激活函数是连续并可导(允许少数点上不可导)的非线性函数。可导的激活函数可以直接利用数值优化的方法来学习网络参数。

(2) 激活函数及其导函数要尽可能简单，以利于提高网络计算效率。

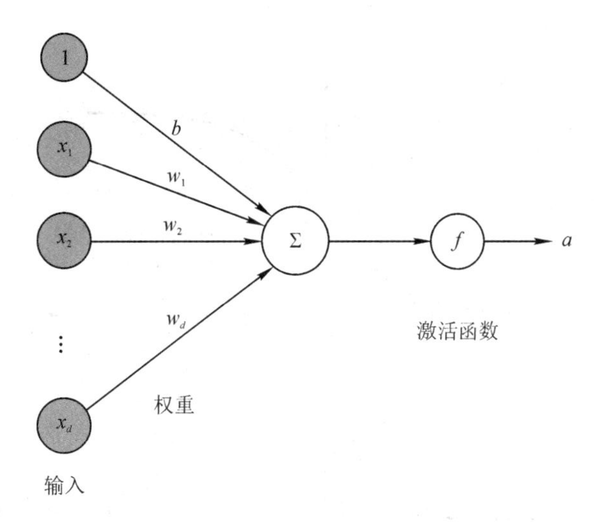

图 8.2　典型的神经元结构

(3) 激活函数的导函数的值域要在一个合适的区间内，不能太大也不能太小，否则会影响训练的效率和稳定性。

下面介绍几种神经网络中常用的激活函数。

1) Sigmoid 型函数

Sigmoid 型函数是指一类 S 形曲线函数，为两端饱和函数。常用的 Sigmoid 型函数有饱和型 Sigmoid 函数(包括 Logistic 函数和 tanh 函数)和分段 Sigmoid 函数。

(1) 饱和型 Sigmoid 函数(包括 Logistic 函数和 tanh 函数)。

Logistic 函数定义为

$$\sigma(x)=\frac{1}{1+\exp(-x)} \tag{8.3}$$

Logistic 函数可以看成是一个“挤压”函数，它把一个实数域的输入“挤压”到(0，1)区间。当输入值在 0 附近时，该函数近似为线性函数；当输入值靠近两端时，对输入进行抑制。输入越小，越接近于 0；输入越大，越接近于 1。这样的特点也与生物神经元类似，对一些输入会产生兴奋(输出为 1)，对另一些输入会产生抑制(输出为 0)。与感知器使用的阶跃激活函数相比，Logistic 函数是连续可导的，其数学性质更好。

因为 Logistic 函数的性质，使得装备了 Logistic 激活函数的神经元具有以下两点性质：

① 其输出直接可以看作是概率分布，使得神经网络可以更好地与统计学习模型结合。

② 其可以看作是一个软性门(Soft Gate)，用来控制其他神经元输出信息的数量。

tanh 函数也是一种 Sigmoid 型函数。其定义为

$$\tanh(x)=\frac{\exp(x)-\exp(-x)}{\exp(x)+\exp(-x)} \tag{8.4}$$

tanh 函数可以看作是放大并平移的 Logistic 函数，其值域是(−1，1)，即

$$\tanh(x)=2\sigma(2x)-1 \tag{8.5}$$

图 8.3 给出了 Logistic 函数和 tanh 函数的形状。tanh 函数的输出是零中心化的(Zero-Centered)，而 Logistic 函数的输出恒大于 0(非零中心化的)。非零中心化的输出会使得其后一层的神经元的输入发生偏置偏移(Bias Shift)，并进一步使得梯度下降的收敛速度

变慢。

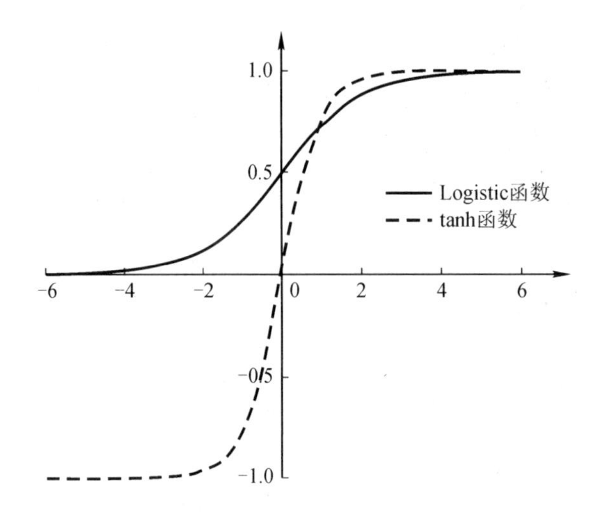

图 8.3　Logistic 函数和 tanh 函数

（2）分段 Sigmoid 函数（包括 hard-logistic 函数和 hard-tanh 函数）。

Logistic 函数和 tanh 函数都是 Sigmoid 型函数，具有饱和性，计算开销较大。因为这两个函数都是在中间(0 附近)近似线性，两端饱和，所以，这两个函数可以通过分段函数近似。

以 Logistic 函数 $\sigma(x)$ 为例，其导数为 $\sigma'(x)=\sigma(x)(1-\sigma(x))$。Logistic 函数在 0 附近的一阶泰勒展开(Taylor Expansion)为

$$g_l(x) \approx \sigma(0) + x \times \sigma'(0) = 0.25x + 0.5 \tag{8.6}$$

用分段函数 hard-logistic 函数来近似 Logistic 函数，得到

$$\begin{aligned}\text{hard-logistic}(x) &= \begin{cases} 1 & g_l(x) \geqslant 1 \\ g_l & 0 < g_l(x) < 1 \\ 0 & g_l(x) \leqslant 0 \end{cases} \\ &= \max(\min(g_l(x),\ 1),\ 0) \\ &= \max(\min(0.25x + 0.5,\ 1),\ 0) \end{aligned} \tag{8.7}$$

同样，tanh 函数在 0 附近的一阶泰勒展开为

$$g_t(x) \approx \tanh(0) + x \times \tanh'(0) = x \tag{8.8}$$

这样 tanh 函数也可以用分段函数 hard-tanh(x)来近似，即

$$\begin{aligned}\text{hard-tanh}(x) &= \max(\min(g_t(x),\ 1),\ -1) \\ &= \max(\min(x,\ 1),\ -1)\end{aligned} \tag{8.9}$$

2）修正线性单元

修正线性单元(Rectified Linear Unit，ReLU)，也叫 Rectifier 函数，是目前深层神经网络中经常使用的激活函数。ReLU 实际上是一个斜坡(Ramp)函数，定义为

$$\begin{aligned}\text{ReLU}(x) &= \begin{cases} x & x \geqslant 0 \\ 0 & x < 0 \end{cases} \\ &= \max(0,\ x)\end{aligned} \tag{8.10}$$

修正线性单元的优点是，采用 ReLU 的神经元只需要进行加、乘和比较的操作，计算上更加高效。ReLU 函数被认为有生物上的解释性，比如单侧抑制、宽兴奋边界(即兴奋程

度可以非常高)。在生物神经网络中，同时处于兴奋状态的神经元非常稀疏。人脑中在同一时刻大概只有 1%～4%的神经元处于活跃状态。Sigmoid 型激活函数会导致一个非稀疏的神经网络，而 ReLU 却具有很好的稀疏性，大约 50%的神经元会处于激活状态。在优化方面，相比于 Sigmoid 型函数的两端饱和，ReLU 函数为左饱和函数，且在 $x>0$ 时导数为 1，在一定程度上缓解了神经网络的梯度消失问题，可加速梯度下降的收敛速度。

修正线性单元的缺点是，ReLU 函数的输出是非零中心化的，给后一层的神经网络引入了偏置偏移，会影响梯度下降的效率。此外，ReLU 神经元(即采用 ReLU 作为激活函数的神经元)在训练时比较容易"死亡"。

在训练时，如果参数在一次不恰当的更新后，第一个隐层中的某个 ReLU 神经元在所有的训练数据上都不能被激活，那么这个神经元自身参数的梯度永远都会是 0，在以后的训练过程中永远不能被激活。这种现象称为死亡 ReLU 问题(Dying ReLU Problem)，并且也有可能会发生在其他隐层。

在实际使用中，为了避免上述情况，有几种 ReLU 的变种也会被广泛使用，如带泄漏的 ReLU、带参数的 ReLU 等。

在一个神经网络中选择合适的激活函数十分重要，在实际应用中会根据需要选择不同的激活函数来设计实验，以得到更好的性能。表 8.1 列出了常用的激活函数及其导数形式。

表 8.1　常用的激活函数及其导数

激活函数	函　数	导　数
Logistic 函数	$f(x)=\frac{1}{1+\exp(-x)}$	$f'(x)=f(x)(1-f(x))$
tanh 函数	$f(x)=\frac{\exp(x)-\exp(-x)}{\exp(x)+\exp(-x)}$	$f'(x)=1-f(x)^2$
ReLU 函数	$f(x)=\max(0, x)$	$f'(x)=1(x>0)$
ELU 函数	$f(x)=\max(0, x)+\min(0, \gamma(\exp(x)-1))$	$f'(x)=1(x>0)+1(x\leqslant 0)\cdot\gamma(\exp(x))$
SoftPlus 函数	$f(x)=\log(1+\exp(x))$	$f'(x)=\frac{1}{1+\exp(-x)}$

8.1.4　神经网络结构

一个生物神经细胞的功能比较简单，而人工神经元只是生物神经细胞的理想化和简单实现，功能也更加简单。要想模拟人脑的能力，单一的神经元是远远不够的，需要通过很多神经元一起协作来完成复杂的功能。这样可以将通过一定的连接方式或信息传递方式进行协作的神经元看作一个网络，这就是神经网络。

到目前为止，研究者已经发明了各种各样的神经网络结构。目前常用的神经网络结构有 3 种：前馈网络、记忆网络和图网络。

1. 前馈网络

前馈网络中各个神经元按接收信息的先后分为不同的组。每一组可以看作一个神经层。每一层中的神经元接收前一层神经元的输出，并将其输出到下一层神经元。整个网络中的信息朝一个方向传播，没有反向的信息传播，可以用一个有向无环路图表示。前馈网络包括全连接前馈神经网络和卷积神经网络等。

前馈网络可以看作一个函数，通过简单非线性函数的多次复合，实现输入空间到输出空间的复杂映射。这种网络结构简单，易于实现。

2. 记忆网络

记忆网络，也称为反馈网络，网络中的神经元不但可以接收其他神经元的信息，也可以接收自己的历史信息。和前馈网络相比，记忆网络中的神经元具有记忆功能，在不同的时刻具有不同的状态。记忆网络中的信息传播可以是单向传递或双向传递，因此可用一个有向循环图或无向图来表示。记忆网络包括循环神经网络、Hopfield 网络、玻尔兹曼机等。

记忆网络可以看作一个程序，具有更强的计算和记忆能力。为了增强记忆网络的记忆容量，可以引入外部记忆单元和读写机制，用来保存网络的一些中间状态，称为记忆增强神经网络(Memory-Augmented Neural Network，MANN)，比如神经图灵机等。

3. 图网络

前馈网络和记忆网络的输入都可以表示为向量或向量序列。但实际应用中很多数据是图结构的数据，比如知识图谱、社交网络、分子(Molecular)网络等。前馈网络和记忆网络很难处理图结构的数据。

图网络是定义在图结构数据上的神经网络。图中每个节点都由一个或一组神经元构成。节点之间的连接可以是有向的，也可以是无向的。每个节点可以收到来自相邻节点或自身的信息。

图网络是前馈网络和记忆网络的泛化，包含很多不同的实现方式，比如图卷积网络(Graph Convolutional Network，GCN)、消息传递神经网络(Message Passing Neural Network，MPNN)等。图 8.4 给出了前馈网络、记忆网络和图网络的网络结构示例。

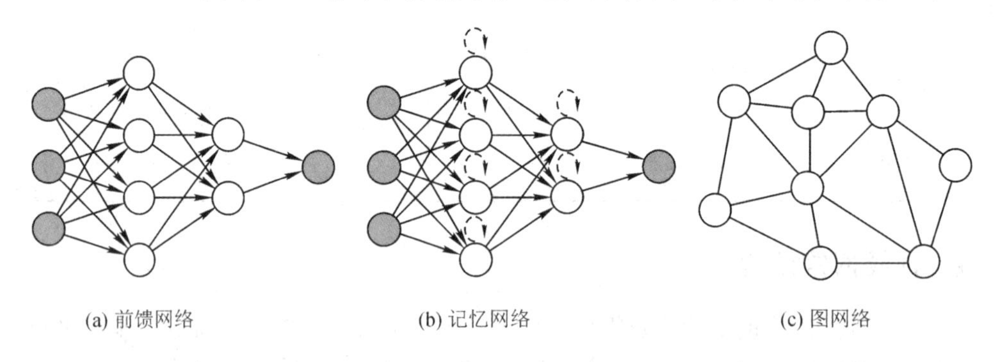

图 8.4　三种不同的网络模型

8.1.5　深度学习概述

深度学习教父 Hinton

深度学习(Deep Learning)最早是由 Hinton 等在 2015 年提出的概念，深度学习作为机器学习的一种，能够胜任许多复杂的任务，在各个领域和学科有广泛的应用。深度学习可以从广泛的数据中提取特征进行学习，典型的应用有文字识别、语音识别和图像识别。

深度学习是一种机器学习方法，是一个多层神经网络。在深度学习出现之前，由于局部最优解和梯度消失等技术问题，无法对具有四层或更多层的深度神经网络进行充分的训练，并且其性能也不佳。但是，近年来，Hinton 等人通过研究多层神经网络提高学习所需的计算机功能，并通过 Web 开发获得大量数据，使充分学习成为可能。在计算结果上，深度学习显示出高性能的优势，解决了与语音、图像和自然语言有关的问题，并在 2010 年左右流行。

深度学习有如下一些被广泛接受的定义和特征。

(1) 深度学习是机器学习的子集。

(2) 深度学习使用级联的多层(非线性)处理单元(即人工神经网络(ANN))以及受大脑结构和功能(神经元)启发的算法。每个连续层使用前一层的输出作为输入。

(3) 深度学习使用 ANN 进行特征提取和转换、数据处理、模式查找和系统开发。

(4) 深度学习可以是监督的(如分类)，也可以是无监督的(如模式分析)。

(5) 深度学习使用梯度下降算法来学习与不同抽象级别相对应的多个级别的表示，由此构成概念的层次结构。

(6) 深度学习通过学习将世界表示为概念的嵌套层次来实现强大的功能，具有更高的灵活性，每个概念都是根据更简单的概念定义的，更抽象的表示是根据较不抽象的概念计算来的。

例如，对于图像分类问题，深度学习模型使用其隐藏层架构，以增量方式学习图像。

首先，它自动提取低层级的特征，例如识别亮区或暗区;之后，提取高层级特征(如边缘);其次，它会提取最高层级的特征(如形状)，以便对它们进行分类。

每个节点或神经元代表整个图像的某一细微方面。如果将它们放在一起，就描绘了整幅图像，能够将图像完全表现出来。此外，网络中的每个节点和每个神经元都被赋予权重。这些权重表示神经元的实际权重，它与输出的关联强度相关，可以在模型开发过程中对这些权重进行调整。

传统的机器学习方法与深度学习的对比如下。

(1) 手工特征提取与自动特征提取。

为了用传统 ML 技术解决图像处理问题，最重要的预处理步骤是手工特征(如方向梯度直方图(HOG)和尺度不变特征变换(SIFT))提取，以降低图像的复杂性，并使模式对学习算法更加可见，从而使其更好地工作。深度学习算法最大的优点是它们尝试以增量方式训练图像，从而学习低级和高级特征。这消除了在工程中手工提取特征的需要。

(2) 部分与端到端解决方案。

传统的 ML 技术通过问题分解首先解决不同的部分，然后将结果聚合在一起提供输出来解决问题；而深度学习技术则使用端到端方法来解决问题。例如，在目标检测问题中，诸如 SVM 的经典 ML 算法需要一个边界框目标检测算法，该算法将识别所有可能的目标，将 HOG 作为 ML 算法的输入，以便识别正确的目标。但深度学习方法(如 YOLO 网络)将图像作为输入，并提供对象的位置和名称作为输出。

(3) 训练时间和高级硬件。

与传统的 ML 算法不同，深度学习算法有大量的参数且数据集相对庞大，因此需要很长时间来训练，应该始终在 GPU(图形处理器)等高端硬件上训练深度学习模型，并保证一个合理的训练时间，因为时间是有效训练模型的一个非常重要的方面。

(4) 适应性和可转移性。

经典的 ML 技术有很大的局限性，而深度学习技术则应用广泛，且适用于不同的领域。深度网络中有很大一部分用于转移学习，这使得人们能够将预先训练的深层网络用于同一领域内的不同应用。例如，在图像处理中，通常使用预先训练的图像分类网络作为特征提取的前端来检测目标和分割网络。

图 8.5 所示传统的机器学习在图像(如猫和狗的图像)分类时，先由人工方式进行特征提取，再经过分类器分类。而图 8.6 所示的深度学习模型在图像分类时将特征提取和分类器两个过程合二为一，自动进行特征提取，输出各类别对应的概率。

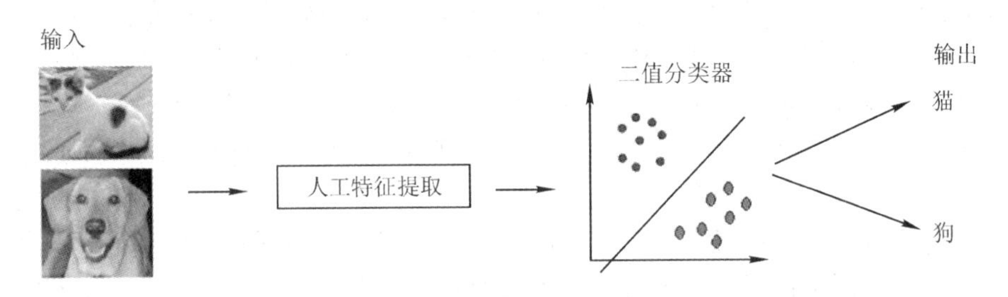

图 8.5　传统的机器学习方法

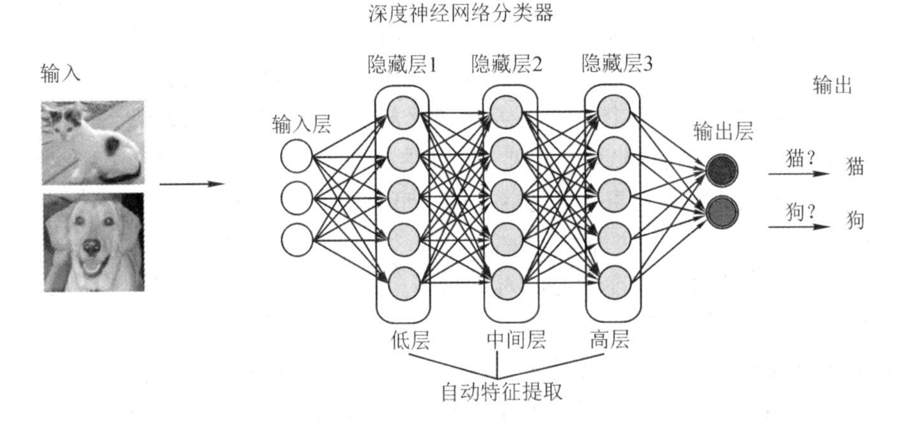

图 8.6　深度学习模型

8.1.6　神经网络控制

神经网络是一种具有高度非线性的连续时间动力系统，有很强的自学习能力且对非线性系统有强大的映射能力，已广泛应用于复杂对象的控制中。神经网络所具有的大规模并行性、冗余性、容错性、本质的非线性及自组织、自学习、自适应能力，给不断面临挑战的控制理论带来生机。

控制理论在经历了经典控制和现代控制以后，随着被控对象变得越来越复杂、控制精度越来越高，对被控对象和环境的知识知道得越来越少，人们迫切希望控制系统具有自适应、自学习能力和良好的鲁棒性、实时性。

神经网络的智能处理能力及控制系统所面临的越来越严重的挑战是神经网络控制的发展动力。由于神经网络本身具备传统的控制手段无法实现的一些优点和特征，神经网络控制器的研究迅速发展。从控制角度来看，神经网络用于控制的优越性主要表现为以下几个方面：

(1) 神经网络能处理那些难以用模型或规则描述的对象。

(2) 神经网络采用并行分布式信息处理方式，具有很强的容错性。

(3) 神经网络本质上是非线性系统，可以实现任意非线性映射，在非线性控制系统中具有很广泛的发展前景。

(4) 神经网络具有很强的信息综合能力，能够同时处理大量不同类型的输入，能够很好解决输入信息之间的互补性和冗余性问题。

(5) 神经网络的硬件实现愈趋方便，大规模集成电路技术的发展为神经网络的硬件实现提供了技术手段，为神经网络在控制系统中的应用开辟了广阔的前景。

神经网络控制所取得的进展体现在以下几个方面。

(1) 基于神经网络的系统辨识、可在已知常规模型结构的情况下，估计模型的参数；利用神经网络的线性、非线性特性，建立线性、非线性系统的静态、动态、逆动态的预测模型。

(2) 神经网络控制器：神经网络作为控制器，可实现对不确定系统或未知系统的有效控制，使控制系统达到所要求的动态、静态特性。

(3) 神经网络与其他算法相结合：神经网络与专家系统、模糊逻辑、遗传算法等结合可构成新型控制器。

(4) 优化计算：在常规控制系统的设计中，常遇到求解约束优化问题，神经网络为这类问题的解决提供了有效的途径。

(5) 控制系统的故障诊断：利用神经网络的逼近特性，可对控制系统的各种故障进行模式识别，从而实现控制系统的故障诊断。

在理论和实践上，以下问题是神经网络控制研究的重点。

(1) 神经网络的稳定性与收敛性。

(2) 神经网络控制系统的稳定性与收敛性。

(3) 神经网络学习算法的实时性。

(4) 神经网络控制器和辨识器的模型及结构。

1. 神经网络控制的分类标准

神经网络控制的研究随着神经网络理论研究的不断深入而不断发展起来。根据神经网络在控制器中的作用不同，神经网络控制器(NNC)可分为两类：一类为神经网络控制，它是以神经网络为基础而形成的独立智能控制系统；另一类为神经网络混合控制，它是指利用神经网络的学习和优化能力来改善传统控制的智能控制方法，如自适应神经网络控制等。

2. 神经网络控制的分类

目前神经网络控制器尚无统一的分类方法。综合目前的各种分类方法，可将神经网络控制的结构归结为以下 5 类。

1）神经网络监督控制

通过对传统控制器的学习，然后用神经网络控制器逐渐取代传统控制器的方法，称为神经网络监督控制。神经网络监督控制的结构如图 8.7 所示。神经网络控制器实际上是一个前馈控制器，它建立的是被控对象的逆模型。神经网络控制器通过对传统控制器的输出进行学习，在线调整网络的权值，使反馈控制输入 $u_p(t)$ 趋近于零，从而使神经网络控制器在控制作用中逐渐占据主导地位，最终取消传统控制器的反馈作用。不过，一旦系统出现干扰，传统控制器将重新起作用。因此，这种前馈加反馈的监督控制方法，不仅可以确保控制系统的稳定性和鲁棒性，而且可有效地提高系统的精度和自适应能力。

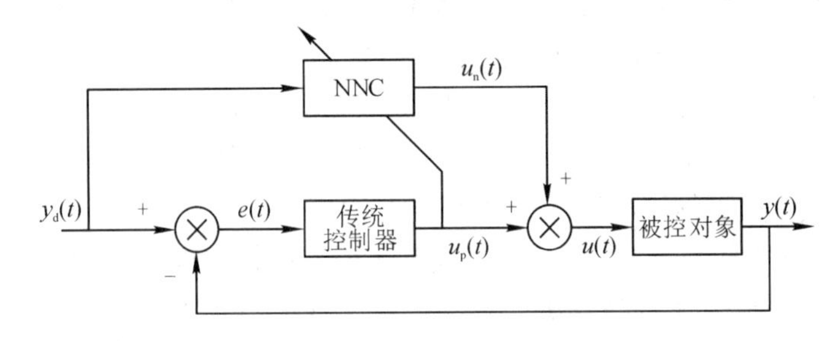

图 8.7 神经网络监督控制

2）神经网络直接逆控制

神经网络直接逆控制就是将被控对象的神经网络逆模型直接与被控对象串联起来，以便使期望输出与被控对象实际输出之间的传递函数为 1。将此网络作为前馈控制器后，被控对象的输出为期望输出。

显然，神经网络直接逆控制的可用性在相当程度上取决于逆模型的精度。由于缺乏反馈，简单连接的直接逆控制缺乏鲁棒性。为此，一般应使其具有在线学习能力，即作为逆模型的神经网络连接权值能够在线调整。

图 8.8 所示为神经网络直接逆控制的两种结构方案。在图 8.8(a)中，NN1 和 NN2 具有完全相同的网络结构，并采用相同的学习算法，分别实现被控对象的逆控制。在图 8.8(b)中，神经网络 NN 通过评价函数进行学习，实现被控对象的逆控制。

3）神经网络自适应控制

与传统自适应控制相同，神经网络自适应控制也分为神经网络自校正控制和神经网络模型参考自适应控制两种。神经网络自校正控制根据系统正向或逆模型的结果调节控制器的内部参数，使系统满足给定的指标；而在神经网络模型参考自适应控制中，闭环控制系统的期望性能由一个稳定的参考模型来描述。

(1) 神经网络自校正控制。

神经网络自校正控制分为(神经网络)直接自校正控制和(神经网络)间接自校正控制。间接自校正控制使用常规控制器，神经网络估计器需要较高的建模精度。直接自校正控制同时使用神经网络控制器和神经网络估计器。

① 直接自校正控制。直接自校正控制本质上与神经网络直接逆控制相同，其结构参见图 8.8。

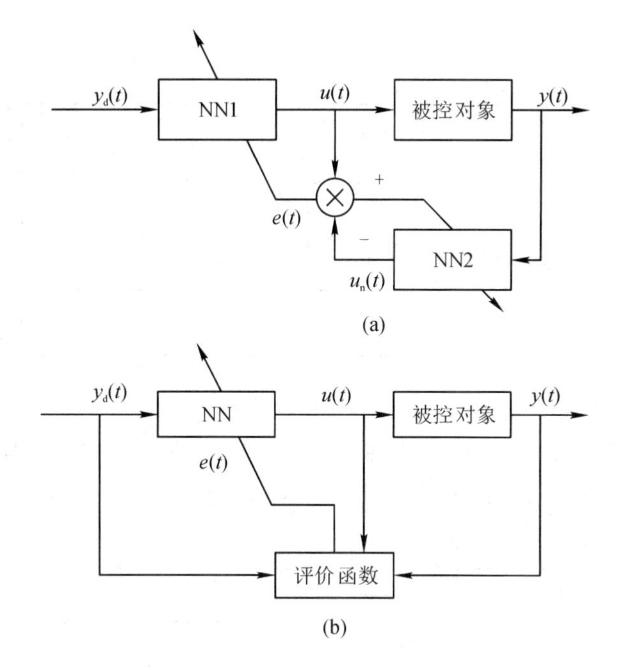

图 8.8 神经网络直接逆控制的两种结构方案

② 间接自校正控制。间接自校正控制的结构如图 8.9 所示。假设被控对象为如下单变量非线性系统：

$$y(t)=f(y(t))+g(y(t))u(t)$$

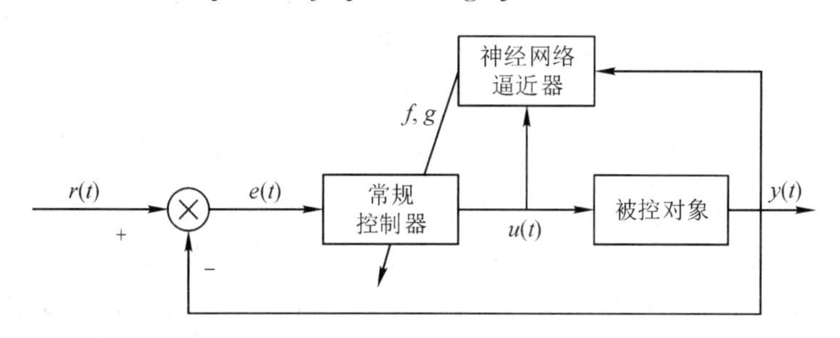

图 8.9 神经网络间接自校正控制

若利用神经网络对非线性函数 $f(y(t))$和 $g(y(t))$进行逼近，得到 $f(y(t))$和 $g(y(t))$，则常规控制器为

$$u(t)=\frac{r(t)-\hat{f}(y(t))}{\hat{g}(y(t))}$$

式中，$r(t)$为 t 时刻的期望输出值。

(2) 神经网络模型参考自适应控制。

神经网络模型参考自适应控制分为直接模型参考自适应控制和间接模型参考自适应控制两种。

① 直接模型参考自适应控制。该控制如图 8.10 所示。神经网络控制器(NNC)的作用是使被控对象与参考模型输出之差最小。但该方法需要知道对象的雅可比(Jacobian)信息∂

$y/\partial u$。

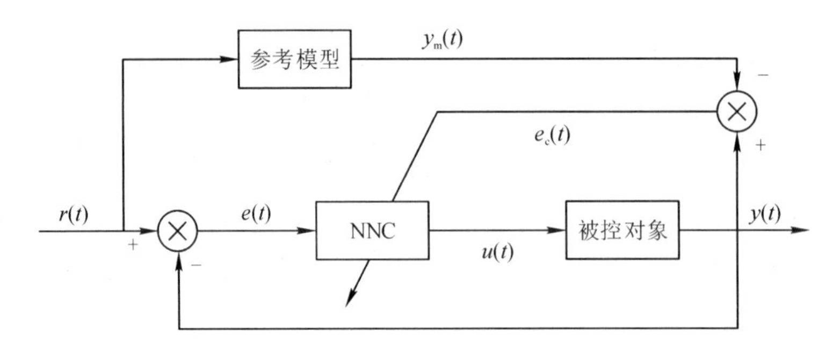

图 8.10 神经网络直接模型参考自适应控制

② 间接模型参考自适应控制。该控制如 8.11 所示。神经网络辨识器(NNI)向神经网络控制器(NNC)提供对象的Jacobian 信息，用于 NNC 的学习。

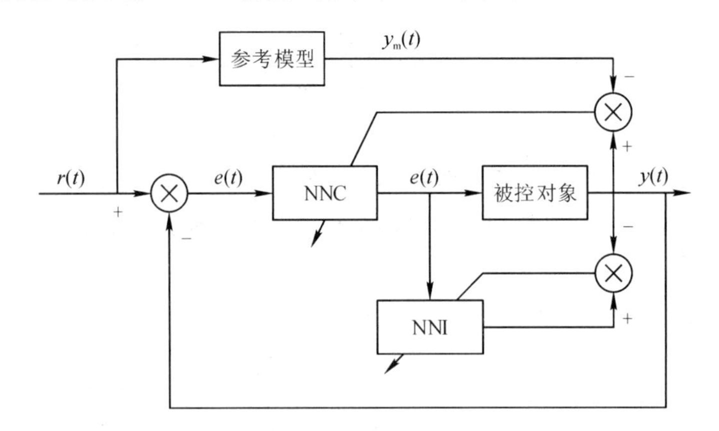

图 8.11 神经网络间接模型参考自适应控制

4）神经网络内模控制

经典的内模控制将被控对象的正向模型和逆模型直接加入反馈回路(其中，系统的正向模型作为被控对象的近似模型与实际对象并联)，两者输出之差被用作反馈信号，该反馈信号又经过前向通道的滤波器及神经网络控制器(NNC)进行处理。NNC 直接与系统的逆模型有关，通过引入滤波器提高系统的鲁棒性。神经网络内模控制如图 8.12 所示，被控对象的正向模型及控制器均由神经网络实现，NN2 实现对象的逼近，NN1 实现对象的逆控制。

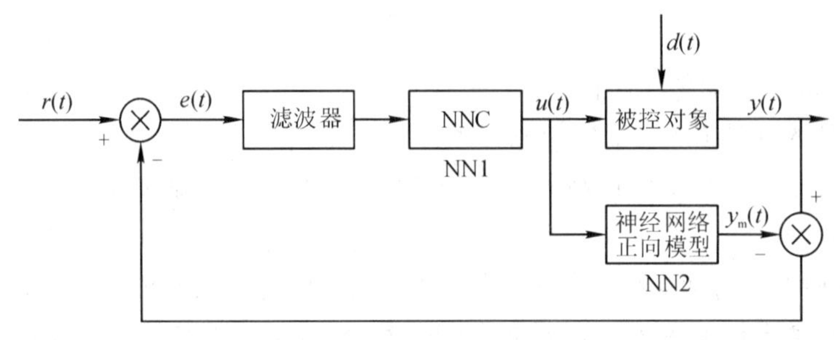

图 8.12 神经网络内模控制

5）神经网络混合控制

神经网络混合控制集成人工智能各分支的优点，是将神经网络技术与模糊控制、专家系统等结合而形成的一种具有很强学习能力的智能控制系统。其中，神经网络和模糊控制结合构成模糊神经网络，神经网络和专家系统结合构成神经网络专家系统。神经网络混合控制可使控制系统同时具有学习能力、推理能力和决策能力。

8.2　前馈神经网络

8.2.1　前馈神经网络模型

给定一组神经元，我们可以以神经元为节点来构建一个网络。不同的神经网络模型有不同网络连接的拓扑结构。一种比较直接的拓扑结构是前馈网络。前馈神经网络(Feedforward Neural Network，FNN)是最早发明的简单人工神经网络。

在前馈神经网络中，各神经元分别属于不同的层。每一层的神经元可以接收前一层神经元的信号，并产生信号输出到下一层。第 0 层叫输入层，最后一层叫输出层，其他中间层叫做隐藏层(也称隐层)。整个网络中无反馈，信号从输入层向输出层单向传播，可用一个有向无环图表示。

前馈神经网络也经常称为多层感知器(Multi-Layer Perceptron，MLP)。但多层感知器的叫法并不是十分合理，因为前馈神经网络其实是由多层的 Logistic 回归模型(连续的非线性函数)组成的，而不是由多层的感知器(不连续的非线性函数)组成的。图 8.13 给出了前馈神经网络的示例。

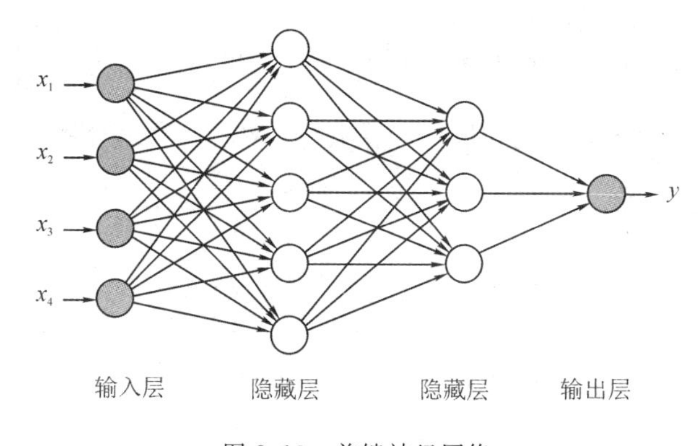

图 8.13　前馈神经网络

我们用下面的记号来描述一个前馈神经网络，其中的层数一般只考虑隐藏层和输出层。

- L：表示神经网络的层数；
- $m^{(l)}$：表示第 l 层神经元的个数；
- $f_l(\cdot)$：表示第 l 层神经元的激活函数；
- $\mathbf{W}^{(l)} \in \mathbf{R}^{m^{(l)} \times m^{(l-1)}}$：表示第 $l-1$ 层到第 l 层的权重矩阵；

- $\boldsymbol{b}^{(l)} \in \mathbf{R}^{m^{(l)}}$：表示第 $l-1$ 层到第 l 层的偏置；
- $\boldsymbol{z}^{(l)} \in \mathbf{R}^{m^{(l)}}$：表示第 l 层神经元的净输入(净活性值)；
- $\boldsymbol{a}^{(l)} \in \mathbf{R}^{m^{(l)}}$：表示第 l 层神经元的输出(活性值)。

前馈神经网络通过下述公式进行信息传播：

$$\boldsymbol{z}^{(l)} = \boldsymbol{W}^{(l)} \cdot \boldsymbol{a}^{(l-1)} + \boldsymbol{b}^{(l)} \tag{8.11}$$

$$\boldsymbol{a}^{(l)} = f_l(\boldsymbol{z}^{(l)}) \tag{8.12}$$

式(8.11)和式(8.12)也可以合并写为

$$\boldsymbol{z}^{(l)} = \boldsymbol{W}^{(l)} \cdot f_{l-1}(\boldsymbol{z}^{(l-1)}) + \boldsymbol{b}^{(l)} \tag{8.13}$$

或者

$$\boldsymbol{a}^{(l)} = f_l(\boldsymbol{W}^{(l)} \cdot \boldsymbol{a}^{(l-1)} + \boldsymbol{b}^{(l)}) \tag{8.14}$$

这样，前馈神经网络可以通过逐层的信息传递，得到网络最后的输出 $\boldsymbol{a}^{(L)}$。整个网络可以看作一个复合函数 $\phi(\boldsymbol{x}; \boldsymbol{W}, \boldsymbol{b})$，将向量 $\boldsymbol{x}$ 作为第 1 层的输入 $\boldsymbol{a}^{(0)}$，将第 L 层的输出 $\boldsymbol{a}^{(L)}$ 作为整个函数的输出。

$$\boldsymbol{x} = \boldsymbol{a}^{(0)} \to \boldsymbol{z}^{(1)} \to \boldsymbol{a}^{(1)} \to \boldsymbol{z}^{(2)} \to \cdots \to \boldsymbol{a}^{(L-1)} \to \boldsymbol{z}^{(L)} \to \boldsymbol{a}^{(L)} = \phi(\boldsymbol{x}; \boldsymbol{W}, \boldsymbol{b}) \tag{8.15}$$

其中，$\boldsymbol{W}$、$\boldsymbol{b}$ 表示网络中所有层的连接权重和偏置。

8.2.2　反向传播算法

假设采用随机梯度下降进行神经网络参数学习，给定一个样本$(\boldsymbol{x}, \boldsymbol{y})$，将其输入到神经网络模型中，得到网络输出为 $\hat{\boldsymbol{y}}$。假设损失函数为 $L(\boldsymbol{y}, \hat{\boldsymbol{y}})$，要进行参数学习就需要计算损失函数关于每个参数的导数。这里使用向量或矩阵来表示多变量函数的偏导数，并使用分母布局表示。

不失一般性，对第 l 层中的参数 $\boldsymbol{W}^{(l)}$ 和 $\boldsymbol{b}^{(l)}$ 计算偏导数。因为$\dfrac{\partial L(\boldsymbol{y}, \hat{\boldsymbol{y}})}{\partial \boldsymbol{W}^{(l)}}$的计算涉及向量对矩阵的微分，十分繁琐，因此我们先计算 $L(\boldsymbol{y}, \hat{\boldsymbol{y}})$关于参数矩阵中每个元素的偏导数$\dfrac{\partial L(\boldsymbol{y}, \hat{\boldsymbol{y}})}{\partial w_{ij}^{(l)}}$，根据链式法则，有

$$\frac{\partial L(\boldsymbol{y}, \hat{\boldsymbol{y}})}{\partial w_{ij}^{(l)}} = \frac{\partial \boldsymbol{z}^{(l)}}{\partial w_{ij}^{(l)}} \frac{\partial L(\boldsymbol{y}, \hat{\boldsymbol{y}})}{\partial \boldsymbol{z}^{(l)}} \tag{8.16}$$

$$\frac{\partial L(\boldsymbol{y}, \hat{\boldsymbol{y}})}{\partial \boldsymbol{b}^{(l)}} = \frac{\partial \boldsymbol{z}^{(l)}}{\partial \boldsymbol{b}^{(l)}} \frac{\partial L(\boldsymbol{y}, \hat{\boldsymbol{y}})}{\partial \boldsymbol{z}^{(l)}} \tag{8.17}$$

式(8.16)和式(8.17)中的第二项都为目标函数关于第 l 层的神经元 $\boldsymbol{z}^{(l)}$ 的偏导数，称为误差项，可以通过一次计算得到。这样我们只需要计算 3 个偏导数，分别为$\dfrac{\partial \boldsymbol{z}^{(l)}}{\partial w_{ij}^{(l)}}$、$\dfrac{\partial \boldsymbol{z}^{(l)}}{\partial \boldsymbol{b}^{(l)}}$、$\dfrac{\partial L(\boldsymbol{y}, \hat{\boldsymbol{y}})}{\partial \boldsymbol{z}^{(l)}}$。

下面分别计算这 3 个偏导数。

(1) 计算偏导数$\dfrac{\partial \boldsymbol{z}^{(l)}}{\partial w_{ij}^{(l)}}$，因 $\boldsymbol{z}^{(l)} = \boldsymbol{W}^{(l)} \boldsymbol{a}^{(l-1)} + \boldsymbol{b}^{(l)}$，偏导数

$$\begin{aligned}\frac{\partial \boldsymbol{z}^{(l)}}{\partial w_{ij}^{(l)}} &= \left[\frac{\partial z_1^{(l)}}{\partial w_{ij}^{(l)}}, \cdots, \frac{\partial z_i^{(l)}}{\partial w_{ij}^{(l)}}, \cdots, \frac{\partial z_{m^{(l)}}^{(l)}}{\partial w_{ij}^{(l)}}\right] \\ &= \left[0, \cdots, \frac{\partial (\boldsymbol{w}_{i:}^{(l)} \boldsymbol{a}^{(l-1)} + b_i^{(l)})}{\partial w_{ij}^{(l)}}, \cdots, 0\right] \\ &= [0, \cdots, a_j^{(l-1)}, \cdots, 0] \\ &= \boldsymbol{I}_i(a_j^{(l-1)}) \in \mathbf{R}^{m^{(l)}}\end{aligned} \tag{8.18}$$

其中，$\boldsymbol{w}_{i:}^{(l)}$为权重矩阵$\boldsymbol{W}^{(l)}$的第 i 行，$\boldsymbol{I}_i(a_j^{(l-1)})$表示第 i 个元素为 $a_j^{(l-1)}$、其余元素为 0 的行向量。

(2) 计算偏导数$\dfrac{\partial \boldsymbol{z}^{(l)}}{\partial \boldsymbol{b}^{(l)}}$，因为 $\boldsymbol{z}^{(l)}$ 和 $\boldsymbol{b}^{(l)}$ 的函数关系为 $\boldsymbol{z}^{(l)} = \boldsymbol{W}^{(l)} \boldsymbol{a}^{(l-1)} + \boldsymbol{b}^{(l)}$，因此偏导数

$$\frac{\partial \boldsymbol{z}^{(l)}}{\partial \boldsymbol{b}^{(l)}} = \boldsymbol{I}_{m^{(l)}} \in \mathbf{R}^{m^{(l)} \times m^{(l)}} \tag{8.19}$$

为 $m^{(l)} \times m^{(l)}$ 的单位矩阵。

(3) 计算误差项$\dfrac{\partial L(\boldsymbol{y}, \hat{\boldsymbol{y}})}{\partial \boldsymbol{z}^{(l)}}$，我们用 $\delta^{(l)}$ 来定义第 l 层神经元的误差项，有

$$\delta^{(l)} = \frac{\partial L(\boldsymbol{y}, \hat{\boldsymbol{y}})}{\partial \boldsymbol{z}^{(l)}} \in \mathbf{R}^{m^{(l)}} \tag{8.20}$$

误差项 $\delta^{(l)}$ 用来表示第 l 层神经元对最终损失的影响，也反映了最终损失对第 l 层神经元的敏感程度。误差项也间接反映了不同神经元对网络能力的贡献程度，从而较好地解决"贡献度分配问题"。

根据 $\boldsymbol{z}^{(l+1)} = \boldsymbol{W}^{(l+1)} \boldsymbol{a}^{(l)} + \boldsymbol{b}^{(l+1)}$，有

$$\frac{\partial \boldsymbol{z}^{(l+1)}}{\partial \boldsymbol{a}^{(l)}} = (\boldsymbol{W}^{(l+1)})^{\mathrm{T}} \tag{8.21}$$

根据 $\boldsymbol{a}^{(l)} = f_l(\boldsymbol{z}^{(l)})$，$f_l(\cdot)$为按位计算的函数，因此有

$$\frac{\partial \boldsymbol{a}^{(l)}}{\partial \boldsymbol{z}^{(l)}} = \frac{\partial f_l(\boldsymbol{z}^{(l)})}{\partial \boldsymbol{z}^{(l)}} = \mathrm{diag}(f_l'(\boldsymbol{z}^{(l)})) \tag{8.22}$$

因此，根据链式法则，第 l 层的误差项为

$$\begin{aligned}\delta^{(l)} &= \frac{\partial L(\boldsymbol{y}, \hat{\boldsymbol{y}})}{\partial \boldsymbol{z}^{(l)}} \\ &= \frac{\partial \boldsymbol{a}^{(l)}}{\partial \boldsymbol{z}^{(l)}} \cdot \frac{\partial \boldsymbol{z}^{(l+1)}}{\partial \boldsymbol{a}^{(l)}} \cdot \frac{\partial L(\boldsymbol{y}, \hat{\boldsymbol{y}})}{\partial \boldsymbol{z}^{(l+1)}} \\ &= \mathrm{diag}(f_l'(\boldsymbol{z}^{(l)})) \cdot (\boldsymbol{W}^{(l+1)})^{\mathrm{T}} \cdot \delta^{(l+1)} \\ &= f_l'(\boldsymbol{z}^{(l)}) \odot ((\boldsymbol{W}^{(l+1)})^{\mathrm{T}} \delta^{(l+1)})\end{aligned} \tag{8.23}$$

其中，$\odot$是向量的点积运算符，表示每个元素相乘。

从公式(8.23)可以看出，第 l 层的误差项可以通过 $l+1$ 层的误差项计算得到，这就是误差的反向传播。反向传播算法的含义是：第 l 层的一个神经元的误差项(或敏感性，其为所有与该神经元相连的第 $l+1$ 层的神经元的误差项的权重和)乘以该神经元激活函数的梯度。

在计算出上面 3 个偏导数之后，公式(8.16)可以写为

$$\frac{\partial L(\boldsymbol{y},\hat{\boldsymbol{y}})}{\partial w_{ij}^{(l)}}=\boldsymbol{I}_i(a_j^{(l-1)})\delta^{(l)}=\delta_i^{(l)}\delta_j^{(l-1)} \tag{8.24}$$

进一步，$L(\boldsymbol{y},\hat{\boldsymbol{y}})$关于第$l$层权重$\boldsymbol{W}^{(l)}$的梯度为

$$\frac{\partial L(\boldsymbol{y},\hat{\boldsymbol{y}})}{\partial \boldsymbol{W}^{(l)}}=\delta^{(l)}(\boldsymbol{a}^{(l-1)})^{\mathrm{T}} \tag{8.25}$$

同理，$L(\boldsymbol{y},\hat{\boldsymbol{y}})$关于第$l$层偏置$\boldsymbol{b}^{(l)}$的梯度为

$$\frac{\partial L(\boldsymbol{y},\hat{\boldsymbol{y}})}{\partial \boldsymbol{b}^{(l)}}=\delta^{(l)} \tag{8.26}$$

在计算出每一层的误差项之后，我们就可以得到每一层参数的梯度。因此，基于误差反向传播算法(Back Propagation，BP)的前馈神经网络训练过程可以分为以下三步：

(1) 前馈计算每一层的净输入$\boldsymbol{z}^{(l)}$和激活值$\boldsymbol{a}^{(l)}$，直到最后一层；

(2) 反向传播计算每一层的误差项$\delta^{(l)}$；

(3) 计算每一层参数的偏导数，并更新参数。

反向传播算法程序8.1如下所示。

```
1   #程序8.1 反向传播算法的实现
2   import numpy as np
3   from matplotlib import pyplot as plt
4   def sigmoid(x):      #定义激活函数为Sigmoid函数
5       return 1/(1+np.exp(-1*x))
6   class DenseLayer:      #设计全连接层类
7       def_init_(self, units, activation=sigmoid, learning_rate=0.3, is_input_layer=False):
8           self.units=units
9           self.weight=None
10          self.bias=None
11          self.activation=activation
12          self.learn_rate=learning_rate
13          self.is_input_layer=is_input_layer
14      def initializer(self, back_units):
15          #用正态分布初始化权值矩阵
16          self.weight=np.asmatrix(np.random.normal(0, 0.5, (self.units, back_units)))
17          self.bias=np.asmatrix(np.random.normal(0, 0.5, self.units)).T   #初始化偏置矩阵
18          self.activation=sigmoid
19      def cal_gradient(self):
20          gradient_mat=np.dot(self.output, (1 - self.output).T)
21          gradient_activation=np.diag(np.diag(gradient_mat))
22          return gradient_activation
23      def forward_propagation(self, xdata):
24          self.xdata=xdata
25          if self.is_input_layer:
26              self.wx_plus_b=xdata
27              self.output=xdata
```

```
28                  return xdata
29              else:
30                  self.wx_plus_b=np.dot(self.weight, self.xdata) - self.bias
31                  self.output=self.activation(self.wx_plus_b)
32                  return self.output
33          def back_propagation(self, gradient):
34              gradient_activation=self.cal_gradient()
35              gradient=np.asmatrix(np.dot(gradient.T, gradient_activation))
36              self._gradient_weight=np.asmatrix(self.xdata)
37              self._gradient_bias=-1
38              self._gradient_x=self.weight
39              self.gradient_weight=np.dot(gradient.T, self._gradient_weight.T)
40              self.gradient_bias=gradient * self._gradient_bias
41              self.gradient=np.dot(gradient, self._gradient_x).T
42              self.weight=self.weight - self.learn_rate * self.gradient_weight
43              self.bias=self.bias - self.learn_rate * self.gradient_bias.T
44              return self.gradient
45
46      class BPNN:
47          def __init__(self):
48              self.layers=[]
49              self.train_mse=[]
50              self.fig_loss=plt.figure()
51              self.ax_loss=self.fig_loss.add_subplot(1, 1, 1)
52          def add_layer(self, layer):
53              self.layers.append(layer)
54          def build(self):
55              for i, layer in enumerate(self.layers[:]):
56                  if i < 1:
57                      layer.is_input_layer=True
58                  else:
59                      layer.initializer(self.layers[i - 1].units)
60          def summary(self):
61              for i, layer in enumerate(self.layers[:]):
62                  print("-------- layer %d --------" % (i+1))
63                  print("权值矩阵大小 ", np.shape(layer.weight))
64                  print("偏置大小 ", np.shape(layer.bias))
65          def train(self, xdata, ydata, train_round, accuracy):
66              self.train_round=train_round
67              self.accuracy=accuracy
68              self.ax_loss.hlines(self.accuracy, 0, self.train_round * 1.1)
69              x_shape=np.shape(xdata)
70              for round_i in range(train_round):
```

```
71                  all_loss=0
72                  for row in range(x_shape[0]):
73                      _xdata=np.asmatrix(xdata[row, :]).T
74                      _ydata=np.asmatrix(ydata[row, :]).T
75                      for layer in self.layers:
76                          _xdata=layer.forward_propagation(_xdata)
77                      loss, gradient=self.cal_loss(_ydata, _xdata)
78                      all_loss=all_loss + loss
79                      for layer in self.layers[:0:-1]:
80                          gradient=layer.back_propagation(gradient)
81                  mse=all_loss / x_shape[0]
82                  self.train_mse.append(mse)
83                  self.plot_loss()
84          def cal_loss(self, ydata, ydata_):
85              self.loss=np.sum(np.power((ydata - ydata_), 2))
86              self.loss_gradient=2 * (ydata_ - ydata)
87              return self.loss, self.loss_gradient
88          def plot_loss(self):
89              self.ax_loss.plot(self.train_mse, "r-")
90              plt.ion()
91              plt.rcParams['font.sans-serif']=['STSong']
92              plt.xlabel("迭代次数")
93              plt.ylabel("损失值")
94              plt.show()
95              plt.pause(0.1)
96
97  x=np.random.randn(4, 10)      #输入为4个10维的向量,输出是一个二维的向量,
98                                 该向量可以看作是二类分类问题的每个类别的概率
99  y=np.asarray([[0.8, 0.4],[0.4, 0.3],[0.34, 0.45],[0.67, 0.32],])
100 model=BPNN()
101 for i in (10, 20, 30, 2):     #设计4层神经网络,每层神经元个数分别为10、20、30和2
102     model.add_layer(DenseLayer(i))
103 model.build()
104 model.summary()
105 model.train(xdata=x, ydata=y, train_round=100, accuracy=0.01)
106 # print(model.train_mse)
```

输出:

```
———————— layer1 ————————
权值矩阵大小 ()
偏置大小 ()
———————— layer2 ————————
权值矩阵大小 (20, 10)
偏置大小 (20, 1)
```

```
———————— layer3 ————————
权值矩阵大小 （30，20）
偏置大小 （30，1）
———————— layer4 ————————
权值矩阵大小 （2，30）
偏置大小 （2，1）
```

程序 8.1 实现了误差的反向传播算法。程序第 4 行定义了 Sigmoid 激活函数，接下来从第 6 行到第 44 行定义了全连接层类 DenseLayer，在类中有两个重要的函数 forward_propagation()和 back_propagation()，它们分别计算每一层的输出和当前层的权值矩阵（根据后一层梯度）。从第 46 行到第 95 行定义了一个反向神经网络类，主要是构造神经网络模型，模型的每一层都是 DenseLayer 类的一个对象。因此，模型中的每一层都具备前向计算输出，即可以根据计算输出和实际输出的差值，反向更新每一层的连接权值。

程序运行过程中，打印每一层的连接权值矩阵的大小和偏置大小。输入层（第一层）有 10 个神经元，但是没有连接权值和偏置；从第二层开始才有权值矩阵，第二层有 20 个神经元，权值矩阵有 20 行 10 列，偏置有 20 个；第三层有 30 个神经元，权值矩阵有 30 行 20 列，偏置有 30 个；最后一层只有 2 个神经元。因此，权值矩阵有 2 行 30 列，偏置有 2 个。

程序设置了训练 100 次，随着训练次数的增大，损失值也在不断降低。图 8.14 是训练过程中的损失值曲线。从图中可以看出，损失值最终会接近 0，也就是训练样本集中的 4 个样本最终会通过一组权值完全映射到输出值。

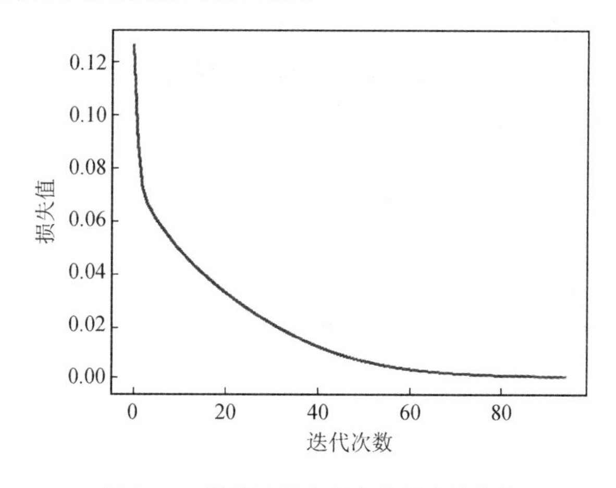

图 8.14　训练过程中每次的损失值曲线

8.2.3　单神经元自适应控制算法

单神经元自适应控制的结构如图 8.15 所示。输入指令序列为 $r(k)$，输出指令序列为 $y(k)$。单神经元自适应控制器通过对权值的调整实现自适应、自组织功能，其控制算法为

$$u(k)=u(k-1)+K\sum_{i=1}^{3}w_i(k)x_i(k) \tag{8.27}$$

如果权值的调整按有监督的 Hebb 学习规则实现，在学习算法中加入监督项 $z(k)$，则神经网络权值学习算法为

$$\begin{cases} w_1(k)=w_1(k-1)+\eta z(k)u(k)x_1(k) \\ w_2(k)=w_2(k-1)+\eta z(k)u(k)x_2(k) \\ w_3(k)=w_3(k-1)+\eta z(k)u(k)x_3(k) \end{cases} \tag{8.28}$$

式中，$z(k)=e(k)$，$x_1(k)=e(k)$，$x_2(k)=e(k)-e(k-1)$，$x_3(k)=\Delta^2 e(k)=e(k)-2e(k-1)+e(k-2)$。$\eta$ 为学习率，$\eta\in(0,1)$，K 为神经元的比例系数，$K>0$。

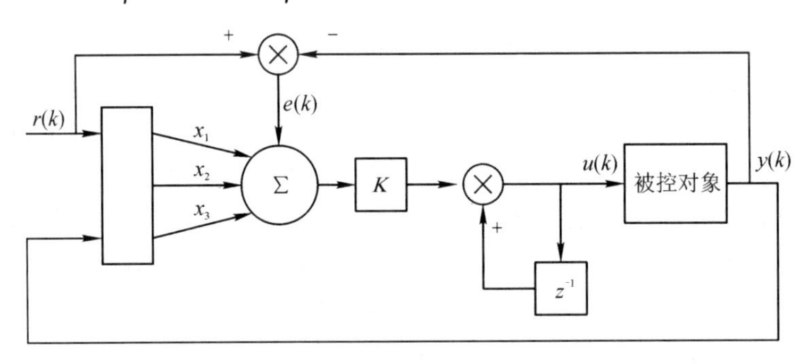

图 8.15　单神经元自适应控制的结构

K 值的选择非常重要，K 值越大，则快速性越好，但导致超调量大，甚至可能使系统不稳定。当被控对象时延增大时，K 值必须减小，以保证系统稳定，但选择较小的 K 值，会使系统的快速性变差。

程序 8.2 为单神经元自适应控制算法的实现程序。程序中的被控对象为

$$y(k)=0.568y(k-1)+0.16y(k-2)+0.2u(k-1)+0.432u(k-2)$$

输入指令为一方波信号 $r(k)=0.5\text{sgn}(\sin(4\pi t)$，采样时间 1 ms，采用有监督的Hebb学习规则实现权值的学习，初始权值取 $\boldsymbol{W}=[w_1\quad w_2\quad w_3]=[0.1\quad 0.1\quad 0.1]$，$\eta=0.4$，$K=0.12$。

```
1   #程序 8.2  单神经元自适应控制算法
2   import numpy as np
3   import matplotlib.pyplot as plt
4   plt.rcParams['font.sans-serif']=['STSong']
5   x=[0,0,0]
6   eta=0.4
7   w1_1,w2_1,w3_1=0.1,0.1,0.1
8   e_1,e_2=0,0
9   y_1,y_2=0,0
10  u_1,u_2=0,0
11  ts=0.001
12  time,r,y,e,w1,w2,w3,u=np.zeros(1000),np.zeros(1000),np.zeros(1000),np.zeros(1000),
13  np.zeros(1000),np.zeros(1000),np.zeros(1000),np.zeros(1000)
14  for k in range(1,1000):
15      time[k]=k * ts
16      r[k]=0.5 * np.sgn(np.sin(2 * 2 * np.pi * k * ts))
17      y[k]=0.568 * y_1 + 0.16 * y_2 + 0.2 * u_1 + 0.432 * u_2
18      e[k]=r[k] - y[k]
```

```
19          w1[k]=w1_1 + eta * e[k] * u_1 * x[0]
20          w2[k]=w2_1 + eta * e[k] * u_1 * x[1]
21          w3[k]=w3_1 + eta * e[k] * u_1 * x[2]
22          K=0.12
23          x[0]=e[k] - e_1
24          x[1]=e[k]
25          x[2]=e[k] - 2 * e_1 + e_2
26          w=[w1[k], w2[k], w3[k]];
27          u[k]=u_1 + K * np.matmul(w,x)
28          e_2=e_1
29          e_1=e[k]
30          u_2=u_1
31          u_1=u[k]
32          y_2=y_1
33          y_1=y[k]
34          w1_1=w1[k]
35          w2_1=w2[k]
36          w3_1=w3[k]
37      plt.subplot(221)
38      plt.plot(time,r,'b',time,y,'r')
39      plt.xlabel('时间(s)')
40      plt.ylabel('位置跟踪')
41      plt.title('基于 Hebb 学习规则的位置跟踪')
42      plt.subplot(222)
43      plt.plot(time,w1,'r')
44      plt.xlabel('时间(s)')
45      plt.ylabel('w1')
46      plt.title('权值 w1 的变化')
47      plt.subplot(223)
48      plt.plot(time,w2,'r')
49      plt.xlabel('时间(s)')
50      plt.ylabel('w2')
51      plt.title('权值 w2 的变化')
52      plt.subplot(224)
53      plt.plot(time,w3,'r')
54      plt.xlabel('时间(s)')
55      plt.ylabel('w3')
56      plt.title('权值 w3 的变化')
57      plt.plot()
58      plt.show()
```

程序 8.2 实现了单神经元自适应控制算法。第 16 行就是当前时间输入的方波信号，第 17 行为被控对象的输出，第 18 行为输入与被控对象输出之间的误差，也是控制算法中的监督项，使得输出在监督项的指导下快速逼近输入指令，第 19～21 行即为 Hebb 学习规则，逐步更新权值，这些是算法的核心。程序输出如图 8.16 所示，基于 Hebb 规则的位置跟踪曲线显示，经过单神经元网络自适应控制之后被控对象能够逼近输入的指令。权值 w_1、w_2、w_3 的变化曲线反映了神经网络的学习过程。

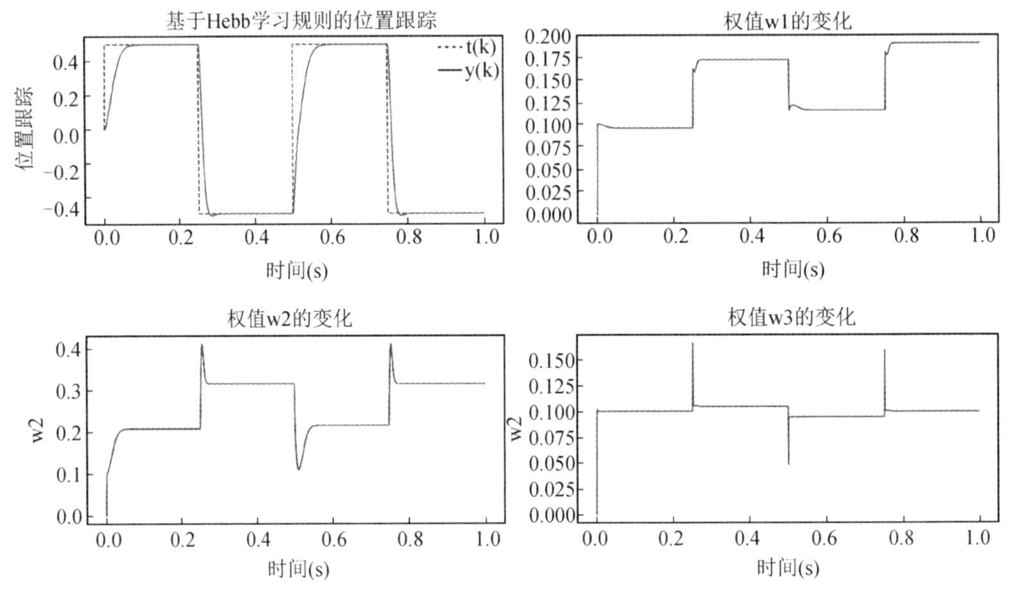

图 8.16　单神经元自适应控制程序输出的位置跟踪和权值变化

8.3　卷积神经网络

卷积神经网络(Convolutional Neural Network，CNN 或 ConvNet)是一种具有局部连接、权重共享等特性的深层前馈神经网络。卷积神经网络最早主要用来处理图像信息。如果用全连接前馈网络来处理图像，会存在以下两个问题。

1）参数太多

如果输入图像大小为 100×100×3(即图像高度为 100，宽度为 100，3 个颜色通道：RGB)。在全连接前馈网络中，第一个隐藏层的每个神经元到输入层都有 100×100×3＝30 000 个互相独立的连接，每个连接都对应一个权重参数。随着隐藏层神经元数量的增多，参数的规模也会急剧增加。这会导致整个神经网络的训练效率非常低，也很容易出现过拟合。

2）局部不变性

自然图像中的物体都具有局部不变性特征，比如尺度缩放、平移、旋转等操作不影响其语义信息。而全连接前馈网络很难提取这些局部不变性特征，一般需要通过数据增强提高性能。

卷积神经网络是受生物学上感受野的机制而提出的。感受野(Receptive Field)主要是指听觉、视觉等神经系统中一些神经元的特性，即神经元只接收其所支配的刺激区域内的信号。在视觉神经系统中，视觉皮层中的神经细胞的输出依赖于视网膜上的光感受器。视网膜上的光感受器受刺激兴奋时，将神经冲动信号传到视觉皮层，但不是所有视觉皮层中的神经元都会接收这些信号。一个神经元的感受野是指视网膜上的特定区域，只有这个区域内受到刺激才能够激活该神经元。

目前的卷积神经网络一般是由卷积层、汇聚层和全连接层交叉堆叠而成的前馈神经网络，使用反向传播算法进行训练。全连接层一般在卷积网络的最顶层。

卷积神经网络有三个结构上的特性：局部连接、权重共享和汇聚。这些特性使得卷积神经网络具有一定程度上的平移、缩放和旋转不变性。和前馈神经网络相比，卷积神经网络的参数更少。卷积神经网络主要用于图像和视频分析等各种任务，比如图像分类、人脸识别、物体识别、图像分割等，其准确率一般远远超出其他的神经网络模型。近年来卷积神经网络也广泛地应用到自然语言处理、推荐系统等领域。

8.3.1 卷积

卷积(Convolution)，也叫褶积，是分析数学中一种重要的运算。在信号处理或图像处理中，经常使用一维卷积或二维卷积。

1) 一维卷积

一维卷积经常用在信号处理中，用于计算信号的延迟累积。假设一个信号发生器每个时刻 t 产生一个信号 x_t，其信息的衰减率为 w_k，即在 $k-1$ 个时间步长后，信息为原来的 w_k 倍。假设 $w_1=1$，$w_2=1/2$，$w_3=1/4$，那么在时刻 t 收到的信号 y_t 为当前时刻产生的信息和以前时刻延迟信息的叠加，有

$$\begin{aligned} y_t &= 1\times x_t + \frac{1}{2}\times x_{t-1} + \frac{1}{4}\times x_{t-2} = w_1\times x_t + w_2\times x_{t-1} + w_3\times x_{t-2} \\ &= \sum_{k=1}^{3} w_k \times x_{t-k+1} \end{aligned} \tag{8.29}$$

我们把 w_1，w_2，…称为滤波器(Filter)或卷积核(Convolution Kernel)。假设滤波器长度为 m，它和一个信号序列 x_1，x_2，…的卷积为

$$y_t = \sum_{k=1}^{m} w_k \times x_{t-k+1} \tag{8.30}$$

信号序列 $\boldsymbol{x}$ 和滤波器 $\boldsymbol{w}$ 的卷积定义为

$$\boldsymbol{y} = \boldsymbol{w} \otimes \boldsymbol{x} \tag{8.31}$$

其中，$\otimes$表示卷积运算。

一般情况下滤波器的长度 m 远小于信号序列长度 n。当滤波器 $w_k=1/m$，$1\leqslant k\leqslant m$ 时，卷积相当于信号序列的简单移动平均(窗口大小为 m)。图 8.17 给出了一维卷积示例。滤波器为[−1，0，1]，连接边上的数字为滤波器中的权重。移动平均(Moving Average, MA)是在分析时间序列数据时的一种简单平滑技术，能有效地消除数据中的随机波动。移动平均可以看作是一种卷积。

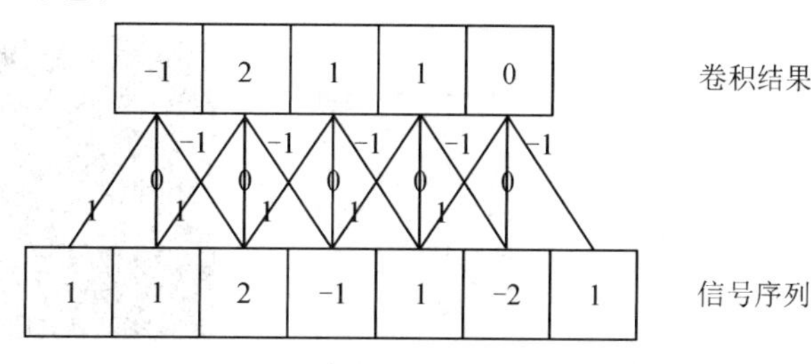

图 8.17 一维卷积示例(滤波器为[−1，0，1])

2）二维卷积

卷积也经常用在图像处理中。因为图像为一个二维结构，所以需要将一维卷积进行扩展。给定一个图像 $\boldsymbol{X}\in\mathbf{R}^{M\times N}$，和滤波器 $\boldsymbol{W}\in\mathbf{R}^{m\times n}$，一般 $m\ll M$，$n\ll N$，其卷积为

$$y_{ij}=\sum_{u=1}^{m}\sum_{v=1}^{n}w_{uv}\cdot x_{i-u+1,\,j-v+1} \tag{8.32}$$

图 8.18 给出了二维卷积示例。

1	1	1 ×-1	1 ×0	1 ×0
-1	0	-3 ×0	0 ×0	1 ×0
2	1	1 ×0	-1 ×0	0 ×1
0	-1	1	2	1
1	2	1	1	1

⊗

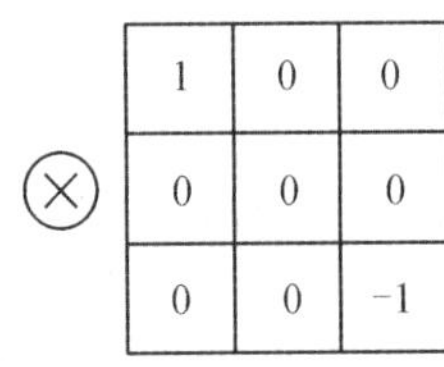

=

0	-2	-1
2	2	4
-1	0	0

图 8.18　二维卷积示例

常用的均值滤波(Mean Filter)指将当前位置的像素值设为滤波器窗口中所有像素的平均值，也就是 $ww_{uv}=1/mn$。在图像处理中，卷积经常作为特征提取的有效方法。一幅图像在经过卷积操作后得到结果称为特征映射(Feature Mapping)。图 8.19 给出了几种常用的滤波器，以及对应的特征映射。在图 8.19 中最上面的滤波器是常用的高斯滤波器，可以用来对图像进行平滑去噪；中间和下面的滤波器可以用来提取边缘特征。左边是原始图像，中间是滤波器，右边是输出特征图像。

图 8.19　图像处理中常用的滤波器的效果

在机器学习和图像处理领域，卷积的主要功能是在一个图像(或某种特征)上滑动一个卷积核(即滤波器)，通过卷积操作得到一组新的特征。在计算卷积的过程中，需要进行卷积核翻转。在具体实现上，一般会以互相关操作来代替卷积，从而会减少一些不必要的操作或开销。互相关(Cross-Correlation)是一个衡量两个序列相关性的函数，通常是用滑动窗口的点积计算来实现的。互相关和卷积的区别仅仅在于卷积核是否进行翻转。因此互相关也可以称为不翻转卷积。在神经网络中使用卷积是为了进行特征抽取，卷积核是否进行翻转和其特征抽取的能力无关。特别地，当卷积核是可学习的参数时，卷积和互相关是等价的。因此，为了实现上(或描述上)的方便起见，我们用互相关来代替卷积，很多深度学习工具中卷积操作其实都是互相关操作。

8.3.2　用卷积代替全连接

在全连接前馈神经网络中，如果第 l 层有 $n^{(l)}$ 个神经元，第 $l-1$ 层有 $n^{(l-1)}$ 个神经元，连接边有 $n^{(l)}\times n^{(l-1)}$ 个，也就是权重矩阵有 $n^{(l)}\times n^{(l-1)}$ 个参数。当 $n^{(l)}$ 和 $n^{(l-1)}$ 都很大时，权重矩阵的参数非常多，训练的效率会非常低。

如果采用卷积来代替全连接，全连接层示意图如 8.14(a)所示。第 l 层的净输入 $\boldsymbol{z}^{(l)}$ 为第 $l-1$ 层活性值 $\boldsymbol{a}^{(l-1)}$ 和滤波器 $\boldsymbol{w}^{(l)}\in\mathbf{R}^m$ 的卷积，即

$$\boldsymbol{z}^{(l)}=\boldsymbol{w}^{(l)}\otimes\boldsymbol{a}^{(l-1)}+b^{(l)}\tag{8.33}$$

其中，滤波器 $\boldsymbol{w}^{(l)}$ 为可学习的权重向量，$b^{(l)}\in\mathbf{R}$ 为可学习的偏置。

根据卷积的定义，卷积层有两个很重要的性质。

1) 局部连接

在卷积层(假设是第 l 层)中的每一个神经元都只和下一层(第 $l-1$ 层)中某个局部窗口内的神经元相连，构成一个局部连接网络。如图 8.20(b)所示，卷积层和下一层之间的连接数大大减少，由原来的 $n^{(l)}\times n^{(l-1)}$ 个连接变为 $n^{(l)}\times m$ 个连接，m 为滤波器大小。

2) 权重共享

从公式(8.33)可以看出，作为参数的滤波器 $\boldsymbol{w}^{(l)}$ 对于第 l 层的所有的神经元都是相同的。如图 8.20(b)中，所有的相同线型连接上的权重是相同的。

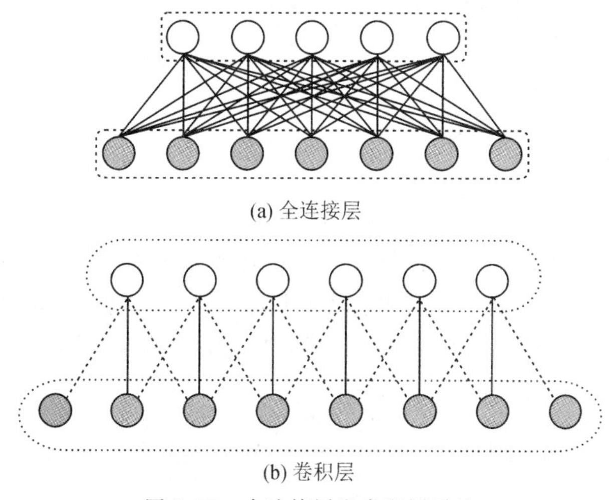

(a) 全连接层

(b) 卷积层

图 8.20　全连接层和卷积层对比

由于局部连接和权重共享，卷积层的参数只有一个 m 维的权重 $\boldsymbol{w}^{(l)}$ 和 1 维的偏置 $b^{(l)}$，共 $m+1$ 个参数。参数个数和神经元的数量无关。此外，第 l 层的神经元个数不是任意选择的，而是满足 $n^{(l)}=n^{(l-1)}-m+1$。

8.3.3 卷积层

卷积层的作用是提取一个局部区域的特征，不同的卷积核相当于不同的特征提取器。上一节中描述的卷积层的神经元和全连接网络一样，都是一维结构。既然卷积网络主要应用在图像处理上，而图像为两维结构，因此为了更充分地利用图像的局部信息，通常将神经元组织为三维结构的神经层，其大小为高度 $M\times$ 宽度 $N\times$ 深度 D，由 D 个 $M\times N$ 大小的特征映射构成。

特征映射指一幅图像或其他特征映射经过卷积提取到的特征，每个特征映射可以作为一类抽取的图像特征。为了提高卷积网络的表示能力，可以在每一层使用多个不同的特征映射，以更好地表示图像的特征。

在输入层，特征映射就是图像本身。如果是灰度图像，就有一个特征映射，深度 $D=1$；如果是彩色图像，分别有 RGB 三个颜色通道的特征映射，输入层深度 $D=3$。不失一般性，假设一个卷积层的结构如下：

- 输入特征映射组：$\boldsymbol{X}\in\mathbf{R}^{M\times N\times D}$ 为三维张量(Tensor)，其中每个切片(Slice)矩阵 $\boldsymbol{X}^d\in\mathbf{R}^{M\times N}$ 为一个输入特征映射，$1\leqslant d\leqslant D$；
- 输出特征映射组：$\boldsymbol{Y}\in\mathbf{R}^{M'\times N'\times P}$ 为三维张量，其中每个切片矩阵 $\boldsymbol{Y}^p\in\mathbf{R}^{M'\times N'}$，其为一个输出特征映射，$1\leqslant p\leqslant P$；
- 卷积核：$\boldsymbol{W}\in\mathbf{R}^{m\times n\times D\times P}$ 为四维张量，其中每个切片矩阵 $\boldsymbol{W}^{p,d}\in\mathbf{R}^{m\times n}$，其为一个二维卷积核，$1\leqslant d\leqslant D$，$1\leqslant p\leqslant P$。图 8.21 给出卷积层的三维结构表示。

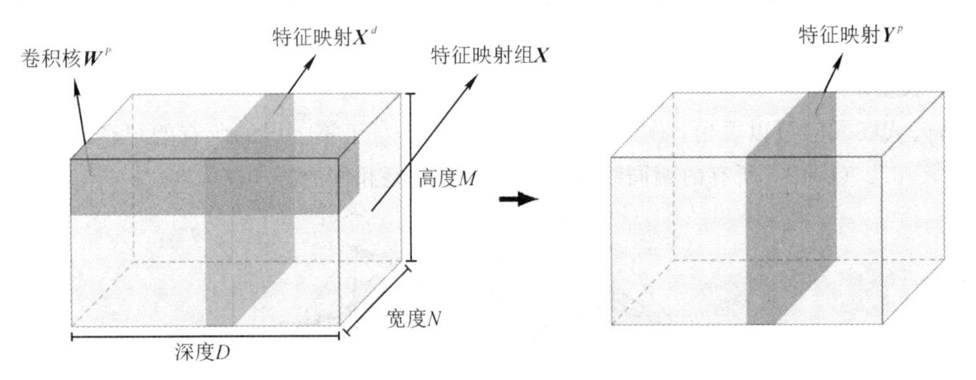

图 8.21 卷积层的三维结构表示

为了计算输出特征映射 $\boldsymbol{Y}^p$，用卷积核 $W^{p,1}$，$W^{p,2}$，$\cdots W^{p,D}$ 分别对输入特征映射 $\boldsymbol{X}^1$，$\boldsymbol{X}^2$，…，$\boldsymbol{X}^D$ 进行卷积，然后将卷积结果相加，并加上一个标量偏置 b 得到卷积层的净输入 $\boldsymbol{Z}^p$，再经过非线性激活函数后得到输出特征映射 $\boldsymbol{Y}^p$。这里净输入是指没有经过非线性激活函数的净活性值(Net Activation)。

$$\boldsymbol{Z}^p=\boldsymbol{W}^p\otimes\boldsymbol{X}+b^p=\sum_{d=1}^{D}\boldsymbol{W}^{p,d}\otimes\boldsymbol{X}^d+b^p \tag{8.34}$$

$$\boldsymbol{Y}^p=f(\boldsymbol{Z}^p) \tag{8.35}$$

其中，$\boldsymbol{W}^p \in \mathbf{R}^{m\times n\times D}$ 为三维卷积核，$f(\cdot)$为非线性激活函数，一般用 ReLU 函数。整个计算过程如图 8.22 所示。如果希望卷积层输出 P 个特征映射，可以将上述计算机过程重复 P 次，得到 P 个输出特征映射 $\boldsymbol{Y}^1, \boldsymbol{Y}^2, \cdots, \boldsymbol{Y}^p$。

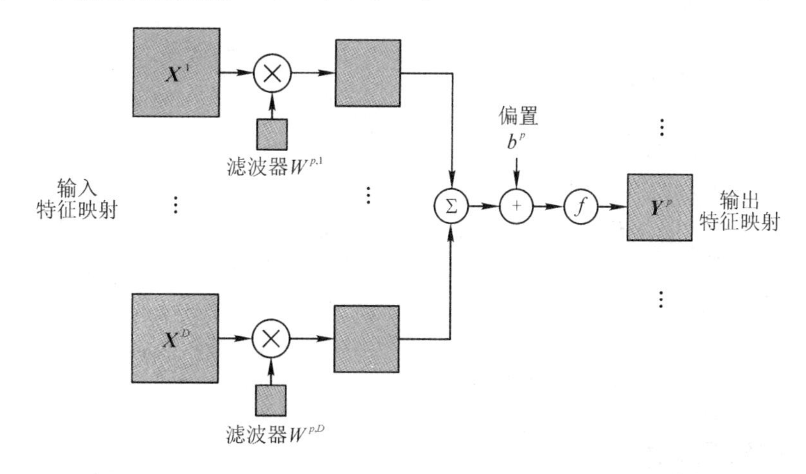

图 8.22 卷积层中从输入特征映射组 $\boldsymbol{X}$ 到输出特征映射 $\boldsymbol{Y}^p$ 的计算示例

在输入为 $\boldsymbol{X}\in \mathbf{R}^{M\times N\times D}$，输出为 $\boldsymbol{Y}\in \mathbf{R}^{M'\times N'\times P}$ 的卷积层中，每一个输出特征映射都需要 D 个滤波器以及一个偏置。假设每个滤波器的大小为 $m\times n$，那么共需要 $P\times D\times(m\times n)+P$ 个参数。

8.3.4 汇聚层

汇聚层(Pooling Layer)也叫子采样层(Subsampling Layer)，其作用是进行特征选择，降低特征数量，从而减少参数数量。

卷积层虽然可以显著减少网络中连接的数量，但特征映射组中的神经元个数并没有显著减少。如果后面接一个分类器，分类器的输入维数依然很高，很容易出现过拟合。为了解决这个问题，可以在卷积层之后加上一个汇聚层，从而降低特征维数，避免过拟合，当然减少特征维数也可以通过增加卷积步长实现。

假设汇聚层的输入特征映射组为 $\boldsymbol{X}\in \mathbf{R}^{M\times N\times D}$，对于其中每一个特征映射 $\boldsymbol{X}^d$，将其划分为很多区域 $\mathbf{R}^d_{m,n}$，$1\leqslant m\leqslant M'$，$1\leqslant n\leqslant N'$，这些区域可以重叠，也可以不重叠。汇聚(Pooling)是指对每个区域进行下采样(Down Sampling)得到一个值，作为这个区域的概括。

常用的汇聚函数有两种。

① 最大汇聚(Maximum Pooling)：一般是取一个区域内所有神经元的最大值。

$$Y^d_{m,n} = \max_{i\in \mathbf{R}^d_{m,n}} x_i \tag{8.36}$$

其中，x_i 为区域 $\mathbf{R}^d_k$ 内每个神经元的激活值。

② 平均汇聚(Mean Pooling)：一般是取区域内所有神经元的平均值。

$$Y^d_{m,n} = \frac{1}{|\mathbf{R}^d_{m,n}|}\sum_{i\in \mathbf{R}^d_{m,n}} x_i \tag{8.37}$$

对每一个输入特征映射 $\boldsymbol{X}^d$ 的 $M'\times N'$个区域进行子采样，得到汇聚层的输出特征映射

$\boldsymbol{Y}^d=\{Y^d_{m,n}\}$，$1\leqslant m\leqslant M'$，$1\leqslant n\leqslant N'$。

图 8.23 给出了采样最大汇聚进行子采样操作的示例。可以看出，汇聚层不但可以有效减少神经元的数量，还可以使得网络对一些小的局部形态改变保持不变性，并拥有更大的感受野。

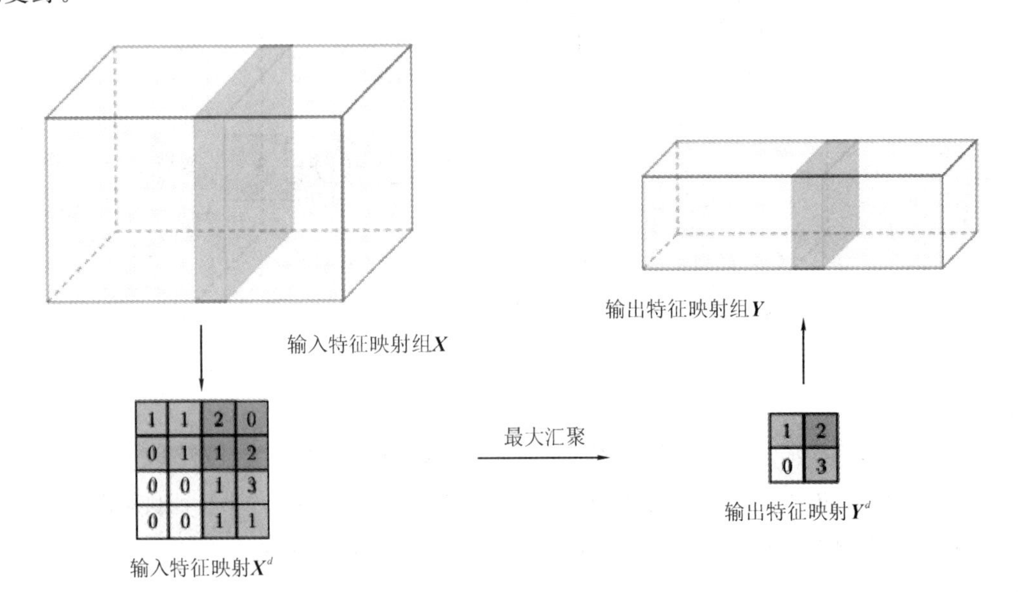

图 8.23 汇聚层中最大汇聚过程示例

目前主流的卷积网络中，汇聚层仅包含下采样操作。但在早期的一些卷积网络(比如 LeNet-5)中，有时也会在汇聚层使用非线性激活函数，比如

$$\boldsymbol{Y}'^d=f(w^d\cdot\boldsymbol{Y}^d+b^d) \tag{8.38}$$

其中，$\boldsymbol{Y}'^d$ 为汇聚层的输出，$f(\cdot)$为非线性激活函数，w^d 和 b^d 为可学习的标量权重和偏置。

典型的汇聚层是将每个特征映射划分为 2×2 大小的不重叠区域，然后使用最大汇聚的方式进行下采样。汇聚层也可以看作一个特殊的卷积层，卷积核大小为 $m\times m$，步长为 $s\times s$，卷积核为 max 函数或 mean 函数。过大的采样区域会急剧减少神经元的数量，会造成过多的信息损失。

8.3.5 参数学习

在卷积网络中，参数为卷积核中的权重以及偏置。与全连接前馈网络类似，卷积网络也可以通过误差反向传播算法进行参数学习。在全连接前馈神经网络中，主要通过每一层的误差项 δ 进行梯度反向传播，并进一步计算每层参数的梯度。

在卷积神经网络中，主要有两种不同功能的神经层：卷积层和汇聚层。而参数为卷积核以及偏置，因此只需要计算卷积层中参数的梯度。这里假设汇聚层中没有参数。

不失一般性，令第 l 层为卷积层，第 $l-1$ 层的输入特征映射为 $\boldsymbol{X}^{(l-1)}\in\mathbf{R}^{M\times N\times D}$，通过卷积计算得到第 l 层的特征映射净输入 $\boldsymbol{Z}^{(l)}\in\mathbf{R}^{M'\times N'\times P}$。第 l 层的第 $p(1\leqslant p\leqslant P)$个特征映射净输入为

$$\boldsymbol{Z}^{(l,p)}=\sum_{d=1}^{D}W^{(l,p,d)}\otimes X^{(l-1,d)}+b^{(l,p)} \tag{8.39}$$

其中，$W^{(l,p,d)}$和$b^{(l,p)}$为卷积核以及偏置。第l层中共有$P\times D$个卷积核和P个偏置，可以分别使用链式法则来计算其梯度。

根据卷积的数学性质和式(8.39)，损失函数关于第l层的卷积核$W^{(l,p,d)}$的偏导数为

$$\begin{aligned}\frac{\partial L(Y,\hat{Y})}{\partial W^{(l,p,d)}}&=\frac{\partial L(Y,\hat{Y})}{\partial \boldsymbol{Z}^{(l,p)}}\otimes X^{(l-1,d)}\\&=\delta^{(l,p)}\otimes X^{(l-1,d)}\end{aligned} \tag{8.40}$$

其中，$\delta^{(l,p)}=\dfrac{\partial L(Y,\hat{Y})}{\partial \boldsymbol{Z}^{(l,p)}}$为损失函数关于第$l$层的第$p$个特征映射净输入$\boldsymbol{Z}^{(l,p)}$的偏导数。

同理可得，损失函数关于第l层的第p个偏置$b^{(l,p)}$的偏导数为

$$\frac{\partial L(Y,\hat{Y})}{\partial b^{(l,p)}}=\sum_{i,j}[\delta^{(l,p)}]_{i,j} \tag{8.41}$$

在卷积网络中，每层参数的梯度依赖其所在层的误差项$\delta^{(l,p)}$。

卷积层和汇聚层中，误差项的计算有所不同，因此我们分别计算其误差项。

1. 汇聚层

当第$l+1$层为汇聚层时，因为汇聚层是下采样操作，$l+1$层的每个神经元的误差项δ对应于第l层的相应特征映射的一个区域。l层的第p个特征映射中的每个神经元都有一条边和$l+1$层的第p个特征映射中的一个神经元相连。根据链式法则，对于第l层的一个特征映射的误差项$\delta^{(l,p)}$，只需要对$l+1$层对应特征映射的误差项$\delta^{(l+1,p)}$进行上采样操作(和第l层的大小一样)，再和l层特征映射的激活值偏导数逐元素相乘，就得到了$\delta^{(l,p)}$。

第l层的第p个特征映射的误差项$\delta^{(l,p)}$的具体推导过程如下：

$$\begin{aligned}\delta^{(l,p)}&=\frac{\partial L(Y,\hat{Y})}{\partial \boldsymbol{Z}^{(l,p)}}\\&=\frac{\partial X^{(l,p)}}{\partial \boldsymbol{Z}^{(l,p)}}\cdot\frac{\partial \boldsymbol{Z}^{(l+1,p)}}{\partial X^{(l,p)}}\cdot\frac{\partial L(Y,\hat{Y})}{\partial \boldsymbol{Z}^{(l+1,p)}}\\&=f_l'(\boldsymbol{Z}^{(l,p)})\odot \mathrm{up}(\delta^{(l+1,p)})\end{aligned} \tag{8.42}$$

其中，$f_l'(\cdot)$为第l层使用的激活函数导数，up 为上采样函数，与汇聚层中使用的下采样操作刚好相反。如果下采样是最大汇聚，误差项$\delta^{(l+1,p)}$中每个值会直接传递到上一层对应区域中的最大值所对应的神经元，该区域中其他神经元的误差项都设为 0。如果下采样是平均汇聚(Mean Pooling)，误差项$\delta^{(l+1,p)}$中每个值会被平均分配到上一层对应区域中的所有神经元上。

2. 卷积层

卷积并非真正的矩阵乘积，因此这里计算的偏导数并非真正的矩阵偏导数，我们可以把X，Z都看作向量。当$l+1$层为卷积层时，假设特征映射净输入$\boldsymbol{Z}^{(l+1)}\in\mathbf{R}^{M'\times N'\times P}$，其中第$p(1\leqslant p\leqslant P)$个特征映射净输入为

$$\boldsymbol{Z}^{(l+1,p)}=\sum_{d=1}^{D}W^{(l+1,p,d)}\otimes X^{(l,d)}+b^{(l+1,p)} \tag{8.43}$$

其中，$W^{(l+1,p,d)}$和$b^{(l+1,p)}$为第$l+1$层的卷积核以及偏置。第$l+1$层中共有$P\times D$个卷积

核和 P 个偏置。

第 l 层的第 d 个特征映射的误差项 $\delta^{(l,d)}$ 的具体推导过程如下：

$$
\begin{aligned}
\delta^{(l,d)} &= \frac{\partial L(Y,\hat{Y})}{\partial \boldsymbol{Z}^{(l,d)}} = \frac{\partial X^{(l,d)}}{\partial \boldsymbol{Z}^{(l,d)}} \cdot \frac{\partial L(Y,\hat{Y})}{\partial X^{(l,d)}} \\
&= f_l'(\boldsymbol{Z}^{(l)}) \odot \sum_{p=1}^{P} \left(\text{rot180}(W^{(l+1,p,d)}) \widetilde{\otimes} \frac{\partial L(Y,\hat{Y})}{\partial \boldsymbol{Z}^{(l+1,p)}} \right) \\
&= f_l'(\boldsymbol{Z}^{(l)}) \odot \sum_{p=1}^{P} (\text{rot180}(W^{(l+1,p,d)}) \widetilde{\otimes} \delta^{(l+1,p)})
\end{aligned} \tag{8.44}
$$

其中，$\widetilde{\otimes}$为宽卷积。

程序 8.3 实现了卷积神经网络数字识别，手写数字识别示例图如图 8.24 所示，手写数字从 0 到 9 一共 10 个类别，图中只列出了每个类别的 20 个样本图像。每幅样本图像的大小为 28×28。这些样本集都来自深度学习框架 tensorflow 中自带的数据集 mnist，在程序 8.3 中第 2 行可以直接加载该数据集。数据集的训练样本和测试样本数量分别为 60 000 和 10 000。

图 8.24　手写体数字识别示例图

```
1    # 程序 8.3　卷积神经网络识别手写数字
2    from tensorflow import keras
3    import numpy as np
4    from keras.datasets import mnist
5    from keras.models import Sequential
6    from keras.utils import to_categorical
7    from keras.layers import Conv2D, MaxPooling2D, Dropout, Dense, Flatten
8    from keras.optimizers import SGD
9    from keras.losses import categorical_crossentropy, binary_crossentropy
10
11   (x_train, y_train), (x_test, y_test)=mnist.load_data()      # 加载手写数字数据集
12   x_train=x_train.reshape((-1, 28, 28, 1)) / 255        # 将训练集每个样本表示为一个张量
13   # print(x_train.shape)
14   y_train=to_categorical(y_train)                        # 将训练集的标签改成 one-hot 表示
15   x_test=x_test.reshape((-1, 28, 28, 1)) / 255           # 将测试集每个样本表示为一个张量
16   # print(x_test.shape)
```

```
17  y_test=to_categorical(y_test)                              # 将测试集的标签改成 one-hot 表示
18  model=Sequential()                                         # 实例化一个序列模型
19  # 添加卷积层
20  model.add(Conv2D(filters=6, kernel_size=3, strides=1, padding='valid', activation='relu',
21  input_shape=(28, 28, 1)))
22  # 添加汇聚层
23  model.add(MaxPooling2D((2, 2), strides=2, padding='valid'))
24  # 再次添加卷积层
25  model.add(Conv2D(filters=16, kernel_size=3, strides=1, padding='valid', activation='relu'))
26  # 再次添加汇聚层
27  model.add(MaxPooling2D((2, 2), strides=2, padding='valid'))
28  model.add(Flatten())                                       # 数据扁平化，使张量转为向量
29  model.add(Dropout(0.5))                                    # 以 0.5 的概率舍弃部分神经元
30  model.add(Dense(64, activation='relu'))                    # 全连接层
31  model.add(Dense(10, activation='softmax'))                 # 全连接层实现 softmax 分类
32  model.summary()                                            # 输出网络结构
33  model.compile(optimizer=SGD(0.001), loss=categorical_crossentropy, metrics=['acc'])
34  model.fit(x_train, y_train, batch_size=64, epochs=20, validation_split=0.1)
35  y_test_pred_proba=model.predict(x_test)
36  print(y_test_pred_proba)                                   # 打印测试样本的每个类别对应的概率
37  y_test_pred=np.argmax(y_test_pred_proba, axis=1)
38  y_test=np.argmax(y_test, axis=1)
39  print('预测值：', y_test_pred)
40  print('真实值：', y_test)
41  print('Testset 准确率：', np.mean(y_test_pred==y_test))
```

程序 8.3 中设计的卷积神经网络模型通过程序第 32 行输出，如图 8.25 所示。输入数据的张量大小为 28×28×1；Conv2D 层有 6 个大小为 3×3 的卷积核，输出为 26×26×6，需要学习的参数个数为 3×3×6+6=60；第 23 行设置 Max_Pooling2D 层的步长(strides)为 2，相当于每 2 个神经元取一个，这样输出的张量特征维度变为原来的一半，即 13×13×6，这个过程不需要参数；Conv2D_1 层有 16 个大小为 3×3 卷积核，输出为 11×11×16，学习参数个数为 3×3×16×6+16=880；Max_Pooling2D_1 层的 strides 依然为 2，所以在 Conv2D_1 层输出的基础上又缩小一半，输出为 5×5×16=400；Fatten 层使得三维张量转换为一维的向量，每个样本直接变成了长度为 400 的向量；Dropout 层舍弃一些神经元而不改变向量长度；Dense 层为全连接层，需要学习的参数为 400×64+64=25 664；最后一层 Dense_1 为 softmax 分类全连接层，神经元的个数为类别数，也就是 10，参数个数为 64×10+10=650。总共的参数为 27 254 个，训练样本的个数为 60 000 个，足够用于训练这些未知参数。

程序 8.3 运行输出的结果如图 8.26 所示，程序第 34 行设置了 epochs=20，可以理解为 20 趟循环，每一趟循环利用所有训练样本训练一遍。图 8.26 中第 2 行打印的是第 17 趟循环花费的时间、损失值、准确率等信息；第 9 行是执行程序第 36 行之后打印的卷积神经网络在测试集上预测的每个样本的概率，概率的下标就是该测试样本的预测类别；最后三

```
Model: "sequential"
_________________________________________________________________
Layer (type)                 Output Shape              Param #
=================================================================
conv2d (Conv2D)              (None, 26, 26, 6)         60
_________________________________________________________________
max_pooling2d (MaxPooling2D) (None, 13, 13, 6)         0
_________________________________________________________________
conv2d_1 (Conv2D)            (None, 11, 11, 16)        880
_________________________________________________________________
max_pooling2d_1 (MaxPooling2 (None, 5, 5, 16)          0
_________________________________________________________________
flatten (Flatten)            (None, 400)               0
_________________________________________________________________
dropout (Dropout)            (None, 400)               0
_________________________________________________________________
dense (Dense)                (None, 64)                25664
_________________________________________________________________
dense_1 (Dense)              (None, 10)                650
=================================================================
Total params: 27,254
Trainable params: 27,254
Non-trainable params: 0
_________________________________________________________________
```

图 8.25　程序 8.3 设计的卷积神经网络的网络结构

```
844/844 [==============================] - 4s 5ms/step - loss: 0.4987 - acc: 0.8454 - val_loss: 0.2510 - val_acc: 0.9337
Epoch 17/20
844/844 [==============================] - 4s 5ms/step - loss: 0.4733 - acc: 0.8534 - val_loss: 0.2371 - val_acc: 0.9347
Epoch 18/20
844/844 [==============================] - 4s 5ms/step - loss: 0.4530 - acc: 0.8585 - val_loss: 0.2252 - val_acc: 0.9375
Epoch 19/20
844/844 [==============================] - 4s 5ms/step - loss: 0.4342 - acc: 0.8647 - val_loss: 0.2154 - val_acc: 0.9413
Epoch 20/20
844/844 [==============================] - 4s 5ms/step - loss: 0.4184 - acc: 0.8719 - val_loss: 0.2070 - val_acc: 0.9433
[[5.71994451e-06 1.23991427e-07 1.05109553e-04 ... 9.99555528e-01
  4.32340903e-06 2.09637219e-04]
 [2.34611379e-03 8.60352884e-04 8.83341432e-01 ... 2.42971328e-06
  1.61829521e-03 6.41291422e-07]
 [2.67968317e-05 9.95160878e-01 6.43204316e-04 ... 1.05159963e-03
  1.30991812e-03 3.32253083e-04]
 ...
 [1.95500070e-05 4.44643701e-05 1.30007265e-05 ... 1.63429650e-03
  7.20853033e-03 4.47422676e-02]
 [1.85966641e-02 8.11903912e-04 1.19876326e-03 ... 1.14602654e-03
  1.75112531e-01 5.79003338e-03]
 [2.60429527e-03 4.19096295e-07 1.84394210e-03 ... 5.16399403e-08
  4.19958315e-06 2.91749552e-06]]
预测值： [7 2 1 ... 4 5 6]
真实值： [7 2 1 ... 4 5 6]
Testset准确率： 0.9337
```

图 8.26　程序 8.3 运行输出结果

行对应了程序的最后三行的执行结果，分别为测试集样本的预测值、实际值以及准确率。

8.4　循环神经网络

上节所讲的卷积神经网络是前向反馈的，模型的输出和模型本身没有关系。这里讨论另一类输出和模型间有反馈的神经网络——循环神经网络(Recurrent Neural Network, RNN)，它广泛地用于自然语言处理中的语音识别以及机器翻译等领域。

在处理图像数据时，卷积神经网络采用参数共享的思想(卷积核)，这不但大大减少了参数量，而且提升了网络性能。在处理序列数据时，循环神经网络在一维时间序列上使用卷积，每个时间步使用相同的卷积核。

循环神经网络以不同方式共享参数，输出的每一项是前一项的函数，输出的每一项是对先前的输出应用相同的更新规则而产生的。

8.4.1　RNN 模型

1. RNN 模型设计

RNN 假设我们的样本是基于序列的，比如是从序列索引 1 到序列索引 τ 的。对于这其中的任意序列索引号 t，它对应的输入是对应的样本序列中的 $x^{(t)}$。而模型在序列索引号 t 位置的隐藏状态 $h^{(t)}$，则由 $x^{(t)}$ 和在 $t-1$ 位置的隐藏状态 $h^{(t-1)}$ 共同决定。对于任意序列索引号 t，我们也有对应的模型预测输出 $o^{(t)}$。通过预测输出 $o^{(t)}$ 和训练序列真实输出 $y^{(t)}$，以及损失函数 $L^{(t)}$，我们就可以用与深度神经网络类似的方法来训练模型，以预测测试序列中的一些位置的输出。

图 8.27 描述了在序列索引号 t 附近 RNN 的模型。其中：

(1) $x^{(t)}$ 代表在任意序列索引号 t 时训练样本的输入。同样地，$x^{(t-1)}$ 和 $x^{(t+1)}$ 代表在序列索引号 $t-1$ 和 $t+1$ 时训练样本的输入。

(2) $h^{(t)}$ 代表在任意序列索引号 t 时模型的隐藏状态。$h^{(t)}$ 由 $x^{(t)}$ 和 $h^{(t-1)}$ 共同决定。

(3) $o^{(t)}$ 代表在任意序列索引号 t 时模型的输出。$o^{(t)}$ 只由模型当前的隐藏状态 $h^{(t)}$ 决定。

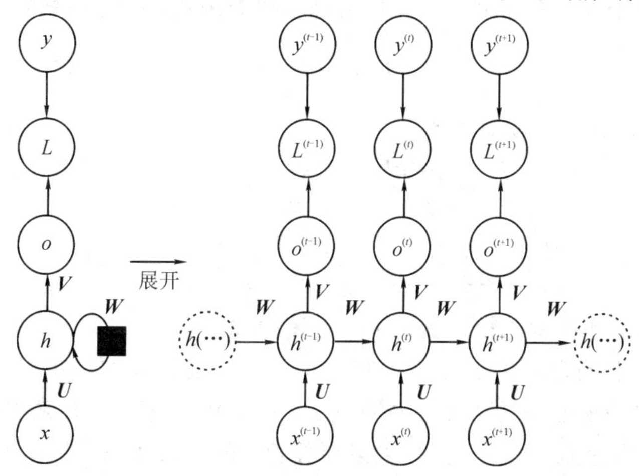

图 8.27　RNN 模型(左图是未按时间展开的 RNN 模型，右图是按时间展开的 RNN 模型)

(4) $L^{(t)}$代表在任意序列索引号 t 时模型的损失函数。

(5) $y^{(t)}$代表在任意序列索引号 t 时训练样本序列的真实输出。

(6) $\boldsymbol{U}$、$\boldsymbol{W}$、$\boldsymbol{V}$ 这三个矩阵是我们的模型线性关系参数，它在整个 RNN 网络中是共享的，也正因为是共享的，它体现了 RNN 的模型的“循环反馈”的思想。

2. RNN 前向传播算法

有了上面的模型，RNN 的前向传播算法就很容易得到了。对于一个任意序列索引号 t，隐藏状态 $h^{(t)}$由 $x^{(t)}$和 $h^{(t-1)}$得到：

$$h^{(t)}=\sigma(z^{(t)})=\sigma(\boldsymbol{U}x^{(t)}+\boldsymbol{W}h^{(t-1)}+b) \tag{8.45}$$

其中，σ 为 RNN 的激活函数，一般为 tanh，b 为线性关系的偏置。

在任意序列索引号为 t 时模型的输出 $o^{(t)}$的表达式比较简单：

$$o^{(t)}=\boldsymbol{V}h^{(t)}+c \tag{8.46}$$

最终在任意序列索引号 t 时我们的预测输出为

$$\hat{y}^{(t)}=\sigma(o^{(t)}) \tag{8.47}$$

通常由于 RNN 是识别类的分类模型，所以最后一层的这个激活函数一般是 Softmax 函数。

通过损失函数 $L^{(t)}$，比如对数似然损失函数，我们可以量化模型在当前位置的损失，即 $\hat{y}^{(t)}$和 $y^{(t)}$的差距。

3. RNN 反向传播算法

有了 RNN 前向传播算法的基础，就容易推导出 RNN 反向传播算法的流程。RNN 反向传播算法的思路是通过梯度下降法逐步迭代，得到合适的 RNN 模型参数 $\boldsymbol{U}$、$\boldsymbol{W}$、$\boldsymbol{V}$、b、c。由于我们是基于时间反向传播，所以 RNN 的反向传播有时也叫做 BPTT(Back Propagation Through Time)。当然这里的所有的 $\boldsymbol{U}$、$\boldsymbol{W}$、$\boldsymbol{V}$、b、c 在序列的各个位置是共享的，反向传播时我们更新的是相同的参数。

这里的损失函数默认为交叉熵损失函数，输出的激活函数为 Softmax 函数，隐藏层的激活函数为 tanh 函数。

对于 RNN，由于我们在序列的每个位置都有损失函数，因此最终的损失 L 为

$$L=\sum_{t=1}^{\tau}L^{(t)} \tag{8.48}$$

其中，c、$\boldsymbol{V}$ 的梯度计算是比较简单的：

$$\frac{\partial L}{\partial c}=\sum_{t=1}^{\tau}\frac{\partial L^{(t)}}{\partial c}=\sum_{t=1}^{\tau}(\hat{y}^{(t)}-y^{(t)}) \tag{8.49}$$

$$\frac{\partial L}{\partial \mathbf{V}}=\sum_{t=1}^{\tau}\frac{\partial L^{(t)}}{\partial \mathbf{V}}=\sum_{t=1}^{\tau}(\hat{y}^{(t)}-y^{(t)})(h^{(t)})^{\mathrm{T}} \tag{8.50}$$

但是 $\boldsymbol{W}$、$\boldsymbol{U}$、b 的梯度计算就比较的复杂了。从 RNN 的模型可以看出，在反向传播时，在某一序列索引位置(即任意序列索引号)t 的梯度损失由当前位置的输出对应的梯度损失和序列索引位置 $t+1$ 时的梯度损失两部分共同决定。对于 $\boldsymbol{W}$ 在某一序列索引位置 t 的梯度损失需要反向传播一步步计算。我们定义序列索引位置 t 的隐藏状态的梯度为

$$\delta^{(t)}=\frac{\partial L}{\partial h^{(t)}} \tag{8.51}$$

这样我们可以从 $\delta^{(t+1)}$ 递推 $\delta^{(t)}$。

$$\delta^{(t)}=\left(\frac{\partial o^{(t)}}{\partial h^{(t)}}\right)^{\mathrm{T}}\frac{\partial L}{\partial o^{(t)}}+\left(\frac{\partial o^{(t+1)}}{\partial h^{(t)}}\right)^{\mathrm{T}}\frac{\partial L}{\partial h^{(t+1)}}$$
$$=\boldsymbol{V}^{\mathrm{T}}(\hat{y}^{(t)}-y^{(t)})+\boldsymbol{W}^{\mathrm{T}}\operatorname{diag}(1-(h^{(t+1)})^2)\delta^{(t+1)} \tag{8.52}$$

对于 $\delta^{(\tau)}$，由于它的后面没有其他的序列索引了，因此有

$$\delta^{(\tau)}=\left(\frac{\partial o^{(\tau)}}{\partial h^{(\tau)}}\right)^{\mathrm{T}}\frac{\partial L}{\partial o^{(\tau)}}=\boldsymbol{V}^{\mathrm{T}}(\hat{y}^{(\tau)}-y^{(\tau)}) \tag{8.53}$$

有了 $\delta^{(t)}$，计算 $\boldsymbol{W}$、$\boldsymbol{U}$、b 就容易了，这里给出 $\boldsymbol{W}$ 、$\boldsymbol{U}$、b 的梯度计算表达式：

$$\frac{\partial L}{\partial \boldsymbol{W}}=\sum_{t=1}^{\tau}\operatorname{diag}(1-(h^{(t)})^2)\delta^{(t)}(h^{(t-1)})^{\mathrm{T}} \tag{8.54}$$

$$\frac{\partial L}{\partial b}=\sum_{t=1}^{\tau}\operatorname{diag}(1-(h^{(t)})^2)\delta^{(t)} \tag{8.55}$$

$$\frac{\partial L}{\partial \boldsymbol{U}}=\sum_{t=1}^{\tau}\operatorname{diag}(1-(h^{(t)})^2)\delta^{(t)}(x^{(t)})^{\mathrm{T}} \tag{8.56}$$

以上就是通用的 RNN 模型、前向传播算法和反向传播算法。当然，有些 RNN 模型会有些不同，自然前向反向传播的公式会有些不一样，但是原理基本类似。RNN 虽然理论上可以很漂亮地解决序列数据的训练，但是它也有梯度消失的问题，当序列很长时，问题尤其严重。因此，上面的 RNN 模型一般不能直接用于应用领域，实际使用的多是 RNN 的一些变种，如长短期记忆网络 LSTM(Long Short Term Memory)。下面介绍它的一些特性。

8.4.2　典型的 RNN 网络

LSTM 首先在 1997 年由 Hochreiter & Schmidhuber 提出，由于深度学习在 2012 年的兴起，LSTM 又经过了若干代(代表专家有 Felix Gers、Fred Cummins、Santiago Fernandez、Justin Bayer、Daan Wierstra、Julian Togelius、Faustino Gomez、Matteo Gagliolo 和 Alex Gloves)的发展，由此形成了比较系统且完整的 LSTM 框架，并且在很多领域得到了广泛的应用。

相比于 RNN，LSTM 保留了输入语料中的长期依赖信息，并且通过门结构的独特设计避免 RNN 常见的梯度消失问题。LSTM 对循环神经网络的每一层都引入状态概念，状态作为网络的记忆会随着每一个样本的输入而改变。通过网络本身的训练过程学习要记住什么，同时通过网络的其他部分学习预测目标标签。随着记忆和状态的引入，LSTM 能够学习依赖关系，这些依赖关系不局限于一两个单词，可以扩展到整个数据样本。例如：

eg1：The cat，which already ate a bunch of food，was full.

| | | | | | | | | | |

t0 t1 t2 t3 t4 t5 t6 t7 t8 t9 t10

eg2：The cats，which already ate a bunch of food，were full.

| | | | | | | | | | |

t0 t1 t2 t3 t4 t5 t6 t7 t8 t9 t10

我们想预测“full”之前系动词的单复数情况，显然其取决于第二个单词“cat”的单复数

情况，而非其前面的单词 food。在 RNN 模型中，随着数据时间片的增加，RNN 丧失了学习连接如此远的信息的能力。而 LSTM 则是一种具有记忆长短期信息能力的神经网络。其记忆过程如图 8.28 所示。

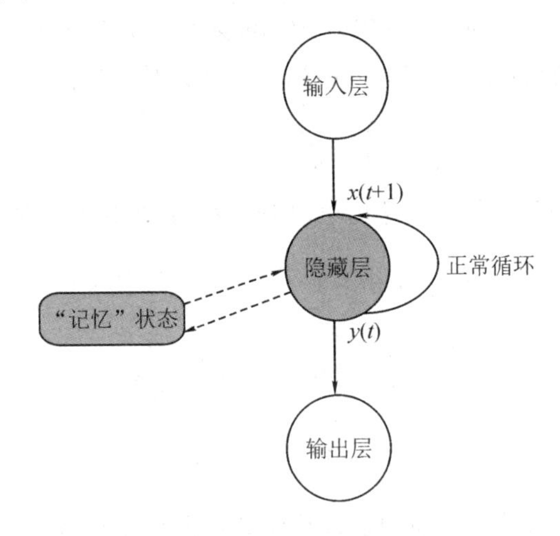

图 8.28　LSTM 的记忆过程

通常，LSTM 的"记忆状态"块被称为 LSTM 元胞，当一个元胞与一个 Sigmoid 激活函数相结合，向下一个 LSTM 元胞输出一个值时，这个包含多个相互作用元素的结构被称为 LSTM 单元。多个 LSTM 单元组合形成一个 LSTM 层。LSTM 单元的结构如图 8.29 所示。

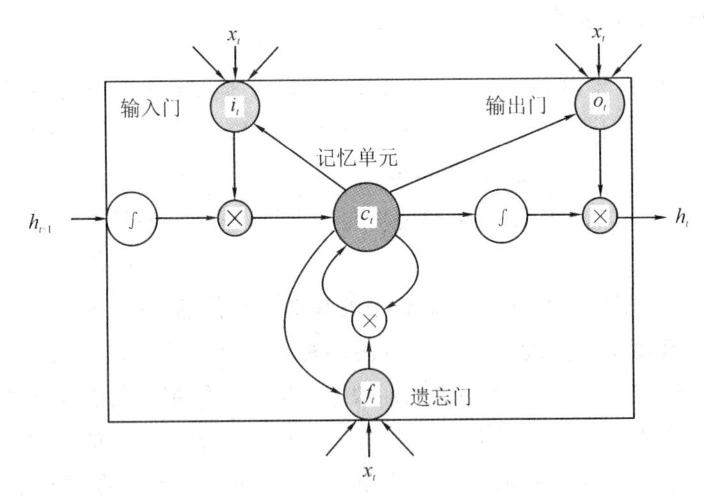

图 8.29　LSTM 单元的机构示意图

LSTM 基础单元主要包含 4 个组件：输入门、输出门、遗忘门和记忆单元。其中所有门结构都由一个前馈网络层和一个激活函数构成，前馈网络层主要包含将要学习的一系列权重。每一个门由两个前向路径组成，因此该前馈网络层将有 4 组权重需要学习。权重和激活函数旨在控制信息以不同数量流经整个 LSTM 单元，同时也控制信息到达记忆单元的所有路径。

$$
\begin{cases}
C_t = f_t \times C_{t-1} + i_t \times \widetilde{C}_t \\
f_t = \sigma\ (W_f \cdot [h_{t-1},\ x_t] + b_f) \\
i_t = \sigma(W_i \cdot [h_{t-1},\ x_t] + b_i) \\
\widetilde{C}_t = \tanh(W_C \cdot [h_{t-1},\ x_t] + b_C) \\
o_t = \sigma(W_o \cdot [h_{t-1},\ x_t] + b_o) \\
h_t = o_t \cdot \tanh(C_t)
\end{cases}
\tag{8.57}
$$

其中，f_t 叫做遗忘门，表示 C_{t-1} 的哪些特征被用于计算 C_t。f_t 是一个向量，向量的每个元素均位于[0，1]范围内。$\widetilde{C}_t$ 表示单元状态更新值，由输入数据 x_t 和隐节点 h_{t-1} 经由一个神经网络层得到，单元状态更新值的激活函数通常使用 tanh 激活函数。i_t 叫做输入门，同 f_t 一样，也是一个元素介于[0，1]区间内的向量，同样由 x_t 和 h_{t-1} 经由 Sigmoid 激活函数计算而成。i_t 用于控制 $\widetilde{C}_t$ 的哪些特征用于更新 C_t，使用方式和 f_t 相同。最后，为了计算预测值 $\hat{y}^{(t)}$ 和生成下个时间片完整的输入，我们需要计算隐节点的输出 h_t。h_t 由输出门 o_t 和单元状态 C_t 得到，o_t 的计算方式和 f_t 以及 i_t 相同。

通常我们使用 Sigmoid 作为激活函数，Sigmoid 的输出是一个介于[0，1]区间内的值，但是当观察一个训练好的 LSTM 时，门的值绝大多数都非常接近 0 或者 1，其余的值少之又少。

8.5 小　结

神经网络是一种典型的分布式并行处理模型，通过大量神经元之间的交互来处理信息，每一个神经元都发送兴奋信息和抑制信息到其他神经元。和感知器不同，神经网络中的激活函数一般为连续可导函数。

前馈神经网络于 20 世纪 80 年代后期被广泛使用，它作为一种能力很强的非线性模型，其能力可以由通用近似定理来保证，大部分前馈神经网络都采用两层网络结构(即一个隐藏层和一个输出层)。神经元的激活函数基本上都是 Sigmoid 型函数，并且使用的损失函数也大多数是平方损失函数。虽然当前的前馈神经网络的参数学习依然有很多难点，但其作为一种连接主义的典型模型，标志着人工智能从高度符号化的知识期向低符号化的学习期开始转变。

卷积神经网络根据生物学上感受野的机制而提出。目前，卷积神经网络模型已经成为计算机视觉领域的主流模型。通过引入跨层的直连边，可以训练上百层乃至上千层的卷积网络。随着网络层数的增加，卷积层越来越多地使用 1×1 和 3×3 大小的小卷积核，训练中也出现了一些不规则的卷积操作。卷积神经网络的网络结构也逐渐趋向于全卷积网络，减少汇聚层和全连接层的作用。

循环神经网络是一类以序列数据为输入，在序列的演进方向进行递归且所有节点(循环单元)按链式连接的递归神经网络。对循环神经网络的研究始于二十世纪八九十年代，其在 21 世纪初发展为深度学习算法之一，其中双向循环神经网络和长短期记忆网络是常见的循环神经网络。循环神经网络具有记忆性、参数共享且图灵完备的特点，因此其在对序列的非线性特征进行学习时具有一定优势。循环神经网络在自然语言处理(例如语音识别、语言建模、机器翻译)领域有所应用，也被用于各类时间序列预报。循环神经网络(一种引入了卷积神经网络结构的神经网络)可以处理包含序列输入的计算机视觉问题。

习　　题

一、单选题

1. 有关循环神经网络(RNN)的说法，以下哪个说法是错误的？ (　　)

A. RNN 的隐层神经元的输入包括其历史各个时间点的输出。

B. RNN 比较擅长处理时序数据，例如文本的分析。

C. 在各个时间点，RNN 的输入层与隐层之间、隐层与输出层之间以及相邻时间点之间的隐层权重是共享的，因为不同时刻对应同一个网络。

D. RNN 的损失函数度量所有时刻的输入与理想输出(导师值)的差异，需要使用梯度下降法调整参数以不断降低损失函数。

2. 以下哪种方法不宜作为循环神经网络的词嵌入(编码)方法？ (　　)

A. onehot 编码　　B. 字符转化为 ASCII 码

C. Glove　　D. Word2Vector

3. 以下哪个应用不适合使用循环神经网络完成？ (　　)

A. 看图说话　　B. 机器翻译

C. 社交网络用户情感分类　　D. 从一张合影照片中找到特定的人

4. 当时序数据比较长时，循环神经网络(RNN)容易产生长距离依赖问题，对此以下哪个说法是错误的？ (　　)

A. 这是由网络训练时反向传播的梯度消失引起的。

B. 这会导致输入的长句词汇之间的语义关系很难拟合。

C. 这会引发 RNN 的输入和输出的关系难以拟合。

D. 可以使得网络记忆更多的训练样本信息。

5. 针对深度学习的梯度消失问题，哪种因素可能是无效的？ (　　)

A. 添加 shortcut(skip) connection　B. 减少网络深度

C. 减少输入层词嵌入的向量维度　D. 增大学习率

6. 长短期记忆神经网络遗忘门的作用是以下哪项？ (　　)

A. 提高训练速度

B. 增加当前时刻输入的影响

C. 控制上一时刻隐层的输出影响

D. 使用 Sigmoid 函数控制上一时刻的状态向量对当前时刻的影响

7. 长短期记忆网络(LSTM)中输入门的作用是以下哪项？ (　　)

A. 负责协调与输出门的关系

B. 负责协调与遗忘门的关系

C. 计算当前时刻网络输入产生的新信息

D. 控制当前时刻新输入信息的接受程度

8. 在长短期记忆网络(LSTM)中，输出门的作用是以下哪项？　(　　)

A. 控制状态变量的输出　　B. 产生当前时刻单元的输出

C. 保存当前时刻单元的输出　　D. 协调与输入门的关系

9. 比较长短期记忆网络(LSTM)与门限循环单元(GRU)网络的差别，以下哪个说法是错误的？　(　　)

A. GRU 的性能一般远强于 LSTM。

B. GRU 的结构比 LSTM 简单，减少了计算量。

C. GRU 的计算速度优于对应的 LSTM。

D. GRU 是 LSTM 的简化，保留量遗忘门，合并了状态向量和输出向量。

10. 有关双向长短期记忆网络(Bi-LSTM)的说法，下面哪个说法是错误的？　(　　)

A. Bi-LSTM 是 2 个 LSTM 的简单组合。

B. 对于输入的句子，Bi-LSTM 可以拟合一个词与前后词的语义关系。

C. Bi-LSTM 比一般的 LSTM 更容易产生过拟合。

D. Bi-LSTM 至少含有 2 个隐层。

二、问答题

1. 人工神经网络的特点是什么？

2. 单个神经元的动作特征有哪些？

3. 对于一个神经元 $\sigma(\boldsymbol{w}^{\mathrm{T}}x+b)$，使用梯度下降优化参数 $\boldsymbol{w}$ 时，如果输入 x 恒大于 0，其收敛速度会比零均值化的输入更慢。

4. 试设计一个前馈神经网络来解决 XOR 问题，要求该前馈神经网络具有两个隐藏神经元和一个输出神经元，并使用 ReLU 作为激活函数。

5. 试举例说明“死亡 ReLU 问题”，并提出解决方法。

6. 如果将一个神经网络的总神经元数量限制为 N，层数为 L，每个隐藏层的神经元数量为$(N-1)/(L-1)$，试分析参数数量和层数 L 的关系。

7. 分析卷积神经网络中用 1×1 的滤波器的作用。

8. 对于一个输入为 100×100×256 的特征映射组，使用 3×3 的卷积核，输出为 100×100×256 的特征映射组的卷积层，求其时间和空间复杂度。如果引入一个 1×1 卷积核先得到 100×100×64 的特征映射，再进行 3×3 的卷积，得到 100×100×256 的特征映射组，求其时间和空间复杂度。

9. 在最大汇聚层中，计算函数 $y=\max(x_1, \cdots, x_d)$的梯度和函数 $y=\mathrm{argmax}(x_1, \cdots, x_d)$的梯度。

10. 忽略激活函数，说明卷积网络中卷积层的前向计算和反向传播是一种转置关系。

第 9 章　多智能体技术

Agent 就是指具有智能的实体，一般译为“智能体”。智能体是以云计算为基础，以 AI 为核心，是一个构建的具有立体感知、全域协同、精准判断、持续进化、开放特点的智能系统。Agent 可以看作一个程序或者一个实体，嵌入到环境中，通过传感器感知环境，通过效应器自治地作用于环境并满足设计要求。一个机器人可以看成是一个 Agent，通过摄像头、红外传感器等传感设备感知外界环境，通过各种各样的马达(作为执行器)作用于外界环境。随着计算机网络和信息技术的发展，智能体技术得到广泛应用。分布智能体不仅具备各智能体的问题求解能力和行为目标，而且能够相互协作，来达到各智能体的整体目标，因此能够解决现实中广泛存在的复杂大规模问题。本章在介绍智能体与分布智能体系统概念的基础上，简要介绍分布智能体系统中的通信、协作、协调等基本技术。

9.1　智能体介绍

9.1.1　智能体的概念

智能体技术是当前人工智能研究的热点之一。国内学术界也将 Agent 译为“主体”“智能代理”等，尚无统一的译法。

在人工智能领域中，Agent 可以看作一个程序或者一个实体，它嵌入到环境中，通过传感器(Sensor)感知环境，通过效应器(Effector)自治地作用于环境并满足设计要求。Agent 与环境的交互作用如图 9.1 所示。

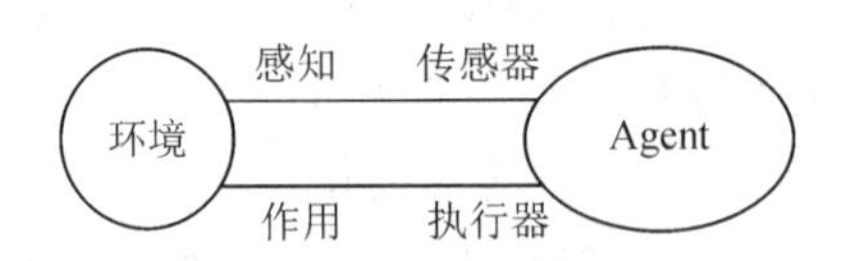

图 9.1　Agent 与环境的交互作用

实际上，一个人可以看成一个 Agent，眼睛、耳朵等器官如同传感器，而手、脚和嘴如同执行器。一个机器人也可以看成是一个 Agent，通过摄像头、红外传感器等传感设备感知外界环境，通过各种各样的马达(作为执行器)作用于外界环境。

传统的整体设计和集中控制的软件开发方法越来越显示出局限性。智能和分布式的软件系统已经成为软件系统设计的一个重要方向。一个软件 Agent，使用经过编码的二进制符号序列作为感知与动作的表示。综合集成分布于 Internet 的异构软件以支持社团组织完成多部门甚至多社团组织之间合作的具有空间、时间和功能分布性的复杂任务，正在成为建立新型计算环境的主要动力。

1977 年，Hewitt 提出了并发对象模型。这个模型中包含的具有自控行为、相互作用、并发执行的对象(Actors)。它们不仅封装了内部状态，还通过消息传递机制进行通信和并发工作。Actors 被认为是最早的 Agent。

进入 20 世纪 80 年代，人们主要研究 Agent 之间的交互通信、协调合作，强调 Agent 之间的紧密群体合作而非个体能力的自治和发挥。20 世纪 80 年代末，分布式计算环境的普及推动了多 Agent 技术的发展。

目前，Agent 的能力不断加强，能越来越多地模拟人的思维和行为。近年来，在软硬件领域，并行计算和分布式处理技术的研究都取得了很大进展，使得早期研究者探索的一些 Agent 问题已经在许多新领域广泛开展，如分布式人工智能、机器人学、人工生命、分布式对象计算、人机交互、智能和适应性界面、智能搜索和筛选、信息检索、知识获取、终端用户程序设计等。

9.1.2　智能体的特性

Agent 作为独立的智能实体应该具备以下特性。

1. 自主性

一个 Agent 应该具有独立的局部于自身的知识和知识处理方法，在自身的有限计算资源和行为控制机制下，能够在没有人类和其他 Agent 的直接干预和指导的情况下持续运行，以特定的方式响应环境的要求和变化，并能够根据其内部状态和感知到的环境信息自主决定和控制自身的状态和行为。自主性是 Agent 区别于过程、对象等其他抽象概念的一个重要特征。

2. 反应性

Agent 能够感知、影响环境，不只是简单被动地对环境的变化作出反应，而是可以表现出受目标驱动的自发行为。在某些情况下，Agent 能够采取主动的行为，改变周围的环境，以实现自身的目标。

3. 社会性

如同现实世界中的生物群体一样，Agent 往往不是独立存在的，经常有很多 Agent 同时存在，形成多智能体系统，模拟社会性的群体。因此，Agent 不仅能够自主运行，同时应该具有和外部环境中其他 Agent 相互协作的能力，在遇到冲突时能够通过协商解决问题。

4. 进化性

Agent 应该能够在交互过程中逐步适应环境、自主学习、自主进化。能够随着环境的变化不断扩充自身的知识和能力，提高整个系统的智能性和可靠性。

9.1.3　智能体的结构

Agent 结构(或体系结构)接收传感器的输入，然后运行程序，并把执行的结果传送到效应器进行动作。Agent 系统的结构直接影响到系统的性能。人工智能的任务就是设计 Agent 程序，实现 Agent 从感知到动作的映射函数。这种 Agent 程序需要在某种称为结构的计算机设备上运行。简单的 Agent 结构可能只是一台计算机，复杂的 Agent 结构可能包括在特定任务中使用的特殊硬件设备，如图像采集设备或者声音滤波设备等。Agent 结构可能还包括隔离纯硬件和 Agent 程序的软件平台。Agent、体系结构和程序之间具有如下关系：

Agent＝体系结构＋程序

在计算机系统中，Agent 含有独立的外部设备、输入/输出驱动装备、各种功能操作处理程序、数据结构和相应的输出。程序的核心部分是决策生成器或问题求解器，它接收全局状态、任务和时序等信息，指挥相应的功能操作程序模块工作，并把内部工作状态和所要执行的重要结果送至全局数据库。Agent 的全局数据库设有用来存放状态、参数和重要结果的数据库，供总体协调使用。Agent 的运行是一个或多个进程，接受总体调度。各个 Agent 在多个计算机上并行运行，其运行环境由体系结构支持。体系结构还提供共享资源、Agent 间的通信工具和 Agent 间的总体协调，以使各个 Agent 在同一目标下并行、协调工作。

Agent 的结构表示了 Agent 内部各模块集合的组成和相互作用的关系。模块集合及其相互作用规定了 Agent 如何根据所获得的数据和它的运作策略来决定和修改 Agent 的输出。Agent 结构需要解决以下问题：

① Agent 由哪些模块组成？

② 这些模块之间如何交互信息？

③ Agent 感知到的信息如何影响它的行为和内部状态？

④ 如何将这些模块用软件或硬件的方式组合起来形成一个有机的整体？

下面主要介绍反应 Agent、认知 Agent 和混合 Agent 的结构。

1）反应 Agent 的结构

反应 Agent(Reactive Agent)是一种不含任何内部状态，仅简单地对外界刺激产生响应的 Agent。它采用“感知—动作”工作模式，即当传感器感知到外界环境信息后，立即由世界现状模块形成当前世界状态，并由作用决策模块根据当前世界状态和“条件—作用”规则及时作出决策，随即由效应器执行。反应 Agent 与行为主义相联系。行为主义的代表人物 Brooks 教授所研制的机器虫采用的就是“感知—动作”模型。

2）认知 Agent 的结构

认知 Agent(Cognitive Agent)是一种具有自己的内部状态和知识库的 Agent，能根据环境和目标进行推理、规划等操作。根据 Agent 的思维方式，认知 Agent 可以分为抽象思维 Agent 和形象思维 Agent。其中，抽象思维 Agent 主要基于抽象概念和符号推理进行思维，与符号主义有关联。形象思维 Agent 主要基于形象材料进行整体直觉思维，与连接主义有关联。本书主要讨论基于抽象思维的认知 Agent。

认知 Agent 的基本工作过程是：先通过传感器接收外界环境信息，并根据内部状态进行信息融合；然后，在知识库支持下制定规划，在目标引导下形成动作序列；最后，由效应器作用于外部环境。

3）混合 Agent 的结构

混合 Agent(Hybrid Agent)是一种组合 Agent，其内部包含多种相对独立且可并行执行的 Agent。这里主要针对由反应 Agent 和认知 Agent 组合而成的混合 Agent，讨论其基本结构。

在这种结构中，Agent 包含了感知、动作、反应、建模、规划、通信、决策等模块。

Agent通过感知模块获取外界环境信息，并对环境信息进行抽象，如果感知到的是简单或紧急情况，则直接被送达反应模块，由反应模块作出决定，交给行为模块立即执行。这是种典型的反应Agent结构。如果感知到的是一般情况，则该信息被送到建模模块进行分析，建模模块根据自身的模型和感知到的信息作出短期情况预测，然后在决策模块的协调下由规划模块作出中短期行动计划，最后交给行为模块执行。

9.2 分布智能

分布式人工智能(Distributed Artificial Intelligence，DAI)，简称分布智能，是在计算机网络、计算机通信和并发程序设计等技术的基础上，为模拟社会环境中人类智能对大型复杂问题的求解方式而产生的一个新的人工智能研究领域。本章主要基于多Agent系统讨论分布智能技术。

分布智能是指逻辑上或物理上分布的智能系统或智能对象，在进行大型复杂问题分布式求解中，通过协调各自的智能行为所表现出来的智能。本节主要讨论分布智能的概念，以及分布式问题求解和多智能体(Agent)系统概述。

9.2.1 分布智能的概念

人类的大部分智能活动往往涉及由多人形成的组织、群体及社会，并且这些智能活动由多个人、多个组织、多个群体甚至整个社会协作进行。由此可见，"协作"是人类智能行为的一种重要表现形式。为了模拟和实现人类的这种智能行为，人们提出了分布智能的概念。分布智能一词最早产生于美国。1980年，在美国麻省理工学院召开的第一届分布式人工智能大会(The Workshop on Distributed Artificial Intelligence)，标志着分布智能的研究和应用已取得重要进展，并引起了国际科技界的关注。

分布智能主要研究在逻辑或物理上分布的智能系统或智能对象之间，如何协调各自的智能行为，包括知识、动作和规划，实现对大型复杂问题的分布式求解。它克服了单个智能或集中智能对象在资源、时间、空间和功能上的局限性，具备了并行、分布、开放等特点。分布智能为设计和建立大型复杂智能系统提供了有效途径。分布智能的主要特点如下。

① 分布性。在分布智能系统中，不存在全局控制和全局数据存储，所有数据、知识及控制，无论在逻辑上还是物理上都是分布式的。

② 互联性。分布智能系统的各子系统之间通过计算机网络实现互联，其问题求解过程中的通信代价一般要比问题求解代价低得多。

③ 协作性。分布智能系统的各子系统之间通过相互协作进行问题求解，并能够求解单个子系统难以求解甚至无法求解的困难问题。

④ 独立性。分布智能系统的各子系统之间彼此独立，一个复杂任务可划分为多个相对独立的子任务，从而降低各子节点的问题求解复杂度和整个系统设计开发的复杂性。

目前，分布智能的主要研究方向有两个：分布式问题求解(Distributed Problem Solving，DPS)和多Agent系统(Multi-Agent System，MAS)。其中，多Agent系统是分布智能研究的一个热点。

9.2.2 分布式问题求解

分布式问题求解的主要任务是创建大粒度的协作群体，使它们能为同一个求解目标而共同工作。其主要研究内容是如何在多个合作者之间进行任务划分和问题求解。在分布式问题求解系统中，数据、知识和控制均分布在各节点上，并且没有一个节点能够拥有求解整个问题所需的全部数据和知识，因此各节点之间必须通过相互协作才能有效地解决问题。

1. 分布式问题求解系统的类型

根据系统的组织结构，即系统中节点之间的作用和关系，分布式问题求解系统可分为层次结构、平行结构和混合结构 3 种。

① 层次结构。在这种结构中，任务是分层的。一个任务可由若干下层子任务组成，而一个下层子任务又可由若干更低层的子任务组成，以此类推，形成了任务的层次结构。并且，各层子任务在逻辑上或物理上是分布的。

② 平行结构。在这种结构中，任务是平行的。一个任务可由若干个性质类似的子任务组成，并且各子任务在时间或空间上是分布的。整个任务的解需要通过对各子任务的解的综合来得到。

③ 混合结构。在这种结构中，任务的总体结构是分层的，但每层中的任务之间是平行的，并且各子任务是分布的。

2. 分布式问题求解系统各节点的协作方式

在分布式问题求解系统中，节点间的协作方式主要有任务分担方式和结果共享方式两种。

① 任务分担方式。在这种方式中，节点之间通过分担执行整个任务的子任务而相互协作，系统的控制以问题求解目标为指导，各节点的目标是求解各自的子任务。这种方式适合求解具有层次结构的任务，如医疗诊断等。

② 结果共享方式。在这种方式中，节点之间通过共享部分结果相互协作，系统的控制以数据为指导，各节点的求解工作取决于它拥有的或从其他节点得到的数据和知识。这种方式适合求解那种具有平行结构的任务，如分布式运输调度等。

3. 分布式问题求解系统的问题求解过程

该系统问题求解的主要工作包括任务分解、任务分配、子问题求解和结果综合，并分别由任务分解器、任务分配器、求解器和协作求解系统完成。其求解过程如下。

① 判断用户提交的任务是否可接受，若可接受，则将其交给任务分解器，否则告知用户系统不能完成此任务。

② 任务分解器按一定算法，将接受的任务分解为若干个既相对独立又相互联系的子任务。

③ 任务分配器按一定的分配算法，将分解后的各子任务分配到合适的节点上。

④ 各节点的求解器根据自己承担的子任务，利用通信系统与其他节点一起进行协作求解，并将局部解传给协作求解系统。

⑤ 协作求解系统对各子节点提交的局部解进行综合，形成整个任务的最终解，并将其

交给用户。

⑥ 如果用户对结果满意，则求解结束；否则，再将任务交给系统重新求解。

9.3　多智能体系统

本节主要介绍多智能体系统概述、多智能体通信和多智能体合作问题。

9.3.1　多智能体系统概述

多智能体(Agent)系统是由多个自主 Agent 组成的一种分布式系统。其主要任务是创建一群自主的 Agent，并协调它们的智能行为。多 Agent 系统与分布式问题求解的主要区别在于：不同 Agent 之间的目标可能相同，也可能完全不同，每个 Agent 必须具有与其他 Agent 进行自主协调、协作和协商的能力。多 Agent 系统的研究重点包括 Agent 结构、Agent 通信和多 Agent 合作等。本节主要介绍与多 Agent 系统有关的概念。

1. 多 Agent 系统的特性

多 Agent 系统至少应该具备以下主要特性。

① 每一个单 Agent 仅具有有限的信息资源和问题求解能力。

② 多 Agent 系统本身不存在全局控制，即其控制是分布的。

③ 知识和数据均是分散的。

④ 计算是异步执行的。

2. 多 Agent 系统的类型

目前，对多 Agent 系统分类的方法有多种，下面主要讨论基于 Agent 功能结构的分类方法和基于环境知识存储方式的分类方法。

根据系统中 Agent 的功能结构，可将多 Agent 系统分为以下两种。

① 同构型系统。同构型系统是指由多个具有相同功能和结构的 Agent 构成的系统。这种系统的主要优点是可靠性较高，原因是当某个 Agent 出现故障时，其他 Agent 可代替它去承担相应的任务。

② 异构型系统。异构型系统是指由一些功能、结构和目标不同的 Agent 构成的系统，通过通信协议保证 Agent 间的协调和合作。一般的多 Agent 系统均为异构型系统。

根据系统中 Agent 对环境知识存储的方式，可将多 Agent 系统分为以下 3 种。

① 反应式多 Agent 系统。在这种系统中，Agent 不包括任何关于环境的内部模型，其行为以对环境的感知为基础。

② 黑板模式多 Agent 系统。在这种系统中，所有 Agent 关于环境的某一方面的信息或全部信息都存储在一个或多个被称为黑板的共享区域中。

③ 分布式存储多 Agent 系统。在这种系统中，Agent 通过数据封装拥有自己关于环境的私有观念和信息，并利用消息通信实现不同 Agent 之间的知识共享和问题协作求解。

9.3.2　多智能体通信

在多 Agent 系统中，要实现不同 Agent 之间的协作求解和行为协调，首先这些 Agent

之间必须能够交换信息，即能够进行通信，因此通信是 Agent 之间协作的基础。

1. 多 Agent 通信的基本问题

多 Agent 通信是指多 Agent 系统中不同 Agent 之间的信息交换，需要解决的基本问题包括 Agent 通信方式、Agent 通信语言、Agent 对话管理和 Agent 通信协议 4 个方面。

1）Agent 通信方式

Agent 通信方式是指不同 Agent 之间的信息交换方式。例如，是直接把信息发给其他一个或若干 Agent，还是间接地把信息放到一个共享的公共数据区，由需要这些信息的 Agent 来决定。

2）Agent 通信语言

Agent 通信语言是指相互交换信息的 Agent 之间共同遵守的一组语法、语义和语用的定义。其中，语法描述通信符号如何组织，语义描述通信符号代表的含义，语用描述消息在环境状态和 Agent 心智状态下的解释。Agent 通信语言是 Agent 之间进行信息交换的媒介。由于异质系统中的 Agent 可能使用不同的计算机语言或知识表示语言，因此现有的 Agent 通信语言多采用分层结构的形式，即将通信行为和通信内容分离。通信行为是指通信要执行的动作，通信内容是指通信行为所传送的领域事实等。通常，通信语言只描述通信行为，具体的通信内容则由更高层的相互作用框架来实现。

3）Agent 对话管理

Agent 之间的单个信息交换是 Agent 通信语言需要解决的基本问题，但 Agent 之间可能不仅要交换单个信息，往往还需要交换一系列信息，即需要进行对话。对话是指 Agent 之间不断进行信息交换的模式，或者说是 Agent 之间交换一系列消息的过程。

Agent 对话管理是指对 Agent 之间的对话过程的管理。其管理目标与 Agent 之间的关系有关：当相互对话的 Agent 之间的目标相似或者相同时，对话管理的目标是维护全局的一致性，并且不与 Agent 的自治性冲突；当相互对话的 Agent 之间的目标有冲突时，对话管理的目标是使每个 Agent 的利益最大。

4）Agent 通信协议

Agent 通信协议包括 Agent 通信时使用的低层的传输协议和高层的对话协议。其中，低层的传输协议是指 Agent 通信中实际使用的低层传输机制，如 TCP、HTTP、FTP、SMTP 等。高层的对话协议是指相互对话的 Agent 之间的协调协商协议。对话协议用来说明对话的基本过程和响应消息的各种可能。常用的描述对话协议的方法有有限状态自动机和 Petri 网等。

在上述 4 个问题中，由于对话管理和通信协议都与具体的应用密切相关，因此下面主要讨论通信方式和通信语言。

2. 多 Agent 通信方式

这里主要讨论消息传送和黑板模型这两种最常用的多 Agent 通信方式。

1）消息传送

消息传送是 Agent 之间的一种直接通信方式。在这种通信方式中，一个 Agent(称为发送者)可以直接将一个特定的消息传送给另一个 Agent(称为接收者)。所谓消息，实际上是一个具有一定格式的信息结构，它由相应的通信语言来定义，不同通信语言所定义的消息格式可能不同。在消息通信方式中，消息是 Agent 之间进行信息交换的基本单位。消息传送通信原理如图 9.2 所示。

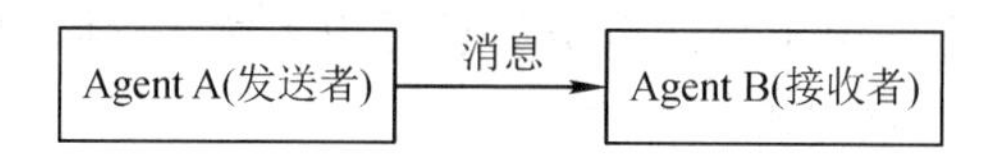

图 9.2　消息传送通信原理

消息传送是多 Agent 系统中实现灵活复杂协调策略的基础，消息传送的另一种特例被称为广播。广播是指一个 Agent 发出的消息可同时送给多个或一组 Agent。当 Agent 之间需要交换系列消息时，可通过对话管理实现。

2）黑板模型

黑板模型也是一种广泛使用的通信方式，可支持多 Agent 系统的分布式问题求解。在多 Agent 系统中，黑板提供了一个公共的工作区，Agent 之间可以借助这个工作区来交换数据、信息和知识。黑板模型的基本工作方式是：首先由某个 Agent 在黑板上写入信息项，然后系统中需要该信息项的 Agent 可通过访问黑板来使用该信息项。系统中的每个 Agent 都可在任何时候访问黑板，查询是否有自己需要的新的信息。在黑板模型通信方式中，Agent 之间不进行直接通信，每个 Agent 都通过黑板交换信息，并独立完成各自求解的子问题。

黑板模型多用在任务共享和结果共享的系统中。在这种情况下，如果系统中的 Agent 很多，那么黑板中的数据可能剧增。这样，当每个 Agent 访问黑板时，都需要从大量的信息中去搜索自己感兴趣的信息。为提高 Agent 的访问效率，更合理的黑板模型应该是为不同类型的 Agent 提供不同的区域以进行通信。

3. Agent 通信语言 KQML

Agent 通信语言——知识查询与操纵语言（Knowledge Query and Manipulation Language，KQML）是目前最著名的一种 Agent 通信语言，由美国 DARPA 的知识共享计划（Knowledge Sharing Effort，KSE）研究机构在 20 世纪 90 年代开发。KSE 开发 KQML 主要是为了解决基于知识的系统之间以及基于知识的系统和常规数据库系统之间的通信问题。实际上，KSE 同时发布的还有知识交换格式（Knowledge Interchange Format，KIF），主要用于形成 KQML 的内容部分。在实际应用中，KQML 可基于某种元标记语言来实现。下面主要讨论 KQML，包括其语言结构、保留的行为原语参数、保留的行为原语和通信服务器等。

1）KQML 的语言结构

从结构上看，KQML 是一种层次结构型语言，可分为通信、消息和内容 3 个层次。

通信层描述的是通信协议和与通信双方有关的一组属性参数，如发送者和接收者的身份、与通信有关的标志等。

消息层是 KQML 的核心，描述的是与消息有关的言语行为的类型。“言语行为”是“通过言语所能完成的行为”的简称。按照语言学家的观点，语言不仅用来说明和描述事物，还经常被用于“做事情”，即引起行为的发生，这种行为就被称为“言语行为”。消息层的基本功能是确定传递消息所使用的协议和与传递消息有关的语言行为等。

内容层是消息所包含的真正内容，这些内容可以是任何表示语言、ASCII 字符或二进制数。实际上，KQML 的实现并不需要关心消息中内容部分的具体含义。

KQML 消息也称为“表述行为的(Performative)原语”或行为表达式，其基本格式是用“()”括起来的一个表。表中的第 1 个元素是消息行为名称，后面的元素是一系列参数名及其参数的值。KQML 消息可简单地表示为

(消息行为名称
:参数名 1 参数值 1
:参数名 2 参数值 2
…
)

其中，“消息行为名称”用来指出该消息所引发的语言行为类型，由 KQML 保留的行为原语关键字来描述；“参数名”及其值用来指出消息的属性、要求和内容等，由 KQML 保留的行为原语参数关键字来描述，每个参数名都必须以“：”开始，后接相应的参数值。

KQML 的最大特点是消息的参数以关键词为索引，并且参数的顺序是无关的。由于 KQML 消息的参数以关键词为标志，而不是以它们所在的位置为标志，因此采用不同语言的异质系统能够通过彼此之间的通信方便地分析和处理这些消息。

2) KQML 保留的行为原语参数

KQML 规范中定义了一部分常用的行为原语参数名和与其相关的一些参数值的含义，这些参数被称为保留参数。定义这些保留参数含义的作用是使任何使用这些参数名的行为原语必须与规范的定义一致。保留的行为原语参数是 Agent 通信中最基本、最常用的关键词。对它们进行统一定义，有助于保证各 Agent 在通用参数语义上的一致性，可加快异质系统间信息交换和理解的速度。表 9.1 列出了保留参数名及其含义。在表 9.1 中，:content 参数表示行为原语的“直接目标”(即它的实际文字意义)。:content 的内容可以用通信双方都能识别的任何语言书写。

表 9.1 保留参数名及其含义

保留参数名	含　义
:sender	行为原语的实际发送者
:receiver	行为原语的实际接收者
:from	表示:content 中行为原语的最初发送者(当使用 forward 转发时)
:to	表示:content 中行为原语的最终接收者(当使用 forward 转发时)
:in-reply-to	对前条消息应答的标记，其值与前条消息的:reply-with 值一致
:reply-with	对本条消息应答的标记
:language	:content 中内容信息表示语言的名称
:ontology	:content 中内容信息使用的实体集(如术语定义的集合)名称
:content	有关行为原语表达内容的信息

3) KQML 保留的行为原语

KQML 中定义的行为原语称为 KQML 保留的行为原语。KQML 明确定义了每个保留

的行为原语的意义、相关属性和必须遵守的格式。KQML 中的行为原语可分为交谈类、干预和对话机制类及网络类 3 种。

(1) 交谈类原语。

这类原语用来实现 Agent 间一般信息的交换。下面给出其中最常用的 5 条交谈类原语。

- ask-if——:sender 想知道 :receiver 是否认为 :content 为真。
- ask-one——:sender 想知道 :receiver 中 :content 为真的一个示例。
- tell——:sender 向 :receiver 表明 :content 在 :sender 中为真。
- reply——:sender 向 :receiver 传送一个对 :receiver 的 :content 的回答。
- advertise——:sender 承诺处理嵌入在 advertise 原语里的所有消息。

例如，Agent A 想发送一个行为表达式给 Agent B，询问 bar(x, y)是否为真，则其行为原语可表示为

```
(ask-if:senderA
:receiverB
:in-reply-toid0
:reply-withid1
:languageProlog
:ontologyfoo
:content'bar(x, y)')
```

(2) 干预和对话机制类原语。

这类原语用于干预和调整正常的对话过程。正常的对话过程一般是 Agent A 发送一条消息给 Agent B，当需要应答或谈话需要继续时，Agent B 发送响应消息，如此循环，直到对话结束。下面给出干预对话原语中最常用的两条原语：

- error——:sender 不能理解所接收的以 :in-reply-to 为标志的消息，即发送者认为它所接收的前一条消息出错。
- sorry——:sender 理解接收到的消息，消息在语法、语义方面都正确，但 :sender 不能提供任何应答；或者 :sender 能够提供进一步的应答，但由于某种原因，它决定不再继续提供。sorry 意味着 Agent 要终止当前的对话过程。

以 error 原语为例，其消息格式为

```
(error
:sender〈word〉
:receiver〈word〉
:in-reply-to〈word〉
:reply-with〈word〉)
```

(3) 网络类原语。

网络类原语是为了满足计算机网络通信与服务需要而设立的行为原语，主要由推进器 Agent 使用，或者其他 Agent 通过“advertise”原语来使用。下面给出常用的 3 条原语：

- register——:sender 向 :receiver 宣告其存在性，以及与物理地址有关的符号名。
- forward——:sender 希望 :receiver 传送一条消息给另一个 Agent。

• recommend-one——：sender 请求：receiver 推荐一个能够处理：content 的 Agent。

以 register 原语为例，其消息格式为

(register
：sender〈word〉
：receiver〈word〉
：reply-with〈word〉
：language〈word〉
：ontology〈word〉
：content〈expression〉)

4）KQML 通信服务器

为提高分布式处理的透明性，KQML 引入了一个专门用来提供通信服务的特殊 Agent 类型，被称为通信服务器的 facilitator。facilitator 负责各种通信服务，如维护服务名称的注册，为命名的服务提供消息，进行基于内容的路由选择，为消息提供者和客户端提供代理，提供调解和翻译服务等。在一般情况下，每组本地 Agent（或一个 Agent 域）共同使用一个 facilitator。下面给出一个使用 facilitator Agent 的例子。

① Agent A 想知道 x 是否为真，请求 facilitator 希望找到一个能够处理 ask-if(x)的 Agent；

② 如果在 facilitator 保存的 Agent B 有能力处理 ask-if(x)，则 facilitator 将 Agent B 的名字返回给 Agent A；

③ Agent A 与 Agent B 进行对话，并得到所需的答案。

其工作过程如图 9.3 所示。

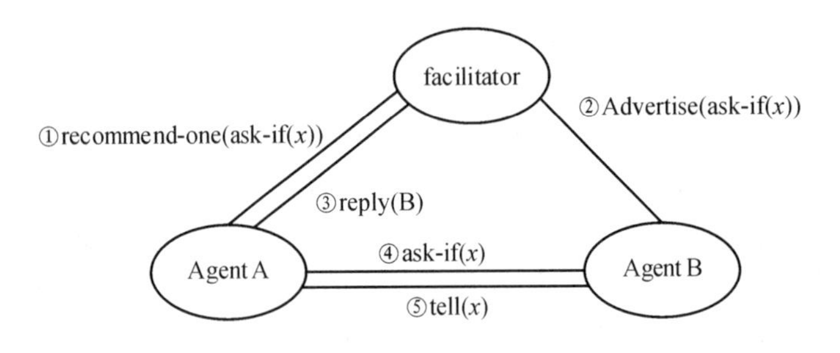

图 9.3　facilitator Agent 的工作过程示例

9.3.3　多智能体合作

多 Agent 系统（MAS）可以看成由一群自主并自私的 Agent 所构成的一个社会。在这个社会中，每个 Agent 都有自己的利益和目标，并且它们的利益有可能存在冲突，目标也可能不一致。但是，正像人类社会中具有不同利益的人为了实现各自的目标而进行合作一样，多 Agent 系统也是如此。本节主要讨论多 Agent 合作中的协调方法、多 Agent 协作的定义及协作方法、多 Agent 协商的关键技术和多 Agent 应用示例。

1. 多 Agent 合作中的协调方法

协调问题是多 Agent 合作中的一个主要问题。协调是指对 Agent 之间的相互作用和 Agent 动作之间的内部依赖关系的管理，描述的是一种动态行为，反映一种相互作用的性

质。协调中有两个基本成分：一是“有限资源的分配”，二是“中间结果的通信”。例如，当多个 Agent 都需要使用某一共享资源时，涉及有限资源的分配问题；当一个 Agent 需要另一个 Agent 的输出作为其输入时，则涉及中间结果的通信问题。下面讨论 3 种常用的多Agent 合作中的协调方法。

1）基于部分全局规划的协调

部分全局规划(Partial Global Planning，PGP)是指将一个 Agent 组的动作和相互作用进行组合所形成的数据结构。该数据结构是通过 Agent 之间交换信息而合作生成的。基于部分全局规划的协调的基本原理是：在由多 Agent 构成的分布式系统中，为了达到关于某个问题求解过程的共同结论，合作的 Agent 之间需要交换各自的规划信息。所谓规划是部分的，是指系统不能产生整个问题的规划。所谓规划是全局的，是指 Agent 通过局部规划的交换与合作，可以得到一个关于问题求解的全局视图，进而形成全局规划。

基于部分全局规划的协调由以下 3 个迭代阶段构成：

① 每个 Agent 决定自己的目标，并且为实现这一目标产生短期规划。

② Agent 之间通过信息交换，实现规划和目标的交互。

③ 为协调动作和相互作用，Agent 需要修改自己的局部规划。

为了实现上述迭代过程的连贯性，可以使用一个元级结构来指导系统内部的合作过程。该元级结构用来指明一个 Agent 应该与哪些 Agent、在什么条件下交换信息。基于部分全局规划的协调主要适用于内在具有分布特征的协作问题的求解，其典型应用是问题分布式感知和检测。

2）基于联合意图的协调

意图是 Agent 为达到愿望而计划采取的动作步骤。联合意图则指一组合作 Agent 对它们所从事的合作活动的整体目标的集体意图。例如，赛场上的一支球队，每个队员都有自己的个体意图，但整个球队必须有一个对整体目标的联合意图，并且这个联合意图是队员之间合作的基础。可见，基于联合意图的协调是一种以合作 Agent 的联合意图作为 Agent 之间协调基础的协调方法。

在基于联合意图的协调中，意图扮演着重要的角色，提供了社会交互必需的稳定性和预见性，以及应付环境变化而必须具备的灵活性和反应性。支撑意图的两个重要概念是承诺和协议。承诺实际上是一种保证或许诺。协议则是监督承诺的方法，描述了 Agent 可以放弃承诺的条件，以及当 Agent 放弃其承诺时应该为自己和其他 Agent 所做的善后处理工作。

承诺的一个重要特性是其持续性，即 Agent 一旦作出承诺，就不能轻易放弃，除非由于某种原因使它变为多余的条件时才行。承诺是否为多余的条件在相关协议中描述。这些条件主要包括：目标的动机已不存在、目标已经实现、目标已不可能实现等。

基于联合意图的协调的典型例子，是 Agent 机器人竞赛中同一队内 Agent 机器人之间的协调问题。这些 Agent 既有自己的个体意图，又有全队的联合意图。

3）基于社会规范的协调

基于社会规范的协调是指以每个 Agent 都必须遵循的社会规范为基础的协调方法。规范是一种建立的、期望的行为模式。社会规范可以对 Agent 社会中各 Agent 的行为加以限制，以过滤某些有冲突的意图和行为，保证其他 Agent 必需的行为方式，从而确保 Agent

自身行为的可能性，以实现整个 Agent 社会行为的协调。

在基于社会规范的协调方法中，一个重要的问题是社会规范如何产生，即在 Agent 社会中用什么样的方法来制定社会规范。实际上，常用的制定社会规范的方法有两种：离线设计和系统内生成。

离线设计是指在 Agent 系统运行前所进行的规范设计，其最大优点是简单，缺点是动态性差。系统内生成是指规范不是事先建立的，而是在系统活动过程中由策略更新函数建立的。策略更新函数描述了 Agent 的决策过程。可见，如何建立一个更好的策略更新函数是这种方法的关键。

2. 多 Agent 协作的定义及协作方法

协作是指 Agent 之间相互配合、一起工作。协作是非对抗 Agent 之间保持行为协调的一个特例。像人类社会一样，协作也是 Agent 社会的必然现象。常用的协作方法主要有合同网、市场机制、黑板模型和结果共享等。下面主要讨论合同网和市场机制。

1）合同网

合同网(Contract Net)是 Agent 协作中最著名的一种协作方法，被广泛应用于各种多 Agent 系统的协作中。合同网的思想来源于人们日常活动中的合同机制，下面具体介绍合同网系统。

① 合同网系统的节点结构。在合同网协作系统中，Agent 节点的结构如图 9.4 所示，主要由本地数据库与通信处理器、合同处理器和任务处理器组成。其中，本地数据库包括与节点有关的知识库、当前协作状态的信息和问题求解过程的信息，通信处理器、合同处理器和任务处理器利用它来执行各自的任务。通信处理器负责与其他节点进行通信，所有节点都仅通过通信处理器与网络连接。合同处理器负责处理与合同有关的任务，包括接收和处理任务通知书、投标、签订合同及发送求解结果等。任务处理器负责各种具体任务的处理，如从合同处理器接收需要求解的任务，利用本地数据库进行求解，并将结果送给合同处理器。

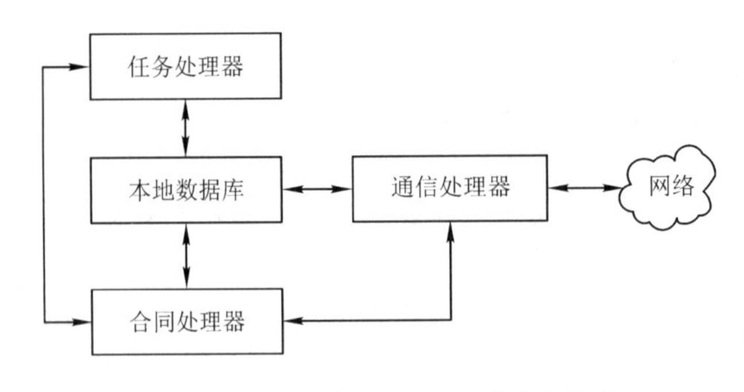

图 9.4　合同网系统中 Agent 节点的结构

② 合同网系统的基本工作过程。在合同网系统中，所有 Agent 被分为管理者(Manager)和工作者(Worker)两种不同的角色。其中，管理者 Agent 的主要职责包括：

M. a. 对每个需要求解的任务建立其任务通知书(Task Announcement)，并将任务通知书发送给有关的工作者 Agent。

M. b. 接收并评估来自工作者 Agent 的投标(Bid)。

M. c. 从所有投标中选择最合适的工作者 Agent，并与其签订合同(Contract)。

M. d. 监督合同的执行，并综合结果。

工作者 Agent 的主要职责包括：

W. a. 接收相关的任务通知书。

W. b. 评价自己的资格。

W. c. 对感兴趣的子任务返回任务投标。

W. d. 如果投标被接受，按合同执行分配给自己的子任务。

W. e. 向管理者报告求解结果。

合同网系统的基本工作过程如图 9.5 所示。在该图中，左侧的字母是前面给出的管理者 Agent 职责中的相应职责的序号，右侧的字母是前面给出的工作者 Agent 职责中的相应职责的序号，其工作过程由上到下进行。

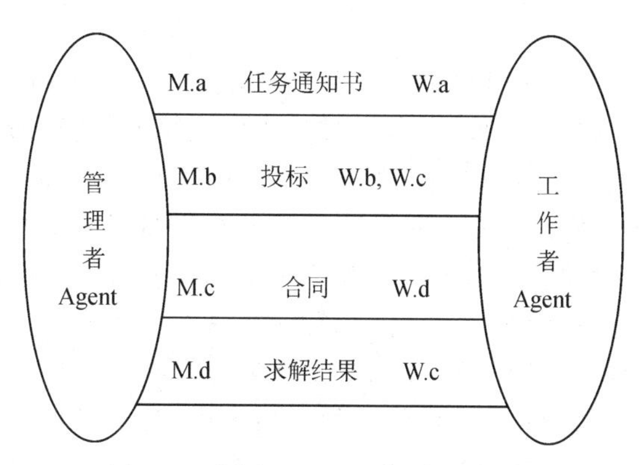

图 9.5　合同网系统的基本工作过程

需要指出的是，在合同网(协作方法)中不需要预先规定 Agent 的角色。任何 Agent 都可以通过发布任务通知书成为管理者，也都可以通过应答任务通知书成为工作者。这一灵活性使任务能够很方便地被逐层分解并分配。当一个 Agent 觉得自己无法独立完成一个任务时，就可以将该任务分解，并履行管理者职责。即该 Agent 为分解后的每个子任务发送任务通知书，并从返回投标的 Agent 中选择“最合适”的工作者 Agent，与它们签订合同，再把这些子任务交给它们去完成。

③ 合同网系统的消息结构。在合同网系统中，Agent 之间的通信是建立在消息格式的基础上的。与合同网基本工作过程对应的 3 种消息结构可描述如下。

a. 管理者 Agent 发布的任务通知书：

TO：	所有可能求解任务的 Agent
FROM：	管理者 Agent
TYPE：	任务投标通知书
ContractID：	合同号 xx-yy-$z2$
Task Announcement：	〈任务的描述〉
Eligibility Specification：	〈投标 Agent 应具备的基本条件〉
Bid Specification：	〈投标 Agent 需要提供的申请信息描述〉
Expiration Time：	〈接收投标书的截止时间〉

b. 工作者 Agent 发出的投标：

TO：	管理者 Agent

FROM：　投标 Agent
TYPE：　任务投标书
ContractID：　合同号 *xx-yy-zz*
Node announcement：　〈投标 Agent 处理能力描述〉

c. 管理者 Agent 发布的合同：

TO：　投标 Agent
FROM：　管理者 Agent
TYPE：　合同
ContractID：　合同号 xx-yy-zz
Task Announcement：　〈需要完成的子任务描述〉

2）市场机制

市场机制（协作方法）的基本思想是：针对分布式资源分配的特定问题，建立相应的计算经济（即标价或代价），以使各 Agent 能通过最少的直接通信来协调它们的活动。在这种方法中，需要对 Agent 关心的所有事物（如技能、资源等）都给出标价，以作为计算经济的基础。同合同网协作方法相比，其一般只适用于较小数量 Agent 间的协作求解，而随着 Internet 及其应用的迅速发展，分布异构环境下大数量 Agent 间的协作求解需要探索新的、更有效的协作技术。市场机制就是在这种背景下产生的。

在市场机制协作方法中，所有的 Agent 被分为两类：生产者 Agent 和消费者 Agent。其中，生产者 Agent 用于提供服务，即将一种商品转换为另一种商品；消费者 Agent 用于进行商品交换，所有商品交换都按当前市场标价进行。Agent 应该以各种价格对商品进行投标，以获得最大的利益和效用（即性能价格比）。

具体的市场机制可以有多种，如各种拍卖协议、协商策略等。在一般情况下，采用市场机制解决问题时需要说明以下 4 项：

① 进行贸易的商品。

② 进行贸易的消费者 Agent。

③ 能够用自己的技能和资源将一种商品转换为另一种商品的生产者 Agent。

④ Agent 的投标和贸易行为。

由于商品市场是互联的，所以一个商品的价格将影响到其他 Agent 的供应和需求。市场有可能达到竞争性的平衡，这种平衡应满足的条件如下：

① 消费者 Agent 根据其预算约束投标的价格，以期获得最大的效用。

② 生产者 Agent 受其技能的限制进行投标，以期获得最大的盈利。

③ 所有商品的网络需求为零。

在一般情况下，平衡可能不存在或不唯一。如果假定每个 Agent 在市场中的作用都很小，并可忽略不计，就可保证这种平衡唯一存在。市场机制假定 Agent 给予的偏好与其所获得的效用或盈利相一致，因此 Agent 的推理行为的目标是实现 Agent 偏好的最大化。市场机制的主要优点是使用简单，适合大量或未知数量的自私 Agent 之间的协作。其主要缺点是用户的偏好难以量化和比较。

3. 多 Agent 协商的关键技术

协商主要用来消解冲突、共享任务和实现协调，是多 Agent 系统实现协调和解决冲突的一种重要方法。协商到目前为止还没有一个统一的概念。一般认为，协商是有着不同目标的多个Agent之间达成共识、减少不一致性的交互过程。协商的关键技术包括协商协议、协商策略和协商处理。

1）协商协议

协商协议是交易双方交互的规则，是规范交易协商行为的基础，用于处理协商过程中协商方之间的交互过程，决定何时何方采用何种行为。

它主要研究的内容是Agent通信语言的定义、表示、处理和语义解释。协商协议的最简单形式如下：

一条协商通信消息：(〈协商原语〉,〈消息内容〉)

其中，协商原语即消息类型，它的定义通常基于言语行为理论；消息内容除包含消息的发送者、接收者、消息号、发送时间等固定信息外，还包括与协商所应用的具体领域相关的信息描述。

协商协议的形式化表示通常有3种方法：巴科斯范式表示、有限自动机表示和语义表示。巴科斯范式表示具有简洁明了的特点，是最常用的表示方法。有限自动机表示可以看成是用一个有向图表示协商协议。采用纯语义表示的协商工作不多，研究者更多的是给出非形式化的语义解释。常用的协商协议有：根据协商对象的数量分为一对一、一对多、多对多的协商协议；根据协商的顺序分为轮流出价、同时出价的协商协议；根据协商议题的数量分为单属性和多属性的协商协议等。

2）协商策略

协商策略是Agent选择协商协议和通信消息的策略。一般来说，协商策略分为提议评估(策略)和提议生成(策略)两部分。提议评估策略用来对收到的提议进行评估，判断是否接受对方给出的提议；提议生成策略用来生成反提议。策略对于协商的效率起着至关重要的作用，根据不同的应用领域可以选择不同的协商策略。

协商策略基本上可以分为5类：单方让步策略、竞争型策略、协作型策略、破坏协商策略和拖延协商策略。单方让步策略只是在协商陷入僵局或协商不再有意义时才起作用，后两类策略显然不利于推进协商进程，所以，只有竞争型和协作型才是有意义的策略。

竞争型策略一般是指协商参与者坚持自己的立场，在协商过程中表现出竞争行为，使协商结果向有利于自身利益方向发展的协商对策。合同网协作模型、劳资协商、基于对策论的协商过程等都属于此类。协作型策略则是指协商各方都从整体利益出发，在协商过程中互相合作，他们采取的协商对策有利于寻找各方能接受的协商结果。

不论是竞争型策略，还是协作型策略，Agent应动态、智能地选择适宜的协商策略，从而在系统运行的不同时刻表现出不同的竞争或协作行为。

策略选择的通用方法是：依据影响协商的多方面因素，给出适宜的策略选择函数。策略选择函数可能包括效用函数、比较或匹配函数、兴趣或爱好函数等几种。策略选择函数的设计除了要综合考虑影响协商的各种因素之外，还要考虑冲突综合消解以及与应用领域有关的属性等。

3）协商处理

协商处理包括协商算法和系统分析两方面。协商算法用于描述Agent在协商过程中的行为，如通信、决策、规划和知识库操作等。系统分析用于分析和评价Agent协商的行为和性能，回答协商过程中的问题求解质量、算法效率和公平性等问题。

综上所述，协商协议主要处理协商过程中 Agent 之间的交互，协商策略主要修改 Agent 内的决策和控制过程，协商处理则侧重描述和分析单个 Agent 和多 Agent 协商的整体协作行为。前两者刻画的是 Agent 协商的微观层面，后者描述的是多 Agent 系统协商的宏观层面。在具体应用中应根据实际需要选择适当的技术。

4. 多 Agent 应用示例

目前，多 Agent 系统有非常广泛的应用，如智能信息检索、工业智能控制、分布式网络管理、电子商务、协同工作和智能网络教学系统等。下面仅以智能网络教学系统为例，给出如图 9.6 所示的基于多 Agent 的智能网络教学系统的基本结构及其简单说明。

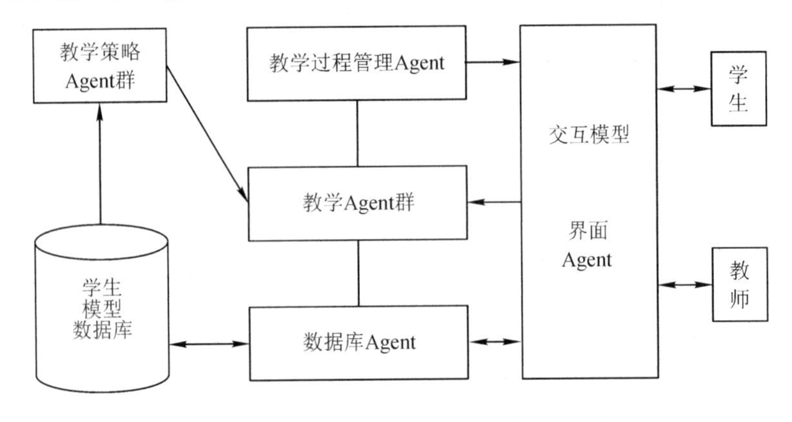

图 9.6　多 Agent 智能网络教学系统的基本结构

在该结构中，学生模型数据库是学生知识结构的反映，主要用来记录学生对知识的掌握程度，包括学生的学号、姓名、性别等基本信息和学生的知识水平、学习能力、学习兴趣、学习风格和学习历史等学习信息。数据库 Agent 负责学生模型数据库、教学 Agent 群和界面 Agent 之间的交互管理。

教学策略 Agent 群中的每个 Agent 相当于一个教育家，都能够根据学生模型数据库记录的学生学习情况，作出教学决策并传给教学 Agent 群，为其中各个教学 Agent 的教学活动提供依据。

教学过程管理 Agent 的主要功能是监视教学过程，并根据学生的学习反应和教学内容的性质向教学 Agent 群提供教学参考意见，如增减教学例子、提供练习、改变教学方式等。教学 Agent 群是整个智能教学系统的核心，其中的每个教学 Agent 相当于一个教师，都具有一定的专业知识和教学能力，都能利用自身的专业知识，根据学生模型数据库记录的学生的学习情况，结合教学策略 Agent 群提供的教学策略和教学过程管理 Agent 提供的教学参考意见，去组织教学活动。教学 Agent 群体现的主要是教学推理机的功能。

界面 Agent 构成了系统的交互模型，主要负责与学生或教师的交互，并将与学生的交互记录写入学生模型数据库，将交互信息传递给教学过程管理 Agent 等。

上述仅是对该示例系统的一个简单说明，至于各种 Agent 的结构、通信方式和协作、协调方法等具体问题这里不再讨论。

9.4　移动智能体

移动智能体(Mobile Agent，MA)是分布计算技术与Agent技术结合的产物，目前还没有一个统一的定义，一般认为：移动Agent是可以从网络上的一个节点自主地移动到另一个节点，实现分布式问题处理的一种特殊的Agent。移动Agent特别适用于分布式环境下的复杂服务，已在网络中得到了非常广泛的应用。限于篇幅，本节主要讨论移动Agent系统的一般结构和关键技术。

9.4.1　移动智能体系统的一般结构

移动智能体系统至少应该由移动智能体和移动智能体环境(Mobile Agent Environment，MAE)两大部分组成，如图9.7表示。图中，MAE的作用是为MA建立安全、正确的运行环境提供最基本的服务，实施对具体MA的约束机制、安全控制、通信机制等。MAE包含的基本服务至少有以下5种。

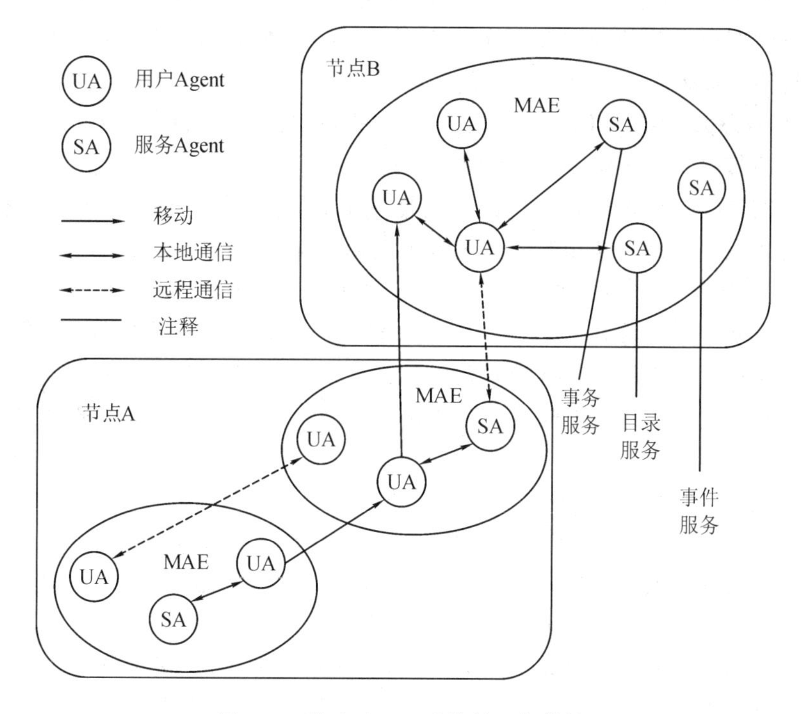

图9.7　移动Agent系统的一般结构

① 事务服务：实现移动Agent的创建、移动、持久化和执行环境分配等。

② 事件服务：包含Agent传输协议和Agent通信协议，实现移动Agent间的事件传递。

③ 目录服务：提供移动Agent的定位信息，形成路由选择。

④ 安全服务：提供安全的执行环境。

⑤ 应用服务：提供面向特定任务的服务接口。

移动Agent系统的Agent可细分为用户Agent(User Agent，UA)和服务Agent(Server

Agent，SA)两种。UA 是可移动 Agent，可以从一个 MAE 移动到另一个 MAE，主要作用是完成用户委托的任务。SA 不具有移动能力，其主要作用是向本地 Agent 和来访的Agent 提供服务。MAE 上通常驻留有多个 SA，它们分别提供诸如事务服务、事件服务、目录服务等不同的系统级服务。

9.4.2 移动智能体的实现技术及应用

移动智能体系统涉及的研究和应用领域较为广泛，技术也较为复杂，这里仅就其关键技术和典型应用进行简单介绍。

1. 移动智能体的关键技术

在移动智能体系统的研究和应用中，移动、通信、安全性、容错性、协作模型等都是需要解决的一些关键技术。

1）移动

移动智能体为了完成用户指定的任务，往往需要在不同 MAE 之间移动，而要实现这种移动，需要解决的关键问题是移动机制和移动策略。

移动机制主要研究移动的实现方式。目前，MA 的移动机制可分为两大类：一类是将 MA 的移动线路、移动条件隐含在 MA 的代码中；另一类是将 MA 的移动线路、移动条件从 MA 的代码中分离出来，用所谓的“旅行计划”来表示。

MA 的移动策略是指根据 MA 的任务、当前网络负载、服务器负载等外界环境，为其规划动态移动路径，使 MA 能在开销最小的情况下，最快、最好地完成任务。移动策略又可分为静态路由策略和动态路由策略。在静态路由策略中，MA 需要访问的节点及其访问次序都是在 MA 运行之前，由 MA 的设计者确定好的。在动态路由策略中，MA 需要访问的节点及其访问次序是无法在 MA 运行之前预料的，而是由 MA 根据运行过程中任务的执行情况自主决定的。动态路由策略的实现方法是：先由用户指定一个初始路由表，MA 在按照该路由表移动的过程中，再根据环境变化自主修改该路由表。这体现了 MA 的自主性和反应性。

2）通信

移动 Agent 通信是移动 Agent 之间进行交互的基础。移动 Agent 系统中包含的通信关系有 UA 与 SA 之间的通信、UA 与 UA 之间的通信等。常用通信方法主要包括消息传递、远程过程调用(RPC)和 Agent 通信语言(ACL)等。

Agent 通信语言(Agent Communication Language，ACL)是实现移动 Agent 通信的一种高级方式，适用于各种类型的移动 Agent 间以及移动 Agent 与环境之间的通信。KQML 和 XML 是两种具有发展潜力的通信语言。其中，KQML 主要用于知识处理领域，XML 主要用于 Internet 环境。

3）安全性

Agent 系统的安全性是 Agent 技术能否成功应用的关键，也是移动 Agent 系统中最重要、最复杂的一个问题。Agent 系统的安全性主要包括主机的安全性、移动 Agent 自身的安全性和各种移动 Agent 之间通信的安全性 3 个方面。

主机的安全性是指如何保护主机免受恶意 Agent 的攻击。常用的主机安全检测技术包括：

① 身份验证，即对访问主机的 MA，检查其来源是否可信。身份验证失败者被禁止访问主机。数字签名是一种常用的身份验证技术。

② 代码验证，即对访问主机的 MA，检查其是否含有被禁止执行的动作。代码验证失败者被拒绝执行。

③ 授权验证，即对访问主机的 MA，检查其对主机资源的各种访问许可，包括其访问资格、使用次数、存取操作的类型等。

④ 付费检查，即对访问主机的 MA，检查其付费意愿和付费能力。

移动 Agent 自身的安全性是指如何保护 Agent 免受恶意主机的攻击和如何保护 Agent 免受恶意 Agent 的攻击。

各个 Agent 之间通信的安全性是指如何保证 Agent 在传送消息和远程执行时的安全性和完整性。常用的安全性技术有加密技术、身份验证技术(如数字签名)、代码验证技术等。

4) 容错性

移动 Agent 的容错性是指当其运行环境出现某些故障时，移动 Agent 还能正常运行。常见的故障有服务器异常、网络故障、目标主机关机、源主机长时间无响应等。移动 Agent 系统容错的基本原理是采用冗余技术。常用的冗余技术包括以下 3 种：

① 任务求解的冗余，即创建多个 MA，分别求解相同的任务，最后根据所有或部分求解结果，并结合任务的性质决定任务的最终结果。

② 集中式冗余，即将某个主机作为冗余服务器，保存 MA 的原始备份，并跟踪 MA 的求解过程。

③ 分布式冗余，即将容错的责任分布到网络中多个非固定的节点中，这些节点由冗余分配策略来决定。

5) 协作模型

协作也是 MAS 最基本的一种行为。最常见的协作关系是服务 Agent 与移动 Agent 之间的协作，以及服务 Agent 与服务 Agent 之间的协作。如果按照空间耦合(即参与协作的 Agent 共享名字空间)和时间耦合(即参与协作的 Agent 采用同步机制)的标准，协作模型可以分为以下 4 类。

① 直接协作模型，即参与协作的 Agent 之间通过直接发送消息进行协作。由于发送和接收消息者都彼此知道对方，因此它是空间耦合的。又由于消息的发送和接收必须同步，因此它又是时间耦合的。

② 面向会见的协作模型，即参与协作的所有 Agent 都聚集在同一个会见地点进行通信、交互。由于参与协作者不必知道对方的名字，因此它是非空间耦合的。由于参与协作者必须到达指定的地点进行同步交互，因此它又是时间耦合的。

③ 基于黑板的协作模型，即参与协作的 Agent 共同使用一个称为黑板的消息存储库来存取消息。由于协作者事先需要知道消息的标志，因此它是空间耦合的。又由于写入和读取操作不需要同步，因此它又是非时间耦合的。

④ 类 Linda 模型，即参与协作的 Agent 共同使用一个被称为元组空间(即一种类似于黑板的结构)的消息存储库来存取消息。在元组空间中，所有消息都以元组来表示，并且对消息采用联想的方式检索。由于参与协作者不需要共享任何信息，因此它既是非空间耦合的，又是非时间耦合的。

2. 移动 Agent 平台和应用简介

目前，国际上较具影响的商业性移动 Agent 系统有数 10 种。这些平台对移动 Agent 系统的研究、开发和应用起到了重要的推动作用。

1）语言和平台简介

理论上，移动 Agent 可以用任何语言编写(如 C++、Java 等)，并可在任何机器上运行。但考虑到移动 Agent 本身需要不同的软硬件环境支持，因此最好选择一种跨平台性能好的语言，或者在独立于具体语言的平台上进行开发。Java 是目前开发移动 Agent 的理想语言，因为经编译后的 Java 二进制代码可以在任何具有 Java 解释器的系统上运行。

目前较有影响的移动 Agent 系统，按照开发语言分为基于 Java 语言的移动 Agent 系统和基于非 Java 语言的移动 Agent 系统两大类。基于 Java 语言的移动 Agent 系统的典型代表是 IBM 公司的 Aglet，基于非 Java 语言的移动 Agent 系统的典型代表是 General Magic 公司的 Telescript。Aglet 是基于 Java 的第一个商业化移动 Agent 系统，Telescript 是基于非 Java 的第一个商业化移动 Agent 系统。但 Telescript 的后期版本完全改用 Java 编写，并改名为 Odyssey。

2）应用介绍

移动 Agent 目前已被广泛应用在移动计算、电子商务、网络管理、智能搜索引擎工作流管理、并行计算、组件技术等诸多领域。

以电子商务为例，移动 Agent 的移动性和自主性为网络环境，尤其是 Internet 环境下的电子商务应用带来了很多潜在优势。目前，基于 Agent 的电子商务已成为一个新的研究领域。在基于 Agent 的电子商务中，Agent 可以代表其所有者的利益参与商务活动。其中，代表消费者的 Agent 可以自主地移动到多个电子市场，寻找需要的商品，查询商品的价格，同供应商进行价格协商等；代表供应商的 Agent 负责市场的管理和产品的销售等。这样就形成了一种电子化的商务活动。

9.5 小　结

Agent 可以看作一个程序或者一个实体，嵌入到环境中，通过传感器感知环境，通过效应器自治地作用于环境并满足设计要求。Agent 具备以下特性：自主性、反应性、社会性和进化性。Agent、体系结构和程序之间的关系：Agent＝体系结构＋程序。

分布智能是指逻辑上或物理上分布的智能系统或智能对象，在进行大型复杂问题的分布式求解中，通过协调各自的智能行为所表现出来的智能。分布智能的主要研究方向有两个：分布式问题求解和多 Agent 系统。其中，多 Agent 系统是分布智能研究的一个热点。

智能体通信语言以知识查询与操纵语言为例，主要讨论语言结构、保留的行为原语参数、保留的行为原语和通信服务器等。

多 Agent 系统中的协调问题是指多个 Agent 为了以一致和谐的方式工作而进行交互的过程。多 Agent 合作中的协调方法主要有 3 种：基于部分全局规划的协调、基于联合意图的协调和基于社会规范的协调。

多智能体的协作是指智能体之间互相配合一起工作。主要协作方法：合同网和市场机制。合同网是应用最广泛的一种协作方法，类似于人们在商务过程中用于管理商品和服务的合同机制。合同网不需要预先规定智能体的角色，智能体在协作过程中的角色可以变化：任何智能体通过发布任务通知书而成为管理者；任何智能体通过应答任务通知书而成为工作者。

市场机制的基本思想是针对分布式资源分配的待定问题，建立相应的计算经济，使智能体间通过最少的直接通信来协调多个智能体之间的活动。系统中只存在两种类型的智能体：生产者和消费者。生产者能够提供服务，即将某一种商品转换为另一种商品；消费者能够进行商品交换。智能体以各种价格对商品进行投标，但所有的商品交换都以当前市场价格进行，每一个智能体通过投标获得最大的利益和效用。

协商是 MAS 实现协调、协作、冲突消解和矛盾处理的关键环节，协商的关键技术可以概括为协商协议、协商策略和协商处理 3 个方面。

协商协议用于处理协商过程中协商方之间的交互，是交易双方交互的规则。一条协商通信消息：

(〈协商原语〉,〈协商内容〉)

协商策略是 Agent 选择协商协议和通信消息的策略。协商策略可以分为 5 类：单方让步策略、竞争型策略、协作型策略、破坏协商策略和拖延协商策略。竞争型策略和协作型策略才是有意义的。竞争型策略一般指协商参与者坚持自己的立场，在协商过程中表现出竞争行为，使协商结果向有利于自身利益方向发展的协商对策。协作型策略则是指协商各方都从整体利益出发，在协商过程中互相合作，他们采取的协商对策有利于寻找互相能接受的协商结果。

协商处理是对单个协商方及协商系统、协商行为的描述及分析，包括协商算法和系统分析两部分内容。

习　题

1. 什么是 Agent？它有哪些基本特征？
2. Agent 在结构上有什么特点？它是如何按照结构进行分类的？
3. 什么是多 Agent 系统？它有哪些主要特性？
4. 什么是 Agent 通信？Agent 通信需要解决的基本问题有哪些？有哪几种主要的通信方式？
5. 什么是消息？什么是原语？KQML 是如何利用原语进行消息通信的？
6. 什么是协调、协作、协商？它们之间有什么联系和区别？
7. 多 Agent 系统有哪些协作、协商方法？系统是如何利用这些方法进行协作和协商的？
8. 什么是移动 Agent？它有哪些基本特性？
9. 移动 Agent 有哪些关键技术？

第 10 章　视觉感知与识别

模仿人的感官功能、感知外部世界信息、提取信息的内容并作出正确的决策是人工智能常见的表现形式之一。在人类所感知的诸多信息中，通过视觉感知到的信息要占到 90%以上，因此对于机器来说，视觉信息的获取和处理也显得尤为重要。本章着重讨论视觉感知基本原理和视觉信息处理与识别。

视觉传感器模型可以分为两个部分：一个是目标模型(Object Model)，另一个是绘制模型(Rendering Model)。目标模型用于描述存在于视觉世界中的对象，例如人、建筑物、树木、车辆。目标模型可以是如同计算机辅助设计(CAD)系统中一样精确的三维几何模型，也可以是一些模糊约束。绘制模型用于描述物理的、几何的或者统计的过程，这些过程来自世界的刺激。绘制模型是十分准确的，但是它所能反映的事实却是模糊的。举例来说，一个白色物体处于暗光下可能跟一个在强光下的黑色物体看起来一样，一个小的近距离物体与一个大的远距离物体看起来也没有多少差别。

一个机器人的视频摄像机大概能以 60 Hz 的速率产生 100 万 24 位像素的数据量，每分钟 10 GB 的数据。所以对于具有视觉的系统来说，它的真正问题是，视觉信息中的哪部分该用来帮助机器选择好的行动，而哪一部分又可以被直接忽略。

我们可以有 3 种方法来处理这个问题。一种是基于特征提取的方法。另一种是基于识别的方法，在这种方法中，机器通过视觉或其他信息来区分它遇到的各个对象，识别可能意味着标识出每幅图像是否包含人脸。还有一种是基于重建的方法，在这种方法中，机器将通过一幅或一组图像重建这个世界的几何模型。

最近 30 多年来，已经产生了一系列的应用这 3 种方法的强大工具或者方法。理解这些方法就需要理解图像形成的过程，所以本章首先介绍一下图像生成中发生的一些物理和统计现象，接下来讨论利用人工智能的手段检测和识别人脸以实现身份认证的人脸识别系统应用，最后讨论基于深度学习的图像识别。

10.1　图像生成

成像会扭曲物体的外观，例如，当我们俯视一段长而直的铁轨时，铁轨看上去最终会相交于一点，有时甚至一只手就能遮挡住月亮的全景。这些现象对于识别与重建都是至关重要的。

10.1.1　小孔照相机成像

图像传感器可以收集场景中物体表面反射的光线并生成一幅二维图像。在人的眼睛中，图像在视网膜上成像。视网膜包含两种类型的细胞，即大概 1 亿个视杆细胞和大概 500 万个视锥细胞。视锥细胞对颜色视觉很敏感。视锥细胞主要有 3 类，每一类对不同波长的光敏感度不同。在摄像机中，图像在平面上成像。这个平面可以是涂有卤化银的胶卷或是具有几百万感光像素的矩形网格，每个感光像素是一个CMOS(Complementary Metal-Oxide Semiconductor，互补金属氧化物半导体)或CCD(Charge-Coupled Device，电荷耦合器件)。传感器的输出为一段时间内到达传感器的光子产生的所有效应之和，这意味着图像传感器输出的是到达传感器的光线强度的加权平均。

要看到聚焦的图像，我们必须保证从场景中大致相同的点出发的光子到达图像平面上的同一点。最简单的聚焦方法莫过于使用小孔照相机，它由一个盒子组成，其前部有一个能透光的小孔O，后部有一个图像平面，小孔成像的原理示意图如图10.1所示。场景中的光子进入镜头时必须通过小孔，如果小孔足够小，则在场景中相近的光子经过小孔后在图像平面上也会相邻。

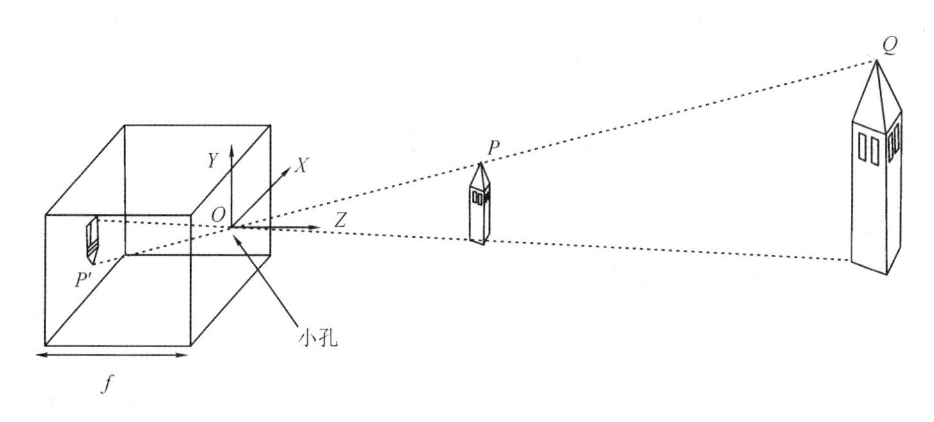

图10.1　小孔成像原理

小孔照相机的几何模型很容易理解。我们可以采用一个以O为原点的三维坐标系，并考虑场景中的一点P，其坐标为(X, Y, Z)。P被投影到图像平面上的点P'，坐标为(x, y, z)，设f是从小孔到图像平面的距离，那么根据相似三角形的性质，我们得到以下公式：

$$\frac{-x}{f}=\frac{X}{Z},\quad \frac{-y}{f}=\frac{Y}{Z}\Rightarrow x=\frac{-fX}{Z},\quad y=\frac{-fY}{Z}$$

这些公式定义了一种成像过程，称为透视投影(Perspective Projection)。值得注意的是，分母上的Z意味着物体离小孔越远，它的图像越小。还要注意到负号表示图像相对于实际场景是上下、左右颠倒的。

在透视投影的情况下，因为远距离的物体看上去比较小，所以你的手掌看上去能遮住整个月亮。另一个重要的结论是平行线汇聚于视平线上的一点。在场景中经过点(X_0, Y_0, Z_0)，且方向为(U, V, W)的一条直线可以描述为点集$(X_0+\lambda U, Y_0+\lambda V, Z_0+\lambda W)$，其中，$\lambda$在$+\infty$和$-\infty$之间变化。这条直线上的一点$P_\lambda$到图像平面上的投影由下式给出：

$$p_\lambda=\left(f\frac{X_0+\lambda U}{Z_0+\lambda W}, f\frac{Y_0+\lambda V}{Z_0+\lambda W}\right)$$

当$\lambda\to\infty$或$\lambda\to-\infty$时，上式变为$p_\infty=(fU/W, fV/W)$，其中$W\neq 0$。这意味着在真实场景中的不同点将可能被映射到图像中的同一点，对于比较大的λ取值，不管(X_0, Y_0, Z_0)取值如何，图像上的点基本上处于同一点处。我们称p_∞对应的点为与方向为(U, V, W)的直线族相关联的消失点。方向相同的直线具有同一个消失点。

10.1.2　透镜系统成像

小孔照相机成像的缺点在于需要一个尺寸小的小孔来确保图像聚焦，但这个小孔越小，到达图像平面的光子就会越少，意味着图像会很暗。当我们把小孔的尺寸放大时，确实能够获得更多的光子，但同时也会造成运动模糊，场景中运动的物体在成像时会因为光子到达不同的地方而产生模糊效应。

脊椎动物的眼睛和现代照相机都使用透镜系统来成像。透镜要比小孔大得多，因此能够透过足够的光线。透镜将来自物体位置的光线聚焦到图像平面。然而，透镜系统拥有一个有限的景深，只能对一定距离(焦平面)左右的物体清晰成像，在这个范围以外的物体成像时将超出图像平面。人眼系统可以通过改变瞳孔形状来调整焦平面，而在照相机中，则可以通过镜头的来回移动来改变焦平面。

10.2　图像预处理

在本节中，我们将首先了解 3 种有用的图像处理：边缘检测、纹理分析和光流计算。这些图像处理都是所谓的“图像预处理”或“低级图像处理(运算)”，因为它们是运算流水线中最先被执行的工作。低级运算具有局部特性(它们可以在图像的某个部分上实施，而不必考虑若干个像素以外的情况)，且不需要知识，即我们能够对图像进行这些操作，而无需知道图像中到底含有什么物体。这使得低级运算十分适合于在并行处理的硬件中实现，譬如在图像处理单元 GPU 中或在肉眼中。接下来我们将考察一种中级的运算，即图像分割。

10.2.1　边缘检测

边缘是图像中的直线或曲线段，穿过边缘的图像亮度有“显著的”变化。边缘检测的目标是对大量的、成兆字节的图像数据进行抽象，形成更紧凑、更抽象的表示方式，如图10.2中所示。这样做的动机在于，图像中的边缘轮廓与重要的场景轮廓是对应的。在图 10.2 中我们显示了深度不连续的三个例子，均标为 1；表面方向不连续的两个例子，均标为 2；反射不连续的一个例子，标为 3；亮度不连续(阴影)的一个例子，标为 4。边缘检测只关心图像，因此不区分场景中这些不同种类边缘的不连续情况。

因为边缘对应着图像中亮度值发生剧烈变化的位置，一种朴素的想法就是对图像进行微分运算，然后寻找导数 $I'(x)$ 量级较大的位置。当然，这样做只是近似可行，由于噪声的存在，真正的边缘有可能被误判。因此常常需要先对图像进行平滑处理。

一种图像平滑处理的方法是赋予每个像素点的值为其相邻像素点的平均值。这样处理可以消除较为极端的值。但是我们应该考虑多少个相邻像素点，是一个、两个，还是更多？有一种解决方法能够有效地消除高斯噪声，那就是利用高斯滤波器进行加权平均。

均值为 0、标准差为 σ 的一维高斯函数为

$$N_\sigma(x)=\frac{1}{\sqrt{2\pi}\sigma}e^{-x^2/2\sigma^2}$$

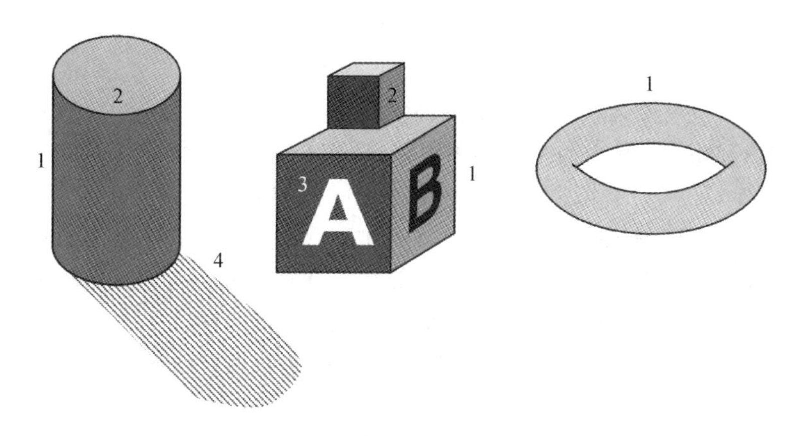

图 10.2　不同类型的边缘

二维高斯函数为

$$N_\sigma(x, y)=\frac{1}{\sqrt{2\pi}\sigma^2}\mathrm{e}^{-(x^2+y^2)/2\sigma^2}$$

应用高斯滤波器意味着用所有点(x, y)上的$I(x, y)\times N_\sigma(d)$之和替换亮度$I(x_0, y_0)$，其中，$d$是从$(x_0, y_0)$到$(x, y)$的距离。这种加权和很常用，因而有专门的名称和符号。我们称函数h是两个函数f和g的卷积(记作$h=f*g$)，在一维情况下，有

$$h(x)=(f*g)(x)=\sum_{u=-\infty}^{+\infty}f(u)g(x-u)$$

在二维情况下有

$$h(x, y)=(f*g)(x, y)=\sum_{u=-\infty}^{+\infty}\sum_{v=-\infty}^{+\infty}f(u, v)g(x-u, y-v)$$

所以平滑函数是通过图像和高斯函数的卷积$I*N_\sigma$得到的。当σ取值为1个像素时，对于少量噪声的平滑处理已经足够了；而取值为2个像素时，能够对更大量的噪声进行平滑，但是会损失某些细节。因为高斯函数的作用随着距离的增加而减弱，在实际应用中我们可以将求和中的∞替换为3σ。

这里我们进行一个优化，将平滑和搜索边缘合并成单一的运算。有如下定理：对任意函数f和g，它们卷积的导数$(f*g)'$等于其中一个函数与另一个函数的导数的卷积，即$f*(g)'$。所以与其对图像先平滑后求导，不如直接将图像与高斯平滑函数N'_σ进行卷积，然后再根据阈值直接标示出边缘。

下面介绍一种可以将这种算法从一维图像推广到二维图像的一般化方法。因为边缘可能具有任意的角度θ，如果我们将图像的亮度看作x和y的二维标量，则其梯度可以看作一个向量，其表示为

$$\nabla I=\begin{bmatrix}\dfrac{\partial I}{\partial x}\\ \dfrac{\partial I}{\partial y}\end{bmatrix}=\begin{bmatrix}I_x\\ I_y\end{bmatrix}$$

边缘对应于图像中亮度剧烈变化的地方，在边缘点处梯度的模$\|\nabla I\|$较大。我们比较感兴趣的是梯度的方向，即

$$\frac{\nabla I}{\|\nabla I\|} = \begin{bmatrix} \cos\theta \\ \sin\theta \end{bmatrix}$$

这个公式给出了每一点的边缘方向的定义：$\theta=\theta(x, y)$。

与一维的情况相同，我们通常不直接计算梯度∇I，而是计算经过高斯卷积平滑化后的$\nabla(I * N_\sigma)$。同样，这与计算图像和高斯函数的偏导数的卷积是等价的。得到梯度以后，我们就可以通过梯度来检测边缘了。对于一个单独的点来说，为了判定其是否为边缘点，我们还要考虑其梯度方向上相邻的前方与后方的点。如果这些点中有一点的梯度更大，那么我们可以将边缘曲线稍微平移来获得一条更好的边缘曲线。同样，如果有一点的梯度值太小，则我们可以判定这一点不是边缘点。所以对边缘点来说，它一定是其梯度方向上梯度高于某个阈值的局部最大值的点。

一旦通过这种算法标出边缘像素，下一步就是将属于同一边缘曲线的像素连接起来。通过假设具有一致方向的相邻边缘像素一定属于相同边缘曲线，就可完成边缘检测。

10.2.2　纹理分析

纹理，在日常用语中，是对表面的视觉感觉，“纹理(Texture)”一词与“纺织物(Textile)”具有相同的词根，在计算视觉中，它指的是在表面空间上重复出现的、能够通过视觉感觉到的模式。纹理的实例包括建筑物上窗户的模式、汗衫上的针脚、美洲豹皮肤上的花斑、草地上一片一片的草、海滩上的卵石以及体育场中的人群等。有时纹理排列具有明显的周期特性，就像汗衫上的针脚。而在其他的例子中，比如海滩上的卵石，这种规律性只有统计上的意义，在海滩上不同地方的卵石分布密度是近似相同的。值得说明的是，亮度与纹理的区别：亮度只是针对单一像素的一种属性，纹理则指的是由像素组成的图像块表现出的特性。对于给定的图像块，我们可计算出其每一个像素点的方向，然后给出统计方向的直方图。对于一面砖墙，其直方图一般只有两个尖峰(对应于水平方向与垂直方向)，而对于美洲豹来说，它的直方图是一个更均匀的分布。

对具有纹理对象的图像的边缘检测效果往往没有对平滑对象进行边缘检测的效果好，这是因为纹理元素之间的一些重要边缘信息可能会丢失，例如我们在纹理检测后可能只能发现斑纹而找不到原来的老虎。一种解决办法是像寻找亮度差异一样寻找纹理特性的差异，例如老虎的图像区域与草地的图像区域在方向直方图上差别很大，这就使得我们可以找出它们之间的边界曲线。

10.2.3　光流计算

下面来考虑进行图像计算时，我们不仅仅计算一幅图片，还要计算一个视频序列时的情况。当图像中的物体在运动或是我们的镜头在相对物体运动时，由此引起的图像中的明显的运动称为光流。光流描述了图像的运动方向和速度，当然一幅图像中车辆的速度不是用每小时多少公里而是用每秒钟多少像素来描述的。光流同时也包含了场景中各物体的信息。举例来说，坐在一辆移动的火车上拍摄视频时，距拍摄者不同距离的物体有着不同的速度，根据速度的不同我们可以推断出物体距我们的距离。光流法也可以用于动作识别，如图 10.3(a)和 10.3(b)显示的是一个视频中网球运动员的相邻两帧图像，从图 10.3(c)中计算出的光流向量来看，球拍和运动员的前脚正在快速移动，注意箭头方向是如何捕捉球拍和前腿的运动的。

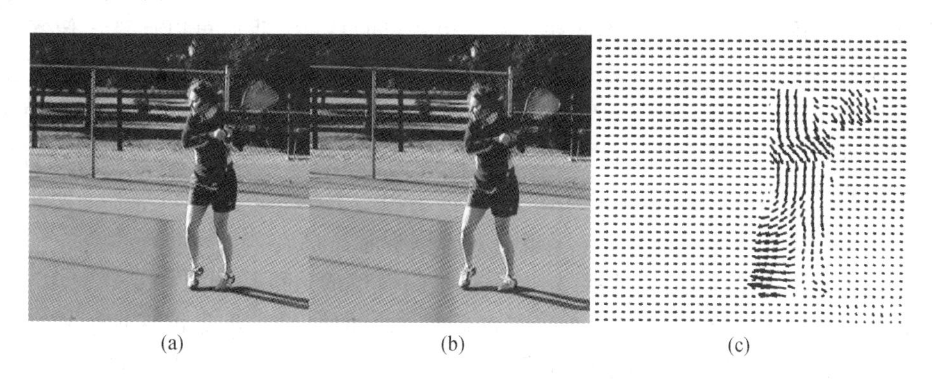

图 10.3　光流

对于任意一点(x, y)来说，其光流向量可以用 x 方向的分量 $v_x(x, y)$和 y 方向的分量 $v_y(x, y)$来表示。为了计算光流，我们需要在相邻的图像帧中找到相对应的点。因为相邻区域的点一般具有相同的亮度变化，所以我们可以有一个简单的计算方法。考虑 t_0 时刻以像素 $p(x_0, y_0)$为中心的区域，在 t_0+D_t 时刻，我们将这一区域与以像素(x_0+D_x, y_0+D_y)为中心的区域进行比较。一种可能的比较方法是差分平方和(SSD)，其公式为

$$\mathrm{SSD}(D_x, D_y)=\sum_{(x, y)}[I(x, y, t)-I(x+D_x, y+D_y, t+D_t)]^2$$

其中，(x, y)在以(x_0, y_0)为中心的区域中取值。如果能找到使得 SSD 最小的(D_x, D_y)，则(x_0, y_0)点的光流为$(v_x, v_y)=(D_x/D_t, D_y/D_t)$。需要注意的是，对于这种方法，往往还要考虑场景的纹理和变化。假如背景是一面白色的墙，则 SSD 在各处的值基本上一样，并且算法也会退化成盲目搜索。最好的光流算法是结合场景中的条件进行相应的约束再来求解。

10.2.4　图像分割

分割(Segmentation)是指基于像素点的相似性将图像分解成若干区域的过程。其基本思想如下：每个图像像素都可以关联某些视觉特性，诸如亮度、色彩和纹理，在一个物体中，或者是它的单独一部分中，这些属性的变化相对非常小，而穿过物体之间的边界时，典型情况下这些属性中的一个或多个会出现较大的变化。有两种方法可用于图像分割，一种主要致力于检测这些区域的边界，另一种则致力于检测区域本身，如图 10.4 所示。

(a) 原图

(b) 区域分割图

图 10.4　图像分割

当一条边界曲线穿过一个像素(x, y)时，会有一个方向θ，所以我们可以将检测边界曲线的问题形式化为机器学习分类问题。根据相邻点的特征，我们可以计算出像素(x, y)在θ方向有边界线穿过时的一个概率$P_b(x, y, \theta)$，沿着θ方向将以(x, y)为中心的圆形区域分为两个半圆，则两个半圆在亮度、颜色以及纹理方面都应该具有明显的不同。Martin、Fowlkes以及Malik(2004)用这两个半圆之间的亮度、颜色、纹理的差分直方图训练了一个分类器。其中，他们使用了已经手工标示出边界的图片训练分类器，使得最终这个分类器既能分辨人工标记的边界，又能分辨不同视觉特性。

这种边界检测方法(使用分类器)比前面介绍的简单的边缘检测效果要好很多，但是仍然有两个不足之处：① 根据$P_b(x, y, \theta)$的阈值选出的边界点不足以保证形成相连的边界，所以这种方法不能保证将图像分割成区域；② 决策利用的仅仅是局部的特征而不是全局一致的约束。

另一种可供选择的方法是利用像素的亮度、颜色及纹理将像素“聚类”成区域。Shi和Malik于2000把它描述为图分割问题。图的每个节点对应于像素，而每条边对应于像素之间的连接。一对像素i和j的边上的权值W_{ij}是基于这两个像素在亮度、色彩、纹理等方面的相似度而计算的。然后他们寻找适当的分割，使得一个规范化分割指标达到最小。简而言之，图像分割的指标就是使跨组连接的权值总和最小，而组内连接的权值总和最大。

只基于亮度和色彩等特征的低级、局部属性的分割方法，往往会导致错误。为了可靠地找到物体的边界，还应该结合使用在场景中可能遇到的物体的高级知识。表示这种知识仍是研究中的热点课题。一种流行的策略是通过分割将图像分为超像素的上百个相似区域，然后再利用基于知识的算法来处理。一般来说，处理几百个超像素要比处理上百万的普通像素来得简单。

10.3 基于外观的人脸检测

外观指的是一个物体看上去的情况。一些物体类，比如说棒球在外观上变化很小，在大部分情形下这类物体看起来基本一样。基于此，我们可以计算一些描述包含这些物体的图像的特征，然后据此训练出分类器。

其他类别的物体，如房子或芭蕾舞演员，不同时间场景下变化一般很大。如一所房子可能具有不同的大小、颜色或者形状，甚至，从不同的角度来看，它也可能是不同的。而芭蕾舞演员在做出不同的动作或者当舞台灯光变化时看上去也不尽相同。一个有用的理念是只关注物体的局部组成部分，而忽略物体的变化(即这些局部部分相互之间的移动)。我们可以通过检测局部的特征以及各个部分是否存在来检测整体，而不必关心各个部分的位置。

人脸检测的任务就是判断给定的图像上是否存在人脸，如果人脸存在，就给出全部人脸所处的位置及其大小。如图10.5所示，图中利用矩形框选出人脸的区域，随着人脸区域的大小和人脸姿态的变化，矩形区域的面积也在变化。基于外观的人脸检测方法依赖一组委托训练人脸图像来找出人脸模型，主要利用统计分析和机器学习的技术来寻找人脸图像的相关特征。

图 10.5　不同大小和姿态的人脸检测

虽然早期关于人脸检测的研究工作离实际应用的要求还有很远，但其检测的流程已经和现代的人脸检测方法没有本质区别。给定一张输入图像，要完成人脸检测任务，我们通常分成三步来进行：

(1) 选择图像上的某个(矩形)区域作为一个观察窗口；

(2) 在选定的窗口中提取一些特征，对窗口包含的图像区域进行描述；

(3) 根据特征描述来判断这个窗口是不是正好框住了一张人脸。

检测人脸的过程就是不断地执行上面三步，直到遍历所有需要观察的窗口。如果所有的窗口都被判断为不包含人脸，那么就认为所给的图像上不存在人脸，否则就根据判断结果(窗口包含人脸)给出人脸所在的位置及其大小。

那么，如何选择我们要观察的窗口呢？所谓眼见为实，要判断图像上的某个区域是不是一张人脸，必须要观察了这个区域之后才知道，因此，选择的窗口应该覆盖图像上的所有区域。显然，最直接的方式就是让观察的窗口在图像上从左至右、从上往下一步步滑动，从图像的左上角滑动到右下角——这就是所谓的滑动窗口范式。

虽然这种用窗口在图像上扫描的方式非常简单粗暴，但它的确是一种有效而可靠的窗口选择方法。迄今为止，滑动窗口范式仍然被很多人脸检测方法所采用，而非滑动窗口范式的检测方法本质上也没有摆脱对图像进行密集扫描的过程。

对于观察窗口，还有一个重要的问题就是：窗口应该多大？我们认为一个窗口恰好框住一张人脸时是最合适的，即窗口的大小和人脸的大小是一致的，窗口基本贴合人脸的外轮廓。

不过，即使在同一张图像上，人脸的大小不仅不固定，而且可以是任意的，这样怎么才能让观察窗口适应不同大小的人脸呢？一种做法当然是采用多种不同大小的窗口，分别去扫描图像，但是这种做法并不高效。换一个角度来看，其实也可以将图像缩放到不同的大小，然后用相同大小的窗口去扫描——这就是所谓的构造图像金字塔的方式。图像金字塔这一名字非常生动形象，将缩放成不同大小的图像按照从大到小的顺序依次往上堆叠，正好就组成了一个金字塔的形状。

通过构造图像金字塔，同时允许窗口和人脸的贴合程度在小范围内变动，我们就能够检测到不同位置、不同大小的人脸了。另外需要一提的是，对人脸而言，我们通常只用正方形的观察窗口，因此就不需要考虑窗口的长宽比问题了。

选好了窗口，就进行特征提取，特征就是我们对图像内容的描述。由于机器看到的只是一堆数值，能够处理的也只有数值，因此对于图像所提取的特征具体表示出来就是一个向量，称之为特征向量，其每一维是一个数值，这个数值是根据输入(图像区域)经由某些计算(观察)得到的，例如进行求和、相减、比较大小等。总而言之，特征提取过程就是从原始的输入数据(图像区域颜色值排列组成的矩阵)变换到对应的特征向量的过程，特征向量就是我们后续用来分析的依据。

特征提取之后，就到了决断的时刻：判别当前的窗口是否恰好包含一张人脸。我们将所有的窗口划分为两类，一类是恰好包含人脸的窗口，称之为人脸窗口；剩下的都归为第二类，称之为非人脸窗口。而最终判别的过程就是一个对当前观察窗口进行分类的过程：如将人脸窗口编码为1，而将非人脸窗口编码为−1；分类器就是一个将特征向量变换到类别标签的函数。

由于采用滑动窗口的方式需要在不同大小的图像上的每一个位置进行人脸窗口和非人脸窗口的判别，而对于一张大小仅为480×320 dpi的输入图像，窗口总数就已经高达数十万，面对如此庞大的输入规模，如果对单个窗口进行特征提取和分类的速度不够快，就很容易使整个检测过程产生巨大的时间开销。也确实因为如此，早期所设计的人脸检测器处理速度都非常慢，一张图像甚至需要耗费数秒才能处理完成——视频的播放速度通常为每秒25帧图像，这给人脸检测投入现实应用带来了巨大的阻碍。

随着深度学习的兴起，基于深度学习的人脸检测方法逐渐占据主流，比较流行的人脸检测方法是YOLO算法，YOLO算法还在不断发展过程中，形成了一系列的算法，目前广泛使用是YOLOv5，它可以从输入图像中，直接得到人脸和所在位置，不需要分作两步处理而是合二为一。YOLO算法作为最先进的检测算法之一，从被提出起便具有“高精度、高效率、高实用性”等优点，是目前公认的人脸检测最好的算法之一。

10.4 人脸识别

人脸识别作为身份验证的一项重要手段已经渗透到人们的日常工作和生活中，大到机场、车站，小到社区、企业单位甚至实验室的门禁中都有广泛的应用，在人员管控方面发挥了重要作用，其技术本身也非常成熟，甚至在戴着口罩的情况下，也有很好的解决方案。

人脸识别是基于人的脸部特征信息进行身份识别的一种生物识别技术，用摄像机或摄像头采集含有人脸的图像或视频流，并自动在图像中检测和跟踪人脸，进而对检测到的人脸进行脸部识别的一系列相关技术，通常也叫作人像识别、面部识别。人脸识别本质上和在学生信息数据库中搜索一个特定名字的学生的成绩是一样的，只不过在数据库中搜索名字是字符串精确匹配，而人脸识别是在人脸库中搜索一个相似度达到一定阈值的人脸，可以认为是图像的模糊匹配。接下来试图利用Python语言实现这样一个相对完整的项目，以掌握利用Python语言实现人工智能项目(人脸识别)的解决方案。

10.4.1 人脸数据库

目前有很多公共的人脸数据库，以olivetti人脸库为例，该数据库也称为ORL人脸库，由英国剑桥大学AT&T实验室创建，包含40人共400张面部图像，每人包含10幅经过归一化处理的灰度图像，图像尺寸均为 112(高或行)×92(宽或列)dpi，图像背景为黑色。其中采集对象的面部表情和细节均有变化，例如笑与不笑、眼睛睁着或闭着以及戴或不戴眼镜等，不同人脸样本的姿态也有变化，其深度旋转和平面旋转可达 20°。

程序 10.1 实现的是加载 olivetti 人脸库，并显示部分人脸图像。程序第 5 行从网络下载人脸库，返回的数据结构是字典 dict 类型，该字典一共有 4 个关键字，即['data'，'images'，'target'，'DESCR']，可以通过关键字 DESCR 输出该人脸库的描述信息。data 字段的值是大小为 400×4096 的矩阵，每一行是一张人脸图像经过归一化且拉直处理后得到的向量。由于实际图像的大小 64×64，拉直的过程就是将后一行接续在上一行的末尾，这样每幅人脸图像就是一个含有 4096 个元素的向量。images 字段的值是一个三维张量，大小为 400×64×64，也就是每个元素是一个矩阵，该矩阵是原始图像，所以在显示的时候可以直接利用该字段输出。target 字段的值是每一幅人脸图像的标签，也是该人脸的身份。这里忽略人脸的姓名直接用数字代表图像的标签。例如前面的 10 幅图像的标签就是 0，第 2 个 10 幅图像的标签为 1，依次类推，最后 10 幅图像的标签就是 39。最后一个字段 DESCR 是整个人脸库的描述信息。以上的介绍都可以在这个字段值中看到。程序第 8 行的“k<=60”控制显示库中前 60 幅图像。图 10.6 是加载 olivetti 人脸库后显示的前 60 幅人脸图像。

图 10.6　olivetti 人脸库的前 60 幅人脸图像

```
1   #程序 10.1  加载 olivetti 人脸库并显示部分人脸图像
2   from sklearn import datasets
3   import cv2
4   import matplotlib.pyplot as plt
5   faces=datasets.fetch_olivetti_faces()                #下载 olivetti 人脸库，返回数据结构
6   # print(faces['DESCR'])                              #DESCR 是人脸库数据集的描述信息
7   for k in range(1, 400):
8       if k <=60:                                       #显示前 60 幅人脸图像
9           plt.subplot(5, 12, k)
10          plt.imshow(faces.images[k], cmap='gray')
11          plt.axis ('off')
12  plt.tight_layout(0.1, rect=(0, 0, 1, 1))
13  plt.subplots_adjust(top=0.9)
14  plt.show()
```

10.4.2　基于最近邻方法的人脸识别算法

基于最近邻方法的人脸识别算法在数学上的原理是将人脸图像矩阵拉直变成一个向

量，该向量可以看作空间中的一个点，人脸库中所有的人脸图像也就是空间上点的集合。对于某一特定的人脸图像，计算该图像对应的向量到人脸库中所有点的距离，如果与人脸库中某一点的距离最小并且小于事先给定的一个阈值，则可以认为这两个人脸图像对应的身份相同；如果该最小距离都大于给定阈值，则认为该人脸图像对应的身份非法。

最近邻算法非常直观、简单，不需要训练过程就能完成。程序 10.2 演示的就是利用最近邻算法识别 olivetti 人脸库中每个人的第 2 幅图像并将识别结果保存到 Excel 文件的情形。程序第 7 行是利用切片从第 0 行到第 100 行间隔 10 行取 1 幅图像，也就是前面 10 个人的第 1 幅图像作为训练集，从第 1 行到第 100 行间隔 10 行取 1 幅图像，也就是前面 10 个人的第 2 幅图像作为测试集。这里为方便显示识别结果，只演示了前 10 个人的识别效果，实际上是可以做到对 40 个人的识别的。

程序第 16 行计算的是测试图像中的每一幅图像与训练库中的每一幅图像之间的欧氏距离，两点（$\boldsymbol{x}=[x_1, x_2, \cdots, x_d]^{\mathrm{T}}$，$\boldsymbol{y}=[y_1, y_2, \cdots, y_d]^{\mathrm{T}}$）之间的欧氏距离对应着向量的二范数，即

$$d(\boldsymbol{x}, \boldsymbol{y}) = \|\boldsymbol{x}-\boldsymbol{y}\|_2 = \left(\sum_{i=1}^{d} |x_i - y_i|^2\right)^{1/2}$$

每一幅测试图像与训练库中的图像分别计算就有 10 个距离值，距离值最小就表明测试图像可能和该训练图像的标签一致，即

$$\mathrm{label}(\boldsymbol{x}) = \underset{i}{\operatorname{argmin}} d(\boldsymbol{x}, \boldsymbol{y}^{(i)})$$

所以第 17 行紧接着就计算最短距离，并且在距离向量中找到该最短距离的索引值作为该测试图像的预测值。第 18 行附上该测试图像的真实标签作为比较。

程序从第 23 行开始到最后都是为了将结果保存到 Excel 文件中，这里用到了模块 xlwt 中的对象和方法，所以在程序开始导入了 xlwt 模块。按照 Excel 文件的表格要求组织好每一个单元格、表和工作簿的数据就能正确保存文件。

```
1    #程序 10.2  基于最近邻方法的人脸识别算法
2    from sklearn import datasets
3    import numpy as np
4    import xlwt
5    faces=datasets.fetch_olivetti_faces()
6    X, y=faces['data'], faces['target']
7    X_train, X_test=X[:100:10,:], X[1:100:10,:]        #取每人的前2幅图像做训练集和测试集
8    distance=[['test', 'train0', 'train1', 'train2', 'train3',
9                   'train4', 'train5', 'train6', 'train7', 'train8',
10                  'train9', 'min_dis', 'predict', 'true']]        #保存为Excel表格的标题
11   for i in range(10):
12       dis=[]
13       title='test'+str(i)
14       dis.append(title)
15       for j in range(10):
16           dis.append(np.around(np.linalg.norm(X_test[i]-X_train[j]), 1))   #计算距离
17       min_dis=np.min(dis[1:])                          #求最短距离
18       index=dis.index(min_dis)                         #求最短距离对应的索引
```

```
19          dis.append(min_dis)
20          dis.append(index-1)
21          dis.append(i)                                    #真实值
22          distance.append(dis)
23      workbook=xlwt.Workbook(encoding='utf-8')            #识别结果保存到 Excel 文件
24      booksheet=workbook.add_sheet('Sheet1', cell_overwrite_ok=True)
25      row=0
26      for line in distance:
27          for col in range(len(line)):
28              booksheet.write(row, col, str(line[col]))
29          row+=1
30      workbook.save('result.xls')
```

表 10.1 是程序 10.2 人脸识别的结果。表中从 train0 到 train9 的列是每一个训练图像分别到不同测试图像的距离，predict 列为程序预测的测试人脸图像的标签，true 列为测试图像的真实标签。将最后这两列作比较可以发现，只有第 1 张人脸图像识别错误，程序预测为标签 5，而真实的标签则是 0，其他都是正确的。这也说明，任何人工智能算法都对预测性能有要求，在实际项目中需要不断调整合适的参数和算法以使得预测的性能达到项目的要求。

表 10.1　程序 10.2 人脸识别的结果

test	train0	train1	train2	train3	train4	train5	train6	train7	train8	train9	min_dis	predict	true
test0	12.7	13.1	12.2	13.0	12.0	10.4	14.7	13.2	13.0	14.0	10.4	5	0
test1	11.0	8.0	11.8	9.6	10.4	9.8	11.7	12.3	12.7	12.1	8.0	1	1
test2	14.0	11.5	6.0	10.7	9.2	11.2	12.5	12.8	10.8	10.4	6.0	2	2
test3	11.7	10.1	9.8	8.3	9.6	10.1	12.0	12.7	10.5	10.5	8.3	3	3
test4	11.7	10.7	7.5	9.6	5.7	8.6	11.4	12.5	8.4	10.1	5.7	4	4
test5	9.8	10.9	10.5	10.2	7.8	4.0	9.8	12.1	11.6	11.9	4.0	5	5
test6	12.2	11.0	11.0	11.3	10.2	10.7	7.5	13.7	13.1	11.9	7.5	6	6
test7	11.4	12.8	12.7	13.3	12.4	12.5	13.6	6.3	14.9	10.7	6.3	7	7
test8	14.2	13.3	7.3	10.2	8.7	11.2	13.4	14.6	6.2	10.7	6.2	8	8
test 9	11.6	12.3	8.8	10.7	9.8	12.2	12.6	11.2	10.0	6.6	6.6	9	9

程序 10.2 有一个前置条件是测试图像的标签都在训练库中，可以用与测试图像最短距离的训练图像的标签作预测。但是在实际项目中有待识别的人脸的身份不在训练库中的情形，例如某单位的门禁系统，要判别一幅人脸是否为本单位人员的。这时可以设定一个阈值，如果这个最短距离的值大于这个阈值就可以判为否。

10.4.3　基于主成分分析方法的人脸识别算法

在程序 10.2 中，直接计算原始的人脸图像之间的距离，并没有对图像做特征提取和特征选择。这样参与计算的一幅图像对应的向量大小为 4096 维，在这么高维的向量之间计算距离会增加计算时间，在实际项目中就会降低系统的反应速度。如果用最能代表该幅图像的低维向量表示一幅图像，在计算距离时就会减少计算时间，一种常用的做法就是主成分分析(Principal Component Analysis，PCA)。

将实对称矩阵的特征分解推广到一般矩阵就是矩阵的奇异值分解，矩阵 $\boldsymbol{A}$ 的维度为 $m\times n$，有如下分解形式：

$$\boldsymbol{A}=\boldsymbol{U\Sigma V}^{\mathrm{T}}$$

其中，$\boldsymbol{U}$ 和 $\boldsymbol{V}$ 都是单位正交阵，即 $\boldsymbol{U}^{\mathrm{T}}\boldsymbol{U}=\boldsymbol{I}$，$\boldsymbol{V}^{\mathrm{T}}\boldsymbol{V}=\boldsymbol{I}$，$\boldsymbol{U}$ 称为左奇异矩阵，$\boldsymbol{V}$ 称为右奇异矩阵；$\boldsymbol{\Sigma}$ 仅在对角线上有值，这些值称为奇异值，其他元素均为 0。这些奇异值和矩阵特征分解中的特征值类似，特征值大代表该特征值对应的特征向量上的能量分布大，因此奇异值也是矩阵在奇异向量上的能量分布，如果保留比较大的部分奇异值所对应的部分奇异向量，忽略其他奇异向量就能起到降低维度的作用。

PCA 降维的本质是通过矩阵分解找到对能量分布最重要的特征向量(奇异向量)，这些特征向量在人脸图像中就是特征脸，有了这些特征脸之后，将人脸图像重新投影到这些特征脸上，用这些投影系数向量代替原始图像，这些特征脸的个数显然要小于原始图像的像素个数，所以就能降低人脸数据的维度，基于 PCA 的人脸识别算法如程序 10.3 所示。

完成 PCA 降维之后，再计算欧氏距离进行人脸识别。选择了 4 种不同分量即 2、3、4、5 分别做人脸识别，也就是程序 10.3 要执行 4 次，因此，将程序 10.3 做成了一个函数 get_result()，该函数接收训练图像、测试图像以及要保存的 Excel 文件名三个参数，识别过程与程序 10.2 一致。

在程序 10.3 中第 37 行先将训练图像和测试图像做堆叠，一起进行矩阵分解。第 38 行对堆叠后的矩阵做奇异值分解，返回值中右奇异矩阵 $\boldsymbol{V}$ 已经做了转置，所以在求特征脸的时候需要再次转置，也就是第 39 行实现矩阵转置，这样每一列就是特征脸。第 41 行实现原始图像在新的特征脸上作投影，如果主分量是 2，则投影后的系数向量维度就是 2，依次类推。第 42 行调用函数识别人脸的时候，需要将投影矩阵 X_pca 分拆成训练图像和测试图像，传给函数计算。第 43 行开始实现的是将主分量数为 2 的人脸分布以散点图的方式显示在二维平面上，如图 10.7 所示。

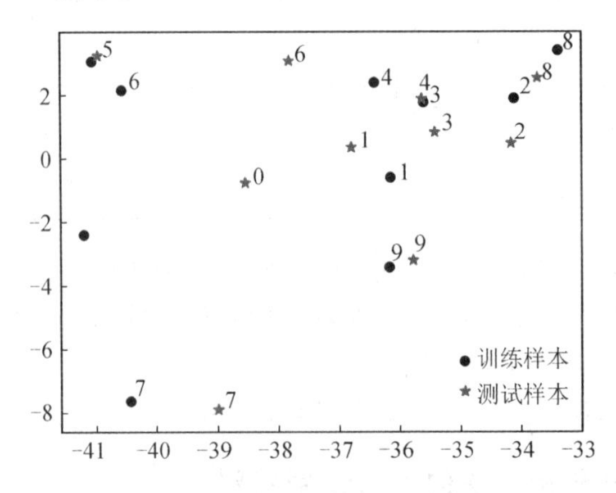

图 10.7　主分量数为 2 时的训练样本和测试样本的分布

```
1     #程序 10.3　基于主成分分析方法的人脸识别算法
2     from sklearn import datasets
3     import numpy as np
4     import xlwt
5     import matplotlib.pyplot as plt
6     import matplotlib as mpl
7     def get_result(X_train, X_test, result):
8     # 保存 Excel 表格的标题
9         distance=[['test', 'train0', 'train1', 'train2', 'train3',
10                    'train4', 'train5', 'train6', 'train7', 'train8',
11                    'train9', 'min_dis', 'predict', 'true']]
12        for i in range(10):
13            dis=[]
14            title='test' + str(i)
15            dis.append(title)
16            for j in range(10):
17                # 计算距离
18                dis.append(np.around(np.linalg.norm(X_test[i] - X_train[j]), 1))
19            min_dis=np.min(dis[1:])      # 求最短距离
20            index=dis.index(min_dis)     # 求最短距离对应的索引
21            dis.append(min_dis)
22            dis.append(index - 1)
23            dis.append(i)# 真实值
24            distance.append(dis)
25        workbook=xlwt.Workbook(encoding='utf-8')    # 识别结果保存到 Excel 文件
26        booksheet=workbook.add_sheet('Sheet1', cell_overwrite_ok=True)
27        row=0
28        for line in distance:
29            for col in range(len(line)):
30                booksheet.write(row, col, str(line[col]))
31            row +=1
32        workbook.save(result)
33
34    if __name__ =='__main__':
35        mpl.rcParams['font.sans-serif']=[u'simHei']
36        mpl.rcParams['axes.unicode_minus']=False
37        faces=datasets.fetch_olivetti_faces()
38        X, y=faces['data'], faces['target']
39        X_train, X_test=X[:100:10, :], X[1:100:10, :]
40        X_p=np.vstack((X_train, X_test))
41        U, Sigma, Vh=np.linalg.svd(X_p)
42        V=np.transpose(Vh)
43        for i in [2, 3, 4, 5]:
```

```
44            X_pca=np.dot(X_p, V[:, 0:i])
45            get_result(X_pca[0:10, :], X_pca[10:20, :], 'res'+str(i)+'.xls')
46            if i==2:
47                plt.scatter(X_pca[0:10, 0], X_pca[0:10, 1], c='r', label='训练样本')
48                plt.scatter(X_pca[10:20, 0], X_pca[10:20, 1], marker='*', c='g',
49                            label='测试样本')
50                for j in range(X_pca.shape[0]):
51                    plt.annotate(j % 10, xy=(X_pca[j, 0] + 0.05, X_pca[j, 1] + 0.05))
52        plt.legend(loc='best')
53        plt.show()
```

程序执行后产生4个结果文件，文件中的值分别如表10.2、表10.3、表10.4、表10.5所示，4张表的结果分别对应分量数为2、3、4、5时测试样本到训练样本的距离和识别结果。比较发现，在主分量的个数选取少的情况下，可能存在图像矩阵信息损失严重，不能正确区分不同样本的情况。比较典型的是在表10.2中，当主分量数为2时，有4张人脸判断错误，分别是样本0、样本4、样本6、样本8。从图10.7可以看出，只有同标签的样本距离比较近时才能正确识别，测试样本0和训练样本0相距甚远，反而和训练样本1比较近，就只能识别为标签1；测试样本4几乎和训练样本3重叠，所以识别为标签3；测试样本6与训练样本4距离最近，所以识别为标签4；测试样本8距离训练样本2和训练样本8距离相当，最终还是因为更加接近训练样本2而识别为标签2。

表10.2　主分量数为2时的人脸识别结果

test	train0	train1	train2	train3	train4	train5	train6	train7	train8	train9	min_dis	predict	true
test0	3.1	2.4	5.2	3.9	3.8	4.6	3.6	7.1	6.6	3.5	2.4	1	0
test1	5.2	1.2	3.1	1.9	2.0	5.1	4.2	8.8	4.6	3.8	1.2	1	1
test2	7.6	2.3	1.4	1.9	2.9	7.4	6.6	10.3	3.0	4.4	1.4	2	2
test3	6.6	1.6	1.7	1.0	1.8	6.1	5.3	9.8	3.3	4.3	1.0	3	3
test4	7.0	2.6	1.6	0.1	0.9	5.6	5.0	10.6	2.7	5.3	0.1	3	4
test5	5.6	6.2	7.0	5.6	4.6	0.2	1.1	10.9	7.6	8.2	0.2	5	5
test6	6.4	4.0	3.9	2.6	1.6	3.2	2.9	11.0	4.5	6.7	1.6	4	6
test7	6.0	7.8	11.0	10.3	10.6	11.2	10.2	1.5	12.6	5.3	1.5	7	7
test8	8.9	4.0	0.7	2.0	2.7	7.4	6.9	12.2	0.9	6.4	0.7	2	8
test9	5.5	2.5	5.3	4.9	5.5	8.1	7.1	6.4	7.0	0.5	0.5	9	9

在表10.3中，主分量数为3时有两个样本被识别错误，测试样本0被识别为标签9，测试样本4被识别为标签2。当主分量数为4和5时结果就稳定下来了，在表10.4和表10.5中都只有测试样本0被错误识别为标签5。

表 10.3　主分量数为 3 时的人脸识别结果

test	train0	train1	train2	train3	train4	train5	train6	train7	train8	train9	min_dis	predict	true
test0	7.5	9.4	5.2	6.7	4.7	5.8	8.4	8.3	6.6	4.4	4.4	9	0
test1	5.3	1.8	8.1	3.0	5.4	6.7	4.2	9.4	9.5	6.5	1.8	1	1
test2	9.3	8.0	1.8	4.4	3.2	7.6	9.0	10.6	3.6	4.5	1.8	2	2
test3	7.1	5.0	4.4	1.5	2.4	6.1	6.2	9.8	5.8	4.7	1.5	3	3
test4	9.0	8.3	1.8	4.2	1.9	6.0	8.1	11.1	3.2	5.5	1.8	2	4
test5	6.5	8.4	7.7	5.9	4.7	0.2	4.3	10.9	8.5	8.2	0.2	5	5
test6	6.4	4.4	8.2	3.3	4.9	5.2	2.9	11.4	9.1	8.3	2.9	6	6
test7	7.8	10.7	11.1	10.9	10.6	11.3	11.7	2.9	12.8	5.4	2.9	7	7
test8	12.4	11.5	2.1	7.4	5.3	9.0	11.6	13.6	1.5	7.7	1.5	8	8
test9	8.7	9.5	5.3	7.3	6.2	8.9	10.4	7.7	7.0	2.6	2.6	9	9

表 10.4　主分量数为 4 时的人脸识别结果

test	train0	train1	train2	train3	train4	train5	train6	train7	train8	train9	min_dis	predict	true
test0	9.8	10.7	10.0	9.3	8.9	7.5	13.8	11.0	10.0	11.7	7.5	5	0
test1	6.5	3.0	10.1	5.0	7.4	7.0	9.4	10.6	10.7	10.6	3.0	1	1
test2	9.4	8.5	1.9	4.7	3.2	8.3	9.5	10.7	3.6	5.4	1.9	2	2
test3	7.1	5.1	5.5	1.9	3.3	6.2	8.5	10.0	6.2	7.3	1.9	3	3
test4	9.0	8.4	2.7	4.2	2.1	6.3	9.3	11.1	3.4	7.0	2.1	4	4
test5	6.6	8.4	8.4	6.0	5.2	0.5	7.2	11.1	8.8	10.0	0.5	5	5
test6	8.3	8.0	8.8	6.1	6.4	8.6	3.0	12.2	10.0	8.3	3.0	6	6
test7	7.8	10.8	11.2	10.9	10.7	11.4	12.5	2.9	12.8	6.8	2.9	7	7
test8	12.4	11.8	2.3	7.5	5.3	9.5	12.0	13.6	1.5	8.3	1.5	8	8
test9	9.4	10.6	5.5	8.0	6.6	10.2	10.5	8.1	7.3	2.8	2.8	9	9

表 10.5　主分量数为 5 时的人脸识别结果

test	train0	train1	train2	train3	train4	train5	train6	train7	train8	train9	min_dis	predict	true
test0	11.1	11.0	10.0	10.6	9.3	7.6	13.9	11.1	11.5	12.7	7.6	5	0
test1	7.2	3.1	10.4	5.8	7.4	7.0	9.6	10.6	11.2	10.9	3.1	1	1
test2	12.0	9.9	2.7	8.7	6.1	9.1	10.0	11.2	8.7	9.0	2.7	2	2
test3	7.4	5.1	6.6	2.6	3.3	6.4	8.9	10.3	6.7	7.5	2.6	3	3
test4	9.7	8.5	3.4	5.5	2.5	6.3	9.3	11.1	5.2	7.8	2.5	4	4
test5	7.6	8.5	8.6	7.1	5.4	0.5	7.2	11.1	9.8	10.6	0.5	5	5
test6	10.6	8.9	8.8	8.9	7.7	9.1	3.6	12.5	12.2	10.5	3.6	6	6
test7	9.3	11.1	11.2	12.0	11.0	11.5	12.5	3.1	13.9	8.3	3.1	7	7
test8	12.6	11.9	4.3	7.8	5.3	9.6	12.3	13.7	2.8	8.5	2.8	8	8
test9	9.5	10.7	6.9	8.1	6.6	10.4	11.0	8.6	7.5	3.0	3.0	9	9

当主分量数为 3 时，有 2 幅人脸不能正确识别，当主分量数为 4 和 5 时又回到程序 10.2 执行的结果。但是程序 10.2 中的人脸图像矩阵没有经过降维处理，参与计算距离的每个向量维度是 4096，而在程序 10.3 中经过 PCA 降维之后，参与计算距离的向量维度为 4 时就可以达到与程序 10.2 同样的效果。很自然的情况，当主分量数为 6、7、8 甚至更多时，效果也一样，读者可以自行验证。数据降维之后参与运算的维度变低了，计算时间减少了，对系统来说响应时间就变短了，但是效果不受影响，这就是 PCA 降维的好处，其背后的原因在于矩阵奇异值分解的时候找到了该矩阵能量分布比较重要的特征向量，人脸图像在这些方向上的系数向量具有足够的区分度，能够将不同人的人脸区分开。

需要指出的是，PCA 降维算法有多种途径可以实现，最简单的方法就是利用机器学习库 sklearn. decomposition 中的 PCA 类实例化一个对象，然后调用对象方法 fit()就可以实现。如果直接使用该 PCA 类固然有简化程序的好处，但是对于 PCA 降维算法本身的理解就可能不够深入，所以这里演示的是手工实现版本，在实际项目中建议使用机器学习库来实现。

10.4.4 基于 Logistic 回归方法的人脸识别算法

除了前面介绍的基于最近邻方法的人脸识别算法，还有很多其他形式的分类器都可以用来识别人脸图像。

程序 10.4 是基于 Logistic 回归方法的人脸识别算法，运行过程中可能会出现一些警告，但不影响运行结果，可以忽略掉。由于调用了机器学习库中的 LogisticRegression 类，因此程序非常精简，训练过程利用了对象方法 fit()，该方法必需的两个参数就是训练图像和对应的标签。训练过程中必须要有标签参与的机器学习称为监督学习，不带标签的机器学习(如聚类)称为非监督学习。这里的训练图像和前面的程序一致，每人只有一幅图像参与训练，所以标签就是 0～9 这 10 个数字。测试图像也是一样，每人一幅，最后输出的是测试图像的标签，和前面的方法类似，第一幅测试图像的预测值是 5，而真实值是 0，其他都预测正确。

```
1    #程序 10.4  基于 Logistic 回归方法的人脸识别算法
2    from sklearn import datasets
3    from sklearn.linear_model import LogisticRegression
4    faces=datasets.fetch_olivetti_faces()
5    X, y=faces['data'], faces['target']
6    X_train, X_test=X[:100:10, :], X[1:100:10, :]
7    clf=LogisticRegression(solver='liblinear')
8    clf.fit(X_train, list(range(10)))   #训练集中有 10 幅人脸图像，标签分别为 0～9
9    print(clf.predict(X_test))
```

输出结果：

[5 1 2 3 4 5 6 7 8 9]

人脸识别的算法还有很多，以上讨论的只是非常基础的一小部分常用程序，希望以此为例，介绍人工智能在人脸识别上的应用。随着样本量的增大，还可以借助深度学习的卷积神经网络等，让机器自动地学习人脸图像的特征，利用神经网络训练识别模型。

10.4.5　人脸识别系统

OpenCV

前面讨论的诸多人脸识别算法只是人脸识别系统的一个环节，在实际的人脸识别系统构建过程中，还需要在识别之前经过图像采集、图像预处理、人脸检测、特征提取、模型训练等过程，如图 10.8 所示。

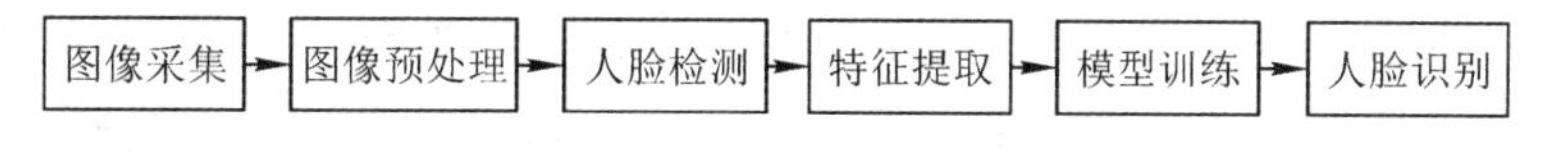

图 10.8　人脸识别系统工作流程

1. 图像采集

人脸图像，比如静态图像、动态图像、不同位置图像、不同表情图像等，都可以通过摄像镜头采集得到。随着人工智能技术的发展，现在的摄像机大多是 AI 摄像机，不再仅具有单纯的照相功能，有的能够在照相时进行目标检测、自动对焦，甚至有成熟的产品能够完成以上一套人脸识别的流程，不需要额外的计算机辅助，直接完成基于人脸识别的身份验证，实际上摄像机搭载上芯片之后就很难区分是计算机还是摄像机了。

2. 图像预处理

图像预处理的主要目的是消除图像中无关的信息，恢复有用的真实信息，增强有关信息的可检测性，最大限度简化数据，从而改进特征抽取、图像分割、匹配和识别的可靠性。一般的预处理流程为：灰度化→几何变换→图像增强。

人脸图像一般是彩色图像，为了提高整个应用系统的处理速度，需要对彩色图像进行灰度化处理。最简单的灰度计算就是平均值法，对图像中每个像素点的三基色 R、G、B 的值加和求平均值作为该像素点的灰度值。灰度范围为 0～255，灰度级为 256 级，也就是一幅灰度图像最多只有 256 种颜色，每个像素的灰度值用一个字节保存。

由于摄像机拍摄时，身体的倾斜、不同的拍摄距离等影响，多张人脸图像会有不规则变化，因此需要对人脸图像作几何变换，又称为图像空间变换，用于改正图像采集系统的系统误差和仪器位置(如成像角度、透视关系乃至镜头自身原因)的随机误差。此外，还需要使用灰度插值算法，因为按照这种变换关系进行计算，输出图像的像素可能被映射到输入图像的非整数坐标上。通常采用的方法有最近邻插值、双线性插值和双三次插值等。

图像增强是增强人脸图像中的有用信息，它可以是一个失真的过程，其目的是改善人脸图像的视觉效果：有目的地强调图像的整体或局部特性，将原来不清晰的图像变得清晰或强调某些感兴趣的特征，扩大图像中不同物体特征之间的差别，抑制不感兴趣的特征，改善图像质量，丰富信息量，加强图像判读和识别效果，满足进一步特征提取的需要。

预处理的 3 个过程在人脸图像处理中不是全部必需的，可根据需要和图像质量作适当的调整。一般而言，将彩色的人脸图像灰度化处理变成灰度图像是必需步骤。

与视觉有关的一个扩展库 cv2 也就是 OpenCV，它是一个跨平台的计算机视觉库，可以运行在 Linux、Windows、Android 和 MacOS 上，由一系列 C 函数和少量 C++类语言构成。OpenCV 库轻量且高效，并提供了 Python、Ruby、MATLAB 等语言的接口，可实现图像处理和计算机视觉方面的很多通用算法。

在 Python 程序中调用 OpenCV 库中的函数之前，需要先安装其扩展库，可用命令“pip

install opencv-contrib-python opencv-python”在DOS命令行窗口安装OpenCV和OpenCV-Contrib扩展库。有了OpenCV库的支持，图像处理就变得非常方便，人脸识别系统也就变得轻量化。

3. 人脸检测

人脸检测，也就是在视频流的每一帧图像中找到人脸的位置。在这个过程中，系统的输入是一张经过预处理的含有人脸的图片，输出是人脸位置的矩形框。一般来说，人脸检测需要正确检测出一幅图像中存在的所有人脸，不能有遗漏，也不能有错检。不过，身份验证时采集的图像一般只含有一张人脸。

人脸图像中包含的模式特征十分丰富，如直方图特征、颜色特征、模板特征、结构特征及Haar特征等。人脸检测就是把这些有用的信息挑出来，并利用这些特征实现人脸检测。主流的人脸检测方法基于以上特征，采用Adaboost学习算法。Adaboost算法是一种用来分类的方法，它把一些比较弱的分类方法合在一起，组合出新的很强的分类方法。

Haar特征很简单，可分为边缘特征、线性特征、中心特征和对角线特征，如图10.9所示，它们可组合成特征模板。特征模板内有白色和黑色两种矩形，并定义该模板的特征值为白色矩形像素和减去黑色矩形像素和。Haar特征值反映了图像的灰度变化情况。例如，脸部的一些特征能由矩形特征简单地描述，如眼睛要比脸颊颜色深，鼻梁两侧要比鼻梁颜色深，嘴巴要比其周围颜色深等。但矩形特征只对一些简单的图形结构(如边缘)作描述，所以只能描述特定走向(水平、垂直、对角)的结构。

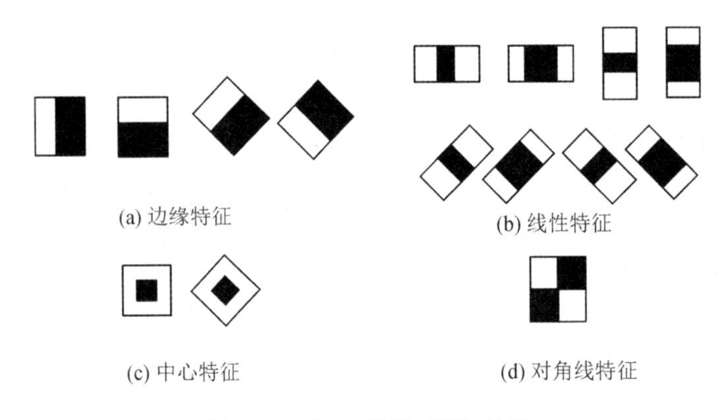

图10.9 Haar特征(模板)计算

通过改变特征模板的大小和位置，可在图像子窗口中穷举出大量的特征。图10.9所示的特征模板称为“特征原型”。特征原型在图像子窗口中扩展(平移或伸缩)得到的特征称为“矩形特征”，矩形特征的值称为“特征值”。

矩形特征可位于图像任意位置，大小也可以任意改变，所以矩形特征值是矩形模板类别、矩形位置和矩形大小这3个因素的函数。因此，类别、大小和位置的变化，会使很小的检测窗口含有非常多的矩形特征，如在24×24像素大小的检测窗口内矩形特征数量可以达到16万个。这样就有两个问题需要解决：① 如何快速计算那么多的特征？② 哪些矩形特征才是对分类器分类最有效的？对于第一个问题，可以用积分图来计算大量特征。对于第二个问题，可以使用Adaboost算法挑选出一些最能代表人脸的矩形特征(弱分类器)，按照加权投票的方式将弱分类器构造为一个强分类器，再将训练得到的若干强分类器串联组成一个级联结构的层叠分类器，以有效地提高分类器的检测速度。

OpenCV 已经包含了很多已经训练好的分类器，包括面部、眼睛、微笑等的分类器。这些 XML 文件保存在/cv2/data/文件夹中。在程序 10.5 中，第 8 行使用 OpenCV 创建了一个面部检测器对象 faceCascade，需要传入 Haar 特征文件 haarcascade_frontalface_default.xml 的路径。第 6 行文件路径在不同的系统中会略有不同，需要根据文件在系统的位置作适当修改。有了检测对象之后第 11 行利用该对象的方法 detectMultiScale()检测人脸，该方法第一个参数是待检测的灰度图像，第二个参数是比例因子。由于很多人脸可能离摄像头很近，其图像会比靠后的人脸看着要大，比例因子就是为了缓解这个问题。

```
1   #程序 10.5  人脸检测
2   import cv2
3   import numpy as np
4   imagePath='caiji.jpg'
5   #根据需要修改以下文件的路径为自己系统的路径
6   cascPath="C:/Users/rg4592/Anaconda3/Lib/site-" \
7             "packages/cv2/data/haarcascade_frontalface_default.xml"
8   faceCascade=cv2.CascadeClassifier(cascPath)
9   raw_image=cv2.imread(imagePath)
10  gray=cv2.cvtColor(raw_image, cv2.COLOR_BGR2GRAY)        #图像灰度化
11  faces=faceCascade.detectMultiScale(gray, scaleFactor=1.2, minNeighbors=5)
12  print("Found {0} faces!".format(len(faces)))
13  for (x, y, w, h) in faces:
14      cv2.imshow('Face', gray[x: x+w, y: y+h])                #显示人脸图像
15      cv2.imwrite('face.jpg', gray[x: x+w, y: y+h])           #保存人脸图像
16      cv2.rectangle(gray, (x, y), (x+w, y+h), (0, 255, 0), 2) #标定人脸位置
17  cv2.imshow("Faces found", gray)
```

简单地说，人脸检测就是在图像上不断移动一个大小固定的窗口，利用分类器不断判断该窗口内的图像有没有人脸。如果有，则加矩形框标定，并保存该人脸图像；如果没有，则继续移动窗口直到覆盖全部图像区域。程序 10.5 输出的图像经过人脸检测后的结果如图 10.10 所示，图中右边的人脸就可以用作训练或者测试。

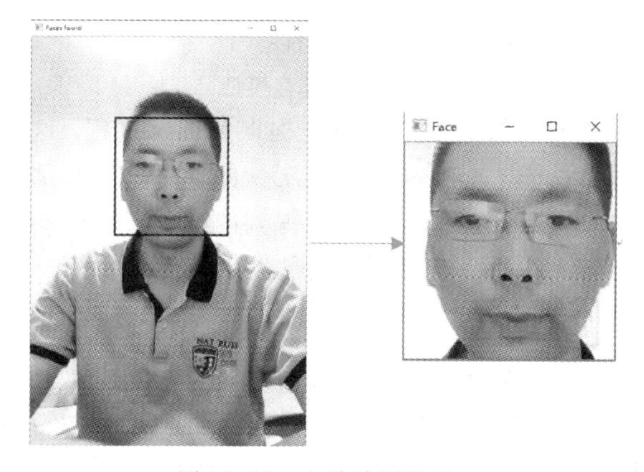

图 10.10　人脸检测结果

一般而言，人脸识别身份验证系统可以手工采集所有人的图像，利用上述人脸检测程序 10.5 对所有人脸图像作循环检测，每次循环检测一幅人脸图像，将输出的人脸图像和该图像对应的人的姓名一起存入数据库，姓名就是该人脸图像的标签。因为可以采集每个人在不同姿态、表情、光照等条件下的多幅图像，所以人脸数据库中每个人的人脸图像可能有多幅，每一幅人脸图像对人脸识别算法来说就是一个样本。

这里只演示了一幅图像的人脸检测，得到了一张人脸，在实际项目中可以自行扩展。在接下来的流程中将使用 olivetti 人脸库中的部分人脸图像作为数据集来演示，选择前 10 个人的图像，每人的第一幅人脸图像用作训练，第二幅人脸图像用作测试，一共 10 幅训练图像和 10 幅测试图像。

4. 特征提取与模型训练

特征提取是为了找到那些能够最大程度区分不同人的人脸图像描述。在前面讨论的 PCA 降维也可以说是一种特征提取。LBP(Local Binary Pattern)指局部二值模式，是一种用来描述图像局部特征的算子，LBP 特征(算子)具有灰度不变性和旋转不变性等显著优点，它是由 T. Ojala、M. Pietikäinen 和 D. Harwood 在 1994 年提出的。由于 LBP 特征计算简单、效果较好，因此在计算机视觉的许多领域都得到了广泛的应用。人脸识别就是 LBP 特征比较著名的应用，在计算机视觉开源库 OpenCV 中有使用 LBP 特征进行人脸识别的接口。程序 10.6 用到了一种 LBPH 特征提取方式，LBPH 是在原始 LBP 上的一个改进，在 OpenCV 支持下可以直接调用函数，直接创建一个 LBPH 人脸识别的模型。更进一步的 LBP 的原理论述已经超出本书的范围，这里只介绍与 Python 程序设计有关的部分。

```
1    #程序 10.6  特征提取与训练
2    import cv2
3    import numpy as np
4    from sklearn import datasets
5    faces=datasets.fetch_olivetti_faces()
6    recog=cv2.face.LBPHFaceRecognizer_create()
7    X=faces['images']
8    X_train, X_test=X[:100:10, :, :], X[1:100:10, :, :]
9    print('Training...')
10   faces, ids=X_train, list(range(10))
11   recog.train(faces, np.array(ids))        #训练模型
12   recog.save('trainner.yml')               #保存模型
```

程序 10.6 演示的是人脸图像的 LBPH 特征提取和训练过程，这两者都结合在一个方法中，即第 6 行 LBPHFaceRecognizer_create()，该方法创建一个对象，调用该对象的 train()方法的同时就能提取人脸图像的 LBPH 特征。训练得到的模型参数以 yml 格式的文件保存，在识别的时候就利用这个训练好的模型去识别新的人脸图像。

5. 识别

人脸识别系统的识别过程就是对待识别的视频流中的图像作同样的预处理、人脸检测、特征提取，利用训练过程所得到的模型，对这些特征预测其对应的标签，或者作出识别失败的判断。在实际的人脸识别应用系统中，利用一些稳定可靠的库来辅助实现人脸识别是非常普遍的做法，典型的就是借助 OpenCV 扩展库中提供的丰富的类及方法实现人脸的识别。

10.5 图像识别

随着深度学习在图像领域的成功应用，如果样本足够丰富，图像识别也可以借助一些深度学习框架来实现。

深度学习框架的出现降低了人工智能深度学习的入门门槛，不需要从搭建复杂的神经网络开始编代码，系统开发者可以根据需要选择已有的模型，通过训练得到模型参数，也可以在已有模型的基础上增加自己的层(Layer)，或者是在顶端选择自己需要的分类器和优化算法，比如常用的梯度下降法。当然，也正因为如此，没有什么框架是完美的，就像一套积木里可能没有你需要的那一种积木，所以不同的框架适用的领域不完全一致。总的来说，深度学习框架提供了一系列的深度学习的组件，当需要使用新的算法时，需要用户自己去定义算法，然后调用深度学习框架的函数接口使用用户自定义的新算法。

10.5.1 TensorFlow 深度学习框架

TensorFlow 是一个基于数据流编程(Dataflow Programming)的符号数学系统，广泛用于各类机器学习算法的编程实现，其前身是谷歌的神经网络算法库 DistBelief。TensorFlow 拥有多层级结构，可部署于各类服务器、PC 终端和网页，并支持 GPU 和 TPU 的高性能数值计算，被广泛应用于谷歌内部的产品开发和各领域的科学研究。

TensorFlow 由谷歌人工智能团队谷歌大脑(Google Brain)开发和维护，拥有包括 TensorFlow Hub、TensorFlow Lite、TensorFlow Research Cloud 在内的多个项目以及各类应用程序接口(Application Programming Interface，API)。自 2015 年 11 月 9 日起，TensorFlow 依据阿帕奇授权协议 2.0(Apache 2.0 Open Source License)开放源代码。

TensorFlow 支持多种客户端语言下的安装和运行，绑定完成并支持版本兼容运行的语言为 C 和 Python，其他(试验性)绑定完成的语言为 JavaScript、C++、Java、Go 和 Swift，依然处于开发阶段的包括 C#、Haskell、Julia、Ruby、Rust 和 Scala。

Keras 是基于 TensorFlow 和 Theano(由加拿大蒙特利尔大学开发的机器学习框架)的深度学习库，是由纯 Python 编写而成的高层神经网络的 API，也仅支持 Python 开发。它是为了支持快速实验而对 TensorFlow 或者 Theano 进行再次封装，这让我们可以不用关注过多的底层细节，可以把想法快速转换为结果。它也很灵活，且比较容易学习。Keras 默认的后端为 TensorFlow，如果想要使用 Theano 作后端可以自行更改。

Keras 的开发重点是支持快速的实验，能够以最小的时延把想法转换为实验结果，这也是做好研究的关键。Keras 允许简单而快速的原型设计，用户友好，具有高度模块化和可扩展性强等优点，同时支持卷积神经网络和循环神经网络以及两者的组合，在 CPU 和 GPU 上可以无缝运行。

10.5.2 基于深度学习的图像识别

这里引用 Fashion MNIST 数据集，演示深度学习框架在该数据集上的训练预测效果。Fashion MNIST 数据集旨在替代经典 MNIST 数据集。MNIST 数据集包含手写数字(0、1、2 等)的图像，其格式与将要使用的衣物图像的格式相同，但是 Fashion MNIST 数据集比常规 MNIST 数据集更具挑战性。这两个数据集都相对较小，都用于验证某个算法是否按预期工作。对于代码的测试和调试，它们都是很好的起点。

1. Fashion MNIST 数据集

在本示例中，我们使用 60 000 个图像来训练网络，使用 10 000 个图像来评估网络学习对图像分类的准确率。可以直接从 TensorFlow 访问 Fashion MNIST。运行程序 10.7 中第 2～10 行就能直接从 TensorFlow 中导入和加载 Fashion MNIST 数据。第 12 行和第 13 行分别对训练集和测试集图像作了预处理，将这些图像灰度值缩小至 0 到 1 之间，即在将其馈送到神经网络模型之前，将这些值除以 255。

数据集中的图像是 28×28 的 NumPy 数组，像素值介于 0 到 255 之间。标签是整数数组，介于 0 到 9 之间。这些标签对应于图像所代表的服装类别如表 10.6 所示。数据集中的部分示例图像如图 10.11 所示，图中每 3 行是一个类别。

表 10.6　Fashion MNIST 数据集标签类

标签	类	标签	类
0	T 恤/上衣	5	凉鞋
1	裤子	6	衬衫
2	套头衫	7	运动鞋
3	连衣裙	8	包
4	外套	9	短靴

图 10.11　Fashion MNIST 数据集部分示例图像

2. 建立网络模型

建立神经网络模型时，需要先配置模型的层，然后再编译模型。神经网络的基本组成部分是层，层会从向其馈送的数据中提取表示形式。大多数深度学习都包括将简单的层链接在一起。

```
1   #程序 10.7  基于深度学习的图像识别
2   import keras
3   import tensorflow as tf
4   import matplotlib.pyplot as plt
5   import numpy as np
6   # 加载数据集
7   fashion_mnist=keras.datasets.fashion_mnist
8   (train_images, train_labels), (test_images, test_labels)=
9   fashion_mnist.load_data()
10  print(train_images.shape)
11  # 预处理
12  train_images=train_images / 255.0
13  test_images=test_images / 255.0
14  # 建立网络模型
15  model=keras.Sequential([
16      keras.layers.Flatten(input_shape=(28, 28)),
17      keras.layers.Dense(128, activation='relu'),
18      keras.layers.Dense(10)
19  ])
20  model.compile(optimizer='adam',
21                loss=tf.keras.losses.SparseCategoricalCrossentropy(from_logits=True),
22                    metrics=['accuracy'])
23  #训练
24  model.fit(train_images, train_labels, epochs=10)
25  #网络模型评估
26  test_loss, test_acc=model.evaluate(test_images, test_labels, verbose=2)
27  print('\nTest accuracy: ', test_acc)
28
29  probability_model=tf.keras.Sequential([model, tf.keras.layers.Softmax()])
30  predictions=probability_model.predict(test_images)
31
32  #类别名称
33  class_names=['T-shirt/top', 'Trouser', 'Pullover', 'Dress', 'Coat',
34               'Sandal', 'Shirt', 'Sneaker', 'Bag', 'Ankle boot']
35  #定义绘图函数,
36  def plot_image(i, predictions_array, true_label, img):
37    predictions_array, true_label, img=predictions_array, true_label[i], img[i]
38    plt.grid(False)
```

```
39      plt.xticks([])
40      plt.yticks([])
41      plt.imshow(img, cmap=plt.cm.binary)
42      predicted_label=np.argmax(predictions_array)
43      if predicted_label==true_label:
44          color='blue'
45      else:
46          color='red'
47      plt.xlabel("{} {:2.0f}% ({})".format(class_names[predicted_label],
48                                          100 * np.max(predictions_array),
49                                          class_names[true_label]),
50                                          color=color)
51  #定义绘制概率分布图
52  def plot_value_array(i, predictions_array, true_label):
53      predictions_array, true_label=predictions_array, true_label[i]
54      plt.grid(False)
55      plt.xticks(range(10))
56      plt.yticks([])
57      thisplot=plt.bar(range(10), predictions_array, color="#777777")
58      plt.ylim([0, 1])
59      predicted_label=np.argmax(predictions_array)
60      thisplot[predicted_label].set_color('red')
61      thisplot[true_label].set_color('blue')
62
63  #绘制测试数据集前 12 幅图像的预测结果
64  num_rows=4
65  num_cols=3
66  num_images=num_rows * num_cols
67  plt.figure(figsize=(2 * 2 * num_cols, 2 * num_rows))
68  for i in range(num_images):
69      plt.subplot(num_rows, 2 * num_cols, 2 * i+1)
70      plot_image(i, predictions[i], test_labels, test_images)
71      plt.subplot(num_rows, 2 * num_cols, 2 * i+2)
72      plot_value_array(i, predictions[i], test_labels)
73  plt.tight_layout()
74  plt.show()
```

大多数层都具有在训练期间才会学习的参数。程序 10.7 第 16 行是该网络的第一层，keras.layers.Flatten 将图像格式从二维数组(28×28 像素)转换成一维数组(28×28=784 像素)。将该层视为图像中未堆叠的像素行并将其排列起来。该层没有要学习的参数，它只会重新格式化数据，展平像素后，网络会包括两个全连接层 Dense ，第一个 Dense 层有 128 个节点(或神经元)，第二个 Dense 层会返回一个长度为 10 的 logits 数组。每个节点都包含一个得分，用来表示当前图像属于 10 个类中的哪一类。

在准备对模型进行训练之前，还需要考虑下列因素，再对其进行一些设置：

（1）损失函数：用于测量模型在训练期间的准确率。希望最小化此函数，以便将模型“引导”到正确的方向上。

（2）优化器：决定模型如何根据其看到的数据和自身的损失函数进行更新。

（3）指标：用于监控训练和测试步骤。本示例使用了准确率(即被正确分类的图像的比率)作指标。

3. 训练

训练神经网络模型需要执行以下步骤：将训练数据馈送给模型，在本示例中，训练数据位于 train_images 和 train_labels 数组中；模型学习将图像和标签关联起来；利用训练得到的模型对测试集进行预测，在本示例中测试集为 test_images 数组，验证预测是否与 test_labels 数组中的标签匹配。

4. 网络模型评估

在模型训练期间，会显示损失和准确率指标。此模型在训练数据上的准确率达到了 0.88(或 88%)左右。

5. 预测

在模型经过训练后，可以使用它对一些图像进行预测，模型具有线性输出，即 logits；也可以附加一个 softmax 层，将 logits 转换成更容易理解的概率。预测的结果对应概率的最大值的索引。图 10.12 是 Fashion MNIST 数据集中测试集的前 8 个图像的预测结果，每

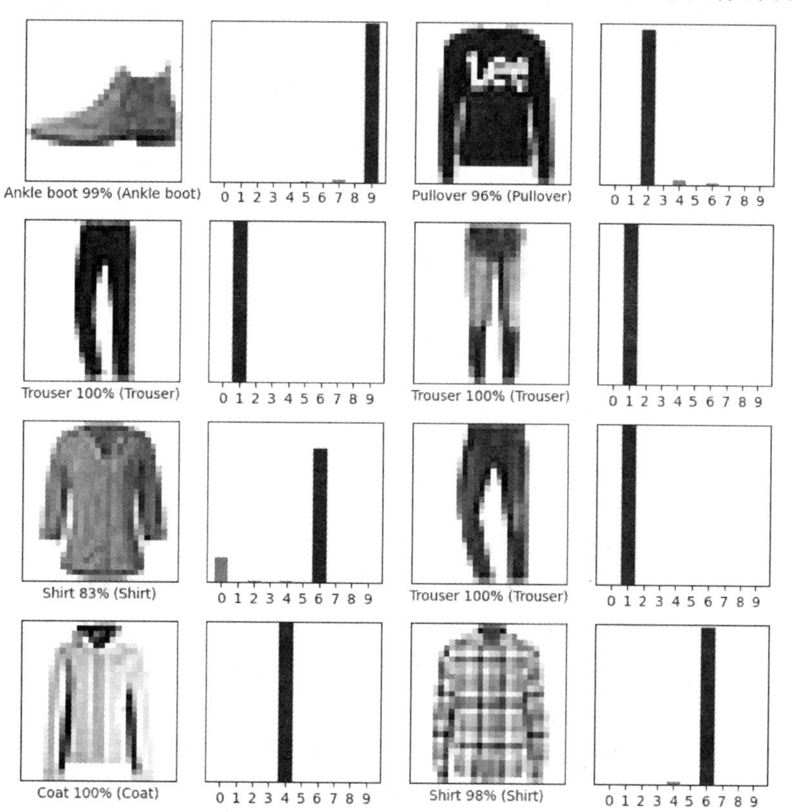

图 10.12　Fashion MNIST 数据集中测试集的前 8 个图像的预测结果

幅图像右边是预测的概率分布，如果概率分布中只有一个峰值，就有很高的置信度，这表明该图像就是这个峰值对应的索引类别。若图中出现多个峰值的概率分布，在分类过程只看最大峰值对应的索引。

10.6 小　结

视觉信息占感知信息的90%以上，是智能系统获取信息的重要途径，本章首先讨论了视觉感知中的图像生成以及图像生成中发生的一些物理和统计现象。利用人工智能的手段可以检测和识别人脸，实现具有身份认证功能的人脸识别系统。

深度学习在视觉处理中有很多成功的应用，深度学习框架的出现降低了人工智能深度学习的入门门槛，不需要从复杂的神经网络开始编代码，可以根据需要选择已有的模型，通过训练得到模型参数。本章着重分析了 Tensorflow 深度学习框架的工作原理，并应用到 Fashion MNIST 数据集，为人工智能工程应用打下基础。

习　题

1. 请说明图像数学表达式 $I=f(x,y,z,\lambda,t)$ 中各参数的含义，该表达式代表哪几种不同种类的图像？

2. 存储一幅1024×768分辨率，256个灰度级的图像容量是多少？一幅512×512分辨率的32 bit真彩图像的容量为多少？

3. 写出图10.13中“*”标记的像素的4邻域、对角邻域、8邻域像素的坐标(坐标按常规方式确定)。

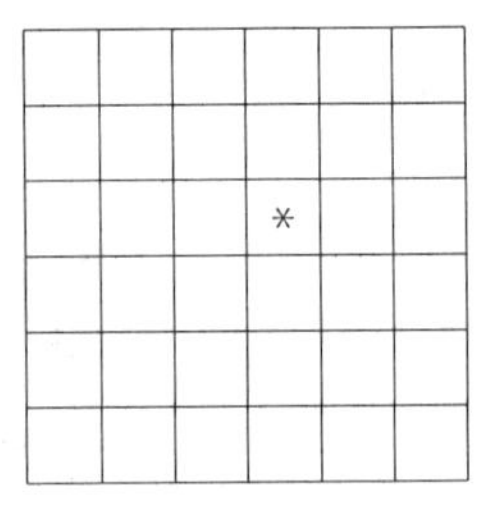

图10.13　习题3示例图

4. 简述二值图像、灰度图像与彩色图像的区别。RGB彩色图像与索引彩色图像有什么区别？

5. 简述直方图均衡化的基本原理。

6. 图像处理中边缘检测的原理是什么？有哪些算子能够实现边缘检测？

7. 图像处理中光流如何计算？

8. 人脸识别算法有哪些？每种算法的基本原理是什么？

9. 简述构建人脸识别系统的一般步骤。

10. 深度学习框架的好处是什么？现在流行的深度学习框架有哪些？

第 11 章 人 机 结 合

人机结合是人工智能中新兴的一个涉及内容广泛的重要研究方向和分支，其核心就是将人的心智(形象思维、灵感)与计算机智能(计算和逻辑推理)统一在一个相互作用、相互影响的环境中，通过人机协作实现智能互补，以充分发挥系统的整体优势和综合优势。人机结合主要分为人机交互(Human-Computer Interaction，HCI)和脑机接口(Brain-Computer Interface，BCI)两大技术分支。

11.1 人机结合的研究现状与进展

11.1.1 人机交互(HCI)

人机结合的第一个研究方向为人机仿真(Ergonomics Simulation)研究，即赋予计算机模仿人类的能力，通过仿真人—人协作的模型，尤其是语言协作模型，来实现计算机的拟人化和智能化。该研究方向以人机交互(HCI)为典型代表。

1. HCI 的提出与发展

随着计算机使用的普及，研究人员开始聚焦于人类和机器间的交互，并试图从生理、心理和理论等方面进行分析，促使了 HCI 领域的出现，其目的就是理解和改善人与计算机之间的交流。Dix 等人指出，人机交互可以定义为服务于人类的交互计算机系统的设计、评估和实施，以及对交互现象的研究。Sharp 等认为，HCI 的重点在于交互设计(Interaction Design，ID)。2006 年，Hinze-Hoare 提出，HCI 包含三个子领域：计算机支持的协同工作(Computer Supported Collaborative Working，CSCW)、计算机支持的协同学习(Computer Supported Collaborative Learning，CSCL)和计算机支持的协同研究(Computer Supported Collaborative Research，CSCR)，而且后者是前两者的子集。

据 Diaper 考证，HCI 的研究最早始于 1959 年 Shackel 发表的论文 *Ergonomics for a computer*，文中首次对 HCI 的问题进行讨论。1960 年，Licklider 发表了具有开创性意义的论文 *Man-Computer Symbiosis*，首次提出人机紧密共栖(Human-Computer Close Symbiosis)的概念，预见了未来人类与机器人一起生活的场景，被视为人机界面学的启蒙之作。1969 年，第一次人机系统国际大会在英国剑桥大学召开，同时第一本专业期刊 *The International Journal of Man-Machine Studies*(IJMMS)创刊，这些事件是人机界面学发展史上的里程碑。1970 年两个 HCI 研究中心——英国拉夫堡大学 HUSAT 研究中心和美国 Xerox 公司的 Palo Alto 研究中心成立。

20 世纪 80 年代，又有 3 种 HCI 期刊陆续推出，而 HCI 相关会议的平均参会人数高达 500 人/场次。学术界则相继出版了 6 本专著，对最新的 HCI 研究成果进行了总结。HCI 学科逐渐形成了自己的理论体系和实践范畴的架构。在理论体系方面，HCI 学科从人机工程学独立出来，更加强调认知心理学以及行为学和社会学的某些人文学科的理论指导；在实践范畴方面，则从人机界面(人机接口)拓延开来，强调计算机与人的反馈的交互作用。20 世纪 90 年代，HCI 中的“I”含义由原来的“Interface(界面)”改变为“Interaction(交互)”，反映了数字技术发展规模的不断壮大。同时，可用性几乎成了 HCI 的代名词，并提出了 HCI 的五大发展目标：安全性、实用性、有效力、有效率和可用性。

20 世纪 90 年代后期，随着高速处理芯片、多媒体技术和 Internet Web 技术的迅速发展和普及，HCI 的研究重点逐渐放在了智能化交互、多模态(多通道)—多媒体交互、虚拟交互以及人机协同交互等方面，也就是放在以人为中心的 HCI 技术方面。

2. HCI 系统分类

HCI 按交互模式可分为单通道交互系统(Uni-modal Interaction System)和多通道交互系统(Multi-modal Interaction System)两种。其中，单通道交互系统又分为基于视觉的 HCI(Visual-Based HCI)、基于音频的 HCI(Audio-Based HCI)和基于传感器的 HCI(Sensor-Based HCI)三个子类。基于视觉的人机交互又包括面部识别、手势识别、躯体运动追踪和视觉追踪；基于音频的人机交互包括音频识别、语音情感识别和噪声探测。音频识别指计算机识别语音内容，并将音频资料转化为相应的机器语言的能力。语音情感识别和噪声探测则多基于人类的情绪化声音(如笑声、哭声和叹息声)进行甄别分析。

多通道交互系统是近年来迅速发展的一种 HCI 技术，输入通道更是涵盖了用户表达意图、执行动作或感知反馈信息的各种通信方法，如言语、眼神、脸部表情、唇动、手动、手势、头动、肢体姿势、触觉、嗅觉或味觉等。对不同的交互模式进行独立分析，得到综合输出。

近年来，对多通道系统的避错率和纠错率要求提高，除了使用性能的要求，为了满足多样化受众和对各种环境的适应性，对多通道系统的个性化设置和环境融合的能力也都提出了新的挑战。目前多通道系统设计面临的问题包括：通用接口的设计不足、输出结果的清晰化解释、自然用户界面的设计和不断增加的硬件成本。

尽管多通道交互系统的发展面临诸多困难，但还是得到了市场的认可，成功应用到多个领域，尤其是艺术和科学等领域。比如，头戴式音乐播放器前端安装有一个摄像头，直接对准人嘴巴所在区域，可以通过设置镜头距离和焦距来调整输入视频帧(如仅包括嘴，去除无关部位如鼻孔等)。可穿戴音乐播放器的镜头在捕捉到人作出口型动作或面部动作时，就能控制音乐声音的播放。

机器人是多通道系统的又一蓬勃发展应用，提高机器人的学习和模仿能力、使用自然语言交流的能力、情绪感知与表达能力，选择交互模式等都是对多通道系统提出的挑战。未来，机器人将在人们的生活中发挥越来越重要的作用，可广泛应用于医疗、农业、工业、家政服务、旅游业等各个领域，将极大地方便人们的生活。

多通道系统还应用于智能轮椅的开发，智能轮椅可以通过周围环境和用户行为来感知用户意图，比如通过手势变化判断用户是否要离开轮椅，根据视线的方向判断轮椅将移动的方向，还可以通过记录用户嘴部、眼部或者其他身体可动部分的运动判断用户意图。由于周围环境通常比较嘈杂，结合环境和用户行为的智能感知系统能更有效地识别用户意图。智能轮椅将为残疾人或年老行动不便的人带来福音。

1989 年美国人 Jaron Lanier 提出了虚拟现实(Virtual Reality)技术，这是一种可提供沉浸式体验的人机交互三维技术，是多通道交互技术的一种，它涉及视觉感知、听觉感知、触觉感知、嗅觉感知、味觉感知、力觉感知和运动感知等。目前该技术主要应用于虚拟装配，模拟与仿真，成本高、代价大(如故障、碰撞等)的实验，教学培训，操作训练，建筑及工业设计，故障诊断与虚拟维修，游戏开发等。实验者可以进行虚拟训练，头部的装置里有车辆模拟器，受试者可以使用加速器、刹车以及触觉方向盘来实现虚拟环境中的车辆控制。

3. HCI 研究进展

Gupta 等总结了 20 世纪 HCI 的主要进展，包括普适计算(Ubiquitous Computing)以及 HCI 的智能化与自适应化。普适计算又称环境智能(Ambient Intelligence)感知或者普及计算(Pervasive Computing)，强调和环境融为一体的计算，而计算机本身则从人们的视线里消失。普适计算的促进者希望计算能够嵌入到环境或日常工具中去，使人更自然地和计算机交互，其显著目标之一是计算机设备可以感知周围的环境变化，从而根据环境的变化作出自动的基于用户需要或者设定的行为。HCI 的智能化和自适应化是为了 HCI 能更好地处理用户任务，比如导航和自主操作等。智能 HCI 就是一种基于某种智能感知系统来协助用户的创新界面模式。比如，通过视觉追踪用户行为，结合语音识别技术来动态地与用户交流等。表 11.1 列出了 20 世纪以来 HCI 发展过程中有代表性的研究成果。

表 11.1 HCI 发展进程中典型的研究成果

研究人员	年份	典型研究成果
Bush	1945 年	发表著名论文 *As we may think*，提出了采用新设备新技术来检索、记录、分析和传输各种信息，进行“Memex”工作站构想
麻省理工学院	1963 年	开创计算机图形学
Sutherland	1968 年	开发了头盔式立体显示器，奠定了现代虚拟现实技术的基础
斯坦福研究所	1963 年	发明了鼠标
Engelbart Xerox 研究中心	20 世纪 70 年代	发明了重叠式多窗口系统，奠定了目前的图形用户界面的基础
Alan Kay、Tim Berners Lee	1989 年	用 HTML 和 HTTP 开发了万维网，奠定了开发各类浏览器的基础
美国麻省理工 Negroponte	20 世纪 90 年代	提出了“交谈式计算机”概念，在多通道用户界面作了许多研究
Xerox 研究中心 Mark Weiser	20 世纪 90 年代	提出了“普适计算”的思想

HCI 的研究已经涵盖了多个学科，包括教育学、心理学以及工效学等。研究人员追求让计算机拥有尽可能多的人类感官通道，并试图对计算机进行隐性输入，即输入意味不明的指令来让计算机自行判断如何行动和执行命令，以提高人机交互的自然性和高效性。

目前，以虚拟现实为代表的拟人化计算机系统和以智能电子产品为代表的微型化计算机系统是计算机发展的两大主要趋势，而人机交互技术则在其中起着关键作用，影响着计算机领域发展的速度。随着互联网技术的不断发展，传统的人机交互已经发展到基于网络的智能交互，即智能接口技术。该技术的目标是使人与计算机之间的信息交互能像人与人之间的交流一样自然且方便。基于网络的智能交互目前主要的研究内容有：文字识别技术(包括印刷体和手写体文字识别)、语音处理技术(包括语音识别与语音合成)、计算机视觉与图像处理技术、生物特征信息处理技术(包括指纹识别、虹膜识别、面部识别、笔迹识别和声纹识别)、多媒体技术、虚拟现实技术和自然语言处理技术(包括机器翻译和自动文摘)等。HCI 未来的发展除了要注意更贴合人们的需求外，还要注重使用的便捷性和舒适性等问题。

11.1.2 脑机接口

人机结合的第二个研究方向为人机互补研究，即利用计算机独特的能力，通过人体协作的途径弥补人类某些能力的不足或缺憾。考虑到计算机和人类的能力具有不对称性，研究的重点是如何合理分配每个智能体(人、计算机)的任务，使不同任务既具区别性，又能巧妙利用各个智能体的长处，然后通过人机协作的途径促进人与计算机间的有效交流。该研究方向以脑机接口(BCI)为典型代表。

1. BCI 的提出

BCI 技术开辟了一种全新的模式，给人类提供了一种可根据不同情境的脑电活动来操控电脑或者通信设备进行活动的可能，为用意念或思维控制外部设备提供了可行手段。

该技术使人在无外周神经系统和肌肉组织参与的条件下，通过计算机等电子设备输出控制信号，进而与外界环境进行交流。脑成像技术如脑电图(Electroenc-EphaloGram，EEG)、功能磁共振成像(Functional Magnetic Resonance Imaging，FMRI)、脑磁图描记法(Magnetoenc-EphaloGraphy，MEG)和功能性近红外光谱(Functional Near Infra-Red Spectroscopy，FNIRS)等则为观察神经生理活动提供了可能途径。

脑机接口(BCI)技术是涉及神经生理学、信号处理、模式识别、控制理论、计算机科学和康复医学等多个领域的交叉技术，相关研究最早可追溯至 20 世纪 70 年代初加州大学洛杉矶分校的 Vidal 和他的军事研究组的研究。他们首先成功地应用了 BCI 系统，并于 1973 年首次使用脑机接口一词来描述计算机反映大脑信息的系统，而这个系统就是现代 BCI 系统的雏形。20 世纪 90 年代中期，随着信号处理和机器学习等技术的发展，BCI 的研究逐渐成为热点。1999 年在美国奥尔巴尼郡举行了第一次 BCI 国际研讨会，22 个研究团体与会，会议将 BCI 定义为“一种不依赖于人外周神经和肌肉的脑电信号正常输出通路的通信系统”。

研究 BCI 的组织不断增多。1995 年世界上只有 6 个专门从事 BCI 研究的组织，2002 年扩大到 38 个，2005 年发展至 53 个，而目前全世界范围内研究 BCI 的小组有 100 多个。来自美国、德国、奥地利和意大利的研究小组在 BCI 的基础研究及应用研究方面取得了丰硕成果。而国内研究机构包括清华大学、天津大学、上海交通大学、重庆大学、浙江大学和东南大学等都有相关的成果报道。在今后一段时间内，BCI 的研究热度将进一步提升。

2. BCI 分类

依据采集脑电信号的位置可将 BCI 分为植入式和非植入式。非植入式 BCI 因其无创性和便于记录，因而成为当前研究的重点。按照采集的脑电信号的类型，BCI 可分为基于诱发 EEG 的 BCI 和基于自发 EEG 的 BCI 两种。诱发 EEG 指人接受外界刺激时产生的特定脑电活动，目前以 P300 和稳态视觉诱发电位(Steady-State Visual Evoked Potential, SSVEP)的研究为主。自发 EEG 则是指在人体自然状态下就可以记录到的脑细胞的自发性脑电活动，目前研究的重点包括皮层慢电位法(Slow Cortical Potential, SCP)、眼动产生的 α 波、基于运动想象的 μ 节律和 β 节律等。

3. BCI 系统组成

BCI 系统一般包括信号采集、信号处理和控制器 3 个功能模块。

(1) 信号采集：采用盘装或者支架型电极，获取脑电信号，通过导联线传送给前置放大器，经过预处理(去除部分极化电压)、多级放大(10 000 倍左右)、高低通滤波、隔离后送入 AD 转换成数字信号，存储于计算机中。

(2) 信号处理：包括特征提取和信号分类两部分，是脑机接口系统的核心。利用独立向量分析、傅里叶变换、小波分析和遗传算法等方法，从经过预处理的脑电信号中提取与受试者意图相关的特定特征量(如频率变化和幅度变化等)。以快速傅里叶变换(FFT)为例，信号处理指对经过预处理的脑电信号进行谱分析，便于进行特征提取。特征量提取后交给分类器进行分类，分类器的输出即作为控制器的输入。

(3) 控制器：将已分类的信号转换为实际的动作以控制外部电子设备，如显示器上光标的移动、机械手的运动、轮椅的前进与后退和字母的输入等。

4. 主要的 BCI 系统

1) 基于稳态视觉诱发电位的 BCI 系统

目前的基于稳态视觉诱发电位的脑机接口(SSVEP-BCI)系统种类繁多，可实现的功能包括飞行模拟器的控制、开关选择、电话号码输入系统、屏幕光标控制、多自由度假肢的控制和康复机器人的控制，典型的研究成果包括美国 Wright-Patterson 空军基地利用 SSVEP 实现了对飞行模拟器的控制；Leonard 等人基于 SSVEP 实现了对屏幕光标的控制；我国清华大学研发了“脑控电话拨号系统”，通过 SSVEP 控制电视、电灯、空调甚至可以启动语音播放功能。

Leonard 等人基于 SSVEP-BCI 系统采用基于核函数的偏最小二乘自适应算法，通过用户移动计算机显示器上的光标来记录关联模式的多通道脑电频谱图。首先在控制系统中进行一维打靶训练——左右移动显示屏上的光标，实验者通过关注屏幕上的反馈信息来学习自主控制脑电信号。训练后实验者移动光标的平均正确率从 58%上升到 88%。第二个阶段进行虚拟指针训练，这属于二维光标控制。稳态视觉诱发电位(SSVEP)信号由 4 个位于显示器边缘的闪烁棋盘来诱发。用户通过逐步选择方位(上、下、左、右)，来移动光标到地图上的目标位置。相比于打靶训练，虚拟指针训练还实现了基于小波变换的实时去除动眼干扰。经过训练，实验者控制光标的准确率可以达到 80%～100%。

2）基于 P300 电位的 BCI 系统

P300 是事件相关电位的一种，出现在事件发生后的 300 ms 左右，相关事件发生的概率越小，所引发的 P300 电位越显著，较典型的 P300-BCI 系统是 Farewell 和 Donchin 在 1988 年设计出的虚拟打字机。在计算机屏幕上显示一个 6 行 6 列的字符矩阵，该矩阵按行或列随机闪烁。首先，实验者集中注意力于某个字符上，当实验者心中所想的字符恰好加亮时，就会引发一次 P300 电位信号，计算出引起 P300 幅度变化最大的行和列，那么该行和列交叉处的字符就是受试者所想选择的字符。

3）基于皮层慢电位的 BCI 系统

皮层慢电位(SCP)是指持续时间在几百毫秒到几十秒的 EEG 信号在 1 Hz 以下的部分，是具有较大正负电位差异的低频脑电信号。SCP 可以反映神经元的兴奋性，当神经元处于兴奋状态时，SCP 电位为负，否则为正。研究人员证明了受试者通过自主训练，能够自我管理 SCP，并通过其幅值正负方向的变化来发出控制命令。2003 年，Birbaumer N 利用皮层慢电位设计了一种名为“思维翻译器”(Thought Translation Device，TTD)的 BCI 系统，具体方法是，首先将电脑屏幕上所有的字符均分成两部分显示，用 SCP 偏移选择目标字符所在方位，选定方位后再将字符分为两部分，然后用 SCP 再次进行方位选择，直到选出所选字符为止。实验者经过长期的训练，可以利用 TTD 拼写单词和语句、控制开关，甚至上网。

4）基于运动想象的 μ 节律和 β 节律的 BCI 系统

清醒放松状态的受试者在进行运动想象时，对应的感觉运动皮层区域就能够检测到 8～12 Hz 节律的脑电波，称之为 μ 节律。μ 节律通常与 18～26 Hz 的 β 节律(波)相伴出现。美国 Wadsworth 研究中心的基于 μ 节律和 β 节律的 BCI 系统是比较典型的 BCI 系统，能够实现对光标移动的控制，包括一维和二维的移动；回答一些简单的 YES/NO 的问题；在屏幕选择栏中进行项目选择。实验者通过自主地调整 μ 节律和 β 节律的幅值，控制光标在屏幕中的移动。

研究表明，在进行单侧肢体运动行为或想象时，大脑对侧区域的 μ 节律和 β 节律出现幅度衰减，产生事件相关去同步(ERD)电位；大脑同侧区域两种节律出现了幅度增强，产生事件相关同步电位(ERS)。基于 ERD/ERS 的 BCI 系统主要是辨别几种简单的皮层区域(如控制左手、右手、脚以及舌头运动的皮层区域)的想象运动。奥地利 Graz 大学 Pfurtschellert 等人从 1991 年起就致力于 ERD/ERS 的 BCI 系统的研究，并建立 Graz-BCI 系统，其中 Graz-BCI Ⅰ系统的脑电信号识别率达 85%，Graz-BCI Ⅱ系统的在线分类准确率达 77%，最新的 Graz-BCI 系统控制正确率可达 90%～100%。

以上几类 BCI 系统有各自的特点和局限性，P300-BCI 系统和 SSVEP-BCI 系统比较成熟，正确率较高，而且不需要实验者参加训练，但是需要外界提供特殊的视觉刺激。P300 的采集要限定在特定时间，SSVEP 则要限定于特定的频率。SCP-BCI 系统和基于 μ 节律和 β 节律的 BCI 系统虽然采用自发 EEG，不需要外界刺激，但对实验者要求较高，需要接受长时间反复的训练以控制自身 EEG 信号的稳定性。

另外，除了上述主要的 BCI 系统外，本书还详细汇总了 BCI 各个研究分支的典型研究成果，如表 11.2 所示。

表 11.2　BCI 各研究分支的典型研究成果

BCI 研究方向	研究人员	年份	研究成果	准确率或传输速率
慢皮层电位(SCP)	Kubler 等	1999 年	通过 SCP 提取的控制信号，成功实现水平或垂直地移动电脑屏幕上的光标	75%
	Birhaumer N 等	2003 年	通过 SCP 提取的控制信号，设计了思维翻译器 TTD，当自我调控后 SCP 准确率大于 75%时，即可进行拼写	
稳态视觉诱发电位(SSVEP)	Wright Patterson 空军基地	2000 年	通过 SSVEP 提取的控制信号，实现了对飞行器的控制	96%
	清华大学高上凯等	2002～2004 年	通过 SSVEP 提取的控制信号，可控制空调、电视，启动语音播放器和拨打电话等	87.5%
	清华大学程明、任宇鹏等	2003 年	通过 SSVEP 提取的控制信号，实现了对假肢的控制，能完成握住水杯、倒水、将水杯放回原处和假肢复原四个动作	
	Leonard J 等	2006 年	通过 SSVEP 实现对屏幕光标的控制	80%左右
自发 EEG 的 α 波	Dewan	1967 年	利用对眼球运动产生的 α 波幅度的调节，应用于 Morse 电报码发送，发送一个 Morse 码需要 35～50 s	
	王黎等	2005 年	利用自发 EEG 的 α 波对人疲劳状态进行评估	接近 100%
	赵丽、刘自满等	2008 年	利用自发 EEG 的 α 波实现了对服务机器人的控制	91.5%
P300 电位	Farell 和 Donchin 等	1988 年	基于 P300 电位的虚拟打字机	90% 2.3 字/min
	Hilit Serby 等	2005 年	改进了 Farwell 和 Donchin 等人的 P300 虚拟打字机，引进独立成分分析去除噪声信息	92.1%
	Rebsamen 等	2010 年	利用 P300 实现了智能轮椅在已知环境下的自主导航	
基于运动想象的 μ 节律和 β 波	Tanaka 等	2005 年	利用 μ 节律和 β 波实现了智能轮椅左转和右转	
	沈继忠等	2010 年	利用 μ 节律和 β 波研究两类运动想象产生的脑电信号	86%
	Cano-lzquier do 等	2012 年	利用 μ 节律和 β 波研究三类运动想象产生的脑电信号	80%
	Barachant 等	2012 年	利用 μ 节律和 β 波研究四类运动想象产生的脑电信号	70%
	Christoph Guger 和 Wemer Harkarn	1999 年	利用 μ 节律和 β 波控制假肢运动	80%～90%

5. BCI 技术的应用前景

现阶段大部分 BCI 的研究都专注于让因严重肢体障碍而丧失活动能力的患者(如脑卒中、肌萎缩性侧索硬化、中枢神经系统受损)通过脑电图仪(EEG)的使用，恢复其语言功能和行为能力，实现对外部设备的控制和与周围环境的交流。

但 BCI 的应用不局限于此，可广泛应用于各个领域，如在康复医学和医疗检测领域，可通过观测脑电信息合理掌握用药剂量，减少药物对病人大脑的损伤，给癫痫、帕金森、阿尔茨海默病、抑郁症等脑部疾病的治疗带来新的希望；给伤残人的生活提供便利，帮助他们实现生活自理。在军事和交通领域，则可以利用 BCI 实现无人驾驶，这样不仅可以让人们的生活更加便捷，更有望降低交通事故发生率。在深海、太空或其他危险领域，可以通过 BCI 实现人脑对机械的控制，在进行危险作业操作时保障了人身安全。在娱乐休闲领域，基于 BCI 开发的软件、游戏，将有可能带来全新的娱乐方式。

但是目前研究仍面临一系列挑战，以最常用的基于诱发 EEG 的 BCI 为例，主要问题包括：高昂的成本，噪声信号干扰，导电凝胶以及电极—皮肤阻抗的干扰，EEG 中电极数量过多，训练时间长和伦理道德问题等。BCI 目前最大的信息转换速度仅达 68 bit/min (约 10 字/min)，还远达不到人正常沟通所需的速度。

未来的研究热点将集中于提高智能感知系统、智能驱动设备的长时间稳定性控制；提高脑电信号的转换和传输速率；减少诱发 BCI 系统实验者的训练时间，以及对个体差异性的平衡，设计 BCI 系统要注意个性化和多样化；降低 BCI 系统使用的复杂程度，提高系统兼容性；降低 BCI 系统对电脑的依赖性，如何采用 LED 灯刺激 SSVEP 电位产生，用数字信号处理器代替电脑进行脑电信号处理等。

11.1.3 人机结合领域的研究成果

2011 年 IBM 研发人员研制出能模拟大脑认知活动的第一代神经突触计算机芯片，未来，IBM 将结合混合信号、类比数位和特制容错算法(如异步、平行、分布式和可重组等)来进一步开发神经突触芯片。Neuro Sky 研制出能检测脑电波和其他生物信号的生物传感芯片，该芯片还可将检测到的生物信号转化为电脑可识别的数字信号，实现人机交互。EmotivEpoc 则研制出了可实时勘测和处理脑电信号变化的非侵入式脑机接口设备。美国杜克大学与巴西的研究人员于 2013 年完成了对大鼠的“脑脑接口”实验，该研究有望在未来实现脑电信号控制机械外骨骼。2013 年 4 月，日本京都国际电气通信基础技术研究所借助核磁共振成像设备来解读梦境，该研究或在未来为窥测他人意图(想法)提供可能。2013 年 6 月，美国明尼苏达州的科学家首次实现了通过意念远程控制直升机的飞行。2013 年 8 月，美国华盛顿大学科学家首次进行了人类之间非侵入式脑脑接口实验：一个研究人员能通过互联网发送脑信号，成功控制远在校园另一侧的同伴的手部运动，该研究下一步计划在两个大脑之间直接进行更加对等的双向交流。

随着脑科学的发展，研究人员在人机交互、脑机接口、脑脑接口以及大脑思维读取与意念控制等领域的研究不断深入，相信在不久的将来，读脑、控脑或成为现实。

Yang 等提出，下一代人机结合的研发趋势是 HCI 与 BCI 的结合。HCI 的研发目标是不断提高计算机对人脑需求的理解，但 HCI 指令的接收依赖于传统的鼠标和键盘等输入渠道，这对于残疾人或不方便用手的健康人无疑都带来了不便。而 BCI 给我们展示了仅凭意念无需肌肉运动就控制计算机的可能，这或许能给 HCI 的发展带来一次巨大变革。基于 BCI 的 HCI 将是下一代人机结合技术的研发方向。

脑科学的发展能给人类社会带来多种惊人的变化。脑科学每前进一步，都将会为哲学、教育学、人工智能科学、语言学和仿生学提供科学依据，又为数学、物理学、化学以及工程技术科学提供重要的研究课题，也必然促进医学、心理学和思维认知科学的发展。人机结合的出现得益于脑科学的发展和计算机技术的不断进步，无论是 BCI 还是 HCI，均为人脑与计算机、人脑与环境的交流提供了全新的模式。相信随着研究工作的进一步开展，人机结合技术将日趋成熟，并最终造福人类。

11.1.4 人机物融合的混合人工智能

1. 知识数据双驱动的人工智能

人工智能的发展历程经常被划分为两代，即知识驱动的 AI 和数据驱动的 AI。第一代知识驱动的 AI 主要基于知识库和推理机模拟人类的推理和思考行为。其代表性成果就是 IBM 公司的 Deep Blue 和 Deeper Blue，于 1997 年 5 月打败了当时的国际象棋冠军卡斯帕罗夫。知识驱动的 AI 具有很好的可解释性，而且知识作为一种数据和信息高度凝练的体现，也往往意味着更高的算法执行效率。但是，其缺点在于完全依赖专家知识。一方面，将知识变成机器可理解、可执行的算法十分费时费力；另一方面，还有大量的知识或经验难以建模表达。因此，知识驱动的 AI 的应用范围非常有限。

第二代数据驱动的 AI 则基于深度学习模拟人类的感知，如视觉、听觉、触觉等。其代表性成果就是深度神经网络，通过收集大量的训练数据并进行标注，然后训练设计好的深度神经网络。这类 AI 不需要领域知识，只需要通过大数据的训练就可以达到甚至超过人类的感知或识别水平。这类 AI 具有通用性强、端到端的“黑箱”或傻瓜特性。但是，也正是由于其“黑箱”特性，才使得第二代 AI 算法非常脆弱，依赖高质量、带标记的大数据和强大的算力。因此，具有鲁棒性差、不可解释以及不太可靠等瓶颈问题。

为此，清华大学张钹院士提出第三代 AI，希望将知识驱动和数据驱动结合起来，充分发挥知识、数据、算法和算力 4 个要素的作用，建立可解释的鲁棒 AI 理论。为了探索知识与数据双驱动 AI 的落地，华为云提出了知识计算的概念。它把各种形态的知识，通过一系列 AI 技术进行抽取、表达后协同大量数据进行计算，进而产生更为精准的模型，并再次赋能给机器和人。目前，知识计算在若干垂直行业获得初步成功。为此，华为云把明确定义的应用场景、充沛的算力、可以演进的 AI、组织与人才的匹配归纳为影响行业 AI 落地的 4 个关键要素。但是，这种垂直行业成功的 AI 对通用 AI 的成功意义不大。未来，数据与知识双驱动的通用 AI 将是一项极具挑战性的课题。

2. 可信可靠可解释的人工智能

机器学习尤其是深度学习的发展使得人工智能模型越来越复杂，而这些更复杂更强大的模型变得越来越不透明。再加上这些模型基本上仍然是围绕相关性和关联性建立的，从而导致很多挑战性的问题，如虚假的关联性、模型调试性和透明性的缺失、模型的不可控以及不受欢迎的数据放大等。其中，最核心问题就是 AI 的可解释性。这一问题不解决，AI 系统就会存在不可信、不可控和不可靠的软肋。2019 年欧盟出台《人工智能道德准则》，明确提出 AI 的发展方向应该是“可信赖的”，包含安全、隐私和透明、可解释。

2016 年，谷歌机器学习科学家 Ali Rahimi 在 NIPS 大会上表示，当前有一种把机器学习当成炼金术来使用的错误趋势。同年，美国国防高级研究计划局制定了“DARPA Explainable AI(XAI)Program”，希望研究出可解释性的 AI 模型。关于“可解释性”，谷歌的科学家在 2017 年 ICML 会议上给出一个定义——可解释性是一种以人类理解的语言(术语)向人类提供解释的能力。人有显性知识和隐性知识，隐性知识就是经验直觉，人可以有效地结合两种不同的知识；而我们在解释、理解事物时必须利用显性知识。当前的深度学习以概率模型得到隐性的知识，而显性知识适合用知识图谱来模拟。但是，目前深度学习和知识图谱这两个世界还没有很好地融合。

可解释性要求 AI 系统的技术过程和相关的决策过程能够给出合理解释。技术可解释性要求 AI 作出的决策是可以被人们所理解和追溯的。若 AI 系统会对人类的生命造成重大影响，就需要 AI 系统的决策过程有合理的解释、提前的预判与合法的控制。因此可解释性要求 AI 系统有三大功能，第一是使深度神经网络组件变得透明；第二是深度神经网络里面可学习到语义图；第三是生成人能理解的解释。

AI 系统不一定有意识，但可以有目的。机器学习的真正难点在于保证机器的目的与人的价值观一致。AI 面临的重要挑战不是机器能做多少事，而是知道机器做得对不对。

3. 开放环境自适应的人工智能

今天 AI 取得的成功基本上都是封闭环境中的成功，其中的机器学习有许多假设条件，比如针对数据的独立同分布假设以及数据分布恒定假设等。我们通常要假定样本类别恒定，测试数据的类别与训练数据的类别一致，不会出现训练时没有遇到的类别。此外，样本属性也是恒定的，在测试时也要求属性特征完备。而实际情况是，我们现在常常碰到所谓的开放动态环境。在这样的环境中可能一切都会发生变化，这就要求未来的 AI 必须具备环境自适应能力，或者说要求 AI 的鲁棒性要强。

比如，在自动驾驶或无人驾驶领域，在实验室的封闭环境下，无论采集多少训练样本都不可能涵盖所有情况，因为现实世界远比我们想象的丰富得多。这样在自动驾驶的过程中会遇到越来越多的以前没有见到的特殊情况，尤其是突发事件，或是很少出现的场景，这就对 AI 系统的自适应性或鲁棒性提出极大的挑战。因此，未来 AI 的发展必须能应对“开放环境”的问题，即如何在一个开放环境下通过机器学习进行数据分析和建模。

此外，现有 AI 技术依赖大量的高质量训练数据和计算资源来充分学习模型的参数。在系统初始建模阶段，由于数据较充分，能够得到比较理想的效果。然而，在投入使用一段时间后，在线数据内容的更新会导致系统性能上的偏差，严重时直接导致系统下线。在训练数据量有限的情况下，一些规模巨大的深度神经网络也容易出现过拟合，使得在新数据上的测试性能远低于之前测试数据上的性能。同时，在特定数据集上测试性能良好的深度神经网络时，很容易被添加少量随机噪声的“对抗”样本欺骗，导致系统很容易出现高可信度的错误判断。因此，发展鲁棒性、可扩展性强的智能学习系统必定成为下一代 AI 系统的重要研究课题。

从未来 AI 系统发展的 3 种形态以及各自的发展趋势来看，下一步的研究需要系统、全面地借鉴人类的认知机理，譬如神经系统的特性以及人的认知系统(包括知识表示、更新、推理等)，发展更加具有生物合理性，以及更灵活、更可信可靠的 AI 系统。唯有如此，才能够实现“未来AI系统不仅勤奋而且更聪明、更有智慧”的目标。

11.2 人机结合的集大成智慧

当前，应该采取“人机结合”的方针研制智能系统已经为大家所接受。但是人们认识与接受这一方针是花了相当多的精力与时间的。前面已经提到过，以往人工智能研究的先驱者们对于AI所取得的成就及前景作过一些过于乐观的评述。常言道，当局者迷，旁观者清。哲学家休伯特·德雷福斯(Hubert L. Dreyfus)在1979年的《计算机不能做什么——人工智能的极限》一书中，提出了一些重要的根本性问题。他看到所有的人工智能基础研究进展都十分缓慢，他把这种进展缓慢看作是存在着不可逾越障碍的标志，而不是那种为克服困难取得成功之路上应付出的正常代价。

德雷福斯把智能活动分成四类，第一类是刺激一反应，这是心理学家最熟悉的领域，其中包括意义与上下文环境同有关活动无关的、各种形式的初级联想行为。第二类是帕斯卡的数学思维领域，它是由概念世界而非感知世界构成的，问题完全形式化了，并完全可以计算。第三类是原则上可形式化而实际上无法驾驭的行为，称为复杂形式化系统，包括那些实际上不能用穷举算法处理的活动(下象棋、下围棋等)，因而需要启发式程序的系统。第四类是那些非形式化的行为领域，包括有规律但无规则支持的我们人类所有的日常活动。

在该书最后一节，标题是人工智能的未来，提出了人与机器相结合的观点，他谈到以前巴希莱尔、奥·格尔和约翰·皮尔斯都主张采用可使计算机与人共生的系统，并强调了罗森布里斯在1962年一次学术会议上的观点：“人同计算机一起能够完成谁也无法单独完成的事。”此外德雷福斯在《计算机不能做什么——人工智能的极限》一书的前言中还提到，他发表第一次调查研究人工智能工作成果之后的第二年，兰德公司召集了一次计算机专家会议，但当时在IBM公司工作的利克利德尔(J. C. R. Licklider)博士想要为德雷福斯关于人机合作的观点辩护时，遭到AI专家——MIT的帕波特的责难。该书的中文译文于1986年出版，译者是马希文，看来他已经看出人机共生的重要性，他在译者的话中写道：“从应用上来看，谈论人脑与计算机的彼此替代未免空泛消极，不如研究使两者取长补短的人机共生系统。这样做，不只有实用意义，而且对于我们对思维的认识、对信息处理在思维中地位的认识将提供许多有启发性的实验资料。”后来，计算心理学家玛格丽特·波登(Margaret Boden)从不同于德福雷斯观点的另一角度来评价AI的成就，她认为：“AI的主要成就在于明确地促使我们鉴赏到人的心智是极其巨大、丰富与难以捉摸的。人们可以通过AI的途径来了解人的心智的某些方面。例如人的创造性的某些方面可以通过建立有关创造性的计算机模型开始加以了解。”如果说德雷福斯消极地看出用计算机来实现AI的局限，那么波登则是从积极方面看到人的意识作用，而且她的看法说明在心理学和AI之间相互有所反馈，是比较辩证的，她的见解是对人机结合观点的支持。

综合集成是人用计算机的软硬件来综合专家群体的定性认识及大量专家系统所提供的结论及各种数据与信息，经过加工处理从而上升为对总体的定量的认识。综合集成的过程是相当复杂的，即使掌握了大量的定性认识，并不是通过几个步骤、几次处理就能达到对全局的定量认识。因为复杂的、智能型的问题往往被称为结构不良的问题(Ill Structured

Problem)，也就是说目标、任务范围、计算机允许的操作都没有明确的定义，需要一种有反馈的过程来加以解决。结构不良的另外一种含义是针对被解决的问题而言的，即所具有的知识是不完备或不一致的，例如对于同一个问题，两个专家的看法可能完全不同，发生了矛盾，这就必须靠人参与解决。另一方面当然也要发挥计算机快速处理的本领，形成人机结合的智能系统。我们要研究的问题不是智能机，而是人与机器相结合的智能系统，不能把人排除在外。

现在我们可以对人机结合的观点扼要地加以总结：在研制智能系统时，应强调的是，人类的“心智”与机器的“智能”结合。从体系上讲，在系统的设计过程中，把人作为成员综合到整个系统中去，充分利用并发挥人类和计算机各自的长处以形成新的体系是今后要深入研究的问题。这里引用 Lenat 和 Feigenbaum 的话：在知识系统的“第二个纪元”中，“系统”将使智能计算机与智能人之间形成一种同事关系，人和计算机各自完成自己最擅长的任务，系统的智能是这种合作的产物。人与计算机的这种合作可能达到天衣无缝并极其自然，以至于技能、知识及想法是在人脑中还是在计算机的知识结构中都是没有什么关系的，即断定智能在程序之中是不准确的，这样的人机系统将展现出超人的智能和能力。

目前这方面的工作是十分活跃的，有代表性的研究有两类：① 多媒体技术；② “临境”或“虚拟现实(Virtual Reality)”技术。根据美国麻省理工学院(MIT)媒体实验室的规划，多媒体技术包括以下三个部分：① 学习与常识；② 感知计算；③ 信息与娱乐。

关于“临境”技术或“虚拟现实”技术，目前还不够成熟，其思想是力求人在求解问题的过程中有身临其境之感。“临境”技术使人的感觉大大拓宽，小至分子、原子，大至宇宙都可如同亲临其境，将使人的感觉及认知产生一次大的飞跃。

11.3 旅行商问题分类

旅行商问题(Travelling Salesman Problem，TSP)是这样一个问题：给定一系列城市和每对城市之间的距离，求解访问每一座城市一次并回到起始城市的最短回路。最早的旅行商问题的数学规划求解由 Dantzig 等人于 1959 年提出，并且是在最优化领域中进行了深入研究。许多优化方法都用它作为一个测试基准。尽管该问题在计算上很困难，但已经有了大量的启发式算法和准精确方法来求解上万个实例，并且能将误差控制在 1%内。

从图论的角度来看，该问题实质是在一个带权完全无向图中，找一个权值最小的 Hamilton 回路。由于该问题的可行解是所有顶点的全排列，随着顶点数的增加，会产生组合爆炸，它是一个 NP 完全问题。由于其在交通运输、电路板线路设计以及物流配送等领域有广泛的应用，国内外学者对其进行了大量的研究。早期的研究者使用精确算法求解该问题，常用的方法包括分支限界法、线性规划法和动态规划法等。但是，随着问题规模的增大，精确算法将变得无能为力。因此，在后来的研究中，国内外学者重点使用近似算法或启发式算法，主要有遗传算法、模拟退火法、蚁群算法、禁忌搜索算法、贪婪算法和神经网络方法等。

1. 经典 TSP(CTSP)

经典 TSP 是在一个带权无向完全图中找一个权值最小的 Hamilton 回路。在各类 TSP 中，该类问题的研究成果最多。近几年来，研究者或者基于数学理论构造近似算法，或者使用各种仿自然的算法框架，并且结合不同的局部搜索方法构造混合算法。同时，神经网络方法和自组织图方法在该问题上的应用研究也引起了研究者的关注。

2. 不对称TSP(ATSP)

若在CTSP模型中，存在两个顶点 i 和 j 间的距离 d 不相等情况，则称为不对称TSP。不对称TSP由于两点间距离的不对称性，所以求解更困难，但由于现实生活中多数实际场景都为不对称的TSP，所以对于基于实际交通网络的物流配送来说，其比经典TSP更具有实际应用价值。

3. TSP配送收集(TSPPD)

TSP配送收集是经典TSP为适应物流配送领域的实际需求而产生的。这个问题涉及两类顾客需要：一类是配送需求，要求将货物从配送中心送到需求点；另一类是收集需求，要求将货物从需求点运往配送中心。当所有的配送和收集需求都由一辆从配送中心出发、限定容量的车辆来完成时，问题转化为怎样安排行驶路线才能构成一条行程最短的Hamilton回路问题。

4. 多人TSP问题(MTSP)

MTSP指多个旅行商遍历多个城市，在满足每个城市被一个旅行商经过一次的前提下，求遍历全部城市的最短路径。解决多人TSP问题对解决“车辆调度路径安排”问题具有重要意义。过去的研究大多将多人TSP问题转化成多个TSP问题，再使用求解TSP的算法进行求解。Hong Qu等人结合胜者全取(Winner-Take-All)的竞争机制设计了一个柱形的竞争神经网络模型来求解多人TSP，并对网络收敛于可行解进行了分析和论证。

5. 多目标TSP问题(MoTSP)

多目标TSP研究的是路径上有多个权值的TSP，要求找一条通过所有顶点并最终回到起点的回路，使回路上的各个权值都尽可能小。由于在多目标情况下，严格最优解并不存在，研究多目标TSP的目的是找到Pareto最优解，这是一个解集，而不是一个单一解。现阶段算法的策略是构造一个求解单目标的遗传局部搜索算法，然后基于此求解多目标组合优化问题算法。

11.4 旅行商问题求解

旅行商问题要从所有周游路线中求取最小成本的周游路线，而从初始点出发的周游路线一共有 $(n-1)!$ 条，即等于除初始结点外的 $n-1$ 个结点的排列数，因此旅行商问题是一个排列组合问题。通过枚举 $(n-1)!$ 条周游路线，从中找出一条具有最小成本的周游路线的算法，其计算时间显然为 $O(n!)$。下面介绍几种常用的旅行商问题求解方法。

1. 枚举法

程序中采用深度优先策略(采用隐式和显式两种形式)。枚举算法的特点是算法简单，但运算量大，当问题的规模变大，循环的阶数越大，执行的速度越慢。如果枚举范围太大(一般以不超过两百万次为限)，在时间上就难以承受。在解决旅行商问题时，以顶点1为起点和终点，然后求 $\{2, \cdots, N\}$ 的一个全排列，使路程 $1\rightarrow\{2, \cdots, N\}$ 的一个全排列上所有边的权(代价)之和最小。所有可能解由(2，3，4，…，N)的不同排列决定。

回溯法和分支限界法时都直接或间接用到解空间树。在解空间树中的每一个节点确定所求问题的一个问题状态(Problem State)，由根节点到其他节点的所有路径则确定了这个问题的状态空间(State Space)。解状态(Solution States)表示一些问题状态 S，对于这些问题状态，由根到 S 的那条路径确定了解空间中的一个元组。答案状态(Answer States)表示一些解状态 S，对这些解状态而言，由根到 S 的这条路径确定了这问题的一个解(即它满足隐式约束条件)。解空间的树结构称为状态空间树(State Space Tree)。

对于旅行商问题，一旦设想出一种状态空间树，那么就可以先系统地生成问题状态，接着确定这些问题状态中的哪些状态是解状态，最后确定哪些解状态是答案状态，从而将问题解出。为了生成问题状态，采用两种根本不同的方法。如果已生成一个节点而它的所有子节点还没有全部生成，则这个节点叫做活节点。当前正在生成子节点的活节点叫 E-节点。不再进一步扩展或者其子节点已全部生成的生成节点就是死节点。在生成问题状态的两种方法中，都要用一张活节点表。在第一种方法中，当前的活节点 R 一旦生成一个新的子节点 C，这个子节点就变成一个新的活节点，当完全检测了子树 C 之后，R 节点就再次成为活节点。这相当于问题状态的深度优先生成。在第二种状态生成方法中，一个活节点一直保持到死节点为止。这两种方法中，将用限界函数去杀死还没有全部生成其子节点的那些活节点。如果旅行商问题要求找出全部解，则要生成所有的答案节点。使用限界函数的深度优先节点生成方法称为回溯法。活节点一直保持到死为止的状态生成方法称为分支限界法。

2. 回溯法

为了应用回溯法，所要求的解必须能表示成一个 n 元组(x_1，…，x_n)，其中 x_i 取自某个有穷集 S_i。通常，所求解的问题需要求取一个使某一规范函数 $P(x_1, \cdots, x_n)$取极大值(或取极小值)以满足该规范函数条件的向量。

假定集合 S_i 的大小是 m_i，于是就有 $m(m=m_1, m_2, \cdots, m_n)$个 n 元组可能满足函数 P。所谓硬性处理是构造这 m 个 n 元组并逐一测试它们是否满足 P，从而找出该问题的所有最优解。而回溯法的基本思想是，不断地用修改过的函数 $P_i(x_1, \cdots, x_i)$(即限界函数)去测试正在构造中的 n 元组的部分向量(x_1，…，x_i)，看其是否可能导致最优解。如果判定(x_1，…，x_i)不可能导致最优解，那么就可能要将测试的后 $n-i$ 个元素组成的向量一概略去。因此回溯法作的次数比硬性处理作的测试次数(m 次)要少得多。用回溯法求解的旅行商问题，即在枚举法的基础上多了一个约束条件，约束条件可以分为两种类型：显式约束和隐式约束。

3. 分支限界法

分支限界法是在生成当前 E-节点全部子节点之后再生成其他活节点的子节点，且用限界函数帮助避免生成不包含答案节点子树的状态空间的检索方法。在总的原则下，根据对状态空间树中节点检索的次序的不同又将分支限界设计策略分为数种不同的检索方法。在求解旅行商问题时，程序中采用 FIFO 检索，它的活节点表采用一张先进先出表(即队列)。可以看出，分支限界法在两个方面加速了算法的搜索速度，一是选择要扩展的节点时，总是选择一个最小成本的节点，尽可能早地进入最有可能成为最优解的分支；二是扩展节点的过程中，舍弃导致不可行解或导致非最优解的子节点。

4. 贪心法

贪心法(又称贪婪算法)是一种改进了的分级处理方法。它首先根据旅行商问题描述，选取一种度量标准；然后按这种度量标准对 n 个输入城市排序，并按序一次输入一个城市。如果这个输入和当前已构成在这种量度意义下的部分最优解加在一起不能产生一个可行解，则不把这个城市加入这部分解中。这种能够得到某种量度意义下的最优解的分级处理方法称为贪心法。获得最优路径的贪心法应一条边一条边地构造这棵树。根据某种量度选择将要计入的下一条边。最简单的量度标准是选择使得迄今为止计入的那些边的成本的和有最小增量的那条边。

11.5　Hopfield 神经网络求解旅行商问题

11.5.1　Hopfield 神经网络原理

迷茫的旅行商

1986 年美国物理学家 J. J. Hopfield 利用非线性动力学系统理论中的能量函数方法研究反馈型神经网络的稳定性，提出了 Hopfield 神经网络，并建立了求解优化计算问题的方程。

基本的 Hopfield 神经网络是一个由非线性元件构成的全连接型单层反馈系统，Hopfield 网络中的每一个神经元都将自己的输出通过连接权值传送给所有其他神经元，同时又都接收所有其他神经元传递过来的信息。Hopfield 神经网络是一个反馈型神经网络，网络中的神经元在 t 时刻的输出状态实际上间接地与自己的 $t-1$ 时刻的输出状态有关，其状态变化可以用差分方程来描述。反馈型神经网络的一个重要特点就是它具有稳定状态，当网络达到稳定状态时，它的能量函数达到最小。

Hopfield 神经网络分离散型和连续型两种，本书介绍连续型 Hopfield 网络。Hopfield 神经网络的能量函数不是物理意义上的能量函数，而是在表达形式上与物理意义上的能量函数的概念一致，表征网络状态的变化趋势，并可以依据 Hopfield 工作运行规则不断进行状态变化，最终能够达到某个极小值的目标函数。神经网络收敛就是指能量函数达到极小值。如果把一个最优化问题的目标函数转换成网络的能量函数，把问题的变量对应于网络的状态，那么 Hopfield 神经网络就能够用于解决优化组合问题。

Hopfield 神经网络工作时，各个神经元的连接权值是固定的，更新的只是神经元的输出状态。Hopfield 神经网络的运行规则为：首先从网络中随机选取一个神经元 u_i，进行加权求和，再计算 u_i 的第 $t+1$ 时刻的输出值。除 u_i 以外，所有其他神经元的输出值保持不变，直至网络进入稳定状态。

Hopfield 神经网络模型是由一系列互连的神经元组成的反馈型神经网络，如图 11.1 所示，其中虚线框内为一个神经元，u_i 为第 i 个神经元的状态输入，R_i 与 C_i 分别为输入电阻和输入电容，I_i 为输入电流，w_{ij} 为第 j 个神经元到第 i 个神经元的连接权值。v_i 为神经元的输出，是神经元状态变量 u_i 的非线性函数。

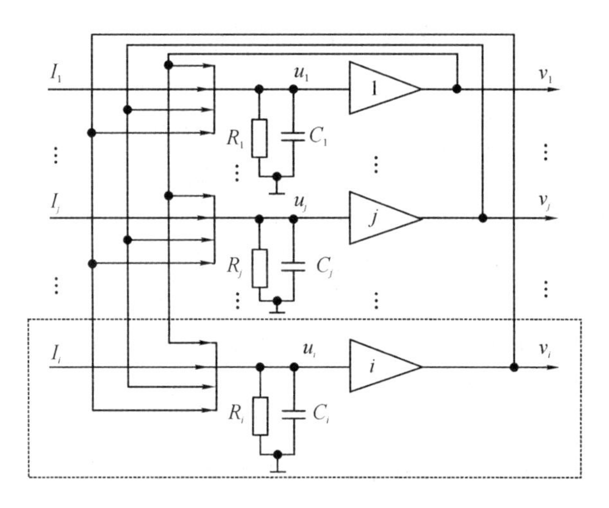

图 11.1 Hopfield 神经网络模型

对于 Hopfield 神经网络的第 i 个神经元，采用微分方程建立其输入、输出关系，即

$$\begin{cases} C_i \dfrac{\mathrm{d}u_i}{\mathrm{d}t} = \sum\limits_{j=1}^{n} w_{ij} v_i - \dfrac{u_i}{R_i} + I_i \\ v_i = g(u_i) \end{cases} \tag{11.1}$$

式中，$i=1, 2, \cdots, n$。

函数 $g(\cdot)$为双曲函数，一般取为

$$g(x) = \rho \frac{1-\mathrm{e}^{-\lambda x}}{1+\mathrm{e}^{-\lambda x}} \tag{11.2}$$

式中，$\rho>0$，$\lambda>0$。

Hopfield 神经网络的动态特性要在状态空间中考虑，分别令 $\boldsymbol{u}=[u_1, u_2, \cdots, u_n]^{\mathrm{T}}$ 为具有 n 个神经元的 Hopfield 神经网络的状态向量，$\boldsymbol{v}=[v_1, v_2, \cdots, v_n]^{\mathrm{T}}$ 为输出向量，$\boldsymbol{I}=[I_1, I_2, \cdots, I_n]^{\mathrm{T}}$ 为神经网络的外加输入。

为了描述 Hopfield 神经网络的动态稳定性，定义标准能量函数为

$$E_N = -\frac{1}{2}\sum_i \sum_j w_{ij} v_i v_j + \sum_i \frac{1}{R_i}\int_0^{v_i} g_i^{-1}(v)\,\mathrm{d}v - \sum_i I_i v_i \tag{11.3}$$

若权值矩阵 $\boldsymbol{W}$ 是对称的($w_{ij}=w_{ji}$)，则

$$\frac{\mathrm{d}E_N}{\mathrm{d}t} = \sum_{i=1}^{n} \frac{\partial E_N}{\partial v_i} \cdot \frac{\mathrm{d}v_i}{\mathrm{d}t} + \sum_{i=1}^{n} \frac{\partial E_N}{\partial w_{ij}} \cdot \frac{\mathrm{d}w_{ij}}{\mathrm{d}t} + \sum_{i=1}^{n} \frac{\partial E_N}{\partial I_i} \cdot \frac{\mathrm{d}I_i}{\mathrm{d}t}$$

上式中右式的后两项可以很小，原因如下：首先，由于$\dfrac{\partial E_N}{\partial w_{ij}} = -\sum\limits_i \sum\limits_j v_i v_j$，$\dfrac{\partial E_N}{\partial I_i} = -\sum\limits_i v_i$，故$\dfrac{\partial E_N}{\partial w_{ij}}$和$\dfrac{\partial E_N}{\partial I_i}$与 v_i、v_j 有关，而 v_i、v_j 为双曲函数 $g(\cdot)$ 的有界输出；其次，$\boldsymbol{W}$ 和 $\boldsymbol{I}$ 的表达式与系统状态有关，如取 u 为低速激活信号，则系统状态值很小，从而$\dfrac{\mathrm{d}w_{ij}}{\mathrm{d}t}$ 和 $\dfrac{\mathrm{d}I_i}{\mathrm{d}t}$ 很小，令 $\sum\limits_{i=1}^{n} \dfrac{\partial E_N}{\partial w_{ij}} \cdot \dfrac{\mathrm{d}w_{ij}}{\mathrm{d}t} + \sum\limits_{i=1}^{n} \dfrac{\partial E_N}{\partial I_i} \cdot \dfrac{\mathrm{d}I_i}{\mathrm{d}t} = \Delta$ 则上式可写为

$$\frac{\mathrm{d}E_N}{\mathrm{d}t}=\sum_{i=1}^{n}\frac{\partial E_N}{\partial v_i}\cdot\frac{\mathrm{d}v_i}{\mathrm{d}t}+\Delta=-\sum_i\frac{\mathrm{d}v_i}{\mathrm{d}t}\left(\sum_j w_{ij}v_j-\frac{u_i}{R_i}+I_i\right)+\Delta$$
$$=-\sum_i\frac{\mathrm{d}v_i}{\mathrm{d}t}\left(C_i\frac{\mathrm{d}u_i}{\mathrm{d}t}\right)+\Delta \tag{11.4}$$

由于 $v_i=g(u_i)$，则

$$\frac{\mathrm{d}E_N}{\mathrm{d}t}=-\sum_i C_i\frac{\mathrm{d}g^{-1}(v_i)}{\mathrm{d}v_i}\left(\frac{\mathrm{d}v_i}{\mathrm{d}t}\right)^2+\Delta \tag{11.5}$$

由于 $C_i>0$，双曲函数是单调上升函数，显然它的反函数 $g^{-1}(v_i)$也为单调上升函数，即有$\frac{\mathrm{d}g^{-1}(v_i)}{\mathrm{d}v_i}>0$，取 C_i 足够大，若能保证 Δ 足够小，则可得到$\frac{\mathrm{d}E_N}{\mathrm{d}t}\leqslant 0$，即能量函数 E_N 具有负的梯度，当且仅当$\frac{\mathrm{d}v_i}{\mathrm{d}t}=0$ 时$\frac{\mathrm{d}E_N}{\mathrm{d}t}=0$($i=1, 2, \cdots, n$)。由此可见，随着时间的演化，网络的解在状态空间中总是朝着能量 E_N 减少的方向运动。网络最终输出向量 $\mathbf{V}$ 为网络的稳定平衡点，即 E_N 的极小点。

Hopfield 神经网络在优化计算中得到了成功应用，有效地解决了著名的旅行商问题(TSP 问题)。另外，Hopfield 神经网络在智能控制和系统辨识中也有广泛的应用。

11.5.2　基于 Hopfield 神经网络的路径优化

旅行商问题是一个典型的组合优化问题，特别是当 N 的数目很大时，用常规的方法求解计算量非常大。在庞大的搜索空间中寻求最优解，对于常规方法和现有的计算工具而言，存在诸多计算困难。使用 Hopfield 神经网络的优化能力可以很容易地解决这类问题。

Hopfield 等采用神经网络求解 TSP 问题，开创了优化问题求解的新方法。

TSP 问题是在一个城市集合$\{A_c, B_c, C_c, \cdots\}$中找出一个最短且经过每个城市各一次并回到起点的路径。为了将 TSP 问题映射为一个神经网络的动态过程，Hopfield 采取了换位矩阵的表示方法，用 $N\times N$ 矩阵表示商人访问 N 个城市。例如，有 4 个城市$\{A_c, B_c, C_c, D_c\}$，访问路线是 $D_c\to A_c\to C_c\to B_c\to D_c$，则 Hopfield 网络输出所代表的有效解用表 11.3 表示，其中"1"代表到达，"0"代表未到达。

表 11.3　4 个城市的访问路线

城市 \ 次序	1	2	3	4
A_c	0	1	0	0
B_c	0	0	0	1
C_c	0	0	1	0
D_c	1	0	0	0

表 11.3 构成了一个 4×4 的矩阵，该矩阵中，各行各列只有一个元素为 1，其余为 0，否则是一个无效的路径。采用 V_{xi} 表示神经元(x, i)的输出，相应的输入用 U_{xi} 表示。如果城市 x 在 i 位置上被访问，则 $V_{xi}=1$，否则 $V_{xi}=0$。

针对 TSP 问题，Hopfield 定义了如下形式的能量函数

$$E=\frac{A}{2}\sum_{x=1}^{N}\sum_{i=1}^{N}\sum_{j=1}^{N}V_{xi}V_{xj}+\frac{B}{2}\sum_{i=1}^{N}\sum_{x=1}^{N}\sum_{y=x}^{N}V_{xi}V_{yi}+$$

$$\frac{C}{2}\left(\sum_{x=1}^{N}\sum_{i=1}^{N}V_{xi}-N\right)^{2}+\frac{D}{2}\sum_{x=1}^{N}\sum_{y=1}^{N}\sum_{i=1}^{N}d_{xy}V_{xi}(V_{y,i+1}+V_{y,i-1}) \tag{11.6}$$

式中，A、B、C、D 是权值，d_{xy} 表示城市 x 到城市 y 之间的距离。

式(11.6)中，E 的前三项是问题的约束项，最后一项是优化目标项。E 的第一项保证矩阵 **V** 的每一行不多于一个 1 时 E 最小(即每个城市只去一次)，E 的第二项保证矩阵 **V** 的每一列不多于一个 1 时 E 最小(即每次只访问一城市)，E 的第三项保证矩阵 **V** 中 1 的个数恰好为 N 时 E 最小。

Hopfield 将能量函数的概念引入神经网络，开创了求解优化问题的新方法。但该方法在求解上存在局部极小、不稳定等问题。为此，TSP 的能量函数定义为

$$E=\frac{A}{2}\sum_{x=1}^{N}\left(\sum_{i=1}^{N}V_{xi}-1\right)^{2}+\frac{A}{2}\sum_{i=1}^{N}\left(\sum_{x=1}^{N}V_{xi}-1\right)^{2}+\frac{D}{2}\sum_{x=1}^{N}\sum_{y=1}^{N}\sum_{i=1}^{N}V_{xi}d_{xy}V_{y,i+1} \tag{11.7}$$

针对 TSP 问题的 Hopfield 网络设计中，由于 $\boldsymbol{W}$ 和 $\boldsymbol{I}$ 为固定值，与时间无关，则 $\Delta=0$，可保证式(11.5)中的 $\frac{\mathrm{d}E_N}{\mathrm{d}t}\leqslant 0$，实现 E_N 极小。由 Hopfield 网络原理(式(11.1)和式(11.3))可知 Hopfield 网络的动态方程存在如下关系

$$\frac{\mathrm{d}U_{xi}}{\mathrm{d}t}=-\frac{\partial E}{\partial xV_{xi}}\quad (x,\ i=1,\ 2,\ \cdots,\ N-1)$$

$$=\sum_{j=1}^{n}w_{ij}v_j+I_i\quad (C_i=1,\ R_i\to\infty)$$

按上式求出 U_{xi}，便可实现 E 极小。

按 E 设计能量函数 E_N，即取 E 为 E_N，则

$$\frac{\mathrm{d}U_{xi}}{\mathrm{d}t}=-\frac{\partial E}{\partial V_{xi}}=-A\left(\sum_{i=1}^{N}V_{xi}-1\right)-A\left(\sum_{y=1}^{N}V_{yi}-1\right)-D\sum_{y=1}^{N}d_{xy}V_{y,i+1} \tag{11.8}$$

按式(11.8)求 $U_{xi}(t)$，则可保证 E 逐渐减小，并最终达到极小值。

采用 Hopfield 网络求解 TSP 问题的算法描述如下：

(1) 设置初值：$t=0$，$A=1.5$，$D=1.0$，$\mu=50$；

(2) 计算 N 个城市之间的距离 $d_{xy}(x,\ y=1,\ 2,\ \cdots,\ N)$；

(3) 神经网络输入 $U_{xi}(t)$ 的初始化在 0 附近产生；

(4) 利用动态方程式计算出 $\frac{\mathrm{d}U_{xi}}{\mathrm{d}t}$；

(5) 根据一阶欧拉法离散化式(11.8)，求 $U_{xi}(t+1)$，有

$$U_{xi}(t+1)=U_{xi}(t)+\frac{\mathrm{d}U_{xi}}{\mathrm{d}t}\Delta T \tag{11.9}$$

(6) 为了保证收敛于正确解，即矩阵 **V** 各行各列只有一个元素为 1，其余为 0，采用单调上升的 Sigmoid 函数计算 $V_{xi}(t)$

$$V_{xi}(t)=\frac{1}{1+\mathrm{e}^{-\mu U_{xi}(t)}} \tag{11.10}$$

式中，$\mu>0$，其值的大小决定了 Sigmoid 函数的形状。

(7) 根据式(11.7)，计算能量函数 E；

(8) 检查路径的合法性，判断迭代次数是否结束，如果结束，则终止，否则返回第(4)步；

(9) 显示输出迭代次数、最优路径、最优能量函数、路径长度的值，并作出能量函数随时间变化的曲线图。

下面进行仿真实例说明。

在 TSP 的 Hopfield 网络能量函数式(11.7)中，取 $A=1.5$，$D=1.0$。对式(11.9)离散的间隔时间取 $\Delta T=0.01$，网络输入 $U_{xi}(t)$初始值选择为[-0.001，$+0.001$]间的随机值，在式(11.10)的 Sigmoid 函数中，取较大的 μ，即取 $\mu=50$，以使 Sigmoid 函数比较陡峭，从而稳态时 $V_{xi}(t)$能够趋于 1 或趋于 0。

采用 Hopfield 网络求解 TSP 问题的仿真为程序 11.1，以 8 个城市的路径优化为例。如果初始化的寻优路径有效，即路径矩阵中各行各列只有一个元素为 1，其余为 0，则给出最后的优化路径，否则停止优化，需要重新运行优化程序。如果本次寻优路径有效，经过 2000 次迭代，最优能量函数为 Final_E=1.4468，初始路程为 Initial_Length=4.1419，最短路程为 Final_Length=2.8937。

由于网络输入 $U_{xi}(t)$初始选择的随机性，可能会导致初始化的寻优路径无效，即路径矩阵中各行各列不满足“只有一个元素为 1，其余为 0”的条件，此时寻优失败，停止优化，需要重新运行优化程序。仿真过程表明，在 100 次仿真实验中，有 90 次以上可收敛到最优解。

仿真结果如图 11.2 和图 11.3 所示，其中，图 11.2 为初始路径及优化后的路径的比较，图 11.3 为能量函数随时间的变化过程。由仿真结果可见，能量函数 E 单调下降，E 的最小点对应问题的最优解。

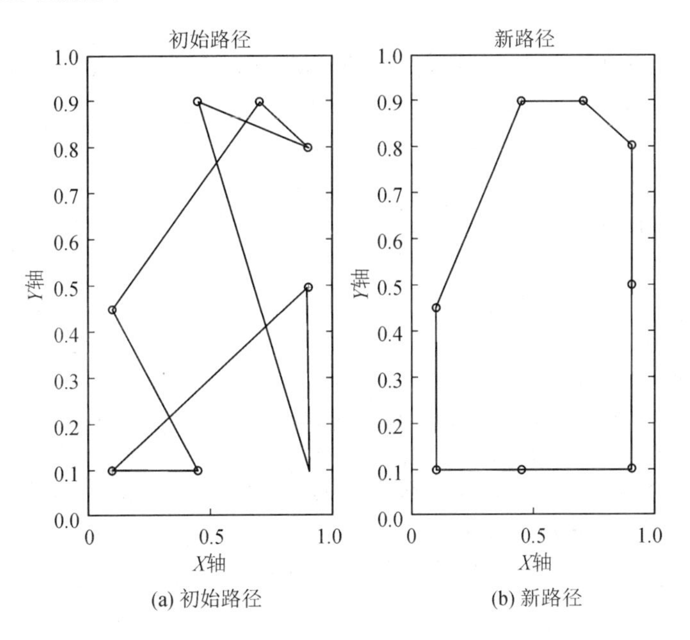

(a) 初始路径　　(b) 新路径

图 11.2　初始路径及优化后的新路径

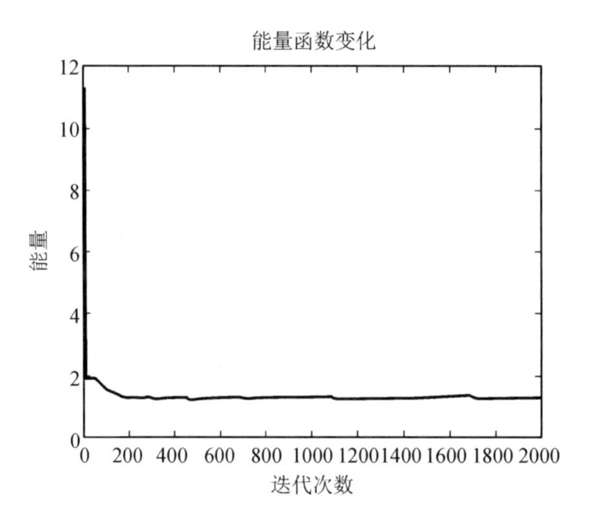

图 11.3 能量函数随迭代次数的变化

仿真中所采用的关键命令如下：

(1) sum(np.square($\boldsymbol{X}$))：求矩阵 $\boldsymbol{X}$ 中各元素的平方值之和；

(2) sum($\boldsymbol{X}$)或 sum($\boldsymbol{X}$, axis=0)为矩阵 $\boldsymbol{X}$ 中各行相加，sum($\boldsymbol{X}$, axis=1)为矩阵中各列相加；

(3) np.repeat()：用于矩阵复制，例如，$\boldsymbol{X}=\begin{bmatrix}12\\34\end{bmatrix}$，则 np.repeat($\boldsymbol{X}$, (1, 1))=$\boldsymbol{X}$，np.repeat($\boldsymbol{X}$, (1, 2))=$\begin{bmatrix}1 & 2 & 1 & 2\\3 & 4 & 3 & 4\end{bmatrix}$，np.repeat($\boldsymbol{X}$, (2, 1))=$\begin{bmatrix}1 & 2\\3 & 4\\1 & 2\\3 & 4\end{bmatrix}$。

(4) np.linalg.norm($\boldsymbol{x}-\boldsymbol{y}$)：计算两点间的距离，例如 $\boldsymbol{x}=[1 \quad 1]$，$\boldsymbol{y}=[2 \quad 2]$，则 np.linalg.norm($\boldsymbol{x}-\boldsymbol{y}$)$=\sqrt{(2-1)^2+(2-1)^2}=\sqrt{2}$。

```
1	# 程序 11.1  采用 Hopfield 网络求解 TSP 问题
2	import numpy as np
3	import matplotlib.pyplot as plt
4	
5	def DeltaU(V, d, A, D):
6	    [n, n]=np.shape(V)
7	    t1 = np.repeat(np.reshape(V.sum(axis=1) - 1, (n, 1)), n, axis=1)
8	    t2 = np.repeat(np.reshape(V.sum(axis=0) - 1, (1, n)), n, axis=0)
9	    PermitV = V[:, 1:n]
10	    PermitV = np.hstack((PermitV, np.reshape(V[:, 0], (n, 1))))
11	    t3 = np.matmul(d, PermitV)
12	    du = -1 * (A * t1 + A * t2 + D * t3)
13	    return du
14	
15	def  Energy(V, d, A, D):
```

```
16        [n, n]=np.shape(V)
17        t1 = np.sum(np.square(np.sum(V, axis=1) - 1))
18        t2 = np.sum(np.square(np.sum(V, axis=0) - 1))
19        PermitV = V[:, 1:n]
20        PermitV = np.hstack((PermitV, np.reshape(V[:, 0], (8, 1))))
21        temp = np.matmul(d, PermitV)
22        t3 = sum(sum(V * temp))
23        E = 0.5 * (A * t1 + A * t2 + D * t3)
24        return E
25
26    def RouteCheck(V):
27        V1 = np.zeros((N, N))
28        Order = [list(V[:, i]).index(max(V[:, i])) for i in range(8)]
29        for j in range(8):
30            V1[Order[j], j] = 1
31        C = sum(V1)
32        R = sum(V1.transpose())
33        CheckR = sum(np.square(C - R))
34        return (V1, CheckR)
35
36    def Final_RouteLength(V, cities):
37        order = [list(V[:, i]).index(max(V[:, i])) for i in range(8)]
38        New = cities[:, order]
39        New=np.hstack((New, np.reshape(New[:, 0], (2, 1))))
40        [rows, cs] = New.shape
41        L = 0
42        for i in range(1, cs):
43            L = L + np.linalg.norm(New[:, i - 1] - New[:, i])
44        return L
45    def PlotR(V1, cities):
46        cities = np.hstack((cities, np.reshape(cities[:, 0], (2, 1))))
47        order = [list(V[:, i]).index(max(V[:, i])) for i in range(8)]
48        New=cities[:, order]
49        New=np.hstack((New, np.reshape(New[:, 0], (2, 1))))
50        plt.figure(0)
51        plt.plot(cities[0, 0], cities[1, 0], 'r*')
52        plt.plot(cities[0, 1], cities[1, 1], '+')
53        plt.plot(cities[0, :], cities[1, :], 'o-')
54        plt.xlabel('X axis')
55        plt.ylabel('Y axis')
56        plt.title('Original Route')
57        plt.show()
58        plt.figure(1)
```

```
59          plt.plot(New[0，0]，New[1，0]，'r*')
60          plt.plot(New[0，1]，New[1，1]，'+')
61          plt.plot(New[0，:]，New[1，:]，'o-')
62          plt.xlabel('X axis')
63          plt.ylabel('Y axis')
64          plt.title('New Route')
65          plt.show()
66      if __name__ == '__main__'：
67          A=1.5
68          D=1
69          Mu=50
70          Step=0.01
71          N=8
72          cities=np.array([[0.1，0.9，0.9，0.45，0.9，0.7，0.1，0.45]，
73                           [0.1，0.5，0.1，0.9，0.8，0.9，0.45，0.1]])
74          Initial_Length=0
74          for i in range(1，N)：
76              Initial_Length=Initial_Length+np.linalg.norm(cities[:，i-1]-cities[:，i])
77          DistanceCity=[]
78          for j in range(N)：
79              dis=[]
80              for i in range(N)：
81                  dis.append(np.linalg.norm(cities[:，j]-cities[:，i]))
82              DistanceCity.append(dis)
83
84          U=0.001*(np.random.rand(N，N)*2-1)
85          V=np.array(1/(1+np.exp(-Mu*U)))
86          times=[]
87          Ep=[]
88          CheckR=0
89          for k in range(2000)：
90              times.append(k)
91              dU = DeltaU(V，DistanceCity，A，D)
92              U = U + dU * Step
93              V = 1 / (1 + np.exp(-Mu * U))
94              E = Energy(V，DistanceCity，A，D)
95              Ep.append(E)
96              (V1，CheckR) = RouteCheck(V)
97
98          if CheckR==0：
99              Final_E=Energy (V1，DistanceCity，A，D)
100             Final_Length=Final_RouteLength(V1，cities) #计算最终路径长度
101             print('迭代次数'，k)
```

```
102            print('寻优路径矩阵:', V1)
103            print('最优能量函数:', Final_E)
104            print('初始路程:', Initial_Length)
105            print('最短路程:', Final_Length)
106            PlotR(V1, cities)                         # 寻优路径作图
107        else:
108            print('寻优路径矩阵:', V1)
109            print('寻优路径无效, 需要重新对神经网络输入进行初始化')
110
111        plt.plot (times, Ep, 'r')
112        plt.title('Energy Function Change')
113        plt.xlabel('k')
114        plt.ylabel('E')
115        plt.title('Energy Function Change')
116        plt.show()
117
118
```

输出:

```
迭代次数 1999
寻优路径矩阵:[[0. 0. 0. 0. 0. 1. 0. 0.]
 [1. 0. 0. 0. 0. 0. 0. 0.]
 [0. 0. 0. 0. 0. 0. 0. 1.]
 [0. 0. 0. 1. 0. 0. 0. 0.]
 [0. 1. 0. 0. 0. 0. 0. 0.]
 [0. 0. 1. 0. 0. 0. 0. 0.]
 [0. 0. 0. 0. 1. 0. 0. 0.]
 [0. 0. 0. 0. 0. 0. 1. 0.]]
最优能量函数:1.4468472551497742
初始路程:4.141863945979414
最短路程:2.8936945102995484
```

11.6　人机结合求解中国旅行商问题

中国旅行商问题是中国31个直辖市、省会和自治区首府的旅行商问题，到目前为止，用一种新的几何算法得到中国旅行商问题的最优解是15 492 km。对于中国旅行商问题，31个城市之间的相对位置是一条重要信息，具体地，我国31个省、自治区、直辖市、首府间的距离表见表11.4。以往的各种求解方法几乎没有利用这条信息，下面以人机结合寻优方法求解中国旅行商问题，人机结合寻优方法使用“临境”或“虚拟现实”技术模拟人面对中国地图求解中国旅行商问题时的思维过程，尽量充分利用各个城市之间相对位置这条信息，使计算工作量大大减少。

表 11.4　我国 31 个省、自治区、

城市	北京	上海	天津	石家庄	太原	呼和浩特	沈阳	长春	哈尔滨	济南	南京	合肥	杭州	南昌	福州
北京	0	1078	119	263	398	401	634	866	1061	367	905	902	1135	1255	1568
上海	1078	0	963	989	1096	1391	1189	1451	1679	735	269	399	160	601	606
天津	119	963	0	262	426	504	605	860	1068	271	798	806	1025	1169	1465
石家庄	273	989	262	0	171	394	867	1117	1318	266	769	730	1010	1049	1403
太原	398	1096	426	171	0	341	1025	1264	1457	412	854	790	1095	1065	1452
呼和浩特	401	1391	504	194	341	0	987	1171	1325	650	1161	1114	1403	1405	1783
沈阳	634	1189	605	867	1025	987	0	281	512	690	1155	1227	1014	1607	1785
长春	866	1451	860	1117	1264	1171	291	0	232	1065	1532	1508	1582	1887	2053
哈尔滨	1061	1679	1068	1318	1457	1325	512	232	0	1287	1664	1738	1813	2118	2282
济南	367	735	271	266	412	650	790	1065	1287	0	540	537	775	899	1202
南京	905	269	698	769	954	1161	1155	1432	1664	540	0	141	242	467	668
合肥	902	399	806	730	690	1114	1227	1507	1738	537	141	0	328	390	674
杭州	1135	160	1025	1010	1095	1503	1315	1582	1813	775	242	328	0	447	472
南昌	1255	601	1169	1049	1065	1405	1607	1887	2118	899	467	380	447	0	441
福州	1568	606	1465	1403	1452	1783	1785	2053	2282	1201	668	674	472	441	0
台北	1729	686	1620	1590	1655	1967	1870	2124	2349	1367	827	877	596	687	252
郑州	626	824	582	376	359	700	1158	1428	1645	374	560	463	787	706	1103
武汉	1052	685	981	823	816	1157	1484	1765	1993	720	456	319	566	270	705
长沙	1343	881	1277	1104	1074	1411	1782	2063	2291	1019	704	584	733	291	666
广州	1893	1210	1819	1662	1637	1973	2280	2561	2792	1553	1136	1054	1051	674	697
海口	2286	1666	2223	2042	1991	2316	2714	2995	3225	1964	1581	1490	1506	1115	1137
南宁	2050	1599	2001	1794	1720	2029	2535	2815	3041	1757	1459	1344	1441	1004	1171
西安	909	1218	913	654	516	770	1518	1770	1970	770	949	824	1147	908	1348
银川	879	1597	947	720	555	535	1504	1703	1860	964	1335	1237	1564	1404	1836
兰州	1178	1717	1228	977	807	870	1812	2026	2193	1185	1448	1328	1653	1401	1842
西宁	1321	1908	1381	1138	968	981	1950	2151	2306	1359	1640	1520	1845	1589	2030
乌鲁木齐	2399	3265	2502	2336	2192	1999	2909	2998	3057	2599	3004	2902	3229	3020	3461
成都	1511	1655	1518	1258	1114	1320	2123	2375	2572	1370	1404	1264	1543	1166	1573
贵阳	1732	1522	1702	1469	1368	1649	2278	2551	2768	1488	1320	1135	1378	938	1256
昆明	2085	1956	2071	1823	1700	1942	2662	2929	3139	1878	1750	1614	1812	1370	1666
拉萨	2558	2909	2604	2347	2179	2237	3192	3402	2561	2528	2653	2514	2799	214	2800

直辖市、首府间的距离表　(单位:km)

台北	郑州	武汉	长沙	广州	海口	南宁	西安	银川	兰州	西宁	乌鲁木齐	成都	贵阳	昆明	拉萨
1729	626	1052	1343	1893	2286	2050	909	879	1178	1321	2399	1511	1732	2085	2558
686	824	685	881	1210	1666	1599	1218	1597	1717	1908	3265	1655	1522	1956	2909
1620	582	981	1277	1819	2223	2001	913	947	1228	1381	2502	1518	1702	2071	2704
1590	376	823	1104	1662	2042	1794	654	720	977	1138	2336	1258	1469	1823	2347
1655	359	816	1074	1637	1991	1720	516	555	807	968	2192	1114	1368	1700	2179
1978	700	1157	1411	1973	2315	2029	770	535	870	981	1999	1320	1649	1942	2237
1870	1158	1484	1782	2290	2714	2535	1518	1504	1812	1950	2909	2123	2278	2662	3192
2124	1423	1765	2063	2561	2995	2815	1770	1703	2926	2151	1998	2375	2551	2929	3402
2349	1645	1993	2291	2792	3225	3041	1970	1860	2193	2306	3057	2572	2768	3139	3561
1367	374	720	1019	1553	1964	1757	780	964	1185	1359	2599	1370	1488	1878	2528
827	560	456	704	1136	1581	1459	949	1336	1448	1640	3004	1404	1320	1750	2653
866	463	319	584	1054	1490	1344	824	1237	1328	1520	2902	1264	1185	1614	2514
596	788	566	733	1051	1506	1441	1147	1564	1653	1845	3229	1543	1378	1812	2799
687	706	270	291	674	115	1004	908	1404	1401	1589	3020	1166	938	1370	2414
252	1103	705	666	697	1137	1171	1348	1839	1842	2030	3461	1573	1256	1666	2800
0	1317	945	916	869	1276	1366	1589	2067	2087	2276	3804	1824	1493	1892	3046
1317	0	459	730	1291	1666	1424	437	777	906	1094	2444	1003	1123	1505	2194
945	450	0	299	942	1243	1054	644	1134	1144	1334	2758	976	867	1295	2233
916	730	299	0	563	946	762	778	1298	1229	1408	2848	908	647	1080	2141
869	1291	842	563	0	455	505	1306	1825	1698	1858	3278	1235	761	1087	2324
1376	1666	1243	947	455	0	373	1587	2082	2889	2021	3378	1339	816	959	2220
1366	1424	1054	762	505	373	0	1274	1748	1533	1647	3005	971	449	619	1883
1589	437	644	778	1306	1587	1274	0	521	507	699	2114	604	880	1187	1758
2067	777	1134	1298	1825	2082	1748	521	0	346	448	1668	885	1318	1526	1701
2087	906	1144	1229	1698	1889	1533	507	346	0	102	1622	596	1087	1226	1380
2276	1094	1334	1408	1858	2021	1657	699	448	192	0	1440	691	1208	1288	1255
3704	2444	2758	2848	3278	3378	3005	2114	1668	1622	1440	0	2053	2570	2492	1592
1824	1003	976	908	1235	1229	971	604	885	596	691	2053	0	523	641	1257
1493	1123	867	647	761	816	449	880	1318	1087	1207	2580	523	0	434	1574
1892	1505	1295	1080	1089	959	619	1187	1526	1226	1288	2494	641	434	0	1266
3047	2194	2233	2141	2324	2220	1883	1758	1701	1380	12655	1592	1257	1572	1266	0

若从北京出发，假定总体趋势是逆时针方向，人在思考该问题时，为了得到最优路径，第一步，一般首先考虑石家庄，其次考虑太原，再次考虑呼和浩特，而且一般不会再去考虑其他城市，因为其他方案显然不会给我们带来最优路径。再例如人以逆时针为大趋势旅行到广州后，作为人的思维过程，下一步一般首先考虑台北，其次考虑贵阳，再次考虑海口，再其次考虑长沙，而且一般不会考虑其他城市。通过试验，对于不同的人，这种次序可能略有不同，但一般最先考虑的城市都是一致的。

如何在计算机中实现"最先""其次""再次""再其次"呢？模糊数学给我们提供了解决方法。在旅行商问题中，每到达一个城市后，其余所有未被访问过的城市构成一个集合，而下一步应该访问的城市构成一个模糊子集合。人可以把"最先"考虑城市的隶属度定义为 0.9，"其次"考虑将隶属度定义为 0.7，"再次"考虑将隶属度定义为 0.5，"再其次"考虑将隶属度定义为 0.3，将其他城市隶属度定义为 0.1。

1. 新的寻优方法——优质穷举法

优质穷举法可以由公式 11.11 表示，有

$$\begin{cases} R = n - 1 \\ S_r = m,\ 1 \leqslant m \leqslant n - r \\ P = \prod_{r=1}^{R} S_r = m^n \end{cases} \tag{11.11}$$

以中国旅行商问题为例，从北京出发的一条巡回路径实际上是另外 30 个城市的一个有序排列，优质穷举法是用 30 个 0，1，2，…，$m-1$ 数字组成的一串字符表示这些序列的一部分，然后在这一部分中穷举优选。0 表示从当前城市出发，在未经过的城市中通过各城市隶属度大小找出最优一个城市。相关城市隶属度见表 11.5。1 表示在未经过的城市中通过隶属度大小找出次优城市，表面上为次优，实质上会考虑不同人在其中几次决策中可能把确定的"最优" "其次"次序调换。2，3，…，$m-1$ 的意义类推。该方法把决策过程分为 30($R=30$)个步骤，每个步骤有 m 个城市可供选择。

表 11.5　相关城市隶属度

编号	城市	隶属度	对应城市	隶属度	对应城市	隶属度	对应城市	隶属度	对应城市
1	北京	0.9	石家庄	0.7	天津	0.5	太原	0.3	呼和浩特
2	上海	0.9	南京	0.7	杭州	0.5	合肥	0.3	武汉
3	天津	0.9	石家庄	0.7	沈阳	0.5	济南	0.3	郑州
4	石家庄	0.9	太原	0.7	呼和浩特	0.5	郑州	0.3	济南
5	太原	0.9	呼和浩特	0.7	郑州	0.5	西安	0.3	银川
6	呼和浩特	0.9	西安	0.7	银川	0.5	太原	0.3	石家庄
7	沈阳	0.9	长春	0.7	天津	0.5	哈尔滨	0.3	济南
8	长春	0.9	哈尔滨	0.7	沈阳	0.5	天津	0.3	济南
9	哈尔滨	0.9	北京	0.7	天津	0.5	长春	0.3	沈阳
10	济南	0.9	天津	0.7	沈阳	0.5	石家庄	0.3	太原
11	南京	0.9	合肥	0.7	上海	0.5	杭州	0.3	郑州

续表

编号	城市	隶属度	对应城市	隶属度	对应城市	隶属度	对应城市	隶属度	对应城市
12	合肥	0.9	郑州	0.7	济南	0.5	南京	0.3	武汉
13	杭州	0.9	上海	0.7	武汉	0.5	南京	0.3	合肥
14	南昌	0.9	长沙	0.7	杭州	0.5	武汉	0.3	福州
15	福州	0.9	南昌	0.7	台北	0.5	长沙	0.3	广州
16	台北	0.9	福州	0.7	广州	0.5	南昌	0.3	长沙
17	郑州	0.9	济南	0.7	西安	0.5	武汉	0.3	合肥
18	武汉	0.9	杭州	0.7	南昌	0.5	长沙	0.3	上海
19	长沙	0.9	武汉	0.7	南昌	0.5	福州	0.3	杭州
20	广州	0.9	台北	0.7	贵阳	0.5	海口	0.3	长沙
21	海口	0.9	广州	0.7	南宁	0.5	台北	0.3	昆明
22	南宁	0.9	海口	0.7	广州	0.5	贵阳	0.3	昆明
23	西安	0.9	银川	0.7	兰州	0.5	太原	0.3	郑州
24	银川	0.9	西安	0.7	兰州	0.5	西宁	0.3	呼和浩特
25	兰州	0.9	西宁	0.7	银川	0.5	西安	0.3	乌鲁木齐
26	西宁	0.9	乌鲁木齐	0.7	兰州	0.5	拉萨	0.3	成都
27	乌鲁木齐	0.9	拉萨	0.7	西宁	0.5	成都	0.3	兰州
28	成都	0.9	贵阳	0.7	昆明	0.5	拉萨	0.3	兰州
29	贵阳	0.9	昆明	0.7	南宁	0.5	成都	0.3	广州
30	昆明	0.9	贵阳	0.7	南宁	0.5	海口	0.3	成都
31	拉萨	0.9	成都	0.7	贵阳	0.5	昆明	0.3	西宁

注：表中的隶属度指编号城市与同一行对应城市间的隶属度，所有其他相关城市的隶属度均为 0.1。

2. 优质穷举法与其他经典方法的理论比较

对于 n 个城市的旅行商问题，可以分为 $n-1$ 步完成，不同寻优方法，每一步可以选择的城市数不同，贪心法 $S_r=1$，穷举法 $S_r=n-r$，优质穷举法 $S_r=m$，$r=1, 2, \cdots, n-1$，当 $m=1$ 的时候并且隶属度以每步局部最优定义为最大时，优质穷举法等同于贪心法；当 $m=n-r$ 时，不论隶属度函数定义如何，优质穷举法等同穷举搜索法；当 $m=1$ 时，求解过程完全体现人的意志，称为依赖人的求解方法；当 $m=n-r$ 时，让计算机对所有可能路径进行比较，人没有参与各个决策过程，称为完全依赖计算机的求解方法；当 $1<m<m-r$ 时，人参与了各个决策过程，并且计算机在一系列较优路径中迭代选优，称为人机结合的求解方法。

3. 计算结果

运用优质穷举求解法求解中国旅行商问题时，取 $m=3$，采用 30 个由 0，1，2 数字组成的序列表示较优的路径，所考虑的巡回路径总数为

$$P=\prod_{r=1}^{n-1}S_r=\prod_{r=1}^{30}3=3^{30}=2.059\times10^{14}$$

计算中，首先30个0开始，计算出路径总长度L，然后计算由0，1，2可能组成的各种序列的总长度，每计算一个，和当前的最短路径$L_{\min}$比较，若小于当前$L_{\min}$，则记录下0，1，2的排列情况，并把最小路径赋给$L_{\min}$。优质穷举过程中，若巡回路径还没有完成，总长度已经大于当前$L_{\min}$，则计算下一个可能序列，直到全部序列完成为止，巡回路径序列详情见表11.6。

表 11.6　巡回路径序列

序列号	MN=0 0 0 0 0 0 0 0 0 0 0 0 0 0 0 0 0 0 0 0 0 0 0 0 0 0 0 0 0
城市路径	ROUTE=1 4 5 6 23 24 25 26 27 31 28 29 30 22 21 20 16 15 14 19 18 13 2 11 12 17 10 3 7 8 9
最短距离/km	$L_{\min}(1)$=15 872
序列号	MN=0 0 0 1 0 0 0 0 0 0 0 0 0 0 0 0 0 0 0 0 0 0 0 0 0 0 0 0 0
城市路径	ROUTE=1 4 5 6 24 23 25 26 27 31 28 29 30 22 21 20 16 15 14 19 18 13 2 11 12 17 10 3 7 8 9
最短距离/km	$L_{\min}(2)$=15 798
序列号	MN=0 0 0 1 0 0 0 0 0 01 0 0 0 0 0 0 0 0 0 0 0 0 0 0 0 0 0 0
城市路径	ROUTE=1 4 5 6 24 23 25 26 27 31 28 30 29 22 21 20 16 15 14 19 18 13 2 11 12 17 10 3 7 8 9
最短距离/km	$L_{\min}(3)$=15 746
序列号	MN=0 0 0 0 0 0 0 0 0 0 0 0 0 0 0 1 0 1 1 0 0 1 0 0 0 0 0 0 0
城市路径	ROUTE=1 4 5 6 23 24 25 26 27 31 28 29 30 22 21 20 19 18 14 15 16 2 13 11 12 17 10 3 7 8 9
最短距离/km	$L_{\min}(4)$=15 638
序列号	MN=0 0 0 1 0 0 0 0 0 0 0 0 0 0 0 1 0 1 1 0 0 1 0 0 0 0 0 0 0
城市路径	ROUTE=1 4 5 6 24 23 25 26 27 31 28 29 30 22 21 20 19 18 14 15 16 2 13 11 12 17 10 3 7 8 9
最短距离/km	$L_{\min}(5)$=15 564
序列号	MN=0 0 0 1 0 0 0 0 0 0 1 0 0 0 0 1 0 1 1 0 0 1 0 0 0 0 0 0 0
城市路径	ROUTE=1 4 5 6 24 23 25 26 27 31 28 30 29 22 21 20 19 18 14 15 16 2 13 11 12 17 10 3 7 8 9
最短距离/km	$L_{\min}(6)$=15 512

该方法的计算结果得到0，1，2序列共有24个0，6个1，0个2且为00010000001011001000000000时，有最小$L_{\min}$=15 449 km。当有24个0，6个1，0个2时有最短路径，同时说明整个回路基本上按照人的思路，充分体现了人的智力。该结果比用改进的Hopfield神经网络方法和一种新的几何算法求得的回路分别缩短455 km、43 km。

具体路线如下：

北京 263 石家庄 171 太原 341 呼和浩特 535 银川 521 西安 507 兰州 192 西宁 263 乌鲁

木齐 1592 拉萨 1257 成都 641 贵阳 449 南宁 373 海口 455 广州 563 长沙 299 武汉 270 南昌 441福州 252 台北 595 杭州 160 上海 269 南京 141 合肥 463 郑州 374 济南 271 天津 605 沈阳 281 长春 232 哈尔滨 1061 北京。

优质穷举法有两个特点，一是利用 0，1，2，…，$m-1$ 序列排列不同，表示不同的巡回路径；二是在当前选优中通过比较相关城市的模糊隶属度来选优。这两者都便于在计算机中实现，该方法前半部分是人参与解决，发挥人的“心智”；后半部分是计算机参与解决，发挥计算机快速计算的“本领”，形成解决中国旅行商这一具体问题的人机结合的寻优方法。

11.7 小 结

人机结合是人工智能中新兴的一个涉及内容广泛的重要研究方向和分支，其核心就是将人的心智(形象思维、灵感)与计算机智能(计算和逻辑推理)统一在一个相互作用、相互影响的环境中，通过人机协作实现智能互补，以充分发挥系统的整体优势和综合优势。人机结合主要分为人机交互和脑机接口两大技术分支。

旅行商问题是给定一系列城市和每对城市之间的距离，求解访问每一座城市一次并回到起始城市的最短回路。它是组合优化中的一个 NP 难问题，在运筹学和理论计算机科学中非常重要。旅行商问题要从所有周游路线中求取最小成本的周游路线，而从初始点出发的周游路线一共有$(n-1)!$条，即等于除初始结点外的 $n-1$ 个结点的排列数，因此旅行商问题是一个排列组合问题。通过枚举$(n-1)!$条周游路线，从中找出一条具有最小成本的周游路线的算法，其计算时间显然为 $O(n!)$。Hopfield 等采用神经网络求得经典组合优化问题的最优解，开创了优化问题求解的新方法。

中国旅行商问题是中国 31 个直辖市、省会和自治区首府的旅行商问题。到目前为止，用一种新的几何算法可以得到中国旅行商问题的最优解是 15 492 km。对于中国旅行商问题，31 个城市之间的相对位置是一条重要信息，以往的各种求解方法几乎没有利用这条信息，本章人机结合寻优方法求解中国旅行商问题，人机结合寻优方法使用“临境”技术或“虚拟现实”技术模拟人面对中国地图求解中国旅行商问题时的思维过程，尽量充分利用各个城市之间相对位置这条信息，从而使计算工作量大大减少。人机结合寻优方法(优质穷举法)求解中国旅行商问题，得到最优解是 15 449 km。

习 题

1. 旅行商问题可以分为哪些类？
2. 旅行商问题的求解一般方法有哪些？
3. 回溯法求解旅行商问题的基本思想是什么？请用程序实现回溯法求解旅行商问题。
4. 分支限界法求解旅行商问题的基本思想是什么，程序实现分支限界求解旅行商问题？
5. Hopfield 神经网络基本原理是什么？请用程序实现 Hopfield 神经网络求解旅行商问题。
6. 人机结合有哪些表现形式？

第 12 章 自然语言处理

我们想要计算机能够处理自然语言，主要有两个原因：第一，使之能够与人类交流；第二，使之能够从书面文字中获取信息，这是本章的主要内容。互联网上已有超过万亿数量的信息网页，而几乎所有这些页面都是用自然语言描述的。机器想要获取知识，就需要理解(至少部分理解)人们所使用的具有歧义的、杂乱的语言。我们将从具体的信息查找任务的角度(即文本分类、信息检索和信息抽取)来考察自然语言处理这一问题。机器理解语言时，一个基本的处理方法是采用语言模型，该模型用来预测语言表达的概率分布情况。

12.1 语言模型

小度语音机器人

形式语言，如 Java 和 Python 等编程语言，都有精确定义的语言模型。语言可以定义为字符串的集合，例如：在 Python 语言中，“print(2+2)”是一段合法的程序，而“2)+(2 print”则不是。由于合法程序的数目是无限的，因此不能一一枚举。但是，它们可以通过一组规则来描述，这组规则就是语法。形式语言也可以通过规则定义程序的意义或语义。例如，按照规则，“2+2”的“意义”是 4，“1/0”则意味着将会发出一个错误的信号。

自然语言，如英语，不能描述为一个确定的语句集合。每个人都认为“Not to be invited is sad.”是一个英语语句，而“To be not invited is sad.”是不符合语法的。因此，通过句子的概率分布来定义自然语言模型要比通过确定集合来定义更为有效。也就是说，对于给定的字符串 words，我们会问 $P(S=\text{words})$ 是多少，即一个随机的句子为字符串 words 的概率，而不是问一个字符串 words 是否属于定义语言的句子集合。

自然语言同时也是有歧义的。“He saw her duck.”可以理解为他看到了一只属于她的鸭子，也可以理解为他看到她躲避某物。因此，我们也不能用一个意义来解释一个句子，而应该使用多个意义上的概率分布来实现。

因为自然语言的规模很大，而且处在不断变化之中，所以很难处理。因此，我们的语言模型只能是对自然语言的近似。下面我们从最简单的概率近似开始，一步步深入介绍。

12.1.1 *n* 元字符模型

从根本上说，文本是由字符组成的，如英语中的字母、数字、标点和空格。因此，一个最简单的语言模型就是字符序列的概率分布。我们以 $P(c_{1:N})$ 来表示由 c_1 到 c_N 这 N 个字符构成的序列的概率。例如在一个网页集合中，$P(\text{“he”})=0.027$，$P(\text{“zgq”})=0.00001$。长度为 n 的符号序列称为 n 元组(n-gram)(gram 是希腊语中表示“书写”或“字母”的单词的词根)。我们用“unigram”表示一元组，“bigram”表示二元组，“trigram”表示三元组。n 个字符序列上的概率分布就称为 n 元模型。

n 元模型可以定义为 $n-1$ 阶 Markov 链。在 Markov 链中字符 c_1 的概率只取决于它前面的字符，而与其他字符无关。所以在一个三元模型(二阶 Markov 链)中我们有

$$P(c_i \mid c_{1:i-1}) = P(c_i \mid c_{i-2:i-1})$$

在三元模型中，我们首先考虑链规则，然后运用 Markov 假设来定义字符序列的概率 $P(c_{1:N})$：

$$P(c_{1:N}) = \prod_{i=1}^{N} P(c_i \mid c_{1:i-1}) = \prod_{i=1}^{N} P(c_i \mid c_{i-2:i-1})$$

对某个包含 100 个字符的三元字符模型来说，$P(c_i|c_{i-2:i-1})$有一百万项参数，这些参数的估计可以通过计数的方式，对包含 1000 万以上字符的文本集合进行精确统计而得到。我们把文本的集合称为语料库(corpus，复数为 corpora)。

语言识别就是一项对 n 元模型来说，非常合适的任务。给定一段文本，确定它是用哪种自然语言写的，这是一个相对来说比较简单的任务，即使是短文本，例如“Hello，world”很容易被辨别为是英语。计算机系统识别语言的准确率超过 99%。实现语言识别的一种方法就是首先建立每种候选语言的三元模型 $P(c_i|c_{i-2:i-1}, l)$，这里的 l 表示不同的语言。对于每种语言，可以通过统计该语言语料中的三元组来建立它的模型(每种语言大约需要 100 000 个字符规模的语料)。这样我们就得到了模型 $P(\text{Text}|\text{Language})$，但我们需要找出给定文本对应的最有可能的语言，所以运用 Bayes 公式和 Markov 假设来选择最有可能的语言：

$$l^* = \arg\max_l P(l \mid c_{1:N}) = \arg\max_l P(l)P(c_{1:N} \mid l) = \arg\max_l P(l)\prod_{i=1}^{N} P(c_i \mid c_{i-2:i-1}, l)$$

三元模型可以从语料中获得，但先验概率 $P(l)$如何得到呢？我们可以对这些值进行估计。对这些先验概率的估算的具体数值并不重要，因为，通常来说，三元模型应用于某一语言时，不同语义对应的概率丰富度比其他语言高若干个数量级。

字符模型还可以完成其他任务，如拼写纠错、分类、命名实体识别等。分类是指判断文本是否是新闻报道、法律文件或科学论文等。尽管很多特征可以用来帮助判断，但通过标点符号数目和其他字符级的 n 元特征来判断会更为有效(Kessler 等人，1997)。命名实体识别是指在文档中找到事物的名称并确定其类型。例如，在文本“Mr. Sopersteen was prescribed aciphex”中，我们应该识别出“Mr. Sopersteen”是人名，“aciphex”是药物名。字符级模型能够胜任这项任务，因为它们可以把字符序列“ex”与药物名关联起来，把“steen”与人名关联起来，从而识别那些从未见过的单词。

12.1.2　模型评估

面对如此多的 n 元模型，如一元模型、二元模型、三元模型、包含不同参数值 λ 的线性插值模型等，我们该选择哪一种？我们可以用交叉验证的方法来评估一个模型。

可以将语料划分为训练语料和验证语料。先从训练数据中确定模型的参数值，然后再使用验证语料对模型进行评估。

评估指标与具体任务相关，例如对语言识别任务可以使用正确度来衡量。此外，我们也可以使用和任务无关的语言质量模型：计算验证语料在给定模型下的概率值：概率越高，语言模型越好。这种度量并不方便，因为大型语料库上计算出的概率是一个很小的值，因

此计算中的浮点下溢是个问题。另一种描述序列概率的方法是，使用复杂度(Perplexity)来度量概率，它定义为

$$\text{Perplexity}(c_{1:N}) = P(c_{1:N})^{-1/N}$$

复杂度可以看成是用序列长度进行规格化的概率的倒数，也可视为模型的分支系数的加权平均值。假设语言中有100个字符，模型声明它们具有平均可能性，那么，对于一个任意长度的序列，其复杂度为100。如果某些字符的可能性高于其他字符，而模型又能够反映这一点，那么这个模型的复杂度就会小于100。

12.1.3 *n* 元单词模型

现在我们从字符模型转向单词模型。单词模型和字符模型有着相同的机制，主要的区别在于词汇，词汇是构成语料和模型的符号集合，比字符模型更大。大多数语言只有大约100个字符，有时我们还可以构建更受限的模型，例如，把“A”和“a”视为同一符号，也可以把所有的标点视为同一符号。而对于单词模型来说，至少有数以万计的符号，有时甚至上百万。符号之所以这样多，是因为很难说清楚单词到底是由什么构成的。在英语中，由前后空格分隔的字母序列构成了单词。

n 元单词模型需要处理词汇表以外的单词。在字符模型中，我们不必担心有人会发明字母表中没有的新字母。但是在单词模型中，总是有可能出现训练语料中没有的单词，所以需要在语言模型中明确地对其建模。这可以通过向词汇表中添加一个新的单词〈UNK〉来解决。〈UNK〉表示未知的单词，可以按照下面的方法对〈UNK〉进行 n 元模型评估：遍历训练语料，每个单词的第一次出现都作为未知的单词，就用〈UNK〉替换它，这个单词后来所有的出现仍保持不变；然后把〈UNK〉和其他单词一样对待，按原来的方法计算语料的 n 元数值。当一个未知的单词出现在测试集中时，将其视为〈UNK〉来查找概率。有时我们会按照单词的不同类别，分别使用多个不同的未知单词符号。例如，所有数字串可以替换为〈NUM〉，所有电子邮件地址替换成〈EMAIL〉。

12.2 文本分类

以下详细介绍文本分类(Text Classification，也有的称为 Text Categorization)任务。文本分类是指对给定的某个文本，判断它属于预定义类别集合中的哪个类别。语言识别和体裁分类都是文本分类的例子，情感分析(判断电影或产品评论是积极的还是消极的)和垃圾邮件检测(判断电子邮件信息是垃圾邮件还是非垃圾邮件)也是文本分类。可以将垃圾邮件检测看作一种监督学习问题，其训练集很容易得到：正例(垃圾邮件)在垃圾邮件文件夹里，负例(非垃圾邮件)在收件箱里。

关于分类有两种方法。一种是语言模型方法，可以对垃圾邮件(用 spam 表示)文件夹里的邮件进行训练，从而得到一个计算 $P(\text{message}|\text{spam})$ 的 n 元语言模型，对收件箱里的非垃圾邮件(用 ham 表示)进行训练，得到计算 $P(\text{message}|\text{ham})$ 的模型。然后可以应用贝叶斯规则对新消息进行分类：

$$\arg\max_{c\in\{\text{spam},\ \text{ham}\}} P(c|\text{message}) = \arg\max_{c\in\{\text{spam},\ \text{ham}\}} P(\text{message}|c)P(c)$$

这里 $P(c)$ 可以通过统计垃圾邮件和非垃圾邮件的数目得到。和语言分类任务相似，这

种方法在垃圾邮件检测中也有好的效果。

另一种方法是机器学习方法。把邮件信息看成是一组特征值对，分类算法 h 根据特征向量 $\boldsymbol{X}$ 进行判断。可以将 n 元组作为特征，这样语言模型和机器学习两种方法就可以融合了。这一思想用一元模型最容易理解。在词汇表中的单词就是特征："a""aardvark"…，特征的值就是每个单词在邮件信息中出现的次数。这种做法使得特征向量非常大而稀疏。如果语言模型中有100 000个单词，那么特征向量的长度就是100 000，但是对于一封简短的电子邮件信息，几乎所有的特征计数都为0。这种一元的模型表示形式被称为词袋(Bag of Words)模型。可以这样理解该模型：把训练语料中的单词放进一个袋子，然后每次从袋中选取一个单词来构成邮件信息。这样词语之间的相互顺序就丢失了，一元模型对一个文本的任何排列都赋予相同的概率值。而高阶 n 元模型则可以保持某些局部的单词顺序信息。

在二元模型和三元模型中，特征的数量呈平方或立方增长，还可以加入一些非 n 元的特征，发送消息的时间，消息中是否包含URL或图片，消息发送者的ID，发送者过去发送的垃圾邮件和非垃圾邮件的数量，等等。特征的选择是建立好的垃圾邮件检测器最重要的部分，甚至比特征处理算法的选择还要重要。一部分原因是：由于训练数据很多，选择一个特征，该特征是好或不好是很容易判断的。持续不断地更新特征是非常必要的，因为垃圾邮件检测是一项对抗性任务，垃圾邮件发送者会不断地改变他们的垃圾信息以应对垃圾邮件检测器的改变。

在巨大的特征向量工作中使用算法代价高昂，所以特征选择的过程的目标是挑选那些最能够区别垃圾邮件与非垃圾邮件的特征。例如，二元词组"of he"在英语中频繁出现，而且在垃圾邮件与非垃圾邮件中出现频率相当，所以计算这一特征毫无意义。通常来说，挑选最好的一百种左右的特征，就可以很好地区分不同的类别了。

一旦选定了特征集，便能运用所知道的任何监督学习技术。比较流行的文本分类方法包括：K-最近邻(K-Nearest-Neighbors)、支持向量机(Support Vector Machines)、决策树(Decision Trees)、朴素贝叶斯(Naive Bayes)以及逻辑回归(Logistic Regression)。所有这些方法都已被应用到垃圾邮件检测中，通常准确率在98%～99%之间。如果精心设计特征集，准确率可以超过99.9%。

从另外一个角度看待分类问题，可以把分类看成是一个数据压缩(Data Compression)问题。无损压缩算法可以在一串符号序列中检测其中的重复模式，然后重写一段比原串更为紧凑的符号序列。例如，文本"0.142857142857142857"可以压缩为"0.[142857]＊3"。实现压缩算法，首先要构建文本的子序列词典，然后引用词典中的条目。这个例子中的词典仅包含一个条目，即"142857"。

压缩算法实际上是在建立一种语言模型。LZW算法就是一种直接的最大概率(Maximum-Entropy)分布建模方法。为了通过压缩进行分类，首先把所有垃圾邮件的训练消息合在一起并压缩成一个单元，对于非垃圾邮件也作同样的处理。当给定一个要分类的邮件时，把它加到垃圾邮件集合中，再对更新后的集合作压缩。同样也把它加到非垃圾邮件并作压缩。哪一个压缩更好，该邮件就属于那个类别，因为新消息为这个类别增加的字节数更少。这个方法的思想是，垃圾邮件消息倾向于与其他垃圾邮件消息有相同的词典条目，因此，当新的垃圾邮件加入集合中时，原来集合就包含了垃圾词典条目，更新后的集合的压缩效果就会很好。

基于压缩的文本分类在一些标准语料(如 20-Newsgroups 数据集、Reuters-10 语料和 Industry Sector 的语料)上进行了实验,结果表明,虽然运行现有的压缩算法(如 gzi、RAR 和 LZW)速度很慢,但它们的准确率和传统的分类算法相当。

12.3 信息检索

信息检索(Information Retrieval,IR)的任务是寻找与用户的信息需求相关的文档。万维网上的搜索引擎就是一个众所周知的信息检索系统的例子。万维网用户将类似于"人工智能"的查询信息输入到搜索引擎,就能得到相关的网页的列表。

一个信息检索系统具有如下特征:

① 文档集合。每个系统都必须确定其需要处理的文档是一个段落文本、一页文本,还是多页文本。

② 使用查询语言描述的查询。查询描述了用户想知道的内容。查询语言可以是一个单词列表,如[AI book];可以是必须连续出现的单词短语,如["AI book"];还可以包含布尔运算符,如[AI and Book]。

③ 结果集合。该集合是文档集合的子集,包含了 IR 系统判断的与查询相关的那部分文档。所谓"相关",是指对提出查询的人有用,符合查询中表达的特定信息需求。

④ 结果集合的展示。结果集合可以简单地用有序的文档标题列表来展示,也可以采取复杂的展示方法,如将结果集合的旋转彩色图像映射到一个三维空间中,以作为一种二维表示的补充。

早期的 IR 系统采取布尔关键字模型工作。文档集合中的每个词都被当作一个布尔特征,如果这个词语出现在某文档中,那么该文档的这个特征值为真,反之为假。所以特征"检索"对于本章内容的值为真。查询语言就是基于这些特征的布尔表达式语言。只有当表达式取值为真时,文档与查询才是相关的。例如,查询[信息 AND 检索]对本章的值为真。

布尔模型的优点在于容易解释和实现。但是,它也存在一些缺点。首先,由于文档的相关度只用一个二进制位表示,所以无法为相关文档的排序提供指导。其次,对非程序设计人员和非逻辑学家的用户来说,他们并不熟悉布尔表达式。第三,即使是对熟练地用户来说,写出一个适当的查询也可能是困难的。假如我们试图查询[信息 AND 检索 AND 模型 AND 优化],而得到了一个空的结果集合,那么我们可能会尝试查询[信息 OR 检索 OR 模型 OR 优化],但如果该查询返回了过多的结果,就难以知道下一步该试什么。

12.3.1 IR 评分函数

大多数 IR 系统放弃了布尔模型而使用基于单词计数统计的模型。这里将介绍 BM25 评分函数(BM25 Scoring Function),它来源于伦敦城市大学的斯蒂芬·罗伯森(Stephen Robertson)和凯伦·斯帕克·琼斯(Karen Sparck Jones)研究的 Okapi 项目。该项目已被用于一些搜索引擎中,如开源的 Lucene 项目。

评分函数根据文档和查询计算并返回一个数值得分,最相关的文档的得分最高。在 BM25 函数中,得分是由构成查询的每个单词的得分进行线性加权组合而成的。有三个因素会影响查询项的权重:第一,查询项在文档中出现的频率(也记为 TF,表示词项频率

(Term Frequency))。例如，对于查询[farming in Kansas]，频繁提到“farming”的文档会得到较高分数。第二，词项的文档频率的倒数，也记为 IDF。单词“in”几乎出现在每一个文档中，所以它的文档频率较高，因而文档频率的倒数较低，所以“in”没有查询中的“farming”和“Kansas”重要。第三，文档的长度。包含上百万单词的文档很可能提到所有查询中的单词，但实际上这类文档不一定真正与查询相关，而提到所有查询单词的短文档应当是更好的相关文档候选。

BM25 函数把这 3 个因素都考虑在内。假设已经为语料库中的 N 个文档创建好了索引，那么可以查找到 $\mathrm{TF}(q_i, d_j)$，即单词 q_i 在文档 d_j 中的出现次数。又假定已经有了一个文档频率统计表，它给出了包含单词 q_i 的文档数 $\mathrm{DF}(q_i)$。然后，给定文档 d_j 和由词语 $q_{1:N}$ 组成的查询，我们有

$$\mathrm{BM25}(d_j, q_{1:N}) = \sum_{i=1}^{N} \mathrm{IDF}(q_i) \frac{\mathrm{TF}(q_i, d_j) \cdot (k+1)}{\mathrm{TF}(q_i, d_j) + k \cdot (1 - b + b \cdot |d_j| / L)}$$

其中，$|d_j|$ 表示文档 d_j 以单词计数的长度，L 是语料库中的文档的平均长度，$L = \sum_i |d_i| / N$。两个参数 k 和 b 可以通过交叉验证进行调整，典型的取值为 $k=2.0$ 和 $b=0.75$。

$\mathrm{IDF}(q_i)$是词语 q_i 的文档频率的倒数，计算如下：

$$\mathrm{IDF}(q_i) = \log \frac{N - \mathrm{DF}(q_i) + 0.5}{\mathrm{DF}(q_i) + 0.5}$$

当然，对语料库中的每个文档都计算 BM25 评分函数是不现实的。相反，对于词汇表中的每个单词，系统预先创建了索引(Index)，列出了包含该单词的所有文档，被称为单词的命中列表(Hit List)。然后，当给定一个查询时，对查询中的各单词的命中列表取交集，只对交集中文档计算评分就可以了。

12.3.2 IR 系统评价

如何评价一个 IR 系统的性能的优劣？我们可以通过实验来评价，即交给系统一组查询，人工对系统返回的结果集合进行相关性判断并评分。传统上，在评分时有两个度量指标：召回率(Recall)和准确率(Precision)。我们将通过一个例子来做解释。假设某个 IR 系统对某个查询返回一个结果集合，语料库由 100 篇文档组成，对于该查询，已经知道语料库中哪些文档是相关的，哪些是不相关的。每个类别的文档统计结果如表 12.1 所示。

表 12.1　语料库中的文档相关、不相关统计

不在结果集合中	相关	20
	不相关	40
在结果集合中	相关	30
	不相关	10

准确率度量的是结果集合中实际相关的文档所占的比例。在这个例子中，准确率 $P=30/(30+10)=0.75$。而误判率(False Positive Rate)是 $1-0.75=0.25$。召回率 R 度量的是结果集合中的相关文档在整个语料库的所有相关文档中所占的比例。在这个例子中，召回率 $R=30/(30+20)=0.60$，而漏报率(False Negative Rate)是 $1-0.60=0.40$。在诸如万维网之类的超大规模文档集合中，召回率是很难计算的，因为没有简单的方法可以检查每

个网页的相关性，只能通过样本测试估计召回率，或者完全不考虑召回率而只评价准确率。以万维网上的搜索引擎为例，结果集可能包含数千个文档，所以度量结果集在不同大小样本上的准确率更加有意义。例如，可以度量“P@10”(前 10 个结果上的准确率)或“P@50”，而不是在整个结果集上的准确率。

通过改变返回结果集的大小，可以在准确率和召回率之间进行权衡。在极端情况下，一个系统可以返回文档集中所有文档作为结果集，这样可以确保 100%的召回率，但是准确率很低。另一方面，如果一个系统只返回一个文档，会有很低的召回率，但却很容易得到 100%的准确率。F_1 值是一种综合这两个指标的度量，它是准确率与召回率两者的几何平均值，即

$$F_1 = \frac{2P \times R}{P + R}$$

12.3.3 PageRank 算法

PageRank 算法是在 1997 年提出的，是谷歌搜索引擎不同于其他的搜索引擎的两个原创思想之一。网页排名旨在解决 TF 评分问题。例如，如果查询为[IBM]，我们如何保证 IBM 的主页 ibm.com 是第一条搜索结果，即使存在其他的网页更频繁地出现词语“IBM”？其思想是 ibm.com 有很多导入链接(in-links，指向该页面的链接)，所以它的排名应该更高，每一个导入链接都可以看成是为所链接到的页面投了一票。但如果只计算导入链接，就可能会有垃圾网页制造者创建一个页面网络，并把所有网页都链接到他想要的网页上，从而提高该网页的得分。因此，网页排名算法设计时会赋予来自高质量的网站的链接更高的权重。怎样才算是高质量的网站？应该是被其他高质量网站所链接的网站。这是一个递归定义，但我们将会看到它能正确地递归下去。页面 p 的 PageRank 定义为

$$\mathrm{PR}(p) = \frac{1-d}{N} + d\sum_i \frac{\mathrm{PR}(\mathrm{in}_i)}{C(\mathrm{in}_i)}$$

其中，$\mathrm{PR}(p)$是页面 p 的网页排名，N 是语料库中总的网页数量，in_i 是链接到 p 的页面，$C(\mathrm{in}_i)$是页面 in_i 链接出去的链接数。常量 d 是阻尼因子，它可以通过随机冲浪模型(Random Surfer Model)来理解：设想一位网络冲浪者从一些随机的页面开始漫游网络。冲浪者点击页面上任一个链接(尽可能均匀地选择它们)的概率为 d(假设 $d=0.85$)，而她厌倦该页面并随机选择网络上某个页面重新开始漫游的概率为 $1-d$。因而，页面 p 的网页排名就是冲浪者任何时间点停留在页面 p 的概率。网页排名可以通过迭代过程计算出：开始时所有页面都有 $\mathrm{PR}(p)=1$，然后迭代运行算法、更新排名直到收敛。

12.4 信息抽取

信息抽取(Information Extraction)是一个通过浏览文本获取特定类别的对象以及对象之间关系的过程。典型的任务包括，从网页中抽取地址实例信息，获取街名、城市名、州名以及邮政编码等数据库字段的内容；从天气报道中抽取暴风雨信息，获取温度、风速以及降雨量等数据库字段的内容。在受限的领域内，信息抽取可以达到较高的准确率。而在更一般的领域内，则需要更复杂的语言模型和更复杂的学习技术。目前为止，我们还没有全

面的语言模型，因此，针对信息抽取的有限需求，仅定义近似于完全英语模型的受限模型，并且把注意力集中在亟待解决的任务上。

本节将介绍 4 种信息抽取的方法，它们体现了多个维度上的复杂性的递增：从确定到随机，从领域相关到通用，从手工构造到学习，从小规模到大规模。

12.4.1 基于有限状态自动机的信息抽取

最简单的信息抽取系统被称为基于属性的抽取(Attribute-based Extraction)系统，因为它假设整个文本都是关于单一对象的，而系统的任务就是抽取该对象的属性。可以针对每个需要抽取的属性定义一个模板。模板可以用有限状态自动机定义，最简单的例子就是正则表达式(Regular Expression 或 RegEx)。正则表达式应用广泛，如 UNIX 命令、grep 程序设计语言 Perl、文字处理软件 Microsoft Word 中都用到了正则表达式。这些工具在细节上有些差别，所以最好学习一下相关手册。下面说明如何构建一个以美元为单位的价格信息的正则表达式。

[0－9]	与 0 到 9 之间的任意数字匹配
[0－9]＋	与一个或多个数字匹配
[.][0－9][0－9]	与小数点后面两位数字的情况匹配
([.][0－9][0－9])?	与小数点后面两位数字或空串匹配
[$][0－9]＋([.][0－9][0－9])?	与$249.99 或$1.23 或￥1000000 等匹配

模板通常由 3 部分组成：前缀正则表达式、目标正则表达式、后缀正则表达式。对于包含价格的例子“Artificial Intelligence, our price: $50”来说，目标正则表达式如上所述，前缀则应该找像“price:”这样的字符串，后缀应该为空。设计思想是，某些属性的特征信息来源于属性值本身，某些来源于属性值的上下文。

一旦某条属性的正则表达式与文本完全匹配，就可以抽取出表示属性值的那部分文本。如果没有匹配的情况，就只能给出一个默认值或让该属性空缺。但是如果有多个匹配的情况，就需要一个从中挑选的过程。一个可采取的策略是对每个属性的多个模板按照优先级排序。例如对于价格这个例子，优先级最高的模板应该是查找前缀是“Our price:”的字符串；如果没有找到，就查找前缀“price:”，如果还是没找到，则使用空的前缀。另一个策略是接受所有的匹配情况，然后按照某种方式从中选择合适的。例如，我们认为最低价格是最高价格的 50%以内，则会从文本“List price $99.00, special sale price $78.00, shipping $3.00”中选择$78.00 作为目标正则表达式。

比基于属性的抽取系统更进一步的是关系抽取(Relational Extraction)系统，它用于处理多个对象以及它们之间的关系。因此，当这些系统遇到文本“$249.99”时，它们不仅要判断该文本是否表示价格，而且还要判断是哪个对象的价格。一个典型的关系抽取系统是 FASTUS，它用于处理有关公司合并和获利的新闻报道。例如，它能够处理如下报道：

Bridgestone Sports Co. said Friday it has set up a joint venture in Beijing with a local concern and a Japanese trading house to produce golf clubs to be shipped to Japan.

并且生成如下关系：

$e \in$ JointVentures $\wedge$ Product(e, “golfclubs”) $\wedge$ Date(e, “Friday”)

$\wedge$ Member(e, ″BridgestoneSportsCo″) $\wedge$ Member(e, ″alocalconcern″)

$\land$ Membert(e, "aJapanesetradinghouse")

关系抽取系统可以由一组级联有限状态转换器(Cascaded Finite-State Transducers)构成。也就是说，系统由一系列小而有效的有限状态自动机(Finite-State Automatas, FSAs)组成，其中每个自动机接收文本作为输入，将文本转换成一种不同的格式，并传送给下一个自动机。关系抽取系统如 FASTUS 由以下 5 个阶段组成：

(1) 符号分析(Tokenization)；

(2) 复合词处理；

(3) 基本词组处理；

(4) 复合短语处理；

(5) 结构合并。

FASTUS 的第 1 阶段是符号分析，它将字符流分割为一个个符号(单词、数字以及标点)。对英语来说，符号分析过程是很简单的，仅仅按照空格处或标点对符号流进行分割就可以取得相当好的效果。某些符号分析程序还要处理标记语言，例如 HTML、SGML 以及 XML 等。

第 2 个阶段是处理复合词(Complex Words)。包括如"set up"和"joint venture"等词语的搭配，以及"Bridgestone Sports Co."等专用名词，这些都可以通过结合词典条目和有限状态语法规则进行识别。例如，公司名称可以通过如下规则进行识别：

CapitalizedWord+("Company" | "Co" | "Inc" | "Ltd")

第 3 个阶段是处理基本词组(Basic Groups)，即名词词组和动词词组。基本思路是将它们分成组块(Chunk)，以便于后续阶段的处理。对于前面的报道，通过本阶段的处理，将转换成下面的带标记的词组序列：

1 NG: Bridgestone Sports Co.
2 VG: said
3 NG: Friday
4 NG: it
5 VG: had set up
6 NG: a joint venture
7 PR: in
8 NG: Beijing
9 PR: with
10 NG: a local concern
11 CJ: and
12 NG: a Japanese trading house
13 VG: to produce
14 NG: golf clubs
15 VG: to be shipped
16 PR: to
17 NG: Japan

其中，NG 表示名词词组，VG 表示动词词组，PR 是介词，CJ 是连词。

第 4 阶段是将基本词组组合成复合短语(Complex Phrases)。与前面的阶段类似，这一阶段旨在按照有限状态规则(处理效率高)进行分析，以获得无歧义(或近乎无歧义)的输出短语结果。有一类组合规则专门处理领域特定事件。例如，规则：

Company+SetUp Joint Venture("with" Company+)?

就提供了一种描述联合投资(joint venture)的形式。本阶段是级联处理中第一个将结果存放到输出流中的同时也存放到数据库模板中的处理阶段。最后一个阶段是结构合并(Merges Structures)，即将合并前一步产生的结构。如果下一句话是"The joint venture will start production in January"，那么这一步就会注意到这里两次提到了联合投资，它们应该被合并为一个。这正是标识不确定问题(Identity Uncertainty Problem)的一个实例。

一般来说，基于有限状态模板的信息抽取方法在受限领域中的效果较好，因为在受限领域中有可能预先确定讨论的主题及其表达方式。采用级联转换器模型，有利于对所需知识进行模块化，便于构建系统。当处理对象是由程序生成的逆向工程文本时，这类系统的效果尤为突出。例如，万维网上的购物网站就是通过程序把数据库内的信息转换为网页内容，而基于模板的抽取器就可以抽取、还原原始数据库信息。在格式变化较大的领域，如人们所写的文章，可能涉及范围广泛的主题，有限状态信息抽取方法就很难获得成功。

12.4.2 信息抽取的概率模型

如果需要从有噪声的、变化的文本中抽取信息，简单的有限状态方法就表现不佳了。我们很难设计出所有的规则以及这些规则的优先顺序，因此，概率模型比基于规则的模型更好。隐马尔可夫模型(HMM)是一种处理带有隐含状态的序列的最简单的概率模型。

隐马尔可夫模型(HMM)描述了隐含状态序列 $\boldsymbol{x}_t$，该序列的每一步有一个观察值 $\boldsymbol{e}_t$。为了将 HMM 应用于信息抽取，可以为所有属性建立一个大的 HMM，也可以为每个属性分别建立一个独立的 HMM。我们将采用第二种方法。这里的观察值序列就是文本的单词序列，隐含状态分别表示属性模板中的目标、前缀或后缀部分，或者是背景部分(非模板部分)。

在抽取中 HMM 相比 FSA 有两大优势。第一，HMM 是概率模型，因而可以抗噪声。在正则表达式中，哪怕一个预期的字符丢失，正则表达式的匹配也会失败；使用 HMM 可以很好地对丢失的字符或单词进行退化处理(Degradation)，还可以用概率值表示匹配的程度，而不仅仅是用布尔值来表示匹配成功或失败。第二，HMM 可以用数据训练得到，而无需构造模板的繁重工程，因此，模型就能够方便地适应随着时间不断变化的文本。

已经在 HMM 模板中假定了一定级别的结构，它们由一个或多个目标状态组成，任何前缀状态必须在目标状态之前，任何后缀状态必须在目标状态之后，其他状态都表示背景。这种结构使得从样例中学习 HMM 更简单。对于部分结构，后向算法(Forward-backward Algorithm)可以用来学习状态之间的转移概率 $P(\boldsymbol{x}_t|\boldsymbol{x}_{t-1})$ 以及表示每个单词由各状态输出的观察模型 $P(\boldsymbol{e}_t|\boldsymbol{x}_t)$。例如，在描述日期的 HMM 中，单词“Friday”在一个或多个目标状态中出现的概率较高，在其他地方出现的概率较低。

如果有足够的训练数据，HMM 可以自动地学习出符合我们直觉的日期结构。描述日期的 HMM 可以有一个目标状态，该状态包含的高概率单词是“Monday” “Tuesday”等，该状态还有很高的概率转移到另一个包含“Jan” “January”“Feb”等单词的目标状态。

HMM 训练完成之后，就可以将其应用于文本，使用 Viterbi 算法在 HMM 状态中找到最可能的路径。一种方法是为每个属性分别应用 HMM，在这种情况下，大多数的 HMM 会将主要时间花在背景状态上。当抽取的信息稀少，即拟抽取的单词数目相对于文本长度很小时，这种方法是合适的。另一种方法是用一个大的 HMM 处理所有属性，寻找一条通过不同的目标属性的路径，如首先找到报告者的目标，然后是日期目标等。如果仅需抽取文本中的一个属性，分离的 HMM 会更好一些；当文本是无格式且包含很多属性时，大的 HMM 则会更好一些。选择任一种方法，最后我们都可以得到一个目标属性的观察集，下面就需要决定如何对其继续处理了。如果每一个期望属性都有候选目标，那么显然就已经有了拟抽取关系的实例。如果属性有多个候选目标，我们需要决定选择哪个，譬如选择前面所讨论的基于模板的信息抽取方法。HMM有提供概率值的优点，因此有助于作出选择。如果某些属性没有候选目标，我们需要确定这个文本是否确实是拟抽取关系的实例，或者找到的目标是否正确。机器学习算法可以通过训练来作出这个选择。

12.4.3 基于条件随机场的信息抽取

使用HMM方法进行信息抽取存在一个问题，那就是该方法对很多实际上并不需要的概率进行了建模。HMM是生成模型，它为观察值和隐含状态建立了完全的联合概率模型，并按照模型产生样例。换言之，不仅可以使用HMM模型对文本进行分析，抽取报告者和日期，也能够生成一个包含报告者和日期的文本随机实例。但由于我们对于生成实例的任务并不感兴趣，自然会问，是否模型不对这些概率建模会更好一些？我们为理解文本所需的是判别模型(Discriminative Model)，它可以为给定的观察值(文本)建立隐含属性的条件概率模型。给定一个文本$\boldsymbol{e}_{1:N}$，条件模型将寻找使得$P(\boldsymbol{x}_{1:N}|\boldsymbol{e}_{1:N})$最大化的隐含状态序列$\boldsymbol{x}_{1:N}$。

对此直接建模会带来一些自由空间。我们不需要马尔可夫模型的独立性假设，而是可以让$\boldsymbol{x}_t$依赖于$\boldsymbol{x}_1$。这类模型的一个架构就是条件随机场(Conditional Random Field)，简称CRF。对于给定的观察变量集合，该模型对一组目标变量的条件概率分布进行建模。与贝叶斯网络类似，CRF能表示变量之间各种各样的依赖结构。一种常见的结构是线性链条件随机场(Linear-chain Conditional Random Field)，可以表示时间序列中变量之间的马尔可夫依赖关系。因此，HMM可以视为朴素贝叶斯模型的时序版本，而线性链CRF则是逻辑回归的时序版本，在这里预测的目标是整个状态序列而不是一个二元变量。

令$\boldsymbol{e}_{1:N}$为观察结果(如文档中的单词)，$\boldsymbol{x}_{1:N}$为隐含状态序列(如前缀、目标和后缀状态)。线性链条件随机域定义为一个条件概率分布：

$$P(\boldsymbol{x}_{1:N} \mid \boldsymbol{e}_{1:N}) = \alpha \cdot \exp\left(\sum_{i=1}^{N} F(\boldsymbol{x}_{i-1}, \boldsymbol{x}_i, \boldsymbol{e}, i)\right)$$

其中，α是一个标准化因子(确保概率和为1)，F是特征函数，定义为k个特征函数的加权和，即

$$F(\boldsymbol{x}_{i-1}, \boldsymbol{x}_i, \boldsymbol{e}, i) = \sum_k \lambda_k f_k(\boldsymbol{x}_{i-1}, \boldsymbol{x}_i, \boldsymbol{e}, i)$$

其中，参数λ_k的值通过MAP(最大后验)估计过程将训练数据上的条件概率最大化而学习得到。特征函数是CRF的关键组成部分。函数f_k根据相邻的状态$\boldsymbol{x}_{i-1}$和$\boldsymbol{x}_i$、全部的观察值(单词)序列$\boldsymbol{e}$以及时序中的当前位置i进行计算。这使得在定义特征时有很多灵活性。例如，可以定义这样一个简单的特征函数：如果当前单词是ANDREW且当前状态是SPEAKER，则返回1。

$$f_1(\boldsymbol{x}_{i-1}, \boldsymbol{x}_i, \boldsymbol{e}, i) = \begin{cases} 1 & \boldsymbol{x}_i = \text{SPEAKER 且 } \boldsymbol{e}_i = \text{ANDREW} \\ 0 & \text{其他} \end{cases}$$

如何使用这些特征呢？取决于它们各自的权重。如果$\lambda_1>0$，则当f_1为真时，隐含状态序列$\boldsymbol{x}_{1:N}$的概率就会增加。这相当于在说“对于单词ANDREW，CRF模型更倾向于当前状态是SPEAKER”。另一方面，如果$\lambda_1<0$，CRF模型会尽量避免这种关联；如果$\lambda_1=0$，则忽视这个特征。参数值可以人工设置，也可以从数据中学习得到。现在考虑第二个特征函数：

$$f_2(\boldsymbol{x}_{i-1}, \boldsymbol{x}_i, \boldsymbol{e}, i)=\begin{cases}1 & \boldsymbol{x}_i=\text{SPEAKER 且 } \boldsymbol{e}_{i+1}=\text{SAID}\\ 0 & \text{其他}\end{cases}$$

即若当前状态是 SPEAKER 且下一个单词为“SAID”，该特征值为真。我们期望有一个与该特征相对应的正数 λ_2。更有趣的是，注意到对于像“Andrew said…”这样的句子，f_1 和 f_2 能够同时成立。在这种情况下，这两个特征相互重叠使得我们更加确信 $\boldsymbol{x}_1=\text{SPEAKER}$。由于独立性假设的原因，HMM 不能使用重叠的特征，而 CRF 却可以。进一步地，CRF 中的特征能够使用序列 $\boldsymbol{e}_{1:N}$ 中的任何部分，特征也能定义在状态的转移上面。这里所定义的特征是二元的，但一般来说，特征函数可以是任意的返回实数的函数。在某些领域中，如果想利用已有的知识设计一些特征，CRF 给了我们很大的灵活性。CRF 的灵活性比 HMM 更大，且准确性更高。

12.5　短语结构语法

人工智能的终极目标就是实现任何计算机之间的无障碍交流，人完全感觉不到和自己交流的是计算机。这主要涉及如何利用自然语言在人与计算机之间实现通信。通信(Communication)是一种通过产生和感知信号(Signals)而形成的有目的的信息交换，这些信号取自由约定信号组成的共享系统。

用于通信的语言模型是试图深度理解会话的模型，比那些旨在进行垃圾分类的简单模型更加复杂。下面首先介绍句子的短语结构语法模型，然后将语义加入模型，将其用于机器翻译和语音识别。

前面提到的 n 元语言模型是基于单词序列的，这些模型的最大问题是数据稀疏(Data Sparsity)，对于一个包含 10^5 个单词的词汇表，将有 10^{15} 个三元概率需要估计，所以即使语料库有上万亿个单词，也不能提供可靠的评估。可以通过推广(Generalization)的方法来解决稀疏问题。举例来说，“black dog”比“dog black”出现得更频繁，因此我们推论出，英语中形容词倾向于出现在名词之前。尽管有特例，词法范畴(Lexical Category，也称为词类，Part of Speech)，如名词或形容词，也是一种有效的推广方法。但是，如果将词类组合成句法范畴(Syntactic Category，也称句法单位)，如名词短语或动词短语，并将这些句法范畴构成句子的短语结构(Phrase Structure)树，每个嵌套短语都表示为一个范畴，模型就会更加有效。

一直有很多基于短语结构思想的有竞争力的语言模型，在此将介绍一个比较流行的模型——概率上下文无关文法(Probabilistic Context-Free Grammar，PCFG)。文法(Grammar)是一个规则的集合，它将语言定义为一个允许的词串集合。“概率”意味着文法给每个字符串分配一个概率。下面是一个 PCFG 规则：

$$\text{VP}\rightarrow\text{Verb}[0.70]\mid\text{VPNP}[0.30]$$

其中，VP(Verb Phrase，动词短语)和 NP(Noun Phrase，名词短语)是非终结符(Non-Terminal Symbols)。文法也用到真正的单词，即终结符(Terminal Symbols)。上面的规则表示，动词短语单独由动词组成的概率为 0.70，由一个 P(Predicative，表语)后面跟上一个 NP 组成的概率为 0.30。

一般可以根据生成能力(Generative Capacity)对文法形式进行分类。生成能力是指文法所能表示的语言集合。乔姆斯基(Chomsky, 1957)根据重写规则形式的不同定义了4类文法形式。这些文法类别构成了一个层次结构，其中每一类除了能描述较低能力类所能描述的所有语言以外，还可以描述一些其他语言。下面列出这个层次结构，从描述能力最强的类型开始。

递归可枚举(Recursively Enumerable)文法使用无约束的规则，重写规则的左右两侧都可以包含任意数量的终结符和非终结符，如ABC→DE。这类文法的表达能力与图灵机相同。

上下文有关文法(Context-Sensitive Grammar)只要求重写规则的右部包含的符号数目不少于左部包含的符号数目。以规则AXB→AYB为例，"上下文有关"这个名称来自这样的事实：如果X出现在前有A后有B的上下文中，那么可以将其重写为Y。上下文有关文法能够表示$a^nb^nc^n$(表示n个a、n个b和n个c组成的序列，a、b和c的数目相同)这类语言。

上下文无关文法(Context-Free Grammar, CFG)中，每个重写规则的左部只有一个单独的非终结符，因此每条规则允许在任何上下文中将该非终结符重写为规则的右部。尽管现在被广泛接受的观点是至少某些自然语言包含了非上下文无关的成分，但CFG仍广泛用于自然语言和程序设计语言的语法。上下文无关文法能够表示a^nb^n这类语言，但不能表示$a^nb^nc^n$。

正则文法(Regular Grammar)是约束最强的一类。它的每条重写规则的左部是一个单独的非终结符，右部是一个终结符，后面跟着一个可有可无的非终结符。正则文法的表达能力与有限状态自动机相同。这类文法不太适合程序设计语言，因为它们不能表示诸如对称的括号串这类结构(a^nb^n语言的一个变种)。它们能表示的最接近的语言就是a^*b^*，即由任意数量的a后面跟着任意数量的b组成的一个序列。

尽管在层次体系中等级越高的文法表达能力越强，但是处理它们的算法的效率也越低。直到20世纪80年代，语言学家还一直把注意力集中在上下文无关和上下文有关语言上，但此后，由于需要对上百万字节甚至上十亿字节的在线文本进行非常快速的处理(哪怕分析是不完整的也可接受)，因此，正则文法重新激起了研究者的兴趣。

12.6 机器翻译

机器翻译是指把文本从一种自然语言(源语言)自动翻译成另一种语言(目标语言)。机器翻译是人们最早设想的计算机应用领域之一，但广泛应用这项技术还是近10年的事。

历史上有3种主要的机器翻译应用：粗糙翻译(Rough Translation)，如在线服务免费提供的功能，能给出外语语句或文档中的"要点"，但包含一些错误；编辑前翻译(Pre-Edited Translation)，用于一些公司制作多语言文档和销售材料，源文本是用受限语言编写的，所以可以比较容易地进行自动翻译，通常这些翻译的结果会经过人工编辑修正其中的错误；源语言受限翻译(Restricted-Source Translation)，其工作过程是全自动的，但只适用于高度模式化的语言，例如天气预报。

在完全一般的情况下，由于需要对文本进行深层次理解，因而翻译非常困难。即使对于非常简单的文本——哪怕"文本"只包含一个词语——也是困难的。先考虑出现在某个商店门上的单词“open”，它传达的意思是当时该商店可以接待顾客。再考虑出现在某个新建好的商店外的横幅上的单词“open”，它意味着该商店现在开始日常运营，即使晚上商店关门后没有撤掉该横幅，看到它的人也不会被误导。这两个标志用了相同的词语却表达了不同的含义。

翻译者(人或机器)通常需要去理解源文本所描述的实际情景而不仅仅是理解一个个独立的单词。例如，要把英语单词“him”翻译成韩语，一个必须要作出的选择是判断是谦语还是敬语，这个选择取决于说话者和“him”所指代的人之间的社会关系。在日语中，敬语是关系词，因此在作选择时应考虑到说话者、指代者和听者三者之间的社会关系。翻译者(人或机器都是如此)有时发现很难作出选择。

所有机器翻译系统都必须对源语言和目标语言建模，但不同的系统使用的模型不同。一些系统尝试对源文本进行完整分析，得到中间语言知识表示，再从这种表示中生成目标语言的句子。这样做很困难，因为其中包含了三个未解决的问题：为所有事物构建一个完全的知识表示，将语言分析成该表示，从该表示中生成句子。其他系统是基于转换模型(Transfer Model)的。这类系统有一个翻译规则(或实例)数据库，一旦规则(或实例)获得匹配，就可直接翻译。转换可以发生在词法、句法以及语义层次上。例如，一条严格的句法规则可将英语的[Adjective Noun]([形容词 名词])映射为法语的[Noun Adjective]([名词 形容词])。

翻译任务非常复杂，因此，最成功的机器翻译系统需要用大量文本语料库的统计信息来训练概率模型才能建立起来。这种方法并不需要一个复杂的中间语言概念本体，不需要手工建立源语言和目标语言的语法，也不需要人工标记的树库。它所需要的只是数据，即翻译实例，从这些翻译实例中可以学习得到翻译模型。例如，为了把一个英语句子(e)翻译成汉语(c)，我们选择使 c^* 值最大的字符串

$$c^* = \arg\max P(c|e) = \arg\max P(e|c)P(c)$$

其中，因子 $P(c)$ 是为目标语言汉语所建的语言模型(Language Model)，它表示一个给定的句子有多大可能性在汉语中出现。$P(e|c)$ 是翻译模型(Translation Model)，它表示一个英语句子有多大可能性是给定的汉语句子的译文。类似地，$P(c|e)$ 是从英语到汉语的翻译模型。

翻译模型是从双语语料库中学习得到的，双语语料库是一个平行文本集合，由一个个英语汉语对组成。现在，如果有个无限大的语料库，那么翻译一个句子就只是一项查找任务了；如果在语料库中找到了该英语句子，只要返回对应的汉语句子就可以了。但是资源肯定是有限的，需要翻译的句子大多数也都是新的。此时，可以将这些句子视为由之前见过的短语构造而成(即使有些短语只有一个单词)。可以将句子分割成若干短语，在英语语料库中找到这些短语，再找到对应的汉语短语，然后再按照汉语的意义将这些汉语短语依次拼接起来。也就是说，给定一个英语源句子 e，要找到它的汉语翻译句子 c，可按照三个步骤进行：

(1) 将英语句子分割成短语 e_1，…，e_n。

(2) 对于每个短语 e_i，选择与其对应的汉语短语 c_i。用标记 $P(c_i|e_i)$ 表示短语 c_i 是短语 e_i 的翻译的概率。

(3) 为短语 c_1，…，c_n 选择一个排列，用一种略显复杂的方法来描述该排列，但采用一种较简单的概率分布对该排列进行整体描述：对于每个 c_i，选择一个扭曲度(distortion)变

量 d_i，表示 c_i 相对于 c_{i-1} 移动的单词数目，正数代表向右移动，负数代表向左移动，零表示 c_i 恰好在 c_{i-1} 之后。

图 12.1 展示了一个例子，图中句子“AI is one of the newest fields of science and engineering.”被分割成 5 个短语 e_1，…，e_5。每个短语都被翻译成了相应的短语 f_i，并按 c_1、c_2、c_5、c_4、c_3 的顺序排列。用扭曲度 d_i 来描述该排列，d_i 的定义为

$$d_i = \text{start}(c_i) - \text{end}(c_{i-1}) - 1$$

其中，start(c_i)是汉语句子中短语 c_i 的第一个单词在句中的序号，而 end(c_{i-1})是短语 c_{i-1} 中最后一个单词的序号。在图 12.1 中 c_5 本来在 c_4 的右侧，现在相对 c_4 向左移动了 2 个位置，因此，$d_5=-2$，c_3 相对 c_2 向右移动了 3 个位置，所以 $d_3=2$，作为特例，$d_1=0$。

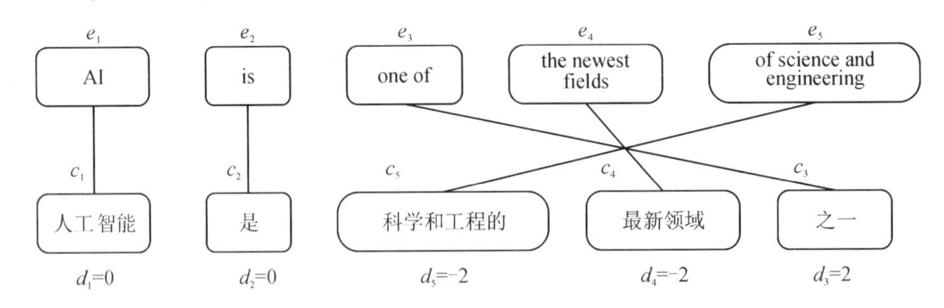

图 12.1　英语句中每个短语的汉语译文及扭曲度

在定义了扭曲度变量 d_i 之后，可以定义扭曲度的概率分布 $P(d_i)$。注意到句子的长度被限定为 n，则有 $d \leqslant n$，从而完全概率分布 $P(d_i)$只包含 $2n+1$ 个元素，比全排列的数目 $n!$ 要小得多。这就是采取这种特别的方法来定义排列的原因。当然，这是一种相当弱的扭曲度模型。扭曲度并非在表达“当把英语翻译成汉语时形容词通常会改变位置出现在名词的后面”这类事实，因为这类事实是由汉语的语言模型 $P(c)$来表示的。扭曲的概率完全独立于短语中的单词，它只依赖于整数值 d_i。这种概率分布提供了排列变化的整体描述，例如，考虑 $P(d=2)$与 $P(d=0)$，表达的是扭曲度为 2 的可能性与扭曲度为 0 的可能性。

定义 $P(c, d|e)$表示扭曲度为 d 的短语序列 c 是短语序列 e 翻译的概率。假设短语的翻译和扭曲度相互独立，因此可以得到下述表达式

$$P(c, d \mid e) = \prod_i P(c_i \mid e_i) P(d_i)$$

上式给出了一种根据候选译文 c 和扭曲度 d 计算 $P(c, d|e)$概率的方法。但不能通过枚举所有的句子来找到最佳的 c 和 d，因为在语料库中，一个英语短语可能会对应上百个汉语短语，因此会有 100^5 种五元短语组合翻译，同时每一种组合翻译还有 5! 种不同的排列方式。在寻找接近最大可能的翻译问题上，将带启发式的局部柱状搜索用于概率估计已经被证明是更好的解决方法。

现在就只剩下学习短语概率和扭曲度概率这两个问题了。下面仅给出工作过程的概貌。

(1) 找到平行文本。首先，搜集双语平行语料库。例如，Hansard 记录了议会的辩论。加拿大等国家和地区建立了双语的 Hansard，欧盟以 11 种语言发布其官方文件，而联合国也发布有多种语言版本的文件。双语语料也可从网上获得，一些网站也通过平行的 URL 发布平行的内容。领先水平的统计翻译系统是在数百万单词的平行文本以及数 10 亿单词的

语言文本上进行训练的。

(2) 分割句子。翻译的单位是句子，因此必须把语料分割为句子。句号是很强的句子结尾的标志。一种确定句号是否表示句子结束的方法，是根据句号附近单词及其词性特征训练一个模型，该方法的准确率可达到 98%。

(3) 句子对齐。对于英语语料中的每个句子，找出汉语语料中与之对应的句子。通常，英语句子和汉语句子是 1∶1 对应的，但在有些时候也有变化：某种语言的一个句子可以被分割，从而形成 2∶1 对应，或者两个句子的顺序相互交换，从而导致 2∶2 对应。当仅考虑句子的长度时(即短句应该和短句对齐)，对齐这些句子是可能的(1∶1，1∶2，2∶2 等)，利用一种维特比算法(Viterbi Algorithm)的变种可以达到 99%的准确度。如果使用两种语言的公共标志，比如数字、日期、专有名词以及从双语词典中获得的无歧义的单词，可以实现更好的句子对齐效果。

(4) 短语对齐。在一个句子中，短语的对齐过程与句子对齐的过程类似，但需要迭代改进。短语对齐的语料可以提供短语级的概率。

(5) 获取扭曲度。一旦有了对齐的短语，就可以确定扭曲度的概率了。针对每个距离 $d=0$，±1，±2，…，简单计算其发生的频率，并进行平滑操作，调整词序。

(6) 利用 EM 改善估计(EM 期望最大化)。

使用期望最大化方法可以提高对 $P(c|e)$和 $P(d)$值的估计。在步骤(6)的 E(特定的期望 Expect)中，根据当前参数的值计算出最佳的对齐方式，然后在步骤(6)的 M(最大化，Maximize)中更新估计值，这个过程反复迭代直到收敛。

12.7 小　　结

基于 n 元概率语言模型能够获得数量惊人的有关语言的信息。该模型在语言识别拼写纠错、体裁分类和命名实体识别等很多任务中有良好的表现。这些语言模型拥有几百万种特征，所以特征的选择和对数据进行预处理以减少噪声就显得尤为重要。

文本分类可采用“朴素贝叶斯”作为元模型或者采用我们之前讨论过的分类算法。分类也可以看成是数据压缩问题。信息检索系统使用一种简单的基于词袋的语言模型，它在处理大规模文本语料时，在召回率和准确率上也有较好的表现。在万维网语料上，链接分析算法能够提升检索性能。

信息抽取系统使用更复杂的模型，模板中包含了有限的语法和语义信息。系统可以采取有限状态自动机、HMM 或基于条件概率模型进行构建，并且从示例中进行学习。构建统计语言系统时，最好是设计一种能够充分利用可用数据的模型，即使该模型看起来过于简单。

自然语言理解是 AI 最重要的子领域之一。不同于 AI 的其他领域，自然语言理解需要针对真实人类行为的经验性研究。形式语言理论以及短语结构文法，特别是上下文无关文法在处理自然语言的某些方面是有用的工具。概率上下文无关文法(PCFG)的形式体系已被广泛应用。人们已经采用了一系列的技术设计出机器翻译系统，譬如，完全的句法和语义分析技术、基于短语频率的统计技术，当前，设计的统计模型非常成功。

习　题

1. 本题将研究 n 元语言模型的性质。找到或建立一个超过 100 000 个词的单语语料库。将语料的单词进行分割，计算每个单词的频度。请同时计算二元组(两个连续的词)以及三元组(三个连续的词)的频度。现在利用这些频度生成语言：依次按照一元模型、二元模型和三元模型提供的频率，随机选择单词，生成含有 100 个词的文本。将这 3 段生成的文本与实际语言相比较。最后计算每个模型的复杂度(Perplexity)。

2. 编写一个程序对不含空格的单词串进行分词。给一个字符串，如这个 URL “thelong-estlistofthelongeststuffatthelongestdomainnameatlonglast. com”，分词后返回一个单词列表：[“the”，“longest"，“list"，…]。这一任务对于解析 URL、对连续单词的拼写纠错以及像中文这类词间没有空格的语言都很有意义。可借助一元或二元词模型以及类似于 Viterbi 算法的动态规划算法解决这类问题。

3. 垃圾邮件的分类问题，建立一个垃圾邮件语料库和一个非垃圾邮件语料库。研究每个语料库，选择对分类有用的特征：一元词、二元词、信息长度、发信人、到达时间；然后在训练集上训练一个分类算法(决策树、朴素贝叶斯、SVM、逻辑回归或其他你选择的算法)，并报告该算法在测试集上的准确率。

4. 建立一个包含 10 个查询的测试集，把它们提交给 3 个主要的万维网搜索引擎。评估每个搜索引擎分别在返回 1、3、10 篇文档时的准确率，并解释它们之间的区别吗?

5. 分析上一题中各搜索引擎是否使用大小写转换处理、取词干、取同义词和拼写纠错功能。

6. 编写一个正则表达式或者一个简短的程序用于抽取公司名称。请在商业新闻语料库上对其进行测试。报告你的准确率和召回率。

7. 评估返回答案排名列表(如同大部分万维网搜索引擎)的 IR 系统质量的问题。合适的质量评估方法依赖于搜索用户的意图模型及其采取的策略。对于以下列模型，提出相应的定量评测方法。

a. 搜索用户考查前 20 个返回的结果，以获取尽可能多的相关信息为目标。

b. 搜索用户仅需要一个相关文档，用户会从前往后遍历结果列表，直至找到第一个相关文档。

c. 搜索用户能提出相当精确的询问，会查看所有检索到的结果。用户希望能确保其能看到文档集合中所有和自己的查询相关的信息。例如，律师想要确保自己找到了所有相关的先例，也愿意为此花费一定的代价。

d. 搜索用户只需要一个与询问相关的文档，而且能花钱请一名研究助理用 1 小时来查看返回结果。该助理在 1 小时内能够查阅 100 个检索出来的文档。不论研究助理很快就找到了文档，还是花费 1 小时才找到，搜索用户都要向助理支付整个 1 小时的费用。

e. 搜索用户会查阅所有结果。检查一个文档的代价为 \$$A$，找到一个相关文档的代价为 \$$B$，漏掉的一个相关文档的代价为 \$$C$。

f. 搜索用户想要收集尽可能多的相关文档，但需要鼓励才会继续工作。用户按顺序查阅文档，如果到目前为止所检查的文档大多不错，她就会继续查阅；否则，她将停止查阅。

附　　录

附录 1　Python 程序设计语言简介

Python 程序设计语言(以下简称 Python 语言)是由荷兰数学和计算机科学研究学会的 Guido van Rossum(简称 Guido)于 1990 年代初设计的。Python 提供了高效的高级数据结构，可以简单有效地面向对象编程，语法简单且具有动态特性。Python 语言这些优秀的性质使它成为多数平台上编写脚本和快速开发人工智能应用项目的编程语言。

1. 编译环境

Python 程序都是在 Python 语言解释器上解释执行的，因此，在开发 Python 程序之前先要到 Python 官网下载安装 Python 解释器。官网提供了可应用于不同平台的解释器，如 Windows、Linux 以及 Mac 操作系统下的解释器。这种为不同平台提供不同解释器的方式为 Python 语言的可移植性提供了支持(即在一个平台上开发的 Python 程序可以无缝地移植到其他平台运行)。这里以 Windows 平台为例演示 Python3 解释器的安装过程。

(1) 打开 Web 浏览器，访问网址 https://www.python.org/downloads/windows/，如附图 1 所示。

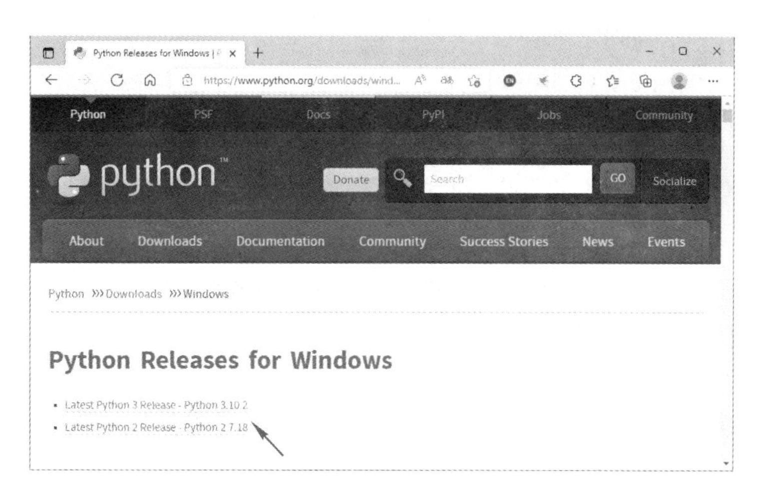

附图 1　Web 浏览器访问 Python 官网

(2) 单击附图 1 中箭头所指的 Python 3.10.2 的链接，在弹出的 Web 页面下载列表中选择 Window 平台安装包 Windows Installer(64-bit)，如附图 2 中箭头所指的文件，这也是系统推荐的下载文件。随着 Python 语言版本的不断更新，读者下载时的版本可能与这里演示的版本号不尽相同。

(3) 下载后，双击 python 3.10.exe 文件，进入 Python 安装向导。

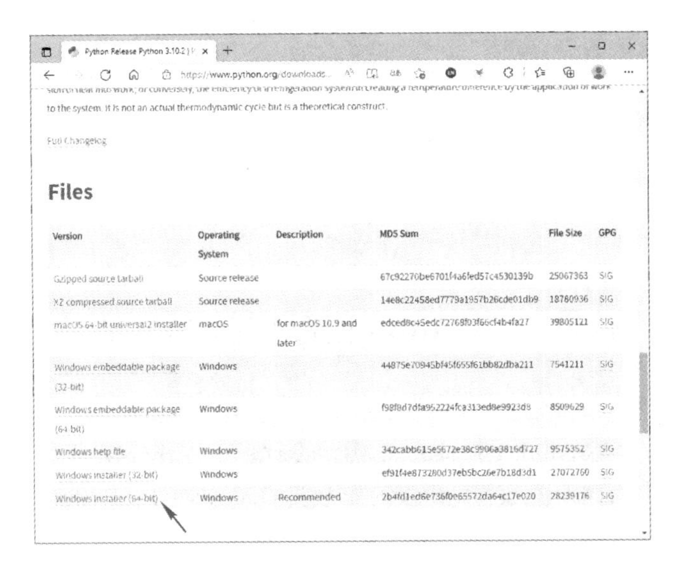

附图 2　Python 官网下载列表

(4) 安装过程若要修改安装目录，则选择自定义安装。同时注意勾选附图 3 中的“Add Python 3.10 to PATH”选项，则可自动将安装目录添加到 Windows 操作系统的 Path 目录，用户无需额外设置环境变量。

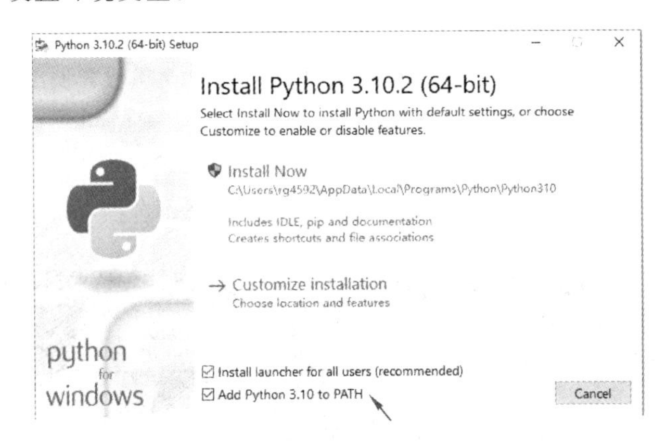

附图 3　Python 解释器件安装界面

(5) 使用默认的设置一直单击“下一步”按钮直到安装完成即可。

安装完成后，在命令行窗口输入 Python 即可出现如附图 4 所示的 Python 解释器版本信息，以及脚本命令提示“>>>”，其中版本信息包括 Python 的版本号和时间戳，此时表明 Python 解释器已经正确安装。

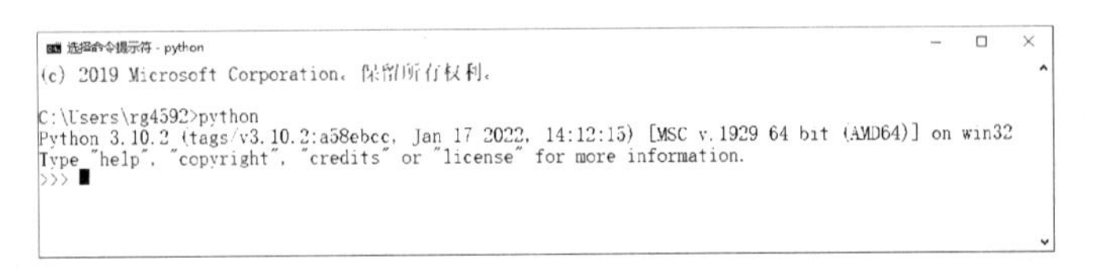

附图 4　命令行键入 python 后的提示窗口

如果需要安装一些标准库，只需要使用 pip install XXX 命令，附图 5 中显示的是安装 NumPy 库的情形，NumPy 是 Python 数值计算方面的函数库。

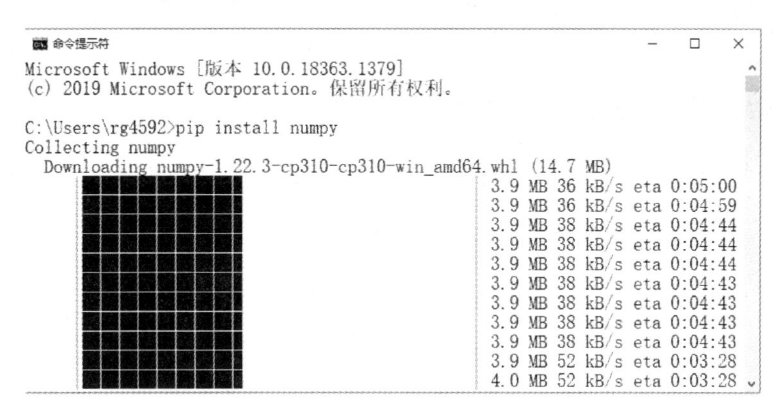

附图 5　NumPy 标准库的安装界面

2. 开发环境

Python 的开发环境有很多种，本书所使用的是 PyCharm 集成开发环境。在浏览器中输入 http://www.jetbrains.com/pycharm/download/#section=windows，在弹出的官网页面中即可下载开发环境安装包。官网提供专业版(Professional)和社区版(Community)两种版本。专业版是付费版，功能更加全面；社区版是免费版，对于普通开发者已经够用了。这里下载 Community 版本的 Pycharm 并安装，如附图 6 所示。

附图 6　Web 浏览器访问 PyCharm 官网

下载完成后，双击打开安装包，选择默认安装方式即可。安装完毕后，打开 Python 并完成相应的设置就可以进行 Python 程序开发，其中最重要的就是设置 Python 解释器的路径，可以让 PyCharm 在编译的时候自动利用设置的解释器来编译项目。

打开 PyCharm 开发环境之后，出现附图 7 的界面，选中附图 7 中的自定义菜单“Customize”，在右边的菜单内容中单击所有设置“All settings...”，弹出如附图 8 所示的设置页面，在 Python Interpreter 页面设置已经安装好的解释器路径，就可以进行 Python 程序开发。

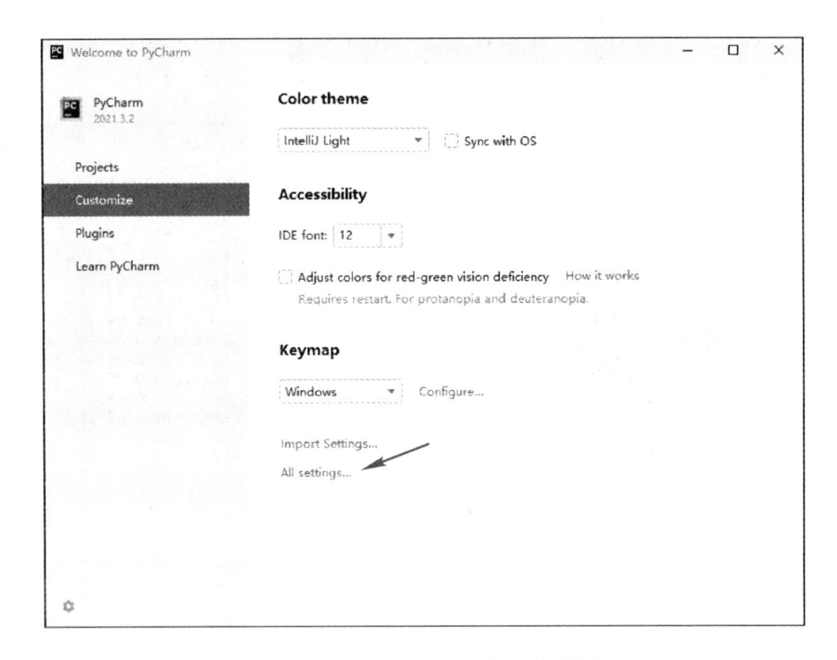

附图 7　打开 PyCharm 开发环境的界面

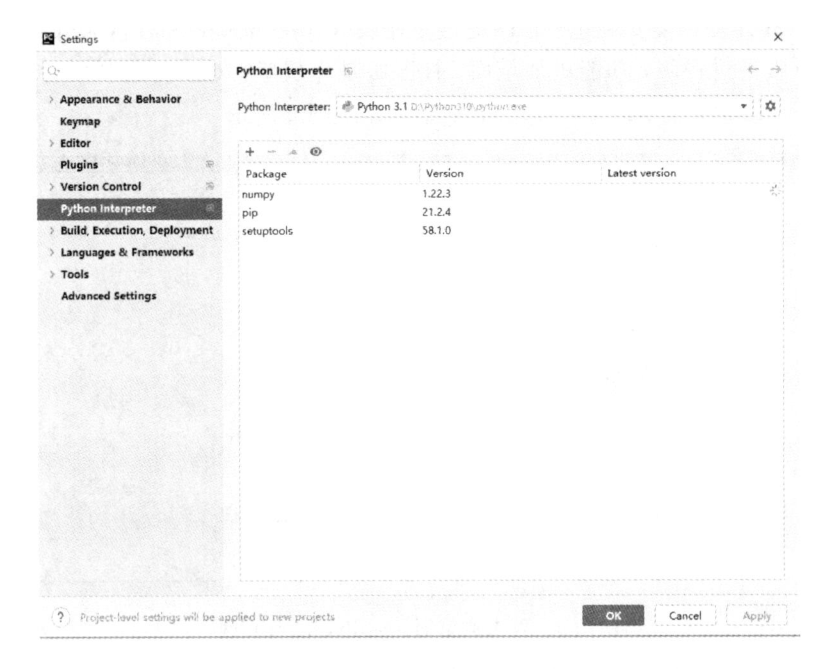

附图 8　配置项目的解释器路径

选择配置完毕之后就可以创建 Python 项目，为项目选择适当的保存路径，在该项目中中新建一个 Python 脚本文件之后，就进入如附图 9 所示的 PyCharm 主界面，附图 9 中已经包含了一段完整的 Python 脚本，该脚本实现的是打印“Hi，Pycharm”字符串的功能。

运行图中的“Run”菜单的子菜单就可以看到运行结果。如果程序有错，会显示错误提示，则需根据错误提示的内容进一步修改程序并调试直到成功运行。

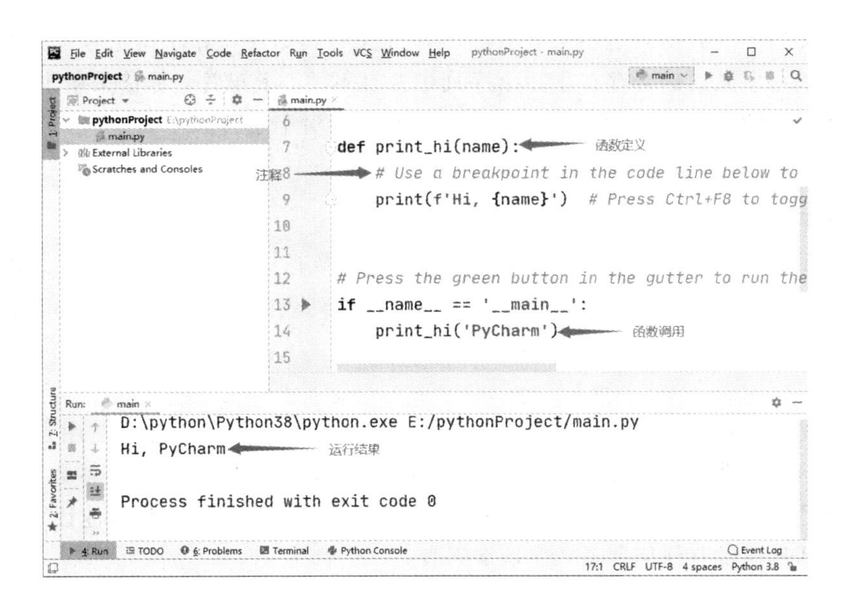

附图 9　在 PyCharm 中新建的 Python 文件并运行

附录 2　Python 语言编程规范

1. Python 语言简介

1）缩进

对类定义、函数定义、选择结构、循环结构、with 块来说，其行尾的冒号表示缩进的开始。Python 程序是依靠代码块的缩进来体现代码之间的逻辑关系的，一个缩进句的结束就表示一个代码块结束了。同一个级别的代码块的缩进量必须相同，一般而言，以 4 个空格为基本缩进单位。

2）模块导入

每个 import 语句只可导入一个模块，最好按标准库、扩展库、自定义库的顺序依次导入。

3）注释

注释包括注释单行和注释多行两种类型。

注释单行：以符号＃开始后的内容为注释单行。

注释多行：包含在一对三引号'''...'''或"""..."""之间且不属于任何语句的内容将被解释器认为是注释多行。

4）在开发速度和运行速度之间尽量取得最佳平衡

Python 内置对象的运行速度最快，Python 标准库次之，用 C 或 Fortran 第三方软件编写的扩展库速度也比较快，而仅用 Python 编写的扩展库往往速度慢一些。在开发项目时，应优先使用 Python 内置对象，其次考虑使用 Python 标准库提供的对象，最后考虑使用第三方扩展库。

5）根据运算特点选择最合适的数据类型来提高程序的运行效率

如果定义的一些数据只是用来频繁遍历并且关心其顺序，最好优先考虑元组。如果需要频繁地测试一个元素是否存在于一个序列中并且不关心其顺序，尽量采用集合。

列表和元组的 in 操作的时间复杂度是线性的，而对于集合和字典来说，该操作的时间复杂度却是常数级的，与问题规模几乎无关。

2. Python 语言基本数据结构

Python 语言数据结构也是 Python 的内置对象，数据结构能够对所处理的数据做有效的组织，在此基础上可以方便处理。Python 主要提供列表(list)、元组(tuple)、字典(dict)、集合(set)等几个重要的基本数据结构。

1）列表

在形式上，列表的所有元素放在一对方括号[]中，相邻元素之间使用逗号分隔。在 Python 中，同一个列表中元素的数据类型可以各不相同，可以同时包含整数、实数、字符串等基本类型的元素，也可以包含列表、元组、字典、集合、函数以及其他任意对象。如果只有一对方括号而没有任何元素，则是空列表。

2）元组

列表的功能虽然很强大，但对系统的负载也很重，在很大程度上影响了运行效率。有时候我们并不需要那么多功能，很希望能有个轻量级的数据结构，元组(tuple)正是这样一种类型。从形式上，元组的所有元素放在一对圆括号中，元素之间使用逗号分隔，如果元组中只有一个元素，则必须在语言最后多增加一个逗号。

3）字典

字典是包含若干“键：值”元素的无序可变序列，字典中的每个元素包含用冒号分隔开的“键”和“值”两部分，表示一种映射或对应关系，字典也称关联数组。定义字典时，每个元素的“键”和“值”之间用冒号分隔，不同元素之间用逗号分隔，所有的元素放在一对大括号“{}”中。

字典中元素的“键”可以是 Python 中任意不可变数据，例如整数、实数、复数、字符串、元组等类型等可哈希数据，但不能使用列表、集合、字典或其他可变类型作为字典的“键”。字典中的“键”不允许重复，而“值”是可以重复的。

4）集合

集合属于 Python 中的无序可变序列，使用一对大括号作为定界符，元素之间使用逗号分隔，同一个集合内的每个元素都是唯一的，元素之间不允许重复。

集合中只能包含数字、字符串、元组等不可变类型的数据，而不能包含列表、字典、集合等可变类型的数据。

参考文献

[1] 王万良. 人工智能导论[M]. 5 版. 北京：高等教育出版社，2020.

[2] STUART J R, NORVIG P. 人工智能：一种现代的方法[M]. 3 版. 殷建平，祝恩，刘越，等译. 北京：清华大学出版社，2021.

[3] 蔡自兴，刘丽珏，蔡竞峰，等. 人工智能及其应用[M]. 5 版. 北京：清华大学出版社，2016.

[4] 王万森. 人工智能原理及其应用[M]. 4 版. 北京：电子工业出版社，2018.

[5] 林赐译. 人工智能[M]. 2 版. 北京：人民邮电出版社，2021.

[6] 刘金琨. 智能控制[M]. 4 版. 北京：电子工业出版社，2017.

[7] 邱锡鹏. 神经网络与深度学习[M]. 北京：机械工业出版社，2020.

[8] 唐宇迪，李琳，侯惠芳. 人工智能数学基础[M]. 北京：清华大学出版社，2020.

[9] 李德毅，于剑. 人工智能导论[M]. 北京：中国科学技术出版社，2018.

[10] 马少平，朱小燕. 人工智能[M]. 北京：清华大学出版社，2004.

[11] 王文杰，叶世伟. 人工智能原理与应用[M]. 北京：人民邮电出版社，2004.

[12] 贲可荣，张彦铎. 人工智能[M]. 北京：清华大学出版社，2006.

[13] 朱福喜，汤群，傅建明. 人工智能原理[M]. 武汉：武汉大学出版社，2002.

[14] 张仰森，黄改娟. 人工智能实用教程[M]. 北京：北京希望电子出版社，2002.

[15] 涂序彦，韩力群. 人工智能：回顾与展望[M]. 北京：科学出版社，2006.

[16] 刘风岐，人工智能[M]. 北京：机械工业出版社，2011.

[17] 肖秦琨，高嵩. 贝叶斯网络在智能信息处理中的应用[M]. 北京：国防工业出版社，2012.

[18] 王志良，李明，谷学静. 脑与认知科学概论[M]. 北京：北京邮电大学出版社，2011.

[19] 段海滨，张祥银，徐春芳. 仿生智能计算[M]. 北京：科学出版社，2011.

[20] 史忠植. 神经网络[M]. 北京：高等教育出版社，2009.

[21] 李国勇，李维民. 人工智能及其应用[M]. 北京：电子工业学出版社，2009.

[22] 王宏生. 人工智能及其应用[M]. 北京：国防工业出版社，2009.

[23] 王志良，祝长生，谢仑. 人工情感[M]. 北京：机械工业出版社，2009.

[24] 王志良. 人工心理[M]. 北京：机械工业出版社，2007.

[25] ABADI M, BARHAM, P, CHEN J, et al. Tensorflow: A system for large-scale machine learning [J]. In OSDI, 2016, 16: 265 - 283.

[26] 周志华. 机器学习[M]. 北京：清华大学出版社，2016.

[27] ANDERSON A, ROSENFELD E. Talking nets: An oral history of neural networks [M]. Cambridge: MIT Press, 2000.

[28] AZEVEDO F A C, CARVALHO L R B, GRINBERG L T, et al. Equal numbers of neuronal and nonneuronal cells make the human brain an isometrically scaled-up primate brain[J]. Journal of Comparative Neurology, 513(5): 532 - 541, 2009.

[29] BENGIO Y. Learning deep architectures for AI[J]. Foundations and trends in Machine Learning. 2009, 2(1): 1 - 127.

[30] BENGIO Y, COURVILLE A, VINCENT P. Representation learning: A review and new perspectives [J]. IEEE transactions on pattern analysis and machine intelligence, 2013, 35(8): 1798 - 1828.

[31] FUKUSHIMA K. Neocognitron: A self-organizing neural network model for a mechanism of pattern recognition unaffected by shift in position[J]. Biological cybernetics, 1980, 36(4): 193 - 202.

[32] GOODFELLOW I, COURVILLE A, BENGIO Y. Deep learning[M/OL]. Cambridge: MIT Press,

2015. http://goodfeli.github.io/dlbook/.

[33] HINTON G, DENG L, YU D, et al. Deep neural networks for acoustic modeling in speech recognition: The shared views of four research groups[J]. IEEE Signal Processing Magazine, 2012, 29(6): 82-97.

[34] HINTON G E, SALAKHUTDINOV R R. Reducing the dimensionality of data with neural networks[J]. Science, 2006, 313(5786): 504-507.

[35] KRIZHEVSKY A, SUTSKEVER I, HINTON G E. Imagenet classification with deep convolutional neural networks[J]. Neural information processing systems(Advances), 2012, 1097-1105.

[36] LECUN Y, BOSER B, DENKER J S, et al. Backpropagation applied to handwritten zip code recognition[J]. Neural computation, 1989, 1(4): 541-551.

[37] LECUN Y, BOTTOU L, BENGIO Y, et al. Gradient-based learning applied to document recognition[J]. Proceedings of the IEEE, 1998, 86(11): 2278-2324.

[38] MINSKY M. Steps toward artificial intelligence[J]. Computers and thought, 406: 450, 1963.

[39] ROSENBLATT F. The perceptron: A probabilistic model for information storage and organization in the brain[J]. Psychological review, 1958, 65(6): 386.

[40] RUMELHART D E, HINTON G E, WILLIAMS R J. Learning representations by back-propagating errors[J]. Nature, 1986: 323-533.

[41] 杨忠，鲍明，赵淳生. 人机结合求解中国旅行商问题[J]. 模式识别与人工智能，1995，8(4)：372-376.

[42] 杨忠，鲍明，张阿舟. 求解中国旅行商问题的新结果[J]. 数据采集与处理，1993，8(3)：177-184.

[43] 戴汝为. “人机结合”的大成智慧[J]. 模式识别与人工智能，1994，7(3)：181-190.

[44] 周培德. 求解货郎担问题的几何算法[J]. 北京理工大学学报，1995，15(1)：97-99.

[45] 靳蕃，范俊波，谭永东. 神经网络与神经计算机[M]. 成都：西南交通大学出版社，1991.

[46] 钱学森，于景元，戴汝为. 开放的复杂巨系统及其方法论[J]. 自然杂志，1990，13(1)：3-10.

[47] 钱学森. 一个科学新领域：开放的复杂巨系统及其方法论[J]. 上海理工大学学报，2005，33(6)：526-532.

[48] 高楠，傅俊英，赵蕴华. 人机结合的研究现状与进展[J]. 高技术通讯，2015，25(2)：205-218.

[49] 高新波. 人工智能未来发展趋势分析[Z]. 图灵人工智能，2022：03-16.

[50] 胡玉华. 脑科学及其研究进展[J]. 北京教育学院学报，2000，14(1)：41-44.

[51] 杨荣根，杨忠. Python 程序设计及机器学习案例分析[M](微课视频版). 北京：清华大学出版社，2021.

[52] 杨忠，严筱永. 传感网节点定位技术研究[M]. 北京：科学出版社，2017.